中国水利教育协会　组织

全国水利行业"十三五"规划教材（职工培训）

村镇供水与饮水安全

主编　刘福臣

主审　郭雪莽

中国水利水电出版社
www.waterpub.com.cn
·北京·

内 容 提 要

本书共分为七章，系统阐述了村镇供水工程规划、取水构筑物、供水输配水系统设计、供水水处理工艺、村镇供水工程施工工艺、供水系统的运行与管理、村镇供水饮水安全等内容，同时采用了最新的供水工程规范和标准，反映出当前的新技术、新工艺、新方法。本书内容简要、通俗易懂、实用性强，同时本书给出了供水工程设计实例和有关供水饮水方面的小知识、小常识。

本书主要用作农村饮水安全工程的设计与建设、施工与验收、运行与维护管理、水质检验与监测等人员的培训教材，亦可作为给排水工程、水文与水资源工程、水利工程等相关专业师生的参考书和工具书。

图书在版编目（CIP）数据

村镇供水与饮水安全 / 刘福臣主编. -- 北京：中国水利水电出版社，2017.6
全国水利行业"十三五"规划教材. 职工培训
ISBN 978-7-5170-5480-1

Ⅰ. ①村… Ⅱ. ①刘… Ⅲ. ①农村给水－给水工程－职工培训－教材②农村给水－给水卫生－职工培训－教材
Ⅳ. ①S277.7②R123.9

中国版本图书馆CIP数据核字(2017)第139209号

书　　名	全国水利行业"十三五"规划教材（职工培训） **村镇供水与饮水安全** CUNZHEN GONGSHUI YU YINSHUI ANQUAN
作　　者	主编　刘福臣　主审　郭雪莽
出版发行	中国水利水电出版社 （北京市海淀区玉渊潭南路1号D座　100038） 网址：www.waterpub.com.cn E-mail：sales@waterpub.com.cn 电话：(010) 68367658（营销中心）
经　　售	北京科水图书销售中心（零售） 电话：(010) 88383994、63202643、68545874 全国各地新华书店和相关出版物销售网点
排　　版	中国水利水电出版社微机排版中心
印　　刷	北京瑞斯通印务发展有限公司
规　　格	184mm×260mm　16开本　18.5印张　439千字
版　　次	2017年6月第1版　2017年6月第1次印刷
印　　数	0001—2000册
定　　价	**46.00元**

前言

为贯彻中央水利工作方针以及可持续发展治水思路的要求，不断提高基层水利职工的业务技术水平、学历层次和综合素质，改善其专业结构，进一步解决基层水利职工文化业务素质不高和专业技术人才短缺的问题，按照紧贴实际、注重实效的原则，全国水利教育协会组织编写了全国水利行业"十三五"规划教材（职工培训），本书是其中之一。

安全的饮用水和良好的环境卫生是人类健康生存的必需条件。村镇饮用水安全是反映村镇社会、经济发展和居民生活质量的重要标志。近年来，国家加大了村镇人畜饮水解困和饮水安全的工作力度，但我国村镇饮用水和环境卫生状况问题依然严峻，天然劣质水问题突出、饮用水水源地污染问题日趋严重。据初步调查，全国村镇有3亿多人饮水不安全，其中6300多万人饮用高氟水，约200万人饮用高砷水，约3800多万人饮用苦咸水，约1.9亿人饮用有害物质含量超标水。因此，改善村镇饮水水质、保障饮水安全、加强村镇供水工程管理、保证工程的正常运行和持续发挥效益，是当前村镇供水工作的一项重要而紧迫的任务。

本书由多年从事供水工程、水利工程教学、科研一线的教师和基层水利工作者共同编写完成，由刘福臣任主编，庄玲、魏小伟、孟庆松、宿翠霞、刘利任副主编，郭雪莽主审。具体分工如下：山东水利职业学院刘福臣编写绪论和负责全书统稿；日照市水文局魏小伟编写第一章；山东水利职业学院刘利编写第二章；山东水利职业学院宿翠霞编写第三章；山东水利职业学院孙海梅编写第四章；济宁市水利工程施工公司孟庆松编写第五章；日照市水务集团有限公司庄玲编写第六章；日照市三联调水有限公司修长贤编写第七章。

本书在编写过程中，参考和学习了许多同行专家和学者的著作、研究成果，在此表示衷心的感谢。村镇供水具有分散性和地区差异性等特点，在教材使用时应结合当地的实际情况加以选用。由于水平所限加之时间仓促，书中错误和不妥之处在所难免，敬请读者提出宝贵意见。

编者

2017 年 3 月于山东日照

目　录

绪　　论

一、我国村镇供水现状及存在问题

我国是一个农业大国，同时又是世界上人口最多的发展中国家，经济社会发展水平与世界上发达国家相比还有较大差距，特别是农村还比较落后。全国农村有 3.70 万个乡镇、65.27 万个村民委员会、2.50 亿住户、9.43 亿人口，农村人口占全国总人口的 72.5%。我国又是一个多山丘的国家，国土总面积的 70% 为山区。山区地形复杂，农民居住分散，缺乏水源或取水困难。居住在山坡、岗地的群众，远离地表水，浅层地下水位在干旱少雨季节下降严重，砂石山区和西北的大部分丘陵区根本就没有浅层地下水。石漠化严重的山区和黄土高原，地下水埋藏深，难以开采。在石灰岩地区，地表蓄不住水，寻找和开采地下水困难。山区的饮水问题具体表现为：南方深山区取水困难，浅山丘陵区季节性缺水严重，属工程性缺水；北方山区不仅取水困难，季节性缺水严重，甚至既找不到地表水也找不到地下水，属资源性缺水。

新中国成立以来，各级政府和广大受益群众投入了大量人力、物力和财力，兴建了大批村镇供水工程，农村饮水困难状况得到了显著改善。但由于自然条件严酷、建设标准低等因素，仍存在广大群众饮水水质不达标、水源保证率低等饮水不安全问题。特别是以集雨水窖为代表的分散式饮水工程，严重受制于天然降水的影响，遇到大旱之年，蓄水不济，常常不能满足生活基本需求，缺水现象十分普遍。

目前，我国农村饮水安全发展水平与其他一些国家相比差距明显。据有关资料介绍，世界上中等发达国家农村饮水安全普及率为 70% 以上，发达国家在 90% 以上。我国的安全饮水普及率水平大致为东部 70%，中部 40%，西部不到 40%。

（一）村镇供水现状

我国农村饮水与乡镇供水建设严重滞后于当地的经济发展水平，我国现有 3.70 万个乡镇，大多数乡镇是当地的政治、经济和文化中心，是小城镇建设的重点。但目前约有一半的乡镇供水不足，影响了当地经济和社会发展及小城镇建设的进程。

我国地区之间供水状况差距较大，东南沿海是我国经济最发达的地区，农村水利基础条件较好，自来水普及率达到了 53%，农村的饮水基本得到了保障。但在中西部地区尤其是西部的"老、少、边、穷"地区仍存在着比较严重的饮水困难问题。即使在同一地区，城市周边和经济较发达的地方与广大农村的差距也十分巨大。

1. 集中式供水基本情况

我国农村的集中式供水规模普遍较小，集中式供水受益人口中 87% 是小于 $200m^3/d$ 工程，乡镇及跨乡镇的集中式供水工程只有 2.15 万处，91% 的工程为村级集中式供水工程。

集中式供水工程中，多数供水设施简陋，只有水源和管网，缺少水处理设施和水质检测措施。有水处理设施的集中式供水工程仅占集中供水工程总数的 8% 左右。

2. 分散式供水基本情况

我国农村的分散式供水工程，多数为户建、户管、户用工程，普遍缺乏水质检验和监测。分散式供水人口中，67％为浅井供水，主要分布在浅层地下水资源开发利用较容易的农村，供水设施多数为真空井或筒井，建在庭院内或离农户较近的地方；3％为集雨，主要分布在山区水资源开发利用困难或海岛等淡水资源缺乏的农村；9％为引泉，主要分布在山区，南方较多；21％无供水设施或供水设施失效，直接取用河水、溪水、坑塘水。

（二）村镇供水存在的问题

1. 水量不足、保证率低、用水不方便

建设部统计资料显示：全国村镇自来水受益人口比例从1986年的14.7％提高到2005年的52.2％。其中，拥有自来水的村庄比例由9.3％提高到了24.8％；2005年村庄自来水受益人口比例达到45.1％。但是相对于城市自来水受益人口比例的75％左右，村庄自来水受益人口还是比较低，且用水保证率低。

2. 饮用水水质超标

据初步调查，全国村镇有3亿多人饮水不安全。其中：6300多万人饮用高氟水；约200万人饮用高砷水；3800多万人饮用苦咸水；约1.9亿人饮用水有害物质含量超标；血吸虫病区1100多万人饮水不安全。根据世界卫生组织报道，全球80％的疾病与水有关。我国村镇地区因水致病并导致贫穷的现象很普遍。如湖南省南县等地区饮用水中铁、锰超标，湖南岳阳等市县还存在血吸虫水问题。除水文地质因素形成的饮用水水质问题外，饮用水源受到污染而形成的水质超标问题也很突出。改善村镇饮用水水质，保障饮水安全，已成为村镇经济社会发展的第一需要。

3. 村镇供水工程建设和管理存在问题

农村供水工程规模小、效益差，农民本身的饮水卫生知识相对欠缺，工程运行管理不善较普遍，主要表现在以下几方面。

（1）工程产权界定不清。对于工程建成后的产权归属，国家没有明确规定，导致工程管护责任主体缺位，多数工程没有形成规范的管理体制，工程的长期效益没有保障。

（2）部分供水工程管理人员没有经过专业培训，业务素质较低，不能适应日常的管理维护要求。一些水厂甚至没有专门的管理机构和管理人员，存在只建不管、有人用水无人管水的现象。

（3）目前农村水价实行政府定价制。在这种体制下，制定水价时面临两难局面，水价标准低了，收取的水费不足，工程的维护和管理没有保障；若水价标准定高了，农民会大幅减少用水量，水费同样征收不足，工程运行仍没有保障。

因此，加强村镇供水工程管理，保证工程的正常运行和持续发挥效益，是当前村镇供水工作的一项重要而紧迫的任务。

二、国外农村饮用水经验

（一）美国

1. 农村饮用水现状

经过多年发展，农村饮水安全问题不突出，城市化程度高，城乡差别小。城乡饮用水水质标准高、标准一致，自来水可直接饮用。所有地区均实现了自来水供应，饮水安全问题不突出。

2. 水质保障措施

（1）美国约有11000个农村社区饮用水供给系统，供给1.6亿人的饮用水。这些饮用水供给系统以湖泊、水库、河流为水源。这些水源一旦被污染，就需要投入大量资金进行净化。为此，政府决策部门深刻地认识到，有效的农村社区饮用水管理应该更加关注水源的质量和管理机制建设。

（2）管理机构：联邦、州和地方三级，美国国家环保总署是联邦主要负责水资源管理的机构。

（3）立法：清洁水法案（Clean Water Act）和安全饮用水法案（Safe Drinking Water Act）。

3. 水源保护

对水源区进行严格保护：三级保护区内必须防止难降解或不能联合降解的放射性污染物和化学物质的进入。一切可能导致地下水污染或水质下降的活动都被严格禁止，包括禁止将冷却水、浓缩水和雨水排入该区域，未与公共排水系统相连的家庭和工厂不允许在该区域出现。任何违反法令的个人或单位都被处以高额罚款。

二级保护区是取水口周围100～200m的区域。保护地下水卫生，最重要的是防止病原体污染。任何由人类持续干预而造成的地层破坏或移动行为都被严格禁止，包括建筑物建造或重建，开挖地表，有毒液体和垃圾的运输和存放。任何违反法令的个人或单位都被处以高额罚款，不管是故意还是无意的。

一级保护区即隔离集水区，是指位于一连串的取水口周围，约100m宽的带状区域。在此区域内，除了由当地水务部门授权的对取水口的维护和修缮外，上游土壤层的任何利用和扰动以及所有放射性污染都被严格禁止。

饮用水水源保护区都设立标志牌、警示牌，还在保护区周边的高速路、主干道上设立道路警示牌，提示司机或行人进入饮用水源保护区。

（二）日本

1. 日本农村饮用水供应工程发展历程

（1）1945年前供水设施仅在城市的中心区域存在，到2005年全国供水服务覆盖的范围已从战后的30%发展到95%。在20世纪六七十年代，供水设施覆盖的范围有一个快速的增长，主要是向未曾有供水设施的农村和超大城市的新增人口发展。

（2）在未曾有供水设施的小城镇和农村，特别是从已有的供水设施延伸供水比较困难的小城镇和农村，新发展的供水设施以小型公共供水设施为主，受益人口多在5000人以下。

（3）供水设施在农村和山区发展的同时，城市郊区的水供应设施也得到了发展，而这些地区以前也是没有自来水供应的。

（4）政府支持起到了决定性的作用。1952年日本中央政府建立了全国补助计划，用于发展和支持小型供水设施的建设和运行。

2. 洁净的饮用水对提高公众健康水平作用巨大

饮用水水质的提高，水性疾病发生率明显下降，它们之间有非常明显的负相关。

3. 降低管网漏水问题，提高有效输水率

（1）管道漏水是供水管理中一个十分重要的问题，影响稳定的水量供应和供水成本。

（2）有效输水率从 1979 年的 77.6％提高到了 2001 年的 92.4％，增加了 15％。

4. 饮用水工程采取的对策

（1）启动全国性的"供水设施前景"（Waterworks Vision）计划，2004 年由日本健康劳工和福利部（MHLW）启动，旨在提高供水设施的管理水平以达到更好的供水目标。

（2）当地"供水设施前景"计划，由各供水服务机构执行，评价和分析自身表现，提出未来的发展目标、方向和措施。

（3）采用表现指数（Performance Index，PI）来诊断问题并确定目标，以达到更好的管理。

（4）合并小型供水设施。小型供水设施在管理成本上存在劣势，需要进行合并。

（5）公众和私人合作。出于对公众健康的考虑，日本的供水设施均由市政府负责。2002 年出台的供水设施法令允许供水设施的技术维护交由第三方负责，私人机构开始介入供水设施的管理。

（6）为了提高日本国民的饮水质量，加快供水设施建设，日本设立了建设简易供水设施国库补助制度。此项措施在日本各地影响很大，在全国掀起了包括自来水管道在内的上下水管道建设高潮，使日本供水设施规模和质量得到了提升。在建设简易供水设施过程中，很多都道府县也在国家的补助制度之上另外设了补助制度，促进了简易供水设施在日本农村的普及，即使是日本偏远的小村落也建设了供水设施，以确保国民在全国任何一个地方都能够用上安全卫生的饮用水。

（三）韩国

（1）韩国农村的水性疾病曾经十分普遍，首尔市政府在 20 世纪 60 年代开始在 1000 多个农村建设简易的管道供水系统，取得了极大成功，并于 1971 年将这套系统扩展到韩国的其他地区，但遇到了财政问题。

（2）借助于 1976 年开始执行的世界食物计划（World Food Programme，WFP），韩国到 1979 年完成了 8874 处管道系统，对象为至少 20 户和附近有较好水源的村庄；随后 WFP 又提供了第二批 1600 万美元的资助，大大提高了农村饮用水的自来水供应水平。

（3）直到 20 世纪 90 年代，韩国农村地区和岛屿的自来水覆盖率仍仅有 30％。为此，从 1994 年开始韩国政府投入约 10 亿美元改善农业和渔业区的供水设施；从 1997 年投入约 4 亿美元改善岛屿的供水设施，投入 8 亿美元改善中小城市的供水设施，并实施了旨在消除自来水供应差别的中长期投资计划，使农村地区的自来水普及率达到了 70％。

（4）成功特点。

1）借助于外力，短时间内迅速完成了农村饮用水的基础设施建设。

2）政府主导，不惜重资。

（四）印度

1986 年印度中央政府启动全国饮用水任务项目，目标为所有的农村提供安全的饮用水，帮助社区保持饮用水源的水质，特别关注世袭阶层和部落；同时采取措施加速安全供水系统没有覆盖或部分覆盖地区的建设，关注水质问题并使水质检测和监测制度化，保证可持续发展，包括水源和供水系统的运行。

三、本书的主要内容

农村饮水安全工程是事关人民群众最关心、最直接、最现实利益的重大民生水利工程，被广大群众誉为德政工程、民心工程，必须科学规划，精心实施，强化管理，发挥效益。本书围绕村镇供水与饮水安全这一主题，系统阐述了供水工程设计、施工、管理、饮水安全保障等问题，其主要任务是使读者了解村镇供水工程的类型、供水水源选取的原则，掌握地下水、地表水取水构筑物的类型及设计原理、输配水系统的设计原理、供水水处理技术及工艺、供水工程的施工工艺、供水系统的运行与管理、供水水质安全等。

全书共分为七章，各章主要内容如下：

第一章，村镇供水工程规划：主要介绍村镇给水工程的类型，供水工程的规划，集中式供水工程的设计，供水水源的选择等内容。

第二章，取水构筑物：主要介绍管井、大口井、辐射井、复合井、截潜流工程、渗渠、引泉工程等地下水取水构筑物的设计、出水量计算；地表水取水构筑物的类型、地表水取水构筑物位置的选择；岸边式、河床式、移动式、湖泊和水库取水构筑物、山区浅水河流取水构筑物、雨水集蓄供水工程的设计等。

第三章，供水输配水系统设计：主要介绍管线的布置，管材及附属设施，水泵类型及选择，泵站、管网、调节构筑物的设计等。

第四章，供水水处理工艺：主要介绍水处理原理、水处理工艺选择；常规水处理方法、工艺；水的消毒类型、工艺；特种水处理的类型、工艺；一体化净水装置的种类及适用范围、一体化净水设备技术要点、一体化净水设备类型。

第五章，村镇供水工程施工工艺：主要介绍地下水取水构筑物、地表水取水构筑物、管道工程、蓄水池、水窖等工程的施工方法、施工工艺；泵房与水泵机组、阀门仪表与电气设备安装；村镇供水工程施工一般规定、工程验收的有关程序和规定。

第六章，供水系统的运行与管理：主要介绍取水系统运行与管理；供水管网运行与管理；取水口及水泵运行与管理；常规水处理系统的运行与管理；消毒的运行与管理；特殊水处理运行与管理；一体化净水设备的运行管理与维护。

第七章，村镇供水饮水安全：主要介绍水源保护区的划分；水源保护与卫生防护；供水水质检验与监测；供水安全保障技术；村镇供水工程的分质供水；自来水感官性状和其他物质异常原因及其对策。

第一章 村镇供水工程

第一节 村镇供水工程的类型

村镇供水工程是指向县（市）城区以下的镇（乡）、村、学校、农场和林场等居民区及分散住户供水的工程，以满足村镇居民、企事业单位的日常生活用水和生产用水需要为主，不包括灌溉用水。村镇供水工程可分为集中式和分散式两大类。集中式供水工程是指以村镇为单位，从水源集中取水，经净化和消毒，水质达到饮用水卫生标准后，利用配水管网统一送到用户或集中供水点的供水工程。其他以户为单位和联户建设的供水工程为分散式供水工程。

一、集中式供水工程

集中式供水工程按供水规模的大小分为Ⅰ型、Ⅱ型、Ⅲ型、Ⅳ型、Ⅴ型等 5 种类型，其中供水规模 W 大于 1000m³/d 的Ⅰ型、Ⅱ型、Ⅲ型称为规模化供水工程，供水规模 W 小于 1000m³/d 的Ⅳ型、Ⅴ型称为小型集中供水工程，具体划分见表 1-1。集中式供水工程按供水方式又分为：定时供水、基本全日制供水两种。定时供水系指每天供水时间累计小于 6h 的供水方式，基本全日制供水系指每天能连续供水 14h 的供水方式。

表 1-1　　　　　　　　　　集中式供水工程类型划分

工程类型	规模化供水工程			小型集中供水工程	
	Ⅰ型	Ⅱ型	Ⅲ型	Ⅳ型	Ⅴ型
供水规模 W/(m³/d)	$W \geqslant 10000$	$10000 > W \geqslant 5000$	$5000 > W \geqslant 1000$	$1000 > W \geqslant 200$	$W < 200$

二、分散式供水工程

分散式供水工程按供水水源的类型分为：雨水集蓄供水工程、引蓄供水工程、分散式供水井、引泉工程等。分散式给水工程选择应根据当地的水源用水要求、地形地质、经济条件等因素，通过技术经济比较确定。

（一）雨水集蓄供水工程

对于地表水、地下水缺乏或开采利用困难，且多年平均降水量大于 250mm 的半干旱地区和经常发生季节性缺水的湿润、半湿润山丘地区，以及海岛和沿海地区，可利用雨水集蓄解决人畜饮用、补充灌溉等用水问题。雨水集蓄供水工程分为单户集雨方式、公共集雨方式两种。雨水集蓄供水工程可选择单户集雨方式，有适宜地形时亦可选择公共集雨方式。

1. 单户集雨工程

（1）设计要求。

1）单户集雨工程集流面设计：①应采用集雨效率高的集流面形式，并优先选用屋顶集流面、人工硬化集流面或二者结合的集流面，在湿润和半湿润山区也可利用植被良好的自然坡面集流；②供生活饮用水时，集流面应避开畜禽圈、粪坑、垃圾堆、柴草垛、油污、农药、肥料等污染源，不应采用马路、石棉瓦屋面和茅草屋面作集流面；③集流面坡度应大于 0.2%，并设汇流槽或汇流管；④混凝土集流面应设变形缝，厚度应根据冻胀、地面荷载等因素确定。

2）蓄水构筑物设计：①应采用防渗衬砌结构；②应根据具体情况设置必要的进水管、取水口（或供水管）、溢流管、排空管、通风孔和检修孔，检修孔应高出地面 300mm 并加盖；③在寒冷地区，最高设计水位应低于冰冻线；④采用屋顶集流面和人工硬化集流面时，蓄水构筑物前应设粗滤池；采用自然坡面集流时，蓄水构筑物前应设格栅、沉淀池和粗滤池；⑤供生活饮用水的蓄水构筑物，应设计成地下封闭构筑物，采用水窖时每户宜设两个，采用水池时宜分成可独立工作的两格。

（2）管理措施。单户集雨工程的工程管理，应符合以下规定：

1）集流面上不应有粪便、垃圾、柴垛、肥料、农药瓶、油桶和有油渍的机械等污染物；利用自然坡面集流时，集流坡面上不应施农药和肥料。

2）雨季，集流面应保持清洁，经常清扫，及时清除汇流槽（或汇流管）、沉淀池、粗滤池中的淤泥；不集雨时，应封闭蓄水构筑物的进水孔和溢流孔，防止杂物和动物进入。

3）过滤设施的出水水质达不到要求时，应及时清洗或更换过滤设施内的滤料。

4）每年应清洗一次蓄水构筑物。

5）水窖宜保留深度不小于 200mm 的底水，防止窖壁开裂。

6）蓄水构筑物外围 5m 范围内不应种植根系发达的树木。

小知识　　　　　　　　　**水 的 味 道**

我们知道，饮用不同地区的水会有不同的味道，有咸味、苦味、涩味、甜味和其他味道。地下水的味道取决于它的化学成分及溶解的气体。

水中含有氯化钠为咸味，含有氯化镁及硫酸镁为苦味，含有硫酸钠为涩味，含有大量有机质为甜味，含有铁盐为墨水味，含有腐殖质为沼泽味，含有二氧化碳及适量重碳酸钙和重碳酸镁则比较可口。

水中化学成分的大小可用矿化度表示，矿化度是指地下水中各种离子、分子与化合物的总量，地下水按矿化度大小分为淡水（矿化度小于 1g/L）、微咸水（矿化度为 1～3g/L）、半咸水（矿化度为 3～10g/L）、咸水（矿化度大于 10g/L）4 类。

一般来讲，山丘区的地下水，补给、运动、排泄距离短，水中溶解的岩石和土体中的盐类含量少，矿化度较低，多为淡水，饮之往往感觉可口、清爽；平原地区的地下水，由于强烈的蒸发排泄作用，水中残留了大量的盐类，水的矿化度高，多为微咸水甚至咸水，饮之感觉发咸、发涩、发苦。

需要高度注意的是，在某些平原地区的浅层地下水，如果感觉特别甜，有可能水中含有大量的腐殖质，长期饮用反而对身体不利。

2. 公共集雨工程

供生活饮用水的公共集雨工程，宜布置在村外便于集雨和卫生防护的地段。蓄水构筑物内的水供生活饮用时，可采用慢滤设施（或装置）进行过滤。供生活饮用水的公共集雨工程，集流范围内不应从事任何影响集流和污染水质的生产活动，蓄水构筑物外围 30m 范围内应禁止放牧、洗涤等可能污染水源的活动。

3. 雨水集蓄工程的施工

（1）蓄水构筑物应置于完整、均匀的地基上。

（2）土方开挖时，应避免超挖；基础有变形时，应及时支护。

（3）混凝土的配合比应符合《水工混凝土施工规范》（SL 677—2014）的规定，水泥砂浆的配合比应符合《砌筑砂浆配合比设计规程》（JGJT 98—2010）的规定。混凝土振捣应密实；浆砌工程座浆应饱满；混凝土和水泥砂浆应加强养护。

（4）蓄水构筑物建成后，应进行清洗，并检查有无裂缝；有条件时，可充水浸泡。

（二）引蓄供水工程

（1）引水管（渠）设计。

1）应布置在水质不易受污染的地段。

2）应充分利用已有输水设施。

3）有条件时，应优先采用管道引水。

4）采用明渠引水时，应有防渗和卫生防护措施。

5）引水管（渠），不应与污废水管（渠）相连接。

（2）蓄水构筑物设计。

1）宜选择水窖或地下水池。

2）其位置应便于引水、取水和卫生防护，有地形可利用时宜设在高处。

3）蓄水容积应根据年用水量、引蓄时间和次数确定。

（3）客水泥沙含量较高时，应根据具体条件设集中沉淀池或逐户分设粗滤池。

（4）客水为灌溉水时，应选择水质较好的时段引水，先冲洗引水管（渠），再引入蓄水构筑物；不应引蓄灌溉退水。

（5）季节性客水（或泉水）水质应符合《生活饮用水卫生标准》（GB 5749—2006）的要求，并定期进行水质检验。

（三）分散式供水井

1. 分散式供水井的设计

（1）井位应选择在水量充足、水质良好、环境卫生、取水方便的地段，远离渗水厕所等污染源。

（2）地下水埋深较浅时，可选择真空井，砖砌或石砌的筒井、大口井，深度不宜超过 15m；地下水埋深较深时，可选择便于小型机械施工的小管井，井管内径比提水设备外径至少应大 50mm。

（3）井水的含砂量应小于 10mg/L；多户共用的井，出水量应不低于 1.0m³/h。

（4）井口周围应设不透水散水坡，宽度宜为 1.5m。在透水土壤中，散水坡下面还应填厚度不小于 1.5m 的黏土层；井口应设置井台和井盖，井台应高出地面 300mm。

2. 分散式供水井管理

（1）应将井周围 30m 范围划为卫生防护区；防护区内不应有渗水厕所、渗水坑、污水沟、畜禽圈、粪堆、垃圾堆等污染源；井口周围应经常保持清洁。

（2）应定期进行水质监测；当水质不符合饮用水卫生标准时，应停止供水、及时处理，并对类似水源井进行抽检。

（四）引泉工程

（1）引泉工程宜选择常年流水的泉水作为水源。

（2）在选择季节性泉水时，应设置蓄水池。蓄水池的位置，应根据地形、用户的位置等确定，可与泉室共建或建在用水户附近。

（3）引泉工程设计见第二章第一节有关内容。

第二节 村镇供水工程规划

发展村镇供水，应制定区域供水规划和供水工程规划。区域供水规划根据规划区域内各村镇的社会经济状况、总体规划、供水现状、用水需求、区域水资源条件及其管理要求、村镇分布和自然条件等进行编制。规划内容包括供水现状分析与评价，拟建供水工程的类型、数量、布局及受益范围，各工程的主要建设内容、规模、投资估算，建设和管理的近、远期目标，保障供水工程良性运营的管理措施，以及实现规划的保障措施等。区域供水规划，能指导当地村镇供水工程的建设和管理。

根据水源的水量和水质、供水的水量和水质、供水可靠性、用水方便程度等，对村镇供水现状进行分析与评价。有符合水质、水量要求的水源时，规划建造集中式供水工程；有条件时，优先选择联片集中式供水或管网延伸式供水，水源和供水范围可跨村、镇、行政区域进行规划，但应做好协调工作。

一、村镇供水工程建设的原则

1. 村镇供水工程建设应遵循的原则

（1）统筹规划、突出重点，分级负责、分步实施。

（2）水源保护和水质净化相结合，防治并重。

（3）因地制宜、远近结合，合理确定工程方案。

（4）坚持以集中式供水为主，分散式供水为辅。

（5）建管并重，强化用水户参与管理。

（6）公共财政扶持引导，群众、社会多渠道筹集资金。

2. 村镇供水工程建设应注意的问题

（1）合理利用水资源，有效保护供水水源。

（2）符合国家现行的有关生活饮用水卫生安全的规定。

（3）与当地村镇总体规划相协调，以近期为主，近、远期结合，设计年限宜为 10～15 年，可分期实施。

（4）充分听取用户意见，因地制宜选择供水方式和供水技术。在保证工程安全和供水质量的前提下，力求经济合理、运行管理简便。

（5）积极采用适合当地条件并经工程实践和鉴定合格的新技术、新工艺、新材料和新设备。

（6）充分利用现有水利工程。

（7）尽量避免洪涝、地质灾害的危害，或有抵御灾害的措施。

二、村镇供水工程建设标准

按国家开展农村饮水安全工程建设的要求和农村饮水安全评价指标，解决农村饮水安全的工程建设标准是：

（1）供水水质。应符合国家《生活饮用水卫生标准》（GB 5749—2006）的要求。

（2）供水量。应满足不同地区、不同用水条件的要求，可参照《村镇供水工程设计规范》（SL 687—2014）确定。

（3）用水方便程度。供水方式采用自来水供水到户的方式，在经济欠发达或农民收入较低的地区，供水系统可考虑暂时先建到公共给水点，但必须保证各户来往集中供水点的取水往返时间不超过 20min。

（4）水源保证率。一般地区不低于 95％，严重缺水地区不低于 90％。

（5）供水水压。集中供水工程的供水水压应满足《村镇供水工程设计规范》（SL 687—2014）要求。

小知识　　　　　　　　　**饮　水　与　健　康**

水与健康关系最为明显。饮水中的某些元素的余缺可直接影响人体健康。往往只需改变饮水，或调整其中某些成分，便可有效防治许多疾病。例如，适当地提高水的硬度，可以降低心脑血管发病率和死亡率；低镁饮水中适当增加镁便可维持心肌正常代谢，改善其功能状况；高氟水中降氟，可以治疗氟病。闻名中外的黑龙江"傻子屯"，因祖祖辈辈饮用高氟水，全村智力低下的人数达 50 人，称为"傻子屯"，是有名的"光棍村"。后打一眼 600m 深水井，经过几年饮用，智力低下的人逐渐好转，用深井水酿造的白酒——"傻子白干"供不应求。

研究资料表明：癌症多发于亚硝胺含量高的有机水；心脑血管病多发于钙离子低、总硬度低、pH 值低的酸性水中。一般而言，富含腐殖质酸性软水，不利于人体健康，有机质含量贫乏的中性或弱碱性适度硬水，有利于身体健康。

三、供水工程规划

1. 集中式供水工程

集中式供水工程规划设计的内容包括供水规模和用水量的确定、供水水质和水压、水源及配置、供水范围和供水方式、水厂厂址选择、取水构筑物设计、泵站和调节构筑物设计、输配水设计、净水厂设计等。集中式典型供水工程设计应遵照《村镇供水工程设计规范》（SL 687—2014）要求，还要注意以下几点：

（1）要合理确定供水工程的制水规模和供水规模、合理确定用水量组成与选择用水定额标准。供水规模的确定，应综合考虑需水量、水源条件、制水成本、已有供水能力、类似工程的供水情况。

（2）应详细调查和搜集规划区域水资源资料，并据此进行水源论证，选择适宜的供水水源。若规划区有多个水源可供选择，应对其水质、水量、工程投资、运行成本、施工和管理条件、卫生防护条件等进行综合比较，择优确定。干旱年枯水期设计取水量的保证率，严重缺水地区不低于90%，其他地区不低于95%。

（3）供水范围和供水方式应根据区域的水资源条件、用水需求、地形条件、居民点分布等进行技术经济比较，按照优水优用、便于管理、工程投资和运行成本合理的原则确定。

（4）水厂厂址的选择，与水源类型、取水点位置、洪涝灾害、供水范围、供水规模、净水工艺、输配水管线布置、周边环境、地形、工程地质和水文地质、交通、电源、村镇建设规划等条件有关，影响因素较多，应综合考虑，通过技术经济比较确定。

（5）输配水管道的投资占供水工程总投资的比例较大，线路的选择对其有较大影响。管道系统的布置与地形和地质条件、取水构筑物、水厂和调节构筑物的布置以及用水户的分布等有关。输配水管道的选线应使整个供水系统布局合理、供水安全可靠、节能、降低工程投资、便于施工和维护。此外，应科学、合理选择管材。

（6）根据水源水质选择适宜的净水工艺与消毒措施是水厂设计的关键。应根据原水水质、设计规模，参照相似条件下水厂的运行经验，结合当地条件，选择技术可靠、经济合理的适宜工艺和技术。水质净化方案应优先考虑采用净水构筑物方案。

（7）典型工程设计应提供以下附图：工程总平面布置图、工艺流程图、水厂平面布置图、配水管网水力计算图、水源工程布置图、构筑物高程布置图等。

2. 分散式供水工程

分散式供水工程的形式多样，应根据当地具体条件选择：当淡水资源缺乏或开发利用困难时，可建造雨水集蓄供水工程；当水资源缺乏，但有季节性雨水或泉水时，可建造引蓄供水工程；当有良好浅层地下水或泉水，但用户少、居住分散时，可建造分散式供水井或引泉工程。

小知识　　　　　　　　　**饮水小常识**

1. 每天喝多少水合适

在温和气候条件下生活的、轻体力活动的成年人，建议每天最少饮水1200mL，大约6杯的量。如果活动量大，出汗多，则相应增加喝水量，及时补水。6杯水是最低限的量，有些人则需要喝得更多，比如烦躁的人多喝水能舒缓心情，肥胖的人多喝水能保持体重，运动后、洗澡后也都要及时补充水分。

2. 吃咸了不要马上补水

吃得太咸会导致高血压，也可导致唾液分泌减少、口腔黏膜水肿等。如果吃咸了，首先要做的就是多喝水，最好是纯水和柠檬水，尽量不要喝含糖饮料和酸奶，因为过量的糖分也会加重口渴的感觉。淡豆浆也是一种很好的选择，其中90%以上都是水分，而且还含有较多的钾，可以促进钠的排出，且口感比较清甜。

3. 晨起不喝水，到老都后悔

早上起来的第一杯水是真正意义上的救命水，中老年人更应该注意。人体经过一夜代谢之后，身体的所有垃圾都需要洗刷一下。饮用一杯水可降低血液黏度，增加循环血容量。

早晨这杯水最好选以下3种：第一种是清澈的水，白开水、矿泉水皆可，能够降低人体血液黏稠度；第二种是柠檬水，柠檬酸能够提升早晨的食欲；第三种是淡盐水，它对便秘的人非常有益。

4. 不能以饮料代水

生活中很多年轻人喜欢喝大量饮料，用饮料代水，这种做法不但起不到给身体补水的作用，还会降低食欲，影响消化和吸收。

如果一定要喝有味儿的水，也要根据自身体质，适当改善。比如便秘的人可以喝点蜂蜜水或者果蔬汁，能够促进肠道蠕动；胃寒的人要少喝性寒的绿茶、凉茶、果汁，多喝暖胃的红茶、姜糖水。救命水，不是真的喝了就能救命，而是这种饮水方式会给健康带来极大的好处，坚持喝有延年益寿的功效。

四、村镇供水工程技术路线

农村集中供水工程启动以来，特别是实施人饮解困工程取得一些经验后，规模较小的集中供水工程覆盖范围有限，水源水质、水量往往难以保证，同时由于工程分散，给工程管理和日常维护工作带来诸多不便，效益发挥不理想，不利于工程长期发挥效益。如南方某市，近年来该市农村人畜饮水工程建设取得了突出的成绩，农村饮水困难状况得到了显著改善，但由于自然条件严酷、建设标准低等因素，出现广大群众饮水水质不达标、水源保证率低等饮水不安全问题。特别是实施人饮解困工程以前建成的以集雨水窖为代表的分散式饮水工程，严重受制于天然降水的影响，遇到大旱之年，蓄水不济，常常不能满足生活基本需求，缺水现象十分普遍。

村镇供水工程要根据当地的社会经济、自然条件，并按照《村镇供水工程设计规范》（SL 687—2014），确定适合于当地农村饮水安全的技术路线。

（1）结合城乡一体供水系统，并充分考虑供水系统的安全性。建设适度规模的集中供水工程，优先利用现有自来水厂辐射延伸解决农村居民饮水安全问题。

（2）山丘区居住分散的农户，采取集雨、筒井等分散式供水工程解决。少数高氟水、苦咸水地区，找好水源困难时，采取特殊水处理措施，制水成本较高时，可以采用分质供水。

（3）根据村镇具体情况设置必要的水净化设施，确保向用水户提供水质达标的饮用水。

（4）农村饮水安全工程以解决农村居民生活饮用水为主，但也要照顾村镇发展的企业用水。在确定技术路线时，要合理确定供水工程的制水规模和供水规模、合理确定用水量组成与选择用水定额标准，水质净化方案应优先考虑采用净水构筑物净化水质。

第三节　集中式供水工程设计

一、供水规模和用水量

村镇用水包括居民生活用水量、公共建筑用水量、饲养畜禽用水量、企业用水量、消防用水量、浇洒道路和绿地用水量、管网漏失水量和未预见用水量等，应根据当地实际用水需求列项，按最高日用水量进行计算。

确定供水规模时，应综合考虑现状用水量、用水条件及其设计年限内的发展变化、水源条件、制水成本、已有供水能力、当地用水定额标准和类似工程的供水情况；联片集中供水工程的供水规模，应分别计算供水范围内各村镇的最高日用水量。

1. 居民生活用水量 W_1

生活用水是指人们从事生活活动需要的水，包括居民家庭用水，学校、机关、医院、餐馆、浴室等公共建筑的用水。生活用水量可按式（1-1）计算确定：

$$W_1 = \frac{pq}{1000} \tag{1-1}$$

式中　W_1——居民生活用水量，m^3/d；

　　　q——最高日居民生活用水定额，$L/(人 \cdot d)$，可按表 1-2 确定；

　　　p——设计用水居民人数，人。

表 1-2　　　　　　　　　　　最高日居民生活用水定额　　　　　　　单位：$L/(人 \cdot d)$

气候和地域分区	公共取水点，或水龙头入户，定时供水	水龙头入户，基本全日供水	
		有洗涤池，少量卫生设施	洗涤池，卫生设施齐全
一区	20~40	40~60	60~100
二区	25~45	45~75	70~110
三区	30~50	50~80	80~120
四区	35~60	60~90	90~130
五区	40~70	70~100	100~140

注　1. 表中卫生设施是指洗衣机、水冲厕所和沐浴装置等。

　　2. 一区包括新疆、西藏、青海、甘肃、宁夏、内蒙古西北部、陕西和山西两省黄土高原丘陵沟壑区及四川西部；二区包括黑龙江、吉林、辽宁、内蒙古东部、河北北部；三区包括北京、天津、山东、河南、河北北部以外地区，陕西关中平原地区，山西黄土高原丘陵沟壑区以外的地区及安徽和江苏两省的北部；四区包括重庆、贵州、云南南部以外地区，四川西部以外地区，广西西北部，湖北和湖南两省的西部山区，陕西南部；五区包括上海、浙江、福建、江西、广东、海南、安徽和江苏两省北部以外地区，广西西北部以外地区，湖北和湖南两省西部山区以外地区，云南南部。

　　3. 本表所列用水量包括了居民散养畜禽用水量、散用汽车和拖拉机用水量、家庭小作坊生产用水量。

在确定用水定额 q 时，应对本地村镇居民的水源条件、供水方式、用水条件、用水习惯、生活水平、发展潜力等情况进行调查分析，并遵照以下原则：村庄比镇区低，生活水平较高地区宜采用高值，有其他清洁水源可利用且取用方便的地区宜采用低值，发展潜力小的地区宜采用低值，制水成本高的地区宜采用低值。实际调查情况与表 1-2 有出入时，应根据当地实际情况适当增减。

设计居民人数 p 按式（1-2）计算：

$$p = p_0 \times (1+\gamma)^n + p_1 \qquad (1-2)$$

式中　　p_0——供水范围内的现状常住人口，包括无当地户籍的常住人口，人；

　　　　γ——设计年限内人口的自然增长率，可根据当地近年来的人口自然增长率确定；

　　　　n——工程设计年限，a；

　　　　p_1——设计年限内人口的机械增长总数，可根据各村镇的人口规划以及近年来流动人口和户籍迁移人口的变化情况按平均增长法确定，人。

在确定设计用水人口数时，中心村、企业较多的村和乡镇所在地，应考虑自然增长和机械增长；条件一般的村庄，应充分考虑农村人口向城市和小城镇的转移，设计用水人口不应超过现状户籍人口数。

2. 公共建筑用水量 W_2

公共建筑用水量应根据公共建筑性质、规模及其用水定额确定，并应符合下列要求：

（1）村庄的公共建筑用水量，可只考虑学校和幼儿园的用水，可根据师生数、是否寄宿以及表 1-3 中用水定额确定。

表 1-3　　　　　　　　　农村学校的最高生活用水定额　　　　　　单位：L/（人·d）

走读师生和幼儿园	寄宿师生
10~25	30~40

注　综合考虑气温、水龙头布设方式及数量、冲厕方式等取值，南方取较高值、北方取较低值。

（2）乡镇政府所在地、集镇，可按《建筑给排水设计规范》（GB 50015—2010）确定公共建筑用水定额。缺乏资料时，公共建筑用水量可按居民生活用水量的 10%~25% 估算，其中，集镇和乡政府所在地可为 10%~15%、建制镇可为 15%~25%。无学校的村庄不计公共建筑用水量 W_2。

3. 畜禽最高日用水量 W_3

集体或专业户饲养畜禽最高日用水量，应根据畜禽饲养方式、种类、数量、用水现状和近期发展计划确定。圈养时，饲养畜禽最高日用水定额可按表 1-4 选取；放养畜禽时，应根据用水现状对按定额计算的用水量适当折减；有独立水源的饲养场可不考虑此项。

表 1-4　　　　　　　　　饲养畜禽最高日用水定额　　　　单位：L/（头·d）或 L/（只·d）

畜禽类别	用水定额	畜禽类别	用水定额	畜禽类别	用水定额
马、骡、驴	40~50	母猪	60~90	鸡	0.5~1.0
育成牛	50~60	育肥猪	30~40	鸭	1.0~2.0
奶牛	70~120	羊	5~10		

4. 企业用水量 W_4

企业用水量应根据下列要求确定：

（1）企业用水量，应根据企业类型、规模、生产工艺、生产条件及要求、用水现状、近期发展计划和当地的用水定额标准等确定。

（2）企业内部工作人员的生活用水量，应根据车间性质、温度、劳动条件、卫生要求等确定，无淋浴的可为 20～30L/（人·班），有淋浴的可为 40～50L/（人·班）。

（3）对耗水量大、水质要求低或远离居民区的企业，是否将其列入供水范围，应根据水源充沛程度、经济比较和水资源管理要求以及企业意愿等确定，并对企业用水现状及发展计划进行调查。

（4）只有家庭手工业、小作坊的村镇不应计此项。

5. 浇洒道路和绿地用水量 W_5

浇洒道路和绿地用水量，经济条件好且规模较大的镇确实需要时，可根据浇洒道路和绿地的面积、按 1.0～2.0L/（m^2·d）的用水负荷计算，其余镇（乡）、村可不计此项。

6. 管网漏失水量和未预见水量之和 W_6

管网漏损水量系指水管网中未经使用而漏掉的水量，包括管道接口不严、管道腐蚀穿孔、水管爆裂、闸门水圈不严以及消防栓等用水设备的漏水。未预见水量系指给水设计中，对难以预见的因素（如规划的变化及流动人口用水等）而预留的水量。由于各地情况不同，宜将管网漏损量和未预见水量合并计算。

管网漏失水量和未预见水量之和 Q_6，按式（1-3）确定：

$$Q_6 = K(W_1 + W_2 + W_3 + W_4 + W_5) \tag{1-3}$$

式中　K——管网漏失水量和未预见水量折减系数，一般为 0.1～0.25，村庄取较低值，规模较大的镇区取较高值。

7. 水厂自用水量 W_7

在饮水工程中，原水必须经过处理，符合饮用水标准后才能送给用户。水厂内部生产工艺过程和其他用途所需的水，称为水厂自用水量，用 W_7 表示。水厂自用水量应根据原水水质、净水工艺和净水构筑物（设备）类型确定。采用常规净水工艺的水厂，可按最高日用水量的 5%～8% 计算；只进行消毒处理的水厂，可不计此项。

8. 消防用水量 W_8

消防用水量 W_8 应按照《建筑设计防火规范》（GB 50016—2014）和《农村防火规范》（GB 50039—2010）的有关规定确定。

编制乡镇规划时应同时规划消防给水和消防设施，并宜采用消防、生产、生活合一的给水系统。消防水池的容量应满足在火灾延续时间内消防用水的要求。甲、乙、丙类液体储罐和易燃、可燃材料堆放场的火灾延续时间不应小于 4h，其他建筑不应小于 2h。下列情况可不列此项：

（1）允许短时间间断供水的村镇，主管网的供水能力大于消防用水量。

（2）乡镇附近有可靠的其他水源且取水方便可作为消防水源。

9. 设计供水规模 W_d

设计用水规模需根据最高日最高用水量（又称为设计用水量）确定。在计算时，由于水厂自用水不进入供水管网，消防用水也不是每天都发生，消防用水只是储存在水厂的清水池中，所以设计用水量不包括这两项。

设计用水量 W_d 等于居民生活用水量 W_1、公共建筑用水量 W_2、饲养畜禽用水量 W_3、企业用水量 W_4、市政用水量 W_5、管网漏失水量和未预见水量 W_6 等项之和，即

$$W_d = W_1 + W_2 + W_3 + W_4 + W_5 + W_6 \qquad (1-4)$$

水源取水量也称为设计取水量，是确定水源及取水构筑物设计规模的重要依据。设计取水量可按设计供水规模加上水厂自用水量确定，用 W 表示；当输水管道较长时，应增加输水管道的漏失水量。

$$W = W_d + W_7 = W_1 + W_2 + W_3 + W_4 + W_5 + W_6 + W_7 \qquad (1-5)$$

10. 用水量变化系数

（1）时变化系数。在最高日用水时，每一时段的用水量并不一致。最高用水量发生在用水高峰时段，把这一时段的用水量称为最高日最高时供水量，用 W_h 表示。最高日最高时供水量 W_h 与最高日平均时供水量 $\overline{W}_h$ 之比称为时变化系数。

时变化系数反映用水变化的幅度，应根据各村镇的供水规模、供水方式、生活用水和企业用水条件、方式和比例，结合当地相似供水工程的最高日供水情况综合分析确定，并符合以下要求：①基本全日制供水工程的时变化系数 K_h 可按表 1-5 确定；②定时供水工程的 K_h 可在 3~4 的范围内取值，日供水时间长、用水人口多的取较低值。

表 1-5　　　　　　　　　　基本全日供水工程的时变化系数

供水规模 $W/(\text{m}^3/\text{d})$	$W>5000$	$5000 \geqslant W>1000$	$1000 \geqslant W \geqslant 200$	$W<200$
时变化系数 K_h	1.6~2.0	1.8~2.2	2.0~2.5	2.5~3.0

注　企业日用水时间长且用水量比例较高时，时变化系数可取较低值；企业用水量比例很低或无企业用水量时，时变化系数可在 2.0~3.0 范围内取值，用水人口多、用水条件好或用水定额高的取较低值。

（2）日变化系数。每天的用水量都不相同。日变化系数 K_d 是最高日供水量与平均日供水量比值。实际应用时应根据供水规模、用水量组成、生活水平以及气候条件，结合当地相似供水工程的年内供水变化情况综合分析确定，可在 1.3~1.6 范围内取值。

【例 1-1】　集中式工程供水规模和用水量的确定。山东省五莲县松柏镇前长城岭村属库区整体搬迁村，该村共 550 户 1583 人，该村长期没有解决饮用水。为解决该村村民饮水安全问题，计划在村东新建大口井 1 眼，配套水泵和供水管道。试确定设计供水规模。

【解】　（1）计算居民人数 p 按式（1-2）计算。前长城岭村现住人口 1583 人，即 $p_0 = 1583$ 人，设计年限内人口的自然增长率 γ 取 2‰，工程设计年限 n 取 30a，设计年限内人口的机械增长总数 p_1 取 10，则设计居民人数按式（1-2）计算：

$$p = p_0 \times (1+\gamma)^n + p_1 = 1583 \times (1+0.002)^{30} + 10 = 1690（人）$$

（2）居民生活用水量 W_1 按式（1-1）确定。山东为三区，根据表 1-2 可知，最高日居民生活用水定额 q 取 80L/（人·d），则居民生活用水量 $W_1 = 1690 \times 80/1000 = 135.2\text{m}^3/\text{d}$。

（3）畜禽最高日用水量 W_3。该村只有 550 户，按每户饲养 1 头猪和 10 只鸡估算，育

肥猪和鸡的用水定额分别取 40L/(头·d)、1L/(只·d)，则畜禽最高日用水量 $W_3 = 550 \times 1 \times 40 + 550 \times 10 \times 1 = 27500$(L/d) $= 27.5$(m³/d)。

（4）该村无学校、无村办企业、经济条件较差，故本次供水范围不考虑公共建筑用水量 W_2、企业供水量 W_4、浇洒道路和绿地用水量 W_5。

（5）管网漏失水量和未预见水量之和 W_6。管网漏失水量和未预见水量折减系数 K 取 0.2，管网漏失水量和未预见水量之和 W_6 按式（1-3）计算，$W_6 = 0.2 \times (135.2 + 0 + 27.5 + 0 + 0) = 32.5$(m³/d)。

（6）设计供水规模。设计供水规模按式（1-4）确定，$W_d = 135.2 + 0 + 27.5 + 0 + 0 + 32.5) = 195.2$(m³/d)。

二、供水水质和水压

（1）集中式供水工程，生活饮用水水质应符合《生活饮用水卫生标准》（GB 5749—2006）的要求。受水源、技术、管理等条件限制的Ⅳ型、Ⅴ型供水工程，生活饮用水水质应符合《农村实施〈生活饮用水卫生标准〉准则》的要求。

（2）供水水压应满足配水管网中用户接管点的最小服务水头。设计时，很高或很远的个别用户所需的水压不宜为控制条件，可采取局部加压或设集中供水点等措施满足其用水需要。

（3）配水管网中用户接管点的最小服务水头，单层建筑物可为 5～10m，两层建筑物为 10～12m，二层以上每增高一层增加 3.5～4.0m；当用户高于接管点时，尚应加上用户与接管点的地形高差。

（4）配水管网中，消防栓设置处的最小服务水头不应低于 10m。

（5）用户水龙头的最大静水头不宜超过 40m，超过时宜采取减压措施。

三、供水范围和供水方式

1. 区域（联片）统一供水

在一定区域内，采用一个给水系统向多处村镇供水，该系统由专门人员集中管理，供水安全，水质保证率高。凡有可靠水源，居住比较集中的地区，应首先考虑这种供水方式。

2. 城市管网延伸供水

依靠城市管网向村镇供水，由于城市给水系统供水安全，水质合格率高，因此城市周边地区，距离城市管网较近处，优先考虑采用城市管网延伸供水。

3. 村级独立供水

一个村采用一个独立的供水系统仅向本村供水。一般供水规模小，供水保证率和水质合格率低，维修不便，仅适用于居住分散，村间距离远，没有规模大的水源地区。

4. 分压供水

采用同一给水系统向地形高差较大的不同村镇或生活区分压供水。凡供水范围内地形高差较大的，均应考虑这种供水方式。不仅可以防止管网中因静压过高而发生崩管事故，还可节省能耗，降低成本。

5. 分质供水

按供水水质不同，分别供饮用水和其他生活用水的供水方式。

供水范围和供水方式应根据区域的水资源条件、用水需求、地形条件、居民点分布等进行技术经济比较，按照优水优用、便于管理、单方投资和运行成本合理的原则确定。

（1）水源水量充沛，在地形、管理、投资效益比、制水成本等条件适宜时，应优先选择适度规模的联片集中供水。

（2）水源水量较小，或受其他条件限制时，可选择单村或单镇供水。

（3）距离城镇供水管网较近，条件适宜时，应选择管网延伸供水。

（4）有地形条件时，宜选择重力自流方式供水。

（5）当用水区地形高差较大或个别用水区较远时，应分压供水。

（6）只有唯一水质较好水源且水量有限时，或制水成本较高、用户难于接受时，可分质供水。

（7）有条件时，应全日供水；条件不具备的Ⅳ型、Ⅴ型供水工程，可定时供水。

第四节　供水水源的选择

为了选择较好的水源，可跨村、镇、行政区，从区域水资源的角度进行选择。有多个水源可供选择时，应通过技术经济比较确定，并优先选择技术条件好、工程投资低、运行成本低和管理方便的水源。水源水质和水量的可靠性是水源选择的关键。选择水源时应考虑与取水工程有关的其他各种条件，如当地的水文、水文地质、工程地质、地形、卫生、施工等方面的条件。正确地选择供水水源，必须根据供水对象对水质、水量的要求，对所在地区的水资源状况进行认真的勘察、研究。

一、供水水源的特点

供水水源可分为地表水源和地下水源两大类。地表水源包括江河、湖泊、水库和海水等。地下水源包括上层滞水、潜水、承压水、裂隙水、岩溶水和泉水等。

1. 地表水源

地表水源在供水中占据十分重要的地位，其供水特点主要有：

（1）地表水源流量较大，总溶解固体含量较低，硬度一般较小，常能满足大量用水的需要，因此，城市、工业企业常利用地表水作为供水水源，尤其是我国华东、中南、西南地区，河网发达，以地表水作为供水水源的城市、村镇、工业企业更为普遍。

（2）时空分布不均，受季节影响大。

（3）保护能力差，很容易受污染。

（4）泥沙和悬浮物含量较高，常需净化处理后才能使用。

（5）取水条件及取水构筑物一般比较复杂。

2. 地下水源

在我国北方城市供水中，地下水源占据重要地位，其供水特点表现为：

（1）时空分布变化较小，受季节影响相对较弱，动态变化小。

（2）地下水由于经过土石层的天然过滤，水质透明无色，一般不需要过滤。

（3）地下水源，尤其是深层地下水源不易受到地表污染物的污染，适合作为生活饮用水的水源。与地表水相比，循环交替慢，更新时间长，一旦污染，很难靠自然条件实现水质恢复，即使在人工治理条件下，水质恢复所需要的时间相当长。

（4）地下水温度一般较低，受外界气候的影响很小，年变幅很小，特别适宜作为工业的冷却水源。

（5）地下水的取水条件及取水构筑物比较简单，施工成本低，便于施工和运行管理。

（6）取水构筑物可靠近用水户，输水管道较短，运行管理和使用均较方便。

（7）地下水一般含盐量较高，水的硬度高，在水质方面有时不能满足某些部门的用水要求。

（8）地下水的水量一般不如地表水丰富充沛，有些情况下不能满足某些部门的需水量要求。

（9）地下水储存于地表以下，使水资源评价难度大，勘察工作量大，对于规模较大的地下水取水工程需要较长的时间进行水文地质勘察。

二、水源选择的一般原则

由于村镇在地理位置、气候特征等方面相差悬殊，并且水源类型多、水源水质差异大，在进行水源选择时应结合村镇水源特点考虑以下几个方面。

1. 水质良好，水量充沛，便于卫生防护及管理

对于水源水质良好而言，应根据《地面水环境质量标准》（GB 3838—2002）判别水源水质优劣及是否符合要求。作为生活饮用水水源，其水质要符合《生活饮用水卫生标准》（GB 5749—2006）中有关水源水质的Ⅲ类水域质量标准，乡镇企业生产用水的水源水质还应根据各种生产工艺要求而定，并符合标准规定的Ⅳ类水域水质标准。

采用地下水作为饮水水源，应有确切的水文、地质资料。若无确切的水文、地质资料，可根据本区域其他已建地下水工程来估算来水量，取水量必须小于允许开采量，严禁盲目开采。天然河流（无坝取水）的取水量应不大于该河流枯水期的可取水量。当无坝取水时，河流枯水期可取水量的大小应根据河流的水深、宽度、流速、流向和河床地形因素并结合取水构筑物形式来确定，一般情况下可取水源占枯水流量的 15%～25%，当取水量占枯水量的百分比较大时，则应对取水量作充分论证。水库的取水量应与农田灌溉相结合考虑，并通过水量平衡分析，确定在设计枯水量保证率的条件下能否满足供水与灌溉的要求，若不能同时满足则需分清主次，采取相应措施解决供水与灌溉之间的矛盾。

2. 符合卫生要求的地下水应优先作为饮用水水源

一般情况下，采用地下水源具有下列优点：取水条件及取水构筑物简单，便于施工和运行管理；通常地下水水质较好，无须澄清处理，当水质不符合要求时，水处理工艺比地表水简单，故处理构筑物投资和运行费用较为节省；便于靠近用户建立水源，从而降低给水系统，特别是输水管和管网的投资，节省输水运行费用，同时也提高了给水系统的安全可靠性；便于分期修建；便于建立卫生防护区。并且江河水、水库水受到工业废水、农药、化肥及人为污染严重，给水处理增加了难度。

对于工业企业生产用水水源而言，若取水量不大，或不影响当地饮用需要，也可采用地下水源。否则应采用地表水。采用地表水源时，须先考虑自天然河道中取水的可能性，而后考虑需调节径流的河流。地下水径流有限，一般不适合用水量很大的情况，有时即使地下水储量丰富，还应作具体技术经济分析。若过量开采地下水，还会造成地面沉降、岩溶塌陷、地裂缝等地质灾害，引起人员伤亡，农作物枯死，造成巨大的经济损失。

小知识 　　　　　　　　　　**地　面　沉　降**

过量开采地下水使地下水位大幅度下降，同时导致地下水压力减少，使地下水与沉积物压力均衡失调，松散堆积物被压缩，从而产生地面沉降，这种现象往往发生在河流下游的冲积平原或巨厚松散堆积物发育的大型盆地，此外地面沉降也出现在大规模的石油、天然气开采区。

日本 1961—1970 年的 10 年中，东京江东三角洲约 $47km^2$ 面积内，为了减轻地面沉降造成的危害，筑堤防潮，整修港湾河道及下水道，修缮民房等，共花费了 20 亿日元。美国的亚利桑那州皮纳耳和麦里科帕城之间的井灌区，于 1948—1967 年间，地下水位降低了 70～100m，地面沉降量达 1.2m，最大达到 2.5m。地面的不均匀沉降和伴生的地裂，使该地区的整个灌溉系统、公路、铁路、输水管道都遭到破坏。

我国最早发现地面沉降是上海，这里有厚约 300m 的海陆交互相第四纪沉积物。主要采水层为上部 70m 左右厚的砂层，由地面到主要采水层之间为淤泥质亚黏土与粉砂互层。1922—1938 年地面平均下沉 26mm，到 1965 年沉降中心地面沉降最大值达 2.37m。另外大同、天津、苏州、西安、太原、宁波、常州、河北沧州及台北等城市都存在地面下沉或地面开裂等问题。

---

3. 有条件的地方应尽量以地势高的水库或山泉水作为水源

地势高的水库水可以靠重力输送，自流供水，工艺简单可行，减少输水成本，节约工程投资，并有良好的工程效益。山泉水水质良好，一般无须净化处理，且不易受污染，水处理设施简单，运行成本低，是理想的给水水源。

4. 选择水源要对原水水质进行分析化验

江河水、水库水易受地面因素影响，一般浊度及细菌含量较高，可通过常规净化消毒处理去除。地下水受形成、埋藏、补给影响，通常含有较多矿物质，情况较为复杂。当确认该水源水质会引起某些地方疾病时，选择水源应慎重，如高氟水地区应尽量采取打深井、引用泉水或水库水等措施，当遇到铁、锰含量较高的地下水和高浊度等特殊水源时要对其他水源进行经济技术方案比较，选择一种较为经济合理的水源。

三、水源选择的顺序

村镇水源情况差异大，有些地方还存在着多种水源，在选择水源时可依照以下顺序考虑：

（1）直接饮用或经消毒等简单处理即可饮用的水源，如泉水、深层地下水（承压水）、浅层地下水（潜水）、山溪水、未污染的洁净水库水和未污染的洁净湖泊水。

（2）经常规净化处理后即可饮用的水源，如江、河水，受轻微污染的水库水及湖泊水等。

（3）便于开采，但需经特殊处理后方可饮用的地下水源，如含铁、锰量超过《生活饮用水卫生标准》（GB 5749—2006）的地下水源，高氟水。

（4）缺水地区可修建收集雨水的装置或构筑物（如水窖等），作为分散式给水水源。

山丘区居住分散的农户，兴建单户或联户的分散式供水工程有浅层地下水的地区，采用浅井供水工程；有山溪（泉）水的地区，建设引溪（泉）水设施；水资源缺乏或开发利用困难的地区，建设雨水集蓄饮水工程。

小知识　　　　　　　　　　**岩 溶 地 面 塌 陷**

岩溶地面塌陷现象，在我国喀斯特分布地区，特别是在山前及山间盆地地带广为分布。隐伏的喀斯特在第四系地层的覆盖下，本来处于稳定状态，由于抽取大量地下水，水位下降，失去水的浮托作用，原有土层承受不了上覆压力，导致地面塌陷。

我国自 20 世纪 80 年代以来，由于城市供水、农业灌溉、矿山排水的需要，大量汲取地下水，引起地下水位下降、地面塌陷。如河北省秦皇岛市柳江水源地，由于超量开采岩溶水，造成地面塌陷面积达 34 万 m^2，出现塌坑 286 个，直径 0.5～5m，深度 2～5m，最大直径 12m，深 7.8m；山东省泰安市由于无节制地开采岩溶水，引起地下水位下降，形成降落漏斗；据不完全统计，位于津浦铁路泰安段、訾家灌庄水源地、旧县水源地已发生地面塌陷 100 余处；2003 年 5 月 31 日凌晨，泰安市省庄镇东羊楼村旁麦地间发生严重地面塌陷，近两亩麦地突然间垂直塌陷 30m，大坑直径接近 40m，形成山东省最大的岩溶塌陷。

在石灰岩隐伏区，地层属于双元结构，上部为松散土层，下层为基岩。由于过度开采地下水，必然引起水位下降，开采量越大，下降幅度越大，形成的降落漏斗范围越大。当地下水位降到基岩面附近时，上部土体的自重应力增加。在动水压力作用下，不断地将土颗粒带到岩溶洞隙中，在基岩面附近首先形成土洞。随着土洞的不断扩大，当上覆土体自重超过土的抗剪强度时，导致土体突然塌落，形成岩溶塌陷。

四、地下水水源选择

进行水源地选择，首先考虑的是能否满足需水量的要求，其次是它的地质环境与利用条件。

（1）水源地的水文地质条件。取水地段含水层的富水性与补给条件，是地下水水源地的首选条件。因此，应尽可能选择在含水层层数多、厚度大、渗透性强、分布广的地段上取水。如选择冲洪积扇中、上游的砂砾石带和轴部，河流的冲积阶地和高漫滩，冲积平原的古河床，厚度较大的层状与似层状裂隙和岩溶含水层，规模较大的断裂及其他脉状基岩含水带。

在此基础上，应进一步考虑其补给条件。取水地段应有较好的汇水条件，应是可以最大限度地拦截区域地下径流的地段，或接近补给水源和地下水的排泄区；应是能充分夺取各种补给量的地段。例如：在松散岩层分布区，水源地尽量靠近与地下水有密切联系的河流岸边；在基岩地区，应选择在集水条件最好的背斜倾没端、浅埋向斜的核部、区域性阻水界面迎水一侧；在岩溶地区，最好选择在区域地下径流的主要径流带的下游，或靠近排泄区附近。

小知识　　　　　　　　　　**找水经验（一）**

我国地下水在开发中，积累了许多找水经验，这些经验和体会具有明显的地域性、片面性，有的看是相互矛盾的，放在同一条件下并不成立。各地在找水应用时，应根据诸种自然现象提供的线索，进行综合全面分析，要因地制宜，辩证地看待这些经验，不能死板地套用，否则会出现失误，导致找水定井失败。

1. 根据地表岩土的湿度来判别是否有地下水

（1）"烂泥田，有水源"。在山区的低洼地带，由于地下水的汇聚，在这些地带常形成烂泥田，常年泥泞不干，有时见水泡上翻，说明其下有地下水。地下水一般为孔隙水，是周围的裂隙水汇聚而成，根据烂泥田的分布范围和烂泥田含水情况来判别地下水的丰富程度。烂泥田分布范围越大，水分越多，说明地下水越丰富；否则相反。

（2）"旱龙道，水源好"。在平原区，地层一般为第四系土层，如果泥泞不堪，地表水不易下渗，说明此处地下为渗透性小的黏土、亚黏土，地下水一般不丰富；相反，如果下雨后，地表立刻变干，雨水很快渗入地下，说明地下为透水性很强的地层，如砂土、卵石层等，地下水一般较丰富。在小型平原和山间谷地，群众把规模较小的古河道称为"旱龙道"，意为条带状干燥的通道，形似龙一样，只要找到古河道，就能找到含水性较强的地下水。

石灰岩山区，由于岩石具有较强的透水性，雨后地表干燥，说明降雨很快变成地下径流，地下水一般较丰富。当然由于岩溶水是一个复杂的地下水系统，岩溶发育带不一定就在附近。变质岩山区，由于岩石完整，透水性差，雨后地表溪流不断，大雨过后常形成许多泉水，不久就断流，说明降雨大部分变成地表径流，不能有效补给地下水，地下水一般贫乏，是地下水贫水区，如山东省胶东的花岗岩地区、变质岩地区。

2. 冬季根据地表是否结冰来判别是否有地下水

（1）"有结冰，水源好"。在山区，常有许多下降泉，说明该处地下水丰富，是潜水排泄处，可以作为小型饮用水源。到了冬季，水溢流，沿着山坡流淌结冰，常形成悬挂的冰幕。可根据悬挂冰幕的厚度、范围大小判别地下水的丰富程度，如厚结冰厚度大，结冰范围广，大致可以判别泉的流量较大，地下水较丰富，可以考虑采用引泉工程开采地下水。

（2）"不结冰，有水源"。在平原区到了冬季，一般地区都结冰或积雪，但其中一个小范围内不结冰或结冰时有裂缝，缝壁有白霜，有时候早晨看见有雾气上升，其下面可能有水源。这种地下水一般为埋藏较浅的孔隙潜水。可根据化冰的范围大小判别地下水的丰富程度，如果化冰大，地下水分布范围大。温度越低，周围结冰厚度越大，化冰越明显，说明地下水活动越强烈，含水一般较丰富。在这些地方采用大口井开采，一般能获得较丰富的地下水。

（2）水源地的地质环境。在选择水源地时，要从区域水资源综合平衡的观点出发，尽量避免出现新旧水源地之间、工业和农业用水之间、供水与矿山排水之间的矛盾。也就是说，新建水源地应远离原有的取水或排水点，减少互相干扰。

为保证地下水的水质，水源地应远离污染源，选择在远离城市或工矿排污区的上游；应远离已污染（或天然水质不良）的地表水体或含水层的地段；避开易于使水井淤塞、涌砂或水质长期浑浊的流砂层或岩溶充填带；在滨海地区，应考虑海水入侵对水质的不良影响；为减少垂向污水渗入的可能性，最好选择在含水层上部有稳定隔水层分布的地段。此外，水源地应选在不易引起地面沉降、塌陷、地裂等有害工程地质作用的地段上。

（3）水源地的经济性、安全性和扩建前景。在满足水量、水质要求的前提下，为节省建设投资，水源地应靠近供水区，少占耕地；为降低取水成本，应选择在地下水浅埋或自流地段；河谷水源地要考虑水井的淹没问题；人工开挖的大口径取水工程，则要考虑井壁的稳固性。当有多个水源地方案可供选择时，未来扩大开采的前景条件，也常常是必须考虑的因素之一。

（4）对于基岩山区裂隙水小型水源地的选择，也基本上是适合的。但在基岩山区，由于地下水分布极不普遍和不均匀，水井的布置将主要取决于强含水裂隙带的分布位置。此外，布井地段的地下水位埋深、上游有无较大的补给面积、地下水的汇水条件及夺取开采补给量的条件也是确定基岩山区水井位置时必须考虑的条件。

小知识　　　　　　　**找水经验（二）**

1. 根据泉水的出露来判别是否有地下水

根据泉水的出露是判别地下水的最有效手段之一，观察泉水的流量、出露高度、泉水温度，对了解地下水类型、地下水埋藏条件、地质构造具有重要意义。

（1）"下降泉，水源小"。在山丘区，由于含水层受到切割，形成许多的下降泉。下降泉说明地下水为潜水的排泄处，地下水一般不丰富，只能作为小型饮用水源。

（2）"上升泉，水源丰"。如果是上升泉，说明地下水为承压水的排泄处，地下水一般较丰富，常可以开采为大型水源地。如济南的七十二泉，山西娘子关泉，为著名的上升泉。

（3）"有温泉，水源远"。如果泉水温度大致相当或略低于当地年平均气温，称为冷泉。这种泉大多由潜水补给，一般情况下冷泉是就地补给，就地排泄，地下水运动距离短，地下水不丰富；如果泉水温度高，高于当地年平均气温，称为温泉。这种泉大多由承压水补给，一般情况下温泉是异地补给，当地排泄，地下水运动距离长，地下水一般较丰富。

2. 根据地形地貌来判别是否有地下水

地形、地貌是寻找地下水的最直接的依据，不同的地形、地貌特征，会影响地下水的补给、运动、排泄。根据地形特征，有以下几种找水经验。

(1) "青山压砂山，往往有清泉"。在地貌上如果上部为石灰岩地层（青石山），下部为变质岩地层（砂石山）构成青山压砂山，在二者的接触带上，石灰岩中的二段含水灰岩中的地下水，遇到变质岩的阻挡，形成泉水出露。

(2) "掌心地，找水最有利"。掌心地、簸箕段是指三面环山的小洼地，周围地下水集中流向洼地。在地形等高线上构成半闭合的洼地，周围地下水集中流向洼地，对于打井或挖泉最有利。

(3) "山间低地，汇水最有利"。在石灰岩地区，山间低地的地下水位浅，周围山地汇水集中，使石灰岩中裂隙溶洞充满水，在地表不见构造的情况下，根据这种地形也可以打出水来，如山东省新泰市禹村东站区域水位埋深14m，井深15m，出水量很大。在其他岩石地区，山间低地汇水条件好，地下水相对丰富，也是井的最佳位置。

(4) "两山夹一沟，河涯有水流" "两山夹一嘴，常常有流水"。两山之间有一沟谷，河谷切割出不同岩层，也切割于地下水面，在坡脚处往往有层间裂隙水流出；两山之间出现一孤山，孤山的山嘴阻挡了上游河谷的水流，如潜水位高时可有泉出露。

(5) "山扭头，有水流"。当山脉拐弯处，由于山脉走向变了，但含水层中部分水流方向不变，地下水便在适宜的地方涌出成为泉水。

(6) "山冈坡，泉很多"。山间盆地的边缘，常有许多的低矮山冈、山冈坡，地下水常沿山脚流出。如果是大型的山间盆地或谷地，地下水储量很丰富，两侧常有水流出，如山西临汾盆地，就是广泛利用潜水井进行灌溉。

五、地表水水源选择

地表水取水构筑物位置的选择是否恰当，直接影响取水的水质和水量、取水的安全可靠性、投资、施工及运行管理等。因此，正确合理选择取水口的位置是地表水取水构筑物设计中的一个十分重要的环节，为此应当深入现场，做好调查研究，全面考虑。在选择地表水取水构筑物位置时，应考虑以下基本要求。

1. 具有稳定的地河床和河岸、靠近主流、有足够的水深

在弯曲河段上，取水构筑物宜设在河流的凹岸。凹岸由于横向环流的作用，岸陡，水深，泥沙不易淤积，且主流近岸，水质亦较好，是比较理想的取水地点。设在凹岸的取水口一般都是比较成功的。但是凹岸容易受冲刷，需要一定的护岸工程。由于横向环流进入弯道后逐渐加强，在凹岸顶点环流最强，冲刷最剧烈，过凹岸顶点后环流又逐渐减弱。故取水口最好避开水流顶冲点，而设置在顶冲点的稍下游处。但该处冲刷仍较剧烈，护岸工

程费用较大。为了减少护岸工程，也可以将取水口设在凹岸冲顶点稍上游处。

河流的凸岸，岸坡平缓，容易淤积，深槽主流离岸较远，一般不宜设置取水口。但是，如果在凸岸的起点，又是顺直河段的终点，主流尚未偏离时，或者在凸岸的起点或终点，主流虽已偏离，但离岸不远有不淤积的深槽时，仍可设置取水口。

在顺直河段上，取水构筑物应设置在河床稳定，深槽主流近岸的地点，通常就是河流较窄、流速较大、水位较深的地点。在取水口处的水深一般要求不小于 2.5～3.0m。

应尽量避免在河滩上垂直水流方向开明渠引水，或局部加深河床，设横向低流槽引水。因为洪水期引水渠易被泥沙淤积，特别在河水泥沙较多时，清泥困难，影响取水。

在有沙洲、边滩河段上取水时，应注意了解边滩、沙洲的形成原因、移动趋势和速度。取水口不宜设在移动边滩、沙洲的下游附近，以免日后被泥沙堵塞。

在有支流入口的河段上，由于干支流涨水的幅度和先后不同，容易形成壅水，产生大量泥沙沉积。如干流水位上涨，支流水位不涨时，则对支流造成壅水，致使支流上游泥沙大量沉积。相反，支流水位上涨，干流水位不涨时，又将沉积下的泥沙冲刷下泻，使支流含沙量剧增。在支流入口处，由于流速降低，泥沙大量沉积，形成泥沙堆积锥。因此，取水口应离支流口处上下游有足够的距离。

2. 设在水质较好的地点

生活和生产污水排入河流将直接影响取水水质。因此，为了避免污染，取得较好的水质，供生活用水的取水构筑物应设在城市和工业企业的上游，设在污水排放口的上游约 100～150m 以上。如岸边有污水排放，水质不好时，则宜伸入江心水质较好处取水。

取水构筑物应避开河中回流区和死水区，以减少水中泥沙和漂浮物进入和堵塞取水口。

在沿海地区受潮汐影响的河流上设置取水构筑物时，应考虑咸潮对取水水质的影响，避免吸入咸水。河流入海处，如果河水含沙量不大，其比重较海水小时，则会因比重不同产生异重流，微黄的河水以扇状扩散于海水表面，持续一定距离，海水则沿河底向上游延伸。

其他如农田污水灌溉，农作物及果园施加农药、垃圾堆肥厂、填埋场、有害废料堆场等都可能污染水源，在选择水源时应予以注意。

电厂冷却水要尽可能取温度低的河水。通常水深较大的河流，夏季表层水温较高，底层温度较低。水流缓慢的大河（不受潮汐影响时），河心水温较低，岸边水温较高（相差 0.1～0.4℃）。因此，为了取得低温水，宜从底层（含沙少时）和河心取水。

当利用河流、湖泊和水库作为天然冷却池时，如底层水和表层水水温相差较大，水较深（4m 以上），流速较小，易形成温差异重流。这时，低温水的比重较大，一般沿底层流动；高温水比重小，一般沿表层流动。因此，可以利用异重流的特点，将取水口设在热水排出口附近，从上层排出水温较高的热水，而从底层取得温度较低的冷却水。

3. 具有良好地质、地形及施工条件

取水构筑物应设在地质构造稳定、承载力高的地基上，不宜设在淤泥、流沙、滑坡、风化严重和岩溶发育地段。在地震地区不宜将取水构筑物设置在不稳定的陡坡或山脚下。取水构筑物也不宜设在有宽广河漫滩的地方，以免进水管过长。

选择取水构筑物位置时，要尽量考虑到施工方便。除要求交通运输方便，有足够的施工场地外，还要尽量减少土石方量和水下工程量，以节省投资，缩短工期。

取水泵站可建于岸内或临岸水边，需根据地形、地质、泵站结构型式、施工方案等因素决定。如河岸较陡，地质条件允许，将取水泵站从岸内移至临岸水边，常可减少大量土石方，缩短工期，节约投资，并有利于泵站筒壁的防水处理。但是泵站也不宜突出河岸太多，以免受到水流冲击和使交通引桥过长。

水下施工困难，而且费用甚高。因此，在选择取水口位置时，应充分利用地形条件，尽量减少水下施工量。山区河流有时可以利用河中出露的礁石作为进水口或取水头部的支墩，在礁石与河岸之间修筑短围堰，敷设自流管，以减少水下施工量。

4. 靠近主要用水地区

取水构筑物位置选择应与工业布局和城市规划相适应，并从整个给水系统（输水管线、净水厂、二级泵站等）的合理布置全面考虑。在保证取水安全的前提下，取水构筑物应尽可能靠近主要用水地区，以缩短输水管线的长度，减少输水管的投资和输水的电费。这一点对大型取水构筑物更具有重要意义。此外，还要使输水管敷设方便，尽量减少穿过天然河流、谷地等或人工铁路、公路障碍物。

5. 应注意河流上的人工构筑物或天然障碍物对取水口位置选择的影响

河流上常见的人工构筑物有桥梁、码头、丁坝、拦河闸和坝等，它将引起河流水流条件的改变，从而使河床产生冲刷新纪录或淤积，故在选择取水口位置时必须加以注意。

（1）桥梁通常设置在河流最窄处和比较顺直稳定的河段上，取水口位置应避开桥前水流滞缓段、桥后冲刷新纪录和落淤段。根据一般经验，取水口可设在桥前 0.5km 或桥后 1.0km 以外的地方。

（2）丁坝是常见的河道整治构筑物，由于将主流挑离本岸，逼向对岸，在丁坝附近则形成淤积区。因此，取水口如与丁坝同岸时，则应设在丁坝上游，与坝前浅滩起点相隔一定距离（岸边式取水口不小于 150~200m，河床式取水口可以小些）。取水口亦可设在丁坝的对岸（需要有护岸设施），但不宜设在丁坝同岸的下游，因主流已经偏离，容易产生淤积。还要注意，残留的施工围堰，突出河岸的施工弃土，其对河流的作用类似丁坝，也常引起河床的冲刷和淤积。

（3）突出河岸的码头，如同丁坝一样，会阻滞水流，引起淤积，而且码头附近卫生条件亦较差。因此，取水口最好离开码头一定距离。如必需设在码头附近时，最好伸入江心取水，以取得较好水质，减少淤积。同时，在码头附近设置取水口时，还应考虑船舶进出码头的航线安全，以免与取水口相碰。取水口距码头的距离应征求航运部门的意见。

（4）拦河坝上游由于水流速减缓，泥沙容易淤积，设置取水口时应注意河床淤高的影响。闸坝下游，水量、水位和水质都受到闸坝调节的影响。闸坝泄洪或排沙时，下游可能产生冲刷和泥沙增多，取水口宜设在其影响范围之外。

（5）突出河岸的陡崖、石嘴对河流的影响类似丁坝，在其上下游附近往往出现泥沙沉积区，在此区内不宜设置取水口。

（6）在北方地区的河流上设置取水时，应避免冰凌的影响。取水口应设在水内少冰和不受流冰冲击的地点，也不宜设在易于产生水内冰的急流、冰穴、冰洞及支流入口的下游。尽量避免将取水口设在流冰易于堆积的浅滩、沙洲、回流区和桥孔的上游附近。在水内多冰的河段，取水口不宜设在冰水混杂地段，而宜设在冰水分层地段，以便从冰层下取水。

（7）应与河流的综合利用相适应。在选择取水构筑物位置时，应结合河流的综合利用，考虑航运、灌溉、排洪、水力发电等的要求。在通航和流放木筏的河流上设置取水口时，应不影响航船和木筏的通行，必要时应根据航运部门的要求设置航标。应注意了解河流上下游近远期内拟建的各种水工构筑物（水坝、水库、水电站、丁坝等）和整治规划对取水构筑物可能产生的影响。

（8）应尽可能利用地形条件，取水口位置选在能够自流输水处。对灌区的引水渠渠首、农村修建自来水厂取水，从经济上、从电力及能源常常间断的特点考虑，尽可能把取水口设在灌区或供水区上游地势较高、地形优越的地点，以靠水头高差自流引水，减少扬升设备。

小知识 **找水经验（三）**

1. 根据地物来判别是否有地下水

（1）"黄泥头下藏水源"。在山丘区，第四系堆积物一般为坡积、残积的土层，而下伏基岩的风化壳形成年代新，风化裂隙发育，一般富水。覆盖层越厚，覆盖层渗透性越大，地下水往往越丰富。山丘区的覆盖层一般为粉土夹砂粒、黏土夹砂，老百姓俗称黄泥头，土层下与基岩接触带附近，一般含有水量不大的地下水，可作为小型水源开采。

（2）"有石龙，水源到"。岩脉俗称"石龙"或"石筋"，由于岩脉属于脆性岩石，而围岩属于柔性岩石，石龙本身裂隙比较发育，充填物也较少，有利于地下水的富集，是变质岩、岩浆岩地区较好的含水构造。变质岩地区较好的含水岩脉有花岗岩脉、长石岩脉、石英岩脉、闪长玢岩。

（3）"河水突然断流，地下水不请自到"。根据河流流量的变化，大致可以反映地下水与河水的互补关系。如河水显著增加段，表明两岸有较丰富的地下水补给河水，可以有针对性地对显著增加段的上游附近查找地下水；如流量显著减少甚至干涸变成干河床，说明河水补给地下水，在河流的下游段寻找地下水。

2. 根据气象现象来判别是否有地下水

（1）"雾气升，有水源"。石灰岩洞穴，如果常年有白雾迷漫，说明该处含有丰富的地下水。如浙江著名的瑶琳仙境溶洞，就是当地百姓发现山上常年雾气缭绕，发现特大溶洞，最后开发成著名的溶洞旅游胜地。

在某个地方天冷久旱时期，在无风的早晨，迎阳光从稍远处望去，常见水蒸气上升，说明该处可能有地下水；平坦的草原，傍晚有薄雾笼罩，下面可能有地下水存在。根据水蒸气上升寻找的地下水都是埋深不大的潜水，对于埋藏较大的承压水、深层水，利用这种现象找水就无能为力。

（2）风水先生找水。在偏远的农村，常见有找水先生，在地上挖一个坑，将一个非常大的泥碗倒扣在坑里，到了清晨翻开泥碗，根据泥碗里凝结水珠多少来判别是否有地下水，如果水珠多，说明地下水形成的水蒸气旺盛，地下水丰富；有时候他们在坑里点燃一堆稻草观察稻草炊烟上升形状，如果烟雾垂直上升，说明水蒸气多，地下水丰富，尽管这些方法带有一定的迷信色彩，但也有一定的道理。

3. 根据植被来判别是否有地下水

（1）带状分布的茂盛植被，说明该处可能为断层破碎带，含有丰富的构造裂隙水。断层破碎带为脉状分布，沿断层带发育有断层角砾岩、断层破碎带，地下水较丰富。野外许多断层就是根据带状分布的植物发现的。

（2）地表生成喜湿植物，如芨芨草、沙柳、水芹菜、竹子等，说明地下水一般埋藏浅，水量多，这些地下水一般为孔隙潜水。其中芦苇生长地区，地下水位一般埋深0～3m，芨芨草群区，地下水位埋深3～6m，而骆驼草指示较深的地下水位，一般埋深15m左右。

在野外的地质找水中，根据芦苇生长情况，在揭示地下水赋存方面效果较好。在北方山丘区的坡脚、低洼地带，凡是地下水排泄、出露的地带，都长有茂密的芦苇，说明该地段为地下水的出口，一般含有丰富的地下水。可根据芦苇生长的范围、茂盛程度，来判别地下水富水程度。范围越大，说明地下水排泄范围广；生长越茂盛，说明地下水水量越丰富。

六、雨水水源

对于地面水和地下水都极端缺乏，或对这些常规水资源的开采十分困难的山区，解决水的问题只能依靠雨水资源。此类地区地形、地质条件不利于修建跨流域和长距离引水工程，而且即使将水引到了山上，由于骨干水利工程能提供的水源往往是一个点，如水库、枢纽；或者是一条线，如渠道，广大山区则是一个面，因此要向分散居住在山沟里的农户供水是十分困难的。而要把水引下山为被沟壑分割成分散、破碎的地块进行灌溉，更是难题。同时高昂的供水成本让农户难以承担，使工程的可持续运行和效益发挥成为问题。对居住分散、居民多数为贫困人群的山区，应当采用分散、利用就地资源、应用适用技术、便于社区和群众参与全过程的解决方法。与集中的骨干水利工程比较，雨水集蓄利用工程恰恰具有这些特点。雨水是就地资源，无须输水系统，可以就地开发利用；作为微型工程，雨水集蓄工程主要依靠农民的投入修建，产权多属于农户，农民可以自主决定它的修建和管理运用，因而十分有利于农民和社区的参与。要实现缺水山区的可持续发展，雨水集蓄利用是一种不可替代的选择。

对于地表水、地下水缺乏或开采利用困难，且多年平均降水量大于250mm的半干旱地区和经常发生季节性缺水的湿润、半湿润山丘地区，以及海岛和沿海地区，可利用雨水集蓄解决人畜饮用、补充灌溉等用水问题。

第二章 取水构筑物

村镇集中式供水工程的取水构筑物可分为地下水和地表水取水构筑物。地下水取水形式主要包括管井、大口井、辐射井、复合井、截潜流工程、渗渠、引泉工程等；地表水取水水源主要有河流、湖泊、水库、雨水等，按水源种类的不同，地表水取水构筑物可分为河流、湖泊、水库和海水取水构筑物；按取水构筑物构造的不同，地表水取水构筑物可分为固定式取水构筑物、移动式取水构筑物和山区河流取水构筑物。

第一节 地下水取水构筑物设计

由于地下水类型、埋藏深度、含水层性质等各不相同，开采和取集地下水的方法和取水构筑物型式也各不相同。取水构筑物中以管井和大口井最为常见。大口井用于取集浅层地下水，地下水埋深通常小于12m，含水层厚度在5～20m之内；管井用于开采深层地下水，管井深度一般在200m以内，但最大深度也可达1000m以上；截潜流工程可用于取集含水层厚度在4～6m、地下水埋深小于2m的浅层地下水，也可取集河床地下水或地表渗透水；辐射井一般用于取集含水层厚度较薄而不能采用大口井的地下水，含水层厚度薄、埋深大、不能用渗渠开采的，也可采用辐射井来开采地下水，故辐射井适应性较强，但施工困难；复合井适用于地下水位较高、厚度较大的含水层，有时在已建大口井中再打入管井成为复合井以增加井的出水量和改善水质。

一、管井

（一）管井的型式与构造

管井是地下水取水构筑物中应用最广泛的一种，因其井壁和含水层中进水部分均为管状结构而得名。常用凿井机械开凿，俗称机井。按其过滤器是否贯穿整个含水层，可分为完整井和非完整井。

管井主要由井室、井壁管、过滤器及沉沙管构成，如图2-1（a）所示。当有几个含水层且各层水头相差不大时，可用多层过滤器管井，如图2-1（b）所示。在抽取稳定的基岩中的岩溶、裂隙水时，管井也可不装井壁管和过滤器。

井室位于最上部，用以保护井口、安装设备、进行维护管理；井管则是为了保护井壁不受冲刷、防止不稳定岩层的塌落、隔绝水质不良的含水层；过滤器两端与井管连接，置于含水层位置，是井管的进水部分，同时也可防止含水层中细小颗粒大量涌入井内，起保护作用；人工填砾可扩大进水面积和促进天然滤层的形成；沉淀管（又称沉沙管）位于井管的最下端，用以沉积涌入井内的沙粒，长度一般不少于2～3m，如果含水层中多粉细沙时，可适当加长；人工封闭物是为了防止地表污水、污物及水质不良地下水污染含水层而设置的，一般采用优质黏土，如果要求较高时，也可选用水泥封闭。现将管井各部分构造

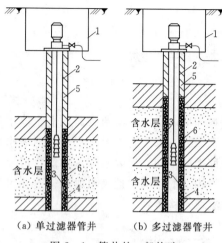

（a）单过滤器管井　　（b）多过滤器管井

图 2-1　管井的一般构造

1—井室；2—井壁管；3—过滤器；4—沉淀管；5—封闭黏土；6—人工填砾

分述如下。

1. 井室

井室通常是保护井口免受污染、安装各种设备（如水泵机组或其他技术设备）以及进行维护管理的场所，因此，井室的构造应满足室内设备的正常运行要求，为此井室应有一定的采光、采暖、通风、防水、防潮设施，应符合卫生防护要求。具体实施措施如下：井口要用优质黏土或水泥等不透水材料封闭，一般不少于 3m，并应高出井室地面 0.3～0.5m，以防止井室积水流入井内。

抽水设备是影响井室的主要因素，水泵的选择首先应满足供水时流量与扬程的要求，即根据井的出水量、静水位、动水位和井的构造（井源、井径）、给水系统布置方式等因素来决定。在此基础上，综合考虑井的施工方式、水质的影响、气候、水文地质条件及取水井附近的卫生状况。井室根据抽水设备的不同可分为以下几种类型。

（1）深井泵房。深井泵由泵体、装有传动轴的扬水管、泵座和电动机组成。泵座和电动机安装在井室内，根据不同的条件和要求，深井泵房可以建成地面式、地下式或半地下式。大流量深井泵房通常采用半地下式，如图 2-2（a）所示，其维修管理、防水、防潮、采光、通风等条件较好；但地下式［图 2-2（b）］便于城镇、厂区规划，防寒条件好。

（2）深井潜水泵房。深井潜水泵的水泵和电动机一起浸没在动水位以下，井室内只要安装闸门等附属设备即可，井室实际上与一个阀门井相似，如图 2-3 所示。由于潜水泵具有结构简单、使用方便、重量轻、运转平稳、无噪声等优点，在小流量管井中被广泛采用。

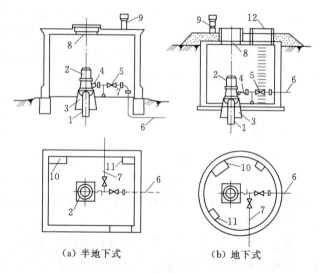

（a）半地下式　　　　（b）地下式

图 2-2　深井泵房布置

1—井管；2—水泵机组；3—水泵基础；4—单向阀；5—阀门；6—压水管；7—排水管；8—安装孔；9—通风孔；10—控制柜；11—排水坑；12—人孔

（3）卧式水泵房。采用卧式水泵的管井，其井室可以与泵房分建或合建。分建的井室类似阀门井，合建的井室与深井泵房相似。由于卧式水泵受其吸水高度的限制，常常用于地下水动水位较高的情况，而且其井室大多设于地下。

（4）其他类型的井室。对于地下水位很高的管井，若可采用自流井或虹吸方式取水时，由于无需在井口设抽水装置，井室大多做成地下式，其结构与一般阀门井相似。

装备空压机的管井，井室与泵站分建。井室设有气水分离器。出水通常直接流入清水池，故井室与一般深井泵站大体相同。

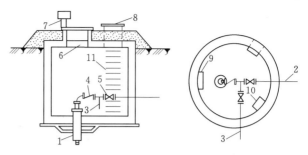

图 2-3 地下式潜水泵房
1—井管；2—压水管；3—排水管；4—单向阀；5—阀门；
6—安装孔；7—通风管；8—人孔；9—控制柜；
10—排水坑；11—攀梯

2. 井管

井管也称井壁管。由于受到地层及人工填砾的侧压力，故要求它应有足够的强度，并保持不弯曲，内壁平滑、圆整，以利于抽水设备的安装和井的清洗、维修。井管可以是钢管、铸铁管、钢筋混凝土管、石棉水泥管、塑料管等。一般情况下，钢管适用的井深范围不受限制，但随着井深的增加就相应增大壁厚。铸铁管一般适用于井深小于 250m 范围，它们均可用管箍、丝扣或法兰连接。钢筋混凝土管一般井深不得大于 150m，常用管顶预埋钢板圈焊接连接。井管直径应按水泵类型、吸水管外形尺寸等确定。当采用深井或潜水泵时，井管内径应大于水泵井下部分最大外径 100mm。

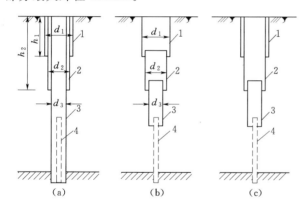

图 2-4 分段钻进时井壁管构造
1、2、3—井管段；4—过滤器

井管的构造与施工方法、地层岩石稳定程度有关，通常有如下两种情况。

（1）分段钻进时的异径井管构造。分段钻进法通常称为套管钻进法。如图 2-4（a）所示，开始时钻进到 h_1 的深度，孔径为 d_1，然后下入井管段 1，这一段井管也称导向管或井口管，用以保持井的垂直钻进和防止井口坍塌；然后将孔缩小到 d_2，继续钻进到 h_2 的深度，下入井管段 2。上述操作程序可视地层厚度，或者重复进行下去，或者接着将孔径减小到 d_3 继续钻进至含水层，放井管段 3，放入过滤器 4。最后，用起重设备将井管段 3 拔起，使过滤器 4 露出，并分别在适当部位切断井管段 3、井管段 2，如图 2-4（b）所示。为防止污染，两井管段应重叠 3~5m，其环形空间用水泥封填，如图 2-4（c）所示。

（2）不分段钻进时的同径井管构造。在地层比较稳定和井深不大的情况下都不进行分段钻进，而采用一次钻进的方法。在钻进中利用清水或泥浆对井壁的压力和泥浆对松散颗粒的胶结作用，使井壁不发生坍塌。这种方法又称清水钻进法或泥浆钻进法。当钻进到设计深度后，将沉淀管、过滤器、井管一次下入井孔内，然后在过滤器与井管之间填入砾石，并在井口管和井壁之间用黏土或水泥封填。当井内地层不稳定时，则在钻进的同时下入套管，以防坍塌，至设计深度后在套管内下入井管、填砾，最后拔出套管，并封闭井口，此种方法称套管护壁钻进法。

3. 过滤器

(1) 过滤器的作用和组成。过滤器是管井的重要组成部分。它连接于井管，安装在含水层中，用以集水和保持填砾与含水层的稳定。它的构造、材质、施工安装质量对管井的出水量、含砂量和工作年限有很大影响，所以是管井构造的核心。对过滤器的基本要求是：具有较大的孔隙度和一定的直径，有足够的强度和抗蚀性，能保持人工填砾和含水层的稳定性，成本低廉。

过滤骨架孔眼的大小、排列、间距与管材强度、含水层的孔隙率及其粒径有关。首先，骨架的孔隙率应不小于含水层的孔隙率；同时，受管材强度的制约，各种管材允许孔隙率为：钢管 30%～35%，铸铁管 18%～25%，钢筋水泥管 10%～15%，塑料管 10%；此外，按含水层的粒径选择适宜的孔眼尺寸能使洗井时含水层内细小颗粒通过其孔眼被冲走，而留在过滤器周围的粗颗粒形成透水性良好的天然反滤层。这种反滤层对保持含水层的渗透稳定性，提高管井单位出水量、延长使用年限都有很大作用。表 2-1 为过滤器进水孔眼直径或宽度。

表 2-1　　　　　　　　　　　　过滤器的进水孔眼直径或宽度

过滤器名称	进水孔眼的直径或宽度	
	岩层不均匀系数 $\left(\dfrac{d_{60}}{d_{10}}<2\right)$	岩层不均匀系数 $\left(\dfrac{d_{60}}{d_{10}}>2\right)$
圆孔过滤器	$(2.5\sim3.0)\,d_{50}$	$(3.0\sim4.0)\,d_{50}$
条孔和缠丝过滤器	$(1.25\sim1.5)\,d_{50}$	$(1.5\sim2.0)\,d_{50}$
包网过滤器	$(1.5\sim2.0)\,d_{50}$	$(2.0\sim2.5)\,d_{50}$

注　1. d_{60}、d_{50}、d_{10} 是指颗粒中按重量计算有 60%、50%、10% 粒径小于这一粒径。

　　2. 较细砂层取小值，较粗砂层取大值。

过滤层起着过滤作用，有分布于骨架外的密集缠丝、带孔眼的滤网及砾石充填层等。

(2) 过滤器的类型。由不同骨架和不同过滤层可组成各种过滤器。现将几种常用的简述如下：

骨架过滤器 [图 2-5 (a)、(b)] 只由骨架组成，不带过滤层。仅用于井壁不稳定的基岩井，较多地用作其他过滤器的支撑骨架。

缠丝过滤器 [图 2-5 (c)、(d)] 的过滤层由密集程度不同的缠丝构成。如为管状骨架，则在垫条上缠丝；如为钢筋骨架，则直接在其上缠丝。缠丝为金属丝或塑料丝。一般采用直径 2～3mm 的镀锌铁丝；在腐蚀性较强的地下水中宜用不锈钢等抗蚀性较好的金属丝。生产实践中还曾试用尼龙丝、增强塑料丝等强度高、抗蚀性强的非金属丝代替金属丝，取得了较好的效果。

缠丝的效果较好，且制作简单、经久耐用，适用于中砂及更粗颗粒的岩石与各类基岩。若岩石颗粒太细，要求缠丝间距太小，加工常有困难，此时可在缠丝过滤器外充以砾石。

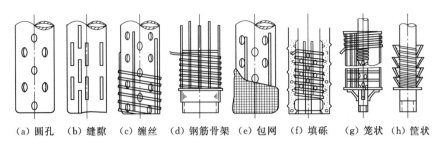

(a) 圆孔　(b) 缝隙　(c) 缠丝　(d) 钢筋骨架　(e) 包网　(f) 填砾　(g) 笼状　(h) 筐状

图 2-5　过滤器类型图

包网过滤器 [图 2-5 (e)] 由支撑骨架和滤网构成。为了发挥网的渗透性,需在骨架上焊接纵向垫条,网再包于垫条外。网外再绕以稀疏的护丝 (条),以防磨损。网材有铁、铜、不锈钢、塑料压模等类。一般采用直径为 0.2~1mm 的铜丝网,网眼大小也可根据含水层颗粒组成。过滤器的微小铁丝,易被电化学腐蚀并堵塞,因此也有用不锈钢丝网或尼龙网取代的。

填砾过滤器 [图 2-5 (f)] 以上述各种过滤器为骨架,围填以与含水层颗粒组成有一定级配关系的砾石层,统称为填砾过滤器。工程中应用较广泛的是在缠丝过滤器外围填砾石组成的缠丝填砾过滤器。

这种人工围填的砾石层又称人工反滤层。由于在过滤器周围的天然反滤层是由含水层中的骨架颗粒的迁移而形成的,所以不是所有含水层都能形成效果良好的天然反滤层。因此,工程上常用人工反滤层取代天然反滤层,如图 2-6 所示。

填砾过滤器适用于各类砂质含水层和砾石、卵石含水层,过滤器的进水孔尺寸等于过滤器壁上所填砾石的平均粒径。

填砾粒径和含水层粒径之比如式 (2-1),即

$$\frac{D_{50}}{d_{50}} = 6 \sim 8 \qquad (2-1)$$

式中　D_{50}——填砾中粒径小于 D_{50} 值的砂、砾石占总重量的 50%;

　　　d_{50}——含水层中粒径小于 d_{50} 的颗粒占总重量的 50%。

填砾粒径和含水层粒径之比如能在式 (2-1) 的范围内时,填砾层通常能截留在含水层中的骨架颗粒,使含水层保持稳定,而细小的非骨架颗粒则随水流排走,故具有较好的渗水能力。

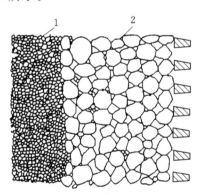

图 2-6　过滤器周围的人工
反滤层 (填砾)
1—含水层;2—人工填砾

(3) 过滤器的直径和长度。过滤器的直径直接影响井的出水量,因此它是管井结构设计的关键。过滤器直径的确定,是根据井的出水量选择水泵型号,按水泵安装要求确定的。一般要求安装水泵的井段内径,应比水泵铭牌上标定的井管内径至少大 50mm。

此外,在管井运行时,如地下水流速过大,当超过含水层允许渗透速度时,含水层中某些颗粒就会被大量带走,破坏含水层的天然结构。为保持含水层的稳定性,需要对过滤

器的尺寸，尤其是过滤器的外径，进行含水层入井速度的复核计算如式（2-2），即

$$D \geqslant \frac{Q}{\pi L v n} \tag{2-2}$$

式中　D——过滤器的外径（包括填砾厚度），m；

Q——设计出水量，m^3/s；

L——过滤器有效长度（工作部分长度），m；

n——过滤器进水表面有效孔隙度（一般按过滤器进水表面孔隙度50%考虑）；

v——允许入井流速，m/s。

含水层的允许入井流速可用式（2-3）近似计算，即

$$v = 65\sqrt[3]{k} \tag{2-3}$$

式中　k——含水层渗透系数，m/s。

根据某些生产井的实际资料验算，该公式的计算结果虽比其他公式要好，但仍偏大近1倍，因此，允许入井流速还可从表2-2查得。

表 2-2　　　　　　　　　　　　　　　　允 许 入 井 流 速

含水层渗透系数/(m/d)	>122	82~122	41~82	20~41	<20
允许入井流速/(m/s)	0.030	0.025	0.020	0.015	0.010

注　如地下水对过滤器有结垢和腐蚀时，允许入井流速应减少1/3~1/2。

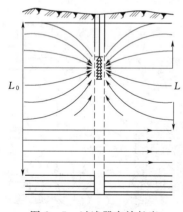

图 2-7　过滤器有效长度

过滤器长度是根据预计出水量、含水层性质和厚度、水位降深及其他技术经济因素确定的，它关系到地下水资源的有效开发。合理确定过滤器的有效长度是比较困难的。根据井内测试，在细颗粒含水层中，靠近水泵吸水口部位进水多，下部进水少，大约有70%~80%的出水量是从过滤器上部进入的；在粗颗粒含水层中，过滤器的有效长度可随动水位和出水量的加大而向深部延长，但随着动水位继续增加，向深度的延长率就会越来越小。上述管井中出水量的不均匀分布，当含水层厚度越大、透水性越好、井径越小时，其不均匀性越明显。根据地下水运动的井流理论，上述现象与水泵吸水口以下井周围的含水层中形成部分流线向上弯曲的地下水三维流所造成的附加阻力有关，如图2-7所示；同时，也与水流通过过滤器进入井内产生所谓井损的水头损失有关。

（4）过滤器的安装部位。过滤器的安装部位影响管井的出水量及其他经济技术效益。因此，应安装在主要含水层的主要进水段；同时，还应考虑井内动水位深度。过滤器一般设在含水层中部厚度较大的含水层，可将过滤管与井壁管间隔排列，在含水层中分段设置，以获得较好的出水效果。对多层承压含水层，应选择含水性最强的含水段安装过滤器。潜水含水层若岩性为均质，应在含水层底部的1/2~1/3厚度内设过滤器。

4. 沉沙管

沉沙管又称沉淀管，可起到过滤器不致因沉沙堵塞而影响进水的作用。一般直径与过

滤器相同，长度通常为 2～10m，可按井深确定。

（二）出水量计算

根据地下水构筑物渗流运动的求解方法，井的出水量计算公式通常有两类，即理论公式与经验公式。在工程设计中，理论公式多用于根据水文地质初步勘察阶段的资料进行的计算，其精度差，故只适用于考虑方案或初步设计阶段；经验公式多用于水文地质详细勘察和抽水试验基础上进行的计算，能较好地反映工程实际情况，故通常适用于施工图设计阶段。

井的实际工作情况十分复杂，因而其计算情况也是多种多样的。例如，根据地下水流动情况，可以分为稳定流与非稳定流、平面流与空间流、层流与紊流或混合流；根据水文地质条件，可分为承压与无压、有无表面下渗及相邻含水层渗透、均质与非均质、各向同性与各向异性；根据井的构造，又可分为完整井与非完整井。实际计算中都是以上各种情况的组合。管井出水量计算的理论公式很多，以下仅介绍几种基本公式。

1. 稳定流情况下的管井出水量计算

（1）承压含水层完整井，如图 2-8 所示。承压含水层完整井出水量为

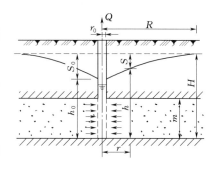

$$Q=\frac{2\pi kmS}{\ln\dfrac{R}{r}}=\frac{2.73kmS}{\lg\dfrac{R}{r}} \qquad (2-4)$$

式中　Q——井的出水量，m^3/d；

S——出水量为 Q 时，含水层中距井中心 r 处的水位下降值；

m——含水层的厚度，m；

k——渗透系数，m/d；

R——影响半径，m。

图 2-8　承压含水层完整井计算简图
r_0——井的半径；S_0——承压含水层水位与井内动水位的高差；h_0——动水位到承压含水层底板的距离

如已知井的出水量 Q，则可由式（2-4）求得含水层中任意点的水位下降值 S，即

$$S=0.37\frac{Q\lg\dfrac{R}{r}}{km} \qquad (2-5)$$

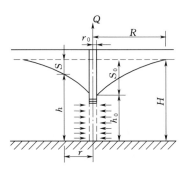

图 2-9　无压含水层完整井计算简图

（2）无压含水层完整井，如图 2-9 所示。无压含水层完整井出水量为

$$Q=\frac{\pi k(H^2-h^2)}{\ln\dfrac{R}{r}}=\frac{1.37k(2HS-S^2)}{\lg\dfrac{R}{r}} \qquad (2-6)$$

式中　H——含水层的厚度，m；

h——含水层中距井中心 r 处的水位值，m；

S——与 h 相对应的点的水位下降值；

其余符号意义同前。

若已知出水量 Q，则由式（2-6）求得含水层中任

意点的水位下降值 S，即

$$S = H - \sqrt{H^2 - 0.73\frac{Q\lg\dfrac{R}{r}}{k}} \qquad (2-7)$$

计算时，k、R 等水文地质参数比较难以确定，并且 k 值对计算结果影响较大，故应力求符合实际。

上述为裘布依（Dupuit）公式，它是在下列假设基础上用一般数学分析方法推导而得，假设地下水处于稳定流、层流、均匀缓变流状态；水位下降漏斗的供水边界是圆筒形的；含水层为均质、各向同性、无限分布；隔水层顶板与底板是水平的。显然，是不可能存在上述理想状态的水井，而且公式的水文地质参数（k、R）也难以准确确定，因此理论公式在实际应用上有一定的局限性。

（3）承压含水层非完整井，如图 2-10 所示。非完整井抽水时，流线呈复杂的空间流状态。马斯盖特（Muskat）应用空间源汇映射和势流量叠加原理推导出下面的非完整井的理论公式：

$$Q = \frac{6.28kmS_0}{\dfrac{1}{2\bar{h}}\left(4.6\lg\dfrac{4m}{r} - A\right) - 2.31\lg\dfrac{4m}{r}} \qquad (2-8)$$

其中
$$\bar{h} = \frac{l}{m}$$

式中　　$\bar{h}$——过滤器插入含水层的相对深度；

　　　　A——根据 $\bar{h}$ 值确定的函数值，$A = f(\bar{h})$，其计算辅助图表如图 2-11 所示；

　　　　l——过滤器长度，m；

　　　　S_0——承压含水层水位与井内动水位的高差；

其余符号意义同前。

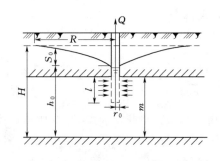

图 2-10　承压含水层非完整井计算简图
r_0—井的半径；h_0—动水位到
承压含水层底板的距离

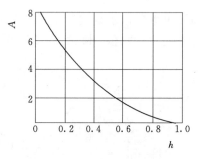

图 2-11　计算辅助图表

同完整井相比，在相同条件下用非完整井取同等水量，水流将克服更大的阻力。若利用完整井出水量计算公式计算非完整井出水量时，可将含水层中水位下降值（S）分解成两部分，即对应完整井该点水位下降值和附加水位下降值（ΔS），根据式（2-4）和式（2-8）求得 ΔS，即

$$\Delta S = 0.16 \frac{Q}{km} \xi \qquad (2-9)$$

其中
$$\xi = 2.3 \times \left(\frac{m}{l} - 1\right) \lg \frac{4m}{r} - \frac{2m}{l} A$$

式中符号意义同前。

若插入含水层的过滤器长度与含水层厚度相比很小，即当 $\frac{l}{m} \leqslant \frac{1}{3}$ 时，则有

$$Q = \frac{2.73klS}{\lg\left(1.32\frac{l}{r}\right)} \qquad (2-10)$$

当 $\frac{l}{m} \leqslant \frac{1}{3} \sim \frac{1}{4}$，$\frac{r_0}{m} \leqslant \frac{5}{7}$ 时，由式（2-10）求得的 Q 的误差不大于 10%，且无须确定难以估计的 R 值。

（4）无压含水层非完整井。无压含水层非完整井可用式（2-11）计算：

$$Q = \pi k S \left[\frac{l+S}{\ln \frac{R}{r}} + \frac{2M}{\frac{1}{2h}\left(2\ln \frac{4M}{r} - A\right) - \ln \frac{4m}{r}} \right] \qquad (2-11)$$

其中
$$M = h_0 - 0.5l$$

式中　A——根据 $\bar{h}$ 值确定的函数值，$A = f(\bar{h})$，其函数曲线如图 2-12 所示，其中 $\bar{h} = \frac{0.5l}{M}$；

其余符号意义同前。

式（2-11）表示井的出水量是根据分段解法由两部分出水量近似叠加而得的，即图 2-12 中 Ⅰ—Ⅰ 线以上的无压含水层完整井和 Ⅰ—Ⅰ 线以下的承压含水层非完整井出水量之和，由式（2-6）和式（2-8）组合而成。

若以式（2-6）计算无压含水层非完整井的出水量时，附加水位下降值应为

$$\Delta S = H' - \sqrt{H'^2 - 0.37\frac{Q}{k}\xi} \quad (2-12)$$

其中
$$H' = H - S_0$$
$$m = H - \frac{S_0}{2}$$

$$l = l_0 - \frac{S_0}{2}$$

式中符号意义同前。

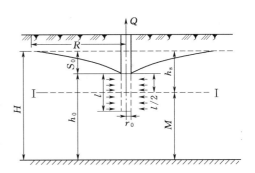

图 2-12　无压含水层非完整井计算简图
r_0—井的半径；S_0—无压含水层水位与井内动水位的高差；h_0—动水位到无压含水层底板的距离

2. 非稳定流情况下管井出水量的计算

自然界地下水运动过程中井并不存在稳定态，所谓稳定流也只是在有限时间段的一种暂时平衡现象。然而，地下水运动十分缓慢，尤其是当地下水开发规模与天然补给相比很小时可以近似地视为稳定流，故稳定流理论概念仍有广泛实用的价值。当开发规模扩大、

地下水补给不足时，地下水位发生明显的、持续的下降，就要求用非稳定流理论来解释地下水的动态变化过程。

包含时间变量的泰斯（Theis）公式是非稳定流理论的基本公式。Theis 公式除了在抽水试验中确定水文地质参数有重要意义外，在地下水开发中可以用于预测水源建成后地下水位的变化。

承压含水层完整井的 Theis 公式为

$$S = \frac{Q}{4\pi km} W(u) \tag{2-13}$$

$$W(u) \int_u^\infty \frac{e}{u} \mathrm{d}u = -0.5772 - \ln u + u - \frac{u^2}{2 \cdot 2!} + \frac{u^3}{3 \cdot 3!} - \cdots\cdots \tag{2-14}$$

$$u = \frac{r^2}{4at} \tag{2-15}$$

式中　　S——抽水 t 时间后任意点的水位下降值，m；

Q——井的出水量，m^3/d；

r——任意点至井的距离，m；

t——抽水延续时间，d；

$W(u)$——井函数，可在专门编制的图表中查得；

a——承压含水层压力传导系数，m^2/d，其中 $a = \frac{km}{s}$，此处 s 为弹性储留系数，a 或 s 由现场扬水试验测定；

其余符号意义同前。

对于透水性良好的密实破碎岩石层中的低矿化度水而言，a 值一般为 $104 \sim 106 \text{m}^2/\text{d}$；在透水性差的细颗粒含水层中，$a$ 值在 $103 \sim 105 \text{m}^2/\text{d}$ 之间。

当 u 很小，如 $u \leqslant 0.01$ 时，式（2-13）可简化为

$$S = \frac{Q}{4\pi km} \ln \frac{2.25at}{r^2} \approx \frac{Q}{2\pi km} \ln \frac{1.5\sqrt{at}}{r} \tag{2-16}$$

无压含水层完整井的 Theis 公式为

$$h^2 = H^2 - \frac{Q}{2\pi k} W(u), \quad u = \frac{r^2}{4at} \tag{2-17}$$

式中　　h——含水层任意点动水位高度，m；

a——承压含水层压力传导系数，m^2/d，其中 $a = -\frac{kh'}{\mu}$，此处 μ 为给水度；

h'——抽水期间含水层的平均动水位高度；

其余符号意义同前。

在无压含水层中，a 值通常在 $100 \sim 5000 \text{m}^2/\text{d}$ 之间。

当 u 很小，如 $u \leqslant 0.01$ 时，式（2-17）可简化为

$$h^2 = H^2 - \frac{Q}{2\pi k} \ln \frac{2.25at}{r^2} \tag{2-18}$$

在水文地质勘探中，通常可根据扬水试验资料中的 S、t，利用 Theis 公式推算含水层

常数 s（储留系数）、T（$T=km$），此种计算方法用普通的代数方法求解是困难的，但用图解法可取得满意的结果，有关算法可参看专门文献或有关手册。如已知 s 或 T，也可利用 Theis 公式计算 S 或 Q，多用于给水工程设计及运行管理，这种情况计算并不难，可直接由 Theis 公式进行计算。

Theis 公式是在以下假设的基础上推导的：含水层均质、各向同性、水平且无限广阔；含水层的导水系数 T（对无压地层 $T=kH$）为常数；当水头或水位降落时，含水层的排水瞬时发生；含水层的顶板、底板不透水等。实际上，虽然不存在符合上述假定条件的情况，然而非稳定流理论的发展，已出现不少适应不同条件的公式，如越流含水层、存在延迟给水的无压含水层的计算公式，非完整井的计算公式等。

3. 经验公式

在工程实践中，常直接根据水源或水文地质相似地区的抽水试验所得的 Q-S 曲线进行井的出水量计算。这种方法的优点在于不必考虑井的边界条件，避免确定水文地质参数，能够全面地概括井的各种复杂影响因素，因此计算结果比较符合实际情况。由于井地构造形式对抽水试验结果有较大的影响，故试验井的构造应尽量接近设计井，否则应进行适当的修正。

经验公式是在抽水试验的基础上拟合出水量 Q 和水位下降值 S 之间的关系，据此可以求出在设计水位降落时井的出水量，或根据已定的井出水量求出井的水位下降值。

Q-S 曲线有以下几种类型：直线型、抛物线型、幂函数型、半对数型。其对应的经验公式见表 2-3。

表 2-3　　　　　单井出水量经验公式

类型	Q-S 曲线及其方程		Q-S 曲线的转化		系数的计算公式	外延极限
直线型		$Q=\dfrac{Q_1}{S_1}S$				$<1.5S_{max}$
抛物线型		$S=aQ-bQ^2$	$S_0=f(Q)$	两边各除以 Q，则：$S_0=a+bQ\times$ $\left(S_0=\dfrac{S}{Q}\right)$ 可用直线 $S_0=f(Q)$ 表示	$a=S_0-bQ_1$ $b=\dfrac{S_0''-S_0'}{Q_2-Q_1}$ $\left(S_0=\dfrac{S}{Q}\right)$	$(1.75\sim2.0)S_{max}$
幂函数型		$S=\left(\dfrac{Q}{n}\right)^2$	$\lg Q=f(\lg S)$	取对数，则：$\lg S=m(\lg Q-\lg n)$ 可用直线 $\lg Q=f(\lg S)$ 表示	$m=\dfrac{\lg S_2-\lg S_1}{\lg Q_2-\lg Q_1}$ $\lg n=\lg Q_1-\dfrac{\lg S_1}{m}$	$(1.75\sim2.0)S_{max}$
半对数型		$Q=a+b\lg S$	$Q=f(\lg S)$	可用直线 $Q=f(\lg S)$ 表示	$b=\dfrac{Q_2-Q_1}{\lg S_2-\lg S_1}$ $b=Q_1-b\lg S_1$	$(2\sim3)S_{max}$

以上 4 种公式适用于承压含水层，但当无压含水层的抽水试验资料符合上述类型时，也可近似应用。

选用上述经验公式的方法如下：

（1）抽水试验应有 3 次或更多次水位下降，在此基础上绘制 Q-S 曲线。

（2）如所绘制的 Q-S 曲线是直线，则可用直线型公式计算；如果不是直线，需进一步判别，可适当改变坐标系，使 Q-S 曲线转变为直线（表 2-3），这样可以经过复杂的运算，选定符合试验资料 Q-S 曲线的经验公式。

为了选择经验公式，需将所有的试验数据按表 2-4 列出。

表 2-4　　　　　　　　　　　　　　抽 水 试 验 数 据

抽水次数	S	Q	$S_0 = S/Q$	$\ln S$	$\ln Q$
第一次	S_1	Q_1	S_0'	$\ln S_1$	$\ln Q_1$
第二次	S_2	Q_2	S_0''	$\ln S_2$	$\ln Q_2$
第三次	S_3	Q_3	S_0'''	$\ln S_3$	$\ln Q_3$

然后根据表 2-4 的数据作出下列图形：

$$S_0 = f(Q); \quad \ln Q = f(\ln S); \quad Q = f(\ln S)$$

假如图形中 $S_0 = f(Q)$ 为直线，则井的出水量呈抛物线增长，这时可用抛物线型公式计算。

假如图形中 $\ln Q = f(\ln S)$ 为直线，则井的出水量按幂函数增长，这时可用幂函数型公式计算。

假如图形中 $Q = f(\ln S)$ 为直线，则井的出水量按半对数函数增长，这时可用半对数型公式计算。

二、大口井

大口井是开采浅层地下水的一种主要取水构筑物，是我国除管井之外的另一种应用比较广泛的地下水取水构筑物。小型大口井构造简单、施工简便易行、取材方便，故在农村及小城镇供水中广泛采用。在城市与工业的取水工程中则多用大型大口井。对于埋藏不深、地下水位较高的含水层，大口井与管井的单位出水能力的投资往往不相上下，这时取水构筑物类型的选择就不能单凭水文地质条件及开采条件，而应综合考虑其他因素。

大口井的优缺点：大口井不存在腐蚀问题，进水条件较好，使用年限较长，对抽水设备型式限制不大，如有一定的场地且具备较好的施工技术条件，可考虑采用大口井。但是，大口井对地下水位变动适应能力很差，在不能保证施工质量的情况下会拖延工期，增加投资，亦易产生涌沙（管涌或流沙现象）、堵塞问题。在含铁量较高的含水层中，这类问题更加严重。

（一）大口井的结构构造

大口井的主要组成部分是上部结构、井筒及进水部分，如图 2-13 所示。

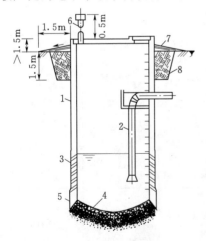

图 2-13　大口井的构造

1—井筒；2—吸水管；3—井壁进水孔；4—井底反滤层；5—刃脚；6—通风管；7—排水坡；8—黏土层

1. 上部结构

上部结构情况主要与水泵站同大口井分建或合建有关，这点又取决于井水位（动水位与静水位）变化幅度、单井出水量、水源供水规模及水源系统布置。如果井的水位下降值较小、单井出水量大、井的布置分散或者相反、仅 1～2 口井即可达到供水规模要求时，可考虑泵站与井合建。

为便于安装、维修、观测水位，泵房底板多设有开口，开口布置形式有 3 种：半圆形、中心筒形及人孔，如图 2-14 所示。开口形式主要应根据泵站工艺布置及建筑、结构方案确定。

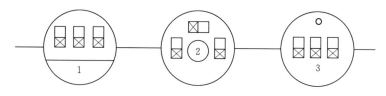

图 2-14　大口井泵站底板开口形式
1—半圆形；2—中心筒形；3—人孔

当地下水位较低或井水位变化幅度大时，为避免合建泵房埋深过大，使上部结构复杂化，可考虑深井泵取水。泵房与大口井分建，则大口井上部可仅设井房或者只设盖板，后一种情况在低洼地带（河滩或沙洲），可经受洪水冲刷和淹没（需设法密封）。这种情况下，构造简单，但布置不紧凑。

2. 井筒

井筒通常用钢筋混凝土浇筑或用砖、石、预制混凝土圈砌筑而成，包括井中水上部分和水下部分。其作用是加固井壁、防止井壁坍塌及隔离水质不良的含水层。井筒的直径应根据水量计算、允许流速校核及安装抽水设备的

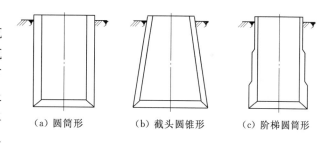

（a）圆筒形　　（b）截头圆锥形　　（c）阶梯圆筒形

图 2-15　大口井井筒外形

要求来确定。井筒的外形通常呈圆筒形、截头圆锥形和阶梯圆筒形等，如图 2-15 所示。其中的圆筒形井筒易于保证垂直下沉，节省材料，受力条件好，利于进水。有时在井筒的下半部设有进水孔。在深度较大的井筒中，为克服较大下沉摩擦阻力，常采用变截面结构的阶梯状圆形井筒。

用沉井法施工的大口井，在井筒的最下端应设有刃脚。刃脚一般由钢筋混凝土构成，施工时用以切削地层，便于井筒下沉。为减少井筒下沉时的摩擦力和防止井筒在下沉过程中受障碍物的破坏，刃脚外缘应比井筒凸出 10cm 左右。

3. 进水部分

进水部分包括井壁进水孔（或透水井壁）和井底反滤层。井壁进水孔分水平孔和斜形孔两种形式。

水平孔施工容易，采用较多。壁孔一般为 100～200mm 直径的圆孔或（100×150）mm～

(200×250)mm 矩形孔，交错排列于井壁，其孔隙率在 15％左右。为保持含水层的渗透性，孔内装填一定级配的滤料层，孔的两侧设置不锈钢丝网，以防滤料漏失。水平孔不易按级配分层加填滤料，为此也可应用预先装好滤料的铁丝笼填入进水孔。

斜形孔多为圆形，孔倾斜度不宜超过 45°，孔径为 100～200mm，孔外侧设有格网。斜形孔滤料稳定，易于装填、更换、是一种较好的进水孔形式。

进水孔中滤料可分两层填充，每层为半井壁厚度。与含水层相邻一层的滤料粒径，可按式（2-19）确定：

$$D \leqslant (7 \sim 8) d_i \qquad (2-19)$$

式中　D——与含水层相邻一层滤料的粒径；

　　　d_i——含水层颗粒的计算粒径，细、粉砂 $d_i = d_{40}$，中砂 $d_i = d_{30}$，粗砂 $d_i = d_{20}$，d_{40}、d_{30}、d_{20} 分别表示含水层颗粒中某一粒径，小于该粒径的颗粒重量占总重量的 40％、30％、20％。

大口井井壁进水孔易于堵塞，多数大口井主要依靠井底进水，故大口井能否达到应有的出水量，井底反滤层质量是重要因素，如反滤层铺设厚度不均匀或滤料不合规格都有可能导致堵塞和翻砂，使出水量下降。

（二）大口井出水量估算

大口井出水量也可用理论公式和经验法计算。经验法与管井相似，本节只介绍理论公式计算大口井出水量的方法。

因大口井有井壁、井底或井壁井底同时进水几种情况，所以大口井出水量计算不仅随水文地质条件而异，还与进水方式有关。

1. 从井壁进水的大口井

此时大口井出水量计算按完整井计算公式进行计算。

2. 从井底进水的大口井

从井底进水的有承压含水层（图 2-16）和无压含水层（图 2-17）两种情况。

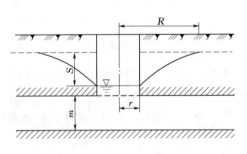

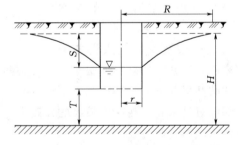

图 2-16　承压含水层中井底进水
大口井计算简图

图 2-17　无压含水层井底进水
大口井计算简图

承压含水层大口井出水量计算公式为

$$Q = \frac{2\pi k S r}{\dfrac{\pi}{2} + 2\arcsin\dfrac{r}{m + \sqrt{m^2 + r^2}} + 1.185\dfrac{r}{m}\lg\dfrac{R}{4m}} \qquad (2-20)$$

式中　Q——大口井出水量，m^3/d；

S——出水量为 Q 时井的水位降落值，m；

r——井的半径，m；对于方形大口井，应按 $r=0.6b$ 关系换算；对于正多边形大口井，可使式中的半径等于多边形的内切及外接圆的平均值；

k——渗透系数，m/d；

R——影响半径，m；

m——承压含水层厚度，m。

当含水层较厚（$m \geqslant 2r$）时，式（2-20）可简化为

$$Q=\frac{2\pi k S r}{\frac{\pi}{2}+\frac{r}{m}\left(1+1.185\lg\frac{R}{4m}\right)} \tag{2-21}$$

当含水层很厚（$m \geqslant 8r$）时，还可简化为

$$Q=4kSr \tag{2-22}$$

式（2-22）非常简便，并且不包括难以确定的 R 值，对于估算大口井出水量，有实用意义。

无压含水层大口井出水量的计算公式为

$$Q=\frac{2\pi k S r}{\frac{\pi}{2}+2\arcsin\frac{r}{T+\sqrt{T^2+r^2}}+1.185\frac{r}{T}\lg\frac{R}{4H}} \tag{2-23}$$

式中　H——无压含水层厚度，m；

T——大口井井底至不透水层的距离，m；

其余符号意义同前。

当含水层较厚（$H \geqslant 2r$）时，式（2-23）可以简化为

$$Q=\frac{2\pi k S r}{\frac{\pi}{2}+\frac{r}{T}\left(1+1.185\lg\frac{R}{4T}\right)} \tag{2-24}$$

3. 井壁井底同时进水的大口井

计算井壁井底同时进水（图 2-18）的大口井出水量时，可用分段解法。对于无压含水层，可以认为井的出水量是由无压含水层中的井壁进水量和承压含水层中的井底进水量的总和，即

$$Q=\pi k S\left[\frac{2h-S}{2.3\lg\frac{R}{r}}+\frac{2r}{\frac{\pi}{2}+\frac{r}{T}\left(1+1.185\lg\frac{R}{4T}\right)}\right] \tag{2-25}$$

式中符号意义同前。

在确定大口井尺寸、进水部分构造及完成出水量计算之后，应校核大口井进水部分的进水流速。井壁和井底的进水流速都不宜过大，以保持滤料层的渗流稳定性，防止发生涌砂现象。

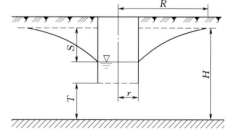

图 2-18　无压含水层井壁井底进水
大口井计算简图

（三）大口井的设计要点

大口井的设计步骤和管井类似，但还应注意以下问题：

（1）大口井应选在地下水补给丰富、含水层透水性良好、埋藏浅的地段。集取河床渗透水的大口井，除考虑水文地质条件外，应选在河漫滩或一级冲积阶地上。

（2）适当增加井径是增加水井出水量的途径之一。同时，在相同的出水量条件下，采用较大的直径，也可减小水位降值，降低取水耗电，降低进水流速，延长使用年限。

（3）由于大口井井深不大，地下水位的变化对井的出水量和抽水设备的下沉运行有很大影响。对于开采河床地下水的大口井，因河水位变幅大，更应注意这一情况。为此，在计算井的出水量和确定水泵安装高度时，均应以枯水期最低设计水位为准，抽水试验也以在枯水期进行为宜。此外，还应注意到地下水位区域性下降的可能性以及由此引起的影响。

三、辐射井

辐射井是由集水井（垂直系统）及水平向或倾斜状的进水管（水平系统）联合构成的一种井型，属于联合系统的范畴。因水平进水管是沿集水井半径方向铺设的辐射状渗入管，故称这种井为辐射井。由于扩大了进水面积，其单井出水量为各类地下取水构筑物之首。高产的辐射井日产水量可达 10 万 m³ 以上。因此，也可作为旧井改造和增大出水量的措施。

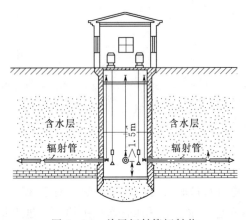

图 2-19　单层辐射管辐射井

（一）辐射井的型式

辐射井按集水井本身取水与否分为：集水井井底与辐射管同时进水与集水井井底封闭仅辐射管进水两种型式。前者适用于厚度较大的含水层。

按辐射管铺设方式，辐射井有单层辐射管（图 2-19）和多层辐射管两种。前者适用于只开采一个含水层时；后者在含水层较厚或存在两个以上含水层，且水头相差不大时采用。

辐射井按其集取水源及辐射管平面布置方式的不同，又可分为集取一般地下水 ［图 2-20（a）］、集取河流或其他地表水体渗透水 ［图 2-20（b）、（c）］、集取岸边地下水和河流渗透水的辐射井 ［图 2-20（d）］、集取岸边和河床地下水的辐射井 ［图 5-20（e）］ 等型式。

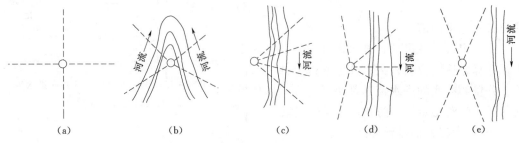

（a）　　　　（b）　　　　（c）　　　　（d）　　　　（e）

图 2-20　按补给条件与布置方式分类的辐射井

（二）辐射井的结构构造

1. 集水井

集水井又称竖井，其作用是汇集由辐射管进来的水和安装抽水设备等，对于不封底的集水井还兼有取水井的作用。我国一般采用不封底的集水井，以扩大井的出水量。

集水井的深度视含水层的埋藏条件而定。多数深度在 $10\sim20m$ 之间，也有深达 $30m$ 者。根据黄土区辐射井的经验，为增大进水水头，施工条件允许时，可尽量增大井深，要求深入含水层深度不小于 $15\sim20m$。

2. 辐射孔（管）

松散含水层中的辐射孔中一般均穿入滤水管，而对坚固的裂隙岩层，可只打辐射孔而不加设辐射管。辐射管上的进水孔眼可参照滤水管进行设计。

辐射管的材料多为直径为 $50\sim200mm$、壁厚 $6\sim9mm$ 的穿孔钢管，也有用竹管和其他管材的。管材直径大小与施工方法有密切关系。当采用打入法时，管径宜小些；若为钻孔穿管法，管径可大些。

辐射管的长度，视含水层的富水性和施工条件而定。当含水层富水性差、施工容易时，辐射管宜长一些；反之，则短一些。目前生产中，在砂砾卵石层中多为 $10\sim20m$；在黄土类土层中多为 $100\sim120m$。

辐射管的布置形式和数量多少，直接关系到辐射井出水量的多少与工程造价的高低，因此应密切结合当地水文地质条件与地面水体的分布以及它们之间的联系，因地制宜地加以确定。在平面布置上，如在地形平坦的平原区和黄土平原区，常均匀对称布设 $6\sim8$ 根；如地下水水面坡度较陡、流速较大时，辐射管多要布置在上游半圆周范围内，下游半圆周少设，甚至不设辐射管；在汇水洼地、河流弯道和河湖库塘岸边，辐射管应设在靠近地表水体一边，以充分集取地下水（图 $2-21$）。在垂直方面上，当含水层薄但富水性好时，可布设 1 层辐射管；当含水层富水性差但厚度大时，可布设 $2\sim3$ 层辐射管，各层间距 $3\sim5m$，辐射管位置应上下错开。辐射管尽量布置在集水井底部，最底层辐射管一般离集水井底 $1\sim1.5m$，以保证在大水位降条件下取得最大的出水量。最顶层辐射管应淹没在动水位以下，至少应保持 $3m$ 以上水头。

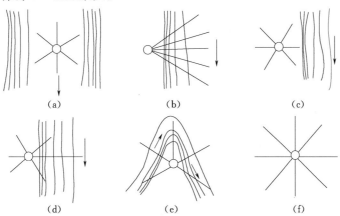

图 $2-21$ 辐射管平面布置示意图

（三）辐射井出水量的确定

由于辐射井的结构特殊，抽水时水力条件与管井、大口井不同。实验表明，辐射井抽水时水位降落曲线由两部分组成（图2-22）；在辐射管端以外呈上凸状（类似普通井）；在辐射管范围内呈下凹状。水流运动的方向也不相同，辐射管端以外，地下水呈水平渗流，辐射管范围内以垂直渗流为主。

因受辐射管的影响，距井中心等半径处，地下水位高低不同，辐射管顶上水位较低，两辐射管之间水位较高，呈波状起伏。其等水位线图如图2-23所示。

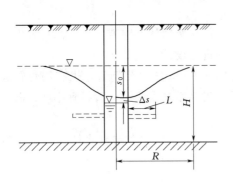

图2-22 辐射井水力特征图

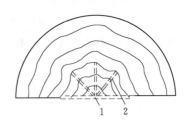

图2-23 辐射井抽水时等水位线示意图
1—集水井；2—辐射管

目前，辐射井出水量的确定尚无较准确的理论计算方法，多按抽水试验资料确定。若缺乏资料，在初步规划时，可按下列方法估算。

1. 等效大井法

将辐射井化引为一口虚拟大口井，出水量与它相等，然后可按与潜水完整井相类似的公式计算辐射井的出水量，即

$$Q=1.364ks_0\frac{2H-s_0}{\lg\dfrac{R}{r_f}}\qquad(2-26)$$

式中　Q——辐射井的出水量，$\mathrm{m^3/d}$；

　　　s_0——井壁外侧的水位降落值，m；

　　　r_f——虚拟等效大口井的半径，m；

　　　k——含水层的渗透系数，m/d；

　　　R——辐射井的影响半径，m；

　　　H——含水层厚度，m。

r_f可用下列经验公式确定，即

$$r_{f1}=0.25\frac{l}{n}；\quad r_{f2}=\frac{2\sum l}{3n}\qquad(2-27)$$

式中　r_{f1}——辐射管等长时的等效半径，m；

　　　r_{f2}——辐射管不等长时的等效半径，m；

　　　l——单根辐射管的长度，m；

　　　$\sum l$——辐射管的总长度，m；

n——辐射管的根数。

2. 渗水管法

将辐射管按一般渗水管看待。其出水量为

$$Q=2\alpha krs_0\sum l \tag{2-28}$$

式中　α——干扰系数，变化较大，通常 $\alpha=\dfrac{1.27}{n^{0.418}}$；

r——辐射管的半径，m。

四、复合井

（一）复合井的构造及其适用条件

复合井是由非完整大口井和井底下设管井过滤器组成。实际上，它是一个大口井和管井组合的分层或分段取水系统（图 2 - 24）。它适用于地下水水位较高、厚度较大的含水层，能充分利用含水层的厚度，增加井的出水量。模型试验资料表明，当含水层厚度大于大口井半径 3～6 倍，或含水层透水性较差时，采用复合井出水量增加显著。

（二）复合井计算

为了充分发挥复合井的效率，减少大口井与管井间的干扰，过滤器直径不宜过大，一般以 200～300mm 为宜，过滤器的有效长度应比管井稍大，过滤器不宜超过三根。

对复合井的出水量计算问题，至今仍然研究甚少。一般只考虑井底进水的大口井与管井组合的计算情况。对于从井壁与井底同时进水的大口井，其井壁进水口的进水量可以根据分段解法原理很容易地求得。

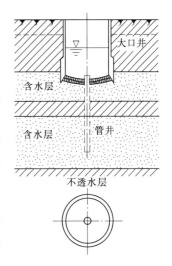

图 2 - 24　复合井

复合井出水量计算采用大口井和管井的出水量计算方法，在分别求得二者单独工作条件下的出水量后，取二者之和，并乘以干扰系数。出水量的计算公式一般表示为

$$Q=\alpha(Q_1+Q_2) \tag{2-29}$$

式中　Q——复合井出水量，m^3/d；

Q_1、Q_2——同一条件下大口井、管井单独工作时的出水量，m^3/d；

α——互阻系数，α 值与过滤器的根数、完整程度及管径等有关。

计算时，根据不同条件选择相应的等值计算公式。

五、截潜流工程

在河床有大量冲积的卵石、砾石和砂等的山区间歇河流，或一些经常干涸断流，但却有较为丰富的潜流的河流中上游，山前洪积扇溢出带或平原古河床，可采用管道或渗渠来截取潜流，这种截取潜流的建筑物，一般统称为截潜流工程，即地下水截流工程。

截潜流工程的优点是：既可截取浅层地下水，也可集取河床地下水或地表渗水；集取的水经过地层的渗滤作用，悬浮物和细菌含量少，硬度和矿化度低，兼有地表水与地下水的优点；并且可以满足北方山区季节性河段全年取水的要求。其缺点是：施工条件复杂、造价高、易淤塞，常有早期报废的现象，应用受到限制。

小知识　　　　　　　　　　　**坎　儿　井**

　　坎儿井是开发利用地下水的一种很古老式的水平集水建筑物，适用于山麓、冲积扇缘地带，主要是用于截取地下潜水来进行农田灌溉和居民用水。

　　坎儿井的结构，大体上是由竖井、地下渠道、地面渠道和"涝坝"（小型蓄水池）四部分组成。吐鲁番盆地北部的博格达山和西部的喀拉乌成山，春夏时节有大量积雪和雨水流下山谷，潜入戈壁滩下。人们利用山的坡度，巧妙地创造了坎儿井，引地下潜流灌溉农田。坎儿井不因炎热、狂风而使水分大量蒸发，因而流量稳定，保证了自流灌溉。

截潜流工程通常由进水部分、输水部分、集水井、检查井和截水墙组成（图2-25）。

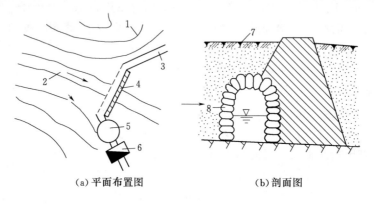

（a）平面布置图　　　　　　　　（b）剖面图

图2-25　截潜流工程示意图

1—等高线；2—河槽；3—引水渠；4—截水墙；5—集水井；
6—扬水站；7—干河床；8—集水廊道

（一）截潜流工程的结构、型式与构造

1. 截潜流工程的结构

截潜流工程通常由进水部分、输水部分、集水井、检查井和截水墙组成。

（1）进水部分。主要作用是集取地下潜流，多用当地材料砌筑的廊道或管道构成。集水管一般为穿孔钢筋混凝土管；水量较小时，可用穿孔混凝土管、陶土管、铸铁管；也可用带缝隙的干砌块石或装配式钢筋混凝土暗渠。带孔眼的钢筋混凝土管，一般就地人工浇筑制作，每节长度最好1m。每米长孔眼总面积为管壁总面积的5%～10%，如果管道结构允许，最好采用孔隙率8%～15%。管壁进水孔形式分圆形和长条形2种。圆形孔的孔径一般采用20～30mm，布置成梅花状，孔眼内大外小，以防堵塞。孔眼净距为2～2.5d（d为孔眼直径）。长条形孔眼尺寸，一般宽为20mm，长为60mm，也有的长为100mm，条缝净间距为：纵向50～100mm，环向20～50mm。进水孔眼一般布置范围在1/3～1/2管径以上（从管底上算起）的管周壁上，下部一般不设孔眼，以防下部泥沙流入管内，造成管内淤积，影响集水管的集水效果。常用管径为400mm、500mm、600mm、800mm和

1000mm 等 5 种。埋设深度为 2.0m、3.0m、4.0m、5.0m 和 6.0m 等 5 种。

（2）输水部分。将进水部分汇集的水输送往明渠或集水井，以便自流引水或集中抽水。输水管道一般不进水，铺设有一定的坡度。

（3）集水井。用于储存输送来的地下水，通过提水机具，将地下水提到地面上来。若地形条件允许自流时可不设集水井，直接引取地下水储蓄或自流灌溉，可以利用闸门调节水量。

（4）检查井。便于检修、清通，集水管端部、转角、变径处以及每 50～150m 均应设检查井。检查井形式分为全埋式、半埋式和地面式 3 种。全埋式即检查井全部埋于地下，井盖略高于集水管，且上部填以反滤层。适用于河水冲刷程度较大，渗渠不需要经常检修与清扫的给水工程中。其缺点是井埋设较深，寻找或检修均很不方便。半埋式检查井是将井口埋在地面下 0.5～1.0m，优点是除有利于人防保护外，还可防止被洪水冲毁井口；缺点是由于井盖埋在地下，一旦检修，不易找出井位。在集取地表水为主的渗渠中，多采用半埋式检查井。地面式检查井，即井口露出地面，多用于集取地下水为主的渗渠，便于检修，但必须注意采用封闭式井盖。井盖材料可用铸铁或钢筋混凝土。井盖底部周围用胶垫圈将井盖垫好止水，然后用螺栓将井盖固定在井座上，以防泥沙从井盖缝隙进入渗渠。

（5）截水墙。又称暗坝或地下坝。当含水层小于 10～15m、不透水层浅时，为了增大截潜水量，用当地材料拦河设置不透水墙，将集水管道或廊道埋设于墙脚迎水面一侧，建成完整式截潜工程；如冲积物厚度较大，用截水墙不容易截断潜流时，可视具体条件，不设置截水墙或部分设置截水墙，构成不完整截潜工程。

2. 截潜流工程型式与构造

（1）按截潜流工程的完整程度的不同可分为 2 种类型：①完整式，适用于砂砾石层厚度不大的河床地区；②非完整式，适用于砂砾石层厚度较大的河床地区。

（2）按截潜流工程结构和流量大小的不同又可分为以下 3 种：①明沟式，适用于流量较大的地区；②暗管式，适用于流量较小的地区；③盲沟式，用卵砾石回填的集水沟，适用于流量较小的地区。

在集水管外须设置人工反滤层，以防止含水层中细小砂粒堵塞进水孔或使集水管产生淤积。人工反滤层对于渗渠十分重要，它的质量将影响渗渠的出水量、水质和使用年限。

铺设在河滩和河床下的渗渠构造如图 2-26 所示。人工反滤层一般为 3～4 层，各层级配最上一层填料粒径是含水层或河砂颗粒粒径的 8～10 倍，第二层填料粒径是第二层的 2～4 倍，以此类推，但最下一层填料的粒径应比进水孔略大。

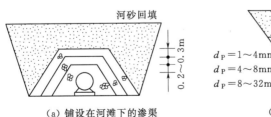
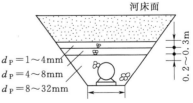

（a）铺设在河滩下的渗渠　　　　（b）铺设在河床下的渗渠

图 2-26　渗渠人工反滤层构造

为了避免各层中颗粒出现分层现象，填料颗粒不均匀系数$\dfrac{d_{60}}{d_{10}}\leqslant10$（其中，$d_{60}$、$d_{10}$为填料颗粒中按全量计算有$60\%$、$10\%$的粒径小于这一粒径）。各层填料厚度原则上应大于$4\sim5d_{max}$（$d_{max}$为填料中最大颗粒的粒径），为安全起见，可取$200\sim300$m。

为便于检修，在集水管直线段每隔$50\sim100$m及端部、转角处、断面变换处设检查井。洪水期能淹没的检查井井盖应密封，并用螺栓固定，以防洪水冲开井盖，涌入泥沙，淤塞渗渠。

3. 截潜流工程的位置选择

截潜流工程的选择是其设计中一个重要并且复杂的问题（对集取河床渗透水的渗渠更是如此），有时甚至关系到工程的成败。选择渗渠位置时不仅要考虑水文地质条件，还要考虑河流的水文条件，要预见到取水条件的种种变化，其选择原则是：

（1）选择在河床冲积层较厚的河段，并且应避免有不透水的夹层（如淤泥夹层之类）。

（2）选择在水力条件良好的河段，如河床冲淤相对平衡河段（靠近主流、流速较急、有一定冲刷力的凹岸，避免河床淤积影响其渗透能力）；河床稳定的河段，（因河床变迁、水流偏离渗渠都将影响其补给，导致出水量降低。）这必须通过对长期观测资料进行分析和调查研究确定。

（3）选择具有适当地形的地带，以利于取水系统的布置，减少施工、交通运输、征地及场地整理、防洪等有关费用。

（4）如果考虑建立潜水坝，则应选择河谷（指河床冲积层下的基岩）束窄、基岩地质条件良好的地带。

（5）应避免易被工业废弃物淤积或污染的河段。

4. 截潜流工程的布置方式

截潜流工程的布置是发挥其工作效益、降低工程造价与运行维护费用的关键之一。在实际工程中，应根据补给来源、河段地形与水文、施工条件等而定，一般有以下几种布置方式。

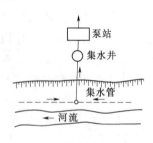

图 2-27　平行于河流布置

（1）平行于河流布置。当河床地下水和岸边地下水均较充沛且河床较稳定时，可采用平行于河流沿河漫滩布置（图 2-27），以便同时集取河床地下水和岸边地下水，施工和检修均较方便。工程通常敷设于距河流$30\sim50$m处的河漫滩下；如果河水较浑，则以距河流$100\sim150$m为好。

（2）垂直于河流布置。当岸边地下水补给较差、河床含水层较薄、河床地下水补给较差且河水较浅时，可以采用此种方式集取地表水（图 2-28）。这种布置方式以集取地表水为主，施工和检修均较困难，且出水量、水质受河流水位、河水水质影响较大，且其上部含水层极易淤塞，造成出水量迅速减少。

（3）平行和垂直组合布置。此类布置方式能较好地适应河流及水文地质条件的多种变化，能充分截取岸边地下水和河床渗透水，出水量比较稳定，如果在冬季枯水期可以得到岸边地下水的补给（图 2-29）。

图 2 - 28　垂直于河流布置

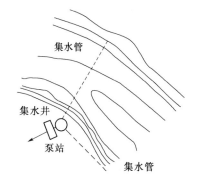

图 2 - 29　平行和垂直组合布置

不论采用哪种布置方式，都应经过经济技术比较，因地制宜地确定。

5. 截潜流工程出水量计算

（1）河床无水时出水量计算。河床无水时的截潜流工程又分为完整式和非完整式两种情况。

1）完整式（图 2 - 30）。单侧进水的完整式集水量按式（2 - 30）计算：

$$Q = LK \frac{H^2 - h_0^2}{2R} = LK \frac{H + h_0}{2} I \qquad (2-30)$$

式中　Q——集水量，m^3/d；

　　　I——潜水降落曲线的平均水力坡度；

　　　K——含水层渗透系数，m/d；

　　　H——含水层厚度，m；

　　　L——集水段的长度，m；

　　　h_0——集水廊道外侧水层厚度，$h_0 = (0.15 \sim 0.30)H$；

　　　R——影响半径，$R = 2s\sqrt{KH}$，m。

2）非完整式（图 2 - 31）。单侧进水的非完整式集水量采用式（2 - 31）计算：

$$Q = LK \left(\frac{H_1^2 - h_0^2}{2R} + H_0 q_r \right) \qquad (2-31)$$

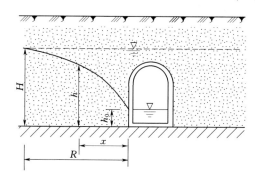

图 2 - 30　单侧进水完整式出水量计算图

x—潜水降落曲线上任一点到廊道侧墙的水平距离；

h—潜水降落曲线上任一点到廊道底的垂直距离

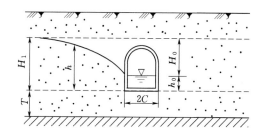

图 2 - 31　单侧进水非完整式出水量计算图

其中
$$q_r = f(\alpha, \beta)$$
$$\alpha = \frac{R}{R+C}$$
$$\beta = \frac{R}{T}$$

式中　　q_r——引用水量，可按 α、β 查图 2-32 求得；

$\quad\quad H_1$——潜水面到廊道底的垂直距离，m；

$\quad\quad H_0$——潜水面到廊道内水面的垂直距离，m；

$\quad\quad h_0$——廊道外侧的水深，m；

$\quad\quad C$——廊道宽度 1/2，m；

$\quad\quad T$——廊道底到不透水层的距离，m；

$\quad\quad$ 其他符号意义同前。

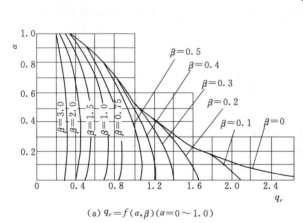

(a) $q_r = f(\alpha, \beta)(\alpha = 0 \sim 1.0)$　　　　(b) $q_r = f(\alpha, \beta)(\alpha = 0.9 \sim 1.0)$

图 2-32　求 q_r 值曲线图

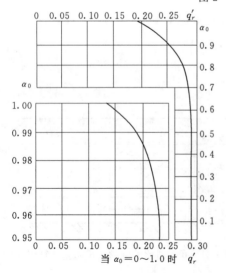

当 $\beta > 3$ 时，q_r 可按式（2-32）计算：

$$\left.\begin{aligned} q_r &= \frac{q_r'}{(\beta-3)q_r'+1} \\ \alpha_0 &= \frac{T}{T+\dfrac{C}{3}} \end{aligned}\right\} \quad (2-32)$$

当 $\alpha_0 = 0 \sim 1.0$ 时

图 2-33　求 q_r' 值曲线图

$q_r' = f(\alpha_0)$ 可由图 2-33 所示曲线查得。

（2）河床有水时出水量计算。

1）非完整式（图 2-34）。非完整式集水量按式（2-33）计算：

$$Q = \alpha L K q_r \quad (2-33)$$

$$q_r = \frac{H - H_0}{A} \quad (2-34)$$

$$A = 0.37 \lg\left[\tan\left(\frac{\pi}{8} \times \frac{4h-d}{T}\right) \cot\left(\frac{\pi}{8} \times \frac{d}{T}\right) \right] \quad (2-35)$$

式中　α——与河水浊度有关的校正系数，当较大浊度时可采用 $\alpha=0.3$，中等浊度时
　　　　　 $\alpha=0.6$，小浊度时 $\alpha=0.8$；

$\quad\ H$——集水管顶部的水头高度；

$\quad\ H_0$——集水管外对应管内剩余压力的水头高度（当管内为一个标准大气压时，$H_0=0$）；

$\quad\ T$——河床透水层厚度；

$\quad\ d$——集水管直径；

$\quad\ h$——集水管的埋深，即河床至管底的深度。

当 T 值极大时，即 $T=\infty$，式（2-35）可简化为

$$A=0.37\lg\left(4\times\frac{h}{d}-1\right) \qquad (2-36)$$

2）完整式（图 2-35）。完整式集水量计算公式与非完整式基本一致，只是 A 值不同，按式（2-37）计算：

$$A=0.37\lg\left[\cot\left(\frac{\pi}{8}\times\frac{d}{T}\right)\right] \qquad (2-37)$$

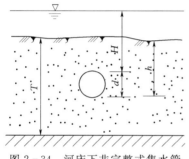

图 2-34　河床下非完整式集水管

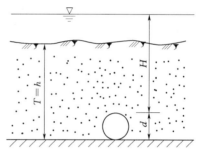

图 2-35　河床下完整式集水管

六、渗渠

（一）渗渠的型式

渗渠一般指为拦截并收集重力流动的地下水而水平埋设在含水层中的集水管（渠道），又称截伏流。渗渠主要用于集取浅层地下水，可铺设在河流、水库等地表水体之下或旁边，集取河床地下水或地表渗透水。由于集水管是水平铺设的，也称水平式地下水取水构筑物。

渗渠，按其补给水源可分为集取地表水为主的渗渠和集取地下水为主的渗渠两种。前者是把渗渠埋设在河床下，集取河流垂直渗透水；后者是把渗渠埋设在河岸边滩地下，以集取部分河床潜流水和来自河岸上第四纪含水层中的地下水。集取地下水为主的渗渠，一般水质较好，水量比较稳定，效果较好，使用年限长，因而采用的也较多；至于集取地表水为主的渗渠，产水量虽然很大，但受河水水质的变化影响甚为明显，如当河水较浑浊时，渗渠出水水质往往很差，而且容易淤塞，检修管理麻烦，使用年限也较短；如果河水浊度常年较小，上述缺点可能减少。

渗渠的埋深一般在 4～7m，很少超过 10m。因此，渗渠通常只适用于开采埋藏深度小于 2m，厚度小于 6m 的含水层。渗渠按埋设位置和深度不同，又可分为完整式（图 2-36）和非完整式（图 2-37）两种。

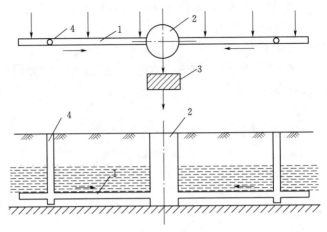

图 2-36 完整式渗渠
1—集水管；2—集水井；3—泵站；4—检查井

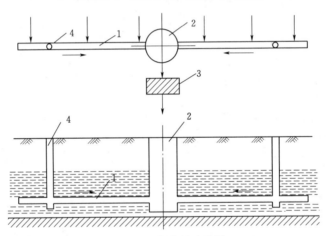

图 2-37 非完整式渗渠
1—集水管；2—集水井；3—泵站；4—检查井

完整式渗渠是在薄含水层的条件下，埋设在基岩上；非完整式渗渠是在较厚的含水层条件下，埋设在含水层中。完整式渗渠之所以埋设在基岩上，主要靠加大水位降落量，最大限度地开采地下水，从而增大渗渠产水量。但在较厚含水层中，为了减少施工困难，降低工程造价，多把渗渠设在施工技术和抽水设备允许条件下的含水层一定深度中，同样可以集取较多的地下水。从生产实践中看，采用完整式渗渠比较普遍，产水量较大；而采用非完整式渗渠却较少，因为在较厚含水层中，采用大口井或管井取水，工程造价要比渗渠造价低得多，不仅开采量大，而且施工容易，进度快。除非打井机具缺乏，而用水量又甚小的情况下，才采用非完整式渗渠。无论集取地表水为主的渗渠，还是集取地下水为主的渗渠，都可以按其所在的含水层厚度不同而选用完整式或非完整式渗渠。

（二）渗渠的位置选择和布置方式

渗渠的位置选择是渗渠设计中一个复杂的问题。对于集取河床潜流水的渗渠位置不仅要考虑水文地质条件，还要考虑河流水文条件，其一般原则如下：

（1）渗渠应选择在河床冲积层较厚，颗粒较粗的河段，并应避开不透水的夹层。

（2）渗渠应选择在河流水利条件良好的河段，避免设在有壅水的河段和弯曲河段的凸岸，以防泥沙沉积，影响河床的渗透能力，但也要避开冲刷强烈的河岸，否则可能增加护岸工程费用。

（3）渗渠应设在河床稳定的河岸，河床变迁，主流摆动不定，都会影响渗渠补给，导致出水量的降低。

渗渠平面布置，应根据水文、水文地质、补给来源以及河水水质等条件而定，一般可分为：平行于河流、垂直于河流和平行与垂直于河流组合等 3 种形式。无论哪种形式，都适用于集取地表水为主的渗渠和集取地下水为主的渗渠。一般大、中型渗渠取水工程，由于取水量较大，集水管较长，采用平行于河流或平行与垂直于河流组合的两种形式比较多，而采用垂直于河流的形式较少；至于小型渗渠取水工程，由于取水量较小，集水管较短，占地不多，多采用垂直于河流的形式，可以较多地截取地下水和河床潜流水。哪种形式经济合理，应通过经济技术比较，因地制宜地选用。

（三）渗渠的构造

渗渠通常由水平集水管、集水井、检查井和泵站所组成。

1. 集水管

集水管一般为穿孔钢筋混凝土管；水量较小时，可用穿孔混凝土管、陶土管、铸铁管；也可用带缝隙的干砌块石或装配式钢筋混凝土暗渠。

带孔眼的钢筋混凝土管，一般就地人工浇筑制作，每节长度最好 1m。每米长孔眼总面积为管壁总面积的 5%～10%，如果管道结构允许，最好采用孔隙率 8%～15%。管壁进水孔形式分圆形和长条形 2 种。圆形孔的孔径，一般采用 20～30mm，布置成梅花状，孔眼内大外小，以防堵塞。孔眼净距为 2～2.5d（d 为孔眼直径）。长条形孔眼尺寸，一般宽为 20mm，长为 60mm，也有的长为 100mm，条缝净间距为：纵向 50～100mm，环向 20～50mm。进水孔眼一般布置范围在 1/3～1/2 管径以上（从管底上算起）的管周壁上，下部一般不设孔眼，以防下部泥沙流入管内，造成管内淤积，影响集水管的集水效果。常用管径为 400mm、500mm、600mm、800mm 和 1000mm 等 5 种。埋设深度为 2.0m、3.0m、4.0m、5.0m 和 6.0m 等 5 种。

2. 人工反滤层

为了防止含水层中细小颗粒泥沙进入集水管中，造成管内淤积，必须在集水管和含水层中间铺设人工反滤层。人工反滤层设计、铺设的好坏，也是渗渠出水效果好坏的重要条件之一。因而滤层厚度和滤料颗粒级配是否合理，直接影响渗渠产水量、出水水质和使用年限。人工反滤层设计要根据渗渠取水形式不同而异，即分为集取地下水为主和集取地表水为主的渗渠人工反滤层两种。

反滤层的层数、厚度和滤料粒径计算，和大口井井底反滤层相同。集取地下水为主渗渠的人工反滤层如果缺乏颗粒直径分析资料，而含水层又为砂卵石时，可按下列规格选用：第一层粒径为 5～10mm，厚度为 300mm；第二层粒径为 10～30mm，厚度 200～300mm；第三层粒径为 30～70mm，厚度为 200mm；总厚度为 700～800mm。

集取地表水为主的渗渠人工反滤层的滤料级配，外层以上，一般回填河砂，但必须干净，不要混有杂草泥块，粒径一般 0.25～1.0mm，厚约 1m。下面 3 层反滤层分别采用粒径为 1～4mm、4～8mm、8～32mm，各层厚度约 150mm，也有的粒径略大些。但总的说来，要比集取地下水为主的渗渠反滤层滤料粒径小，尤其是外层滤料粒径要小些。反滤层总厚度要厚些为宜，但这要看河水水质情况而定，水质好的，可以薄些；水质差的，较浑浊的，反滤层要厚些。这主要因为河水浊度常年变化较大，如果反滤层厚度太薄，粒径略大，会影响渗渠的出水水质。

3. 检查井

为便于检修、清通，集水管端部、转角、变径处以及每 50～150m 均应设检查井。检查井型式分为全埋式、半埋式和地面式 3 种。全埋式即检查井全部埋于地下，井盖略高于集水管，且上部填以反滤层。适用于河水冲刷程度较大，渗渠不需要经常检修与清扫的给水工程中。其缺点是井埋设较深，寻找或检修均很不方便。半埋式检查井是将井口埋在地面下 0.5～1.0m，优点是除有利于人防保护外，还可防止被洪水冲毁井口；缺点是由于井盖埋在地下，一旦检修，不易找出井位。在集取地表水为主的渗渠中，多采用半埋式检查井。地面式检查井，即井口露出地面，多用于集取地下水为主的渗渠，便于检修，但必须注意采用封闭式井盖。井盖材料可用铸铁或钢筋混凝土。井盖底部周围用胶垫圈将井盖垫好止水，然后用螺栓将井盖固定在井座上，以防泥沙从井盖缝隙进入渗渠。

七、引泉工程

在有条件地区，选用泉水作为中、小型供水系统的水源是比较经济合理的，泉水水质好，取集方便，大大节约了设施费用，也便于日常的运营管理。特别对于云南、福建、广东、广西等省（自治区）的一些山区，泉水较多，不仅水质好，水量能保证，而且水源水位有一定的高度，可实现重力供水，节省电费。

小知识　　　　　　　　　　　　**泉**

泉是地下水出露于地面的天然露头。有相当大一部分的地下水是以泉的形式排泄的，所以泉是地下水的一种重要排泄方式，它是反映岩石富水性和地下水的分布、类型、水质、补给、径流、排泄条件和变化的一项重要标志，泉水是村镇生活供水的重要水源。泉是在一定的地形、地质和水文地质条件的结合下出现的，在山区、丘陵区的沟谷中和山坡脚，泉的分布最为普遍，而在平原地区则很难找到泉。

泉的类型很多，根据水头性质分为上升泉、下降泉。上升泉为承压水补给，在出露口附近，水是自下而上运动。上升泉的水量一般较大，水量、水温和化学成分常年变化不大；下降泉为潜水及上层滞水补给，在出露口附近，水自上而下运动。下降泉的水量一般不大，并且随季节变化，雨季泉水量较大，旱季泉水量变小，甚至干涸。

我国有很多著名的大泉，如山东省济南市是著名的"泉城"，云南省洱源县有"泉县"之称，泉水都很丰富。由于泉水水质好，取集方便，大大节约了设施费用，便于日常的运营管理，因此泉水是村镇供水较好的水源之一。

（一）泉室设计

泉室主要由泉室、检修操作室及进水部分组成。

1. 泉室

泉室可以是矩形或圆形，通常用钢筋混凝土浇筑或用砖、石、预制混凝土块、预制钢筋混凝土圈砌筑而成。泉室可根据泉水水质、周围环境设为封闭式或敞开式。如泉水水质好，不需要进行水质处理，一般为了使泉水不被污染，要求设计成封闭式。如泉水水质较差，需要进行净化处理，周围无落叶或其他杂物污染泉室中泉水，或泉眼较分散，范围较大，不宜做成封闭泉室时，也可设成敞开式泉室。为避免地面污水从池口或沿池外壁侵入泉室而污染泉水，敞开式泉室池口应高出地面 0.5m 以上，泉室周围要修建 1.5m 以上的排水坡。如在渗透性土壤处，排水坡下面还应填一定厚度黏土层或做一薄层混凝土层。泉室中水深可根据泉室容积大小，在 1.5～4.0m 之间选择。若泉水涌水量太大施工不便或泉眼处工程地质为基岩难以开挖，泉室水深可适当减小，但也要保证出水管管顶淹没在水中不小于 1m 水深，以避免空气进入出水管。设计时还应考虑设置一些附属管道和配件，如出水管、溢流管、排污管、通气管及控制闸阀等。在低洼地区、河滩上或河床中的泉室要有防止洪水冲刷和淹没的措施。

泉分为上升泉和下降泉，其出流方式有集中和分散两种，相应的泉室也可分为上升泉泉室、下降泉泉室、集中泉泉室和分散泉泉室等。设计时应按不同性质的泉水分别选用不同型式的泉室收集泉水。

（1）集中上升泉泉室。这种泉水出流集中，泉水从地下或从河床中向上涌出，泉室底部进水，如图 2-38 所示。这种类型的泉室主要适用于取集中上升泉泉水或主要水量从 1～2 个主泉眼涌出的分散上升泉泉水。

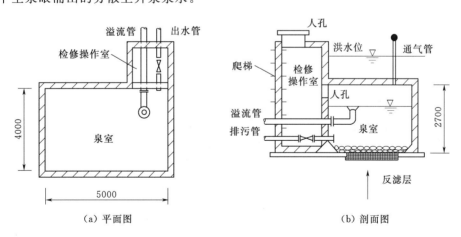

（a）平面图　　　　　　　　　　　（b）剖面图

图 2-38　集中上升泉泉室构造

（2）集中下降泉泉室。泉水也是集中流出，但泉水是从山坡、岩石等的侧壁流出，泉室侧壁进水，如图 2-39 所示。这种类型的泉室主要适用于取集中下降泉泉水或主要水量从 1～2 个主泉眼流出的分散下降泉泉水。

（3）分散泉泉室。泉眼分散，取水时用穿孔管埋入泉眼区，先将水收集于管中，再集于泉室中，如图 2-40 所示。这类泉室主要适用于取集分散泉泉水。

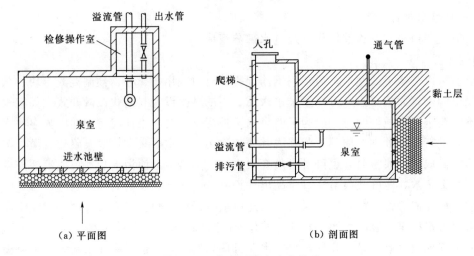

（a）平面图　　　　　　　　　　　（b）剖面图

图 2-39　集中下降泉泉室构造

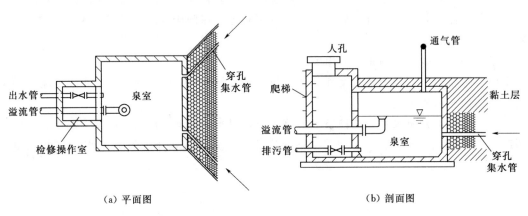

（a）平面图　　　　　　　　　　　（b）剖面图

图 2-40　分散泉泉室构造

2. 检修操作室

检修操作室主要是对泉室进行操作、维护管理的场所，与泉室合建。检修操作室平面形状可以是矩形或圆形，为便于施工，一般采用矩形。其平面尺寸应根据出水管、溢流管及排污管的管径和控制闸阀大小来确定。为便于操作和维修，其最小尺寸不小于 1200mm×1200mm。室内、外壁须设有必要的钢制爬梯，室顶应设人孔。但要注意人孔不能被洪水淹没及地面污水通过人孔灌入池内。检修操作室的构造材料一般与泉室构造材料一致。

3. 进水部分

根据泉室不同的类型，进水部分主要有池底进水的人工反滤层、池壁进水的水平进水孔和透水池壁。

（1）人工反滤层。池底进水的泉室底部，除了大颗粒碎石、卵石及裂隙岩出水层以外，一般砂质含水层中，为防止含水层中的细小砂粒随水流进入泉池中，并保持含水层的稳定性，应在池底铺设人工反滤层。人工反滤层是防止池底涌砂，安全供水的重要措施。反滤层一般设 3～4 层，粒径自下而上逐渐变大，每层厚度 200～300mm，其总厚度为0.4～1.0m。池底人工反滤层的滤料级配、厚度和层数可参照表 2-5 选用。

表 2-5	池底反滤层滤料粒径和厚度							单位：mm
泉眼处砂质	第一层		第二层		第三层		第四层	
	滤料粒径	厚度	滤料粒径	厚度	滤料粒径	厚度	滤料粒径	厚度
细砂	1～2	300	3～6	300	10～20	200	60～80	200
中砂	2～4	300	10～20	200	50～80	200		
粗砂	4～8	200	20～30	200	60～100	200		
极粗砂	8～15	150	20～40	200	100～150	250		
砂砾石	15～30	200	50～150	200				
碎石、卵石及裂隙岩	不设人工反滤层							

（2）水平进水孔和透水池壁。水平进水孔和透水池壁是两种主要泉室池壁进水型式。

水平进水孔，由于容易施工而采用较多。在孔内滤料级配合适的情况下，堵塞较轻。一般做成直径 $100\sim200\,\text{mm}$ 的圆孔或 $100\,\text{mm}\times150\,\text{mm}\sim200\,\text{mm}\times250\,\text{mm}$ 的矩形孔。进水孔内的填料 2～3 层，一般为 2 层，其级配按泉眼处含水颗粒组成确定，可参照式 $D/d_i\leqslant(7\sim8)$ 计算，其中 D 是与含水层接触的第一层滤料粒径，d_i 是含水层计算粒径。当含水层为细砂或粉砂时，$d_i=d_{40}$；中砂时，$d_i=d_{30}$；粗砂时，$d_i=d_{20}$。两相邻层粒径比一般为 2～4。当泉眼周围含水层为砂砾或卵石时，可采用直径为 $25\sim50\,\text{mm}$ 不填滤料层的圆形进水孔。进水孔应布置在动水位以下，在进水侧池壁上交错排列，其总面积可达池壁部分面积的 $15\%\sim20\%$。

透水池壁具有进水面积大、进水均匀、施工简单和效果好等特点。透水池壁布置在动水位以下，采用砾石水泥混凝土（无砂混凝土），孔隙率一般为 $15\%\sim25\%$，砾石水泥透水池壁每高 1～2m 设一道钢筋混凝土圈梁，梁高为 0.1～0.2m，其设计数据可参照表 2-6。

表 2-6	砾石水泥混凝土池壁设计数据		
砾石粒径/mm	10～20	5～10	3～5
水灰比	0.38	0.42	0.46
混凝土强度等级	C9	C10	C8
适用泉眼处砂质	粗砂、砾石、卵石	粗砂、中砂	中砂、细砂

（二）泉室水位及容积的确定

1. 泉室水位的确定

在泉室设计中，池中水位的设计非常重要。池中水位设计过低，不能充分利用水头，造成能量浪费，也会使泉池开挖过深，施工困难。水位设计过高，会使泉路改道，造成取水量不能满足要求或取不到水，甚至造成泉室报废。泉室中的设计水位可考虑略低于测定泉眼枯流量时的水位（一般为 300～500mm），这样可保证泉水向泉室内汇集，取到所需的水量，保证供水安全可靠。

2. 泉室容积的确定

泉室不同于一般的取水构筑物，在设计中，其容积大小的确定是比较复杂的，通常要考虑泉水量的大小，供水系统特性等。例如泉水量很大，任何时候均大于最高日最大时用水量，则泉室容积就可设置小些，如果泉水量不很大，泉室要起到调节水量作用，则泉室设计容积就要大些。因此，泉室的容积要视其在供水系统中所起的作用而定，通常按以下几种情况考虑。

（1）泉室起取水、集水作用。泉水量很大，泉室以后设有调节设施。这时泉室在供水系统中只起到取水、集水作用，其容积就不需要很大，泉室能罩住主泉眼，满足检修，清掏时人能进入池内操作即可。一般为 $30\sim100\text{m}^3$，如果日用水量较大的供水系统，泉室容积可按 $10\sim30\text{min}$ 的停留时间来计算。

（2）泉室起预沉池作用。泉室后设有调节设施，泉水中大颗粒泥沙含量较高，经自然沉淀后可以去除。这时泉室既起到取、集水作用又起到预沉池作用。其容积除了要保证能罩住主泉眼，满足检修清掏时人能进入池内操作外，还要满足不小于 2h 的停留时间，对于供水量较大的供水系统，泉室的容积可按 2h 停留时间计算或按试验确定的停留时间计算。

（3）泉室起调节作用。泉水水质好，不需要净化处理，泉水水位高，能满足重力供水，消毒后可直接供给用户；泉水量稳定，但不能在任何时候满足大于最高日最大用水量；泉眼处工程地质条件好，施工方便。在这些情况下，可将泉室容积设置大些。供水系统中可不再设置清水池和水塔（或高地水池），泉室起调节水量作用。泉室的容积应根据泉水出流水量和用水量变化曲线来确定。缺乏资料时，中、小型供水系统可按日用水量的 $20\%\sim40\%$ 确定，对于极小型供水系统，泉室容积可达到日用水量的 50% 以上。

第二节　地表水取水构筑物类型

地表水具有水量丰富、分布广泛的优点，很多城镇及工业企业常以地表水作为供水水源。因地表水水源的种类、性质和取水条件各不相同，所以地表水取水构筑物有多种形式。

按水源种类的不同，地表水取水构筑物可分为河流、湖泊、水库和海水取水构筑物；按取水构筑物构造的不同，地表水取水构筑物可分为固定式取水构筑物、移动式取水构筑物和山区河流取水构筑物。

1. 固定式取水构筑物

固定式取水构筑物有以下几种分类。

（1）按位置分岸边式、河床式和斗槽式。

（2）按结构类型分合建式、分建式和直接吸水式。

（3）按水位分淹没式和非淹没式。

（4）按采用泵型分干式和湿式泵房。

（5）按结构外形分圆形、矩形、椭圆形、斗瓶形和连拱形泵房等。

固定式取水构筑物在全国各地使用最多，取水量一般不受限制，其中岸边式和河床式采用比较普遍，而桥墩式、淹没式和斗槽式目前使用较少。

2. 移动式取水构筑物

移动式取水构筑物可分为浮船式和缆车式。

（1）浮船式。浮船式的泵站安放在船上。浮船式按水泵安装位置可分为上承式和下承式；按接头形式可分为阶梯式连接、摇臂式连接、带活动钢引桥的摇臂式连接及综合式。

（2）缆车式。缆车式的泵站安放在缆车上。缆车式按坡道形式可分为斜坡式和斜桥式。

移动式取水构筑物适用于水位变化幅度在 $10\sim35m$ 之间，取水规模以中、小型为主，在长江中、上游地区和南方水库取水中采用较为普遍，黄河流域和东北地区也有采用浮船取水。

3. 山区浅水河流取水构筑物

山区浅水河流取水构筑物分为低坝式、底拦栅式和综合式。低坝式分为：固定式低坝取水和活动式低坝取水，如橡胶坝、水力自动翻板闸、浮体闸等。

山区浅水河流取水构筑物一般适用于山区上游河段，流量和水位变化幅度很大，而且枯水期的流量和水深又很小，甚至局部地段出现断流的情况。

第三节　岸边式取水构筑物

一、岸边式取水构筑物的基本型式

直接从岸边进水口取水的构筑物称为岸边式取水构筑物，它由进水井和泵站两个部分构成。岸边式取水构筑物应用比较广泛。

当河岸较陡、主流近岸、岸边水深足够、水质及地质条件较好、水位变幅不太大时，适宜采用该种无需在江河上建坝的取水型式。

岸边式取水构筑物有合建式和分建式两种，如图 2-41、图 2-42 所示。合建式取水构筑物的水井和泵站合建在一起，设在岸边；分建式取水构筑物的水井和泵站不在一起。

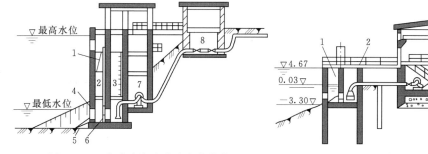

图 2-41　合建式岸边式取水构筑物
1—进水间；2—进水室；3—吸水室；4—进水口；
5—格栅；6—格网；7—泵站；8—阀门井

图 2-42　分建式岸边式取水构筑物
1—进水间；2—引桥；3—泵站

二、岸边式取水构筑物的构造

1. 进水间

进水间一般由进水室和吸水室两部分组成。进水间可与泵房分建或合建。分建时进水间的平面形状有圆形、矩形、椭圆形等。圆形结构性能较好，水流阻力较小，便于沉井施工，但不便于布置设备；矩形的优点则与圆形相反。通常当进水间深度不大，用大开槽施工时可采用矩形。如进水间深度较大时，则宜采用圆形。椭圆形兼有二者优点，可用于大型取水。

如图 2-43 所示为一岸边分建式进水间的构造。进水间由纵向隔墙分为进水室和吸水室，两室之间设有平板格网或旋转格网。在进水室外壁上开有进水孔，孔侧设有格栅。进水孔一般为矩形。

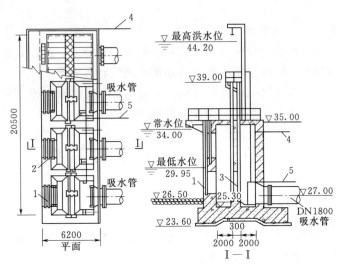

图 2-43　岸边分建式进水间
1—格栅；2—闸板；3—格网；4—冲洗管；5—排水管

上层进水孔的上缘应在洪水位以下 1.0m，下层进水孔的下缘至少应高出河底 0.5m，上缘至少应在设计最低水位以下 0.3m（有冰盖时，从冰盖下缘算起不小于 0.2m）。

进水孔的高宽比，宜尽量配合格栅和闸门的标准尺寸。进水间上部是操作平台，设格栅、格网、闸门等设备的起吊装置和冲洗系统。

进水间通常用横向隔墙分成几个能独立工作的分格。当分格数少时，设连通管互相连通。分格数应根据安全供水要求、水泵台数及容量、清洗排泥周期、运行检修时间、格栅类型等因素确定。一般不少于 2 格。大型取水工程最好 1 台泵设置 1 个分格，1 个格网。当河中漂浮物少时，也可不设格网。

进水室的平面尺寸应根据进水孔、格网和闸板的尺寸、安装、检修和清洗等要求确定。

吸水室的设计要求与泵房吸水井基本相同。吸水室的平面尺寸按水泵吸水管的直径、数目和布置要求确定。

当河流水位变幅在 6m 以上时，一般设置两层进水孔，以便洪水期取表层含沙量少的水。

分建式进水间可以做成半淹没式或非淹没式。非淹没式进水间的顶层操作平台在最高洪水位时仍露出水面，故操作管理方便，一般采用较多。半淹没式进水间则只在常水位或一定频率的高水位时才露出水面，超过此水位时即被淹没。半淹没式投资较省，但在淹没期内格网无法清洗，内部积泥无法排除，因此只宜用在高水位历时不长、泥沙及漂浮物不多时。

非淹没式进水间的顶层操作平台标高，一般与取水泵房顶层进口平台标高相同。

2. 进水间的附属设备

岸边式取水构筑物进水间内的附属设备有格栅、格网、排泥、启闭和起吊设备等。

（1）格栅。格栅设在取水头部或进水间的进水孔上，用来拦截水中粗大的漂浮物及鱼类。格栅由金属框架和栅条组成（图 2-44），框架外形与进水孔形状相同。栅条断面有矩形、圆形等。栅条厚度或直径一般采用 10mm。栅条净距视河中漂浮物情况而定，通常采用 30~120mm。栅条可以直接固定在进水孔上，或者放在进水孔外侧的导槽中，可以拆卸。

（2）格网。格网设在进水间内，拦截水中细小的漂浮物。格网有平板格网和旋转格网两种。

平板格网一般由槽钢或角钢框架及金属网构成（图 2-45），金属格网一般设一层；面积较大时设两层，一层是工作网，拦截水中漂浮物；另一层是支撑网，以增加工作网的强度。工作网的孔眼尺寸应根据水中漂浮物情况和水质要求确定。金属网宜用耐腐蚀材料，如铜丝、镀锌钢丝或不锈钢丝等。平板格网放置在槽钢或钢轨制成的导槽或导轨内。

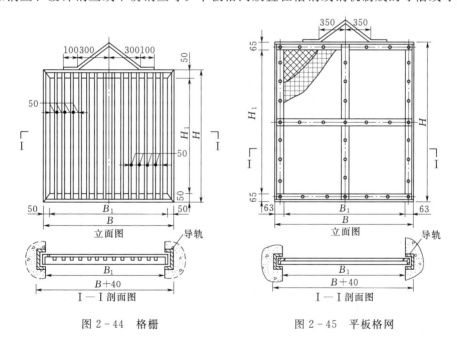

图 2-44 格栅　　　　　　图 2-45 平板格网

格网堵塞时需要及时冲洗，以免格网前后水位差过大，使网破裂。可设测量格网两侧水位差的标尺或水位继电器，以便根据信号及时冲洗格网。

冲洗格网时，应先用起吊设备放下备用网，然后提起工作网至操作平台，用 196~490kPa 的高压水通过穿孔管或喷嘴进行冲洗。

平板格网的优点是构造简单、所占地位较小、可以缩小进水间尺寸，在中小水量、漂浮物不多时采用较广。其缺点是冲洗不便，网眼不能太小，每当提起格网冲洗时，一部分杂质会进入吸入室。

旋转格网是由绕在上下两个旋转轮上的连续网板组成，用电动机带动。网板由金属框架及金属网组成。一般网眼尺寸为 4mm×4mm～10mm×10mm，视水中漂浮物数量和大小而定，网丝直径为 0.8～1.0mm。

旋转格网构造复杂，所占面积大，但冲洗较方便，拦污效果较好，可以拦截细小的杂质，故用在水中漂浮物较多，取水量较大的取水构筑物。

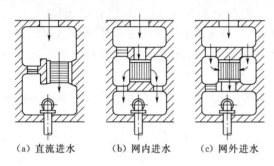

（a）直流进水　（b）网内进水　（c）网外进水

图 2-46　旋转格网布置方式

旋转格网的布置方式有直流进水、网外进水和网内进水 3 种（图 2-46），前两种采用较多。直流进水的优点是水力条件较好，滤网上水流分配较均匀；水经过两次过滤，拦污效果较好；格网所占面积小。其缺点是格网工作面积只利用一面；网上未冲净的污物有可能进入吸入室。网外进水的优点是格网工作面积得到充分利用；滤网上未冲净的污物不会带入吸水室；污物拦截在网外，容易清除和检查。其缺点是水流方向与网面平行，水力条件较差，沿宽度方向格网负荷不均匀；占地面积较大。网内进水的优缺点与网外进水基本相同，由于被截留的污物在网内，不易清除和检查，故采用较少。

旋转格网是定型产品，它是连续冲洗的，其转动速度视河中漂浮物的多少而定，一般为 2.4～6.0m/min，可连续转动，也可间歇转动。旋转格网的冲洗，一般采用 196～392kPa 的压力水通过穿孔管或喷嘴来进行。冲洗后的污水沿排水槽排走。

（3）排泥、启闭及起吊设备。含泥沙较多的河水进入进水间后，由于流速减低，常有大量泥沙沉积，需要及时排除。常用的排泥设备有排沙泵、排污泵、射流泵、压缩空气提升器等。大型进水间多用排沙泵或排污泵排泥，也可采用压缩空气提升器排泥。小型进水间或积泥不严重时，可用射流泵排泥。为了提高排泥效果，一般在井底设有穿孔冲洗管或冲洗喷嘴，利用高压水边冲洗、边排泥。

在进水间的进水孔、格网和横向隔墙的连通孔上须设置闸阀、闸板等启闭设备，以便在进水间冲洗和设备检修时使用。这类闸阀或闸板尺寸较大，为了减小所占面积，常用平板闸门、滑阀及蝶阀等。

起吊设备设在进水间上部的操作平台上，用以起吊格栅、格网、闸板和其他设备。常用的起吊设备有电动卷扬机、电动和手动单轨吊车等，其中以单轨吊车采用较多。当泵房较深，平板格网冲洗次数频繁时，采用电动卷扬机起吊。大型取水泵站中进水间的设备较重时，可采用电动桥式吊车。

（4）防冰、防草措施。在有冰冻的河流上，为了防止水内冰堵塞进水孔格栅，一般可采用以下防冰措施。

1）降低进水孔流速。如果进水孔流速在 0.05m/s 范围内，可减少带入水内冰的数量，而且能阻止过冷的水形成冰晶。但是这样小的流速势必增大进水孔面积，因此，在实际使用中受到限制。

2）加热格栅法。利用电、蒸汽或热水加热格栅，以防冰冻，这种方法比较有效，应用较广。

电加热格栅是把格栅的栅条当作电阻，通电后使之发热。用蒸汽或热水加热格栅是将蒸汽或热水通入空心栅条中，然后再从栅条上的小孔喷出。

加热格栅可按两种温度计算，一种是使格栅表面温度保持在 0.02℃ 以上，防止格栅冻结；另一种是使进水温度保持在 0.01～0.02℃ 以上，以防水中继续形成水内冰。后者需要的热量大，但较安全。

3）在进水孔前引入废热水。当工厂有洁净废热水可利用时，则可考虑此措施。

4）在进水孔上游设置挡冰木排，以阻挡水内冰进入进水孔。

5）采取渠道引水。使水内冰在渠道内上浮，并通过排水渠排走。

此外还有降低栅条导热性能、机械清除、反冲洗等措施来防止进水孔冰冻。

防止水草堵塞，可采用机械或水力方法及时清理格栅；在进水孔前设置挡草木排；在压力管中设置除草器等措施。

3. 岸边式取水泵房的设计特点

（1）水泵选择。水泵型号及台数不宜过多，否则将增大泵房面积，增加土建造价。但水泵台数过少，又不利于调度，一般常采用 3～4 台（包括备用泵）。当供水量变化较大时，可考虑大小水泵搭配。选泵时应以近期水量为主，适当考虑远期发展的可能，土建可一次完成，预留一定位置；考虑将水泵叶轮换大的措施；或另行增加水泵。

（2）泵房布置。泵房平面形状有圆形、矩形、椭圆形和半圆形等。矩形便于布置水泵、管路和起吊设备，圆形则相反。但是圆形受力条件较好，当泵房深度较大，其土建造价比矩形泵房经济。

在布置水泵机组、管路及附属设备时，满足操作、检修及发展要求，尽量减小泵房面积（特别是泵房较深时）。减小泵房面积的措施有：

1）卧式水泵基础呈顺倒转双行排列，进出水管直进直出布置。

2）一台水泵的进出水管加套管穿越另一台水泵的基础。

3）大中型泵房水泵压水管上的单向阀和转换阀布置在泵房外的阀门井内，这样既可减小泵房面积，又可避免由于水锤使管道破裂而淹没泵房的危险。

4）尽量采用小尺寸管件。

5）充分利用空间，以缩小泵房面积。

（3）泵房地面层的设计标高。泵房地面层（又称泵房顶层进口平台）的设计标高，应分别按下列情况确定：当泵房位于渠道边时，为设计最高水位加 0.5m；当泵房位于江河边时，为设计最高水位加浪高再加 0.5m；当泵房位于湖泊、水库或海边时，为设计最高水位加浪高再加 0.5m，并应设防浪爬高的措施。

（4）泵房的起吊、通风、交通和自控设施。取水泵房内的起吊设备有一级起吊和二级起吊两种。中小型泵房和深度不大的大型泵房，一般采用一级起吊，起吊设备有卷扬机、单轨吊车和桥式吊车等。深度较大（大于 20～30m）的大中型泵房，由于起吊高度大、设备重，为了检修方便宜采用二级起吊，即在泵房顶层设置电动葫芦或电动卷扬机作为一级起吊设备，在泵房底层设置桥式吊车作为二级起吊设备。在布置一级、二级起吊设备时，应注意二者的衔接和二级起吊设备的位置，保证重件不产生偏吊现象。

在深基泵房中，为了改善操作条件，须考虑通风设施。通风方式有自然通风和机械通风两种。深度不大的大型泵房，可采用自然通风。深度较大，气候炎热的泵房宜采用机械通风，一般多采用自然进风、机械排风，或者自然进风。风管系统与电动机热风排出口直接密闭相接的机械排风装置，通风效果较好。大型泵站可采用机械进风和机械排风装置。

深度较大（大于 25m）的大型泵房，上下交通除设置楼梯外，还应设置电梯。取水泵房宜采用自动控制。

（5）泵房的防渗和抗浮。取水泵房的井壁，要求在水压作用下不产生渗漏。井壁防渗主要在于混凝土的密实性，必须注意混凝土的抗渗标号和施工质量。

取水泵房要受到河水或地下水的浮力作用，设计时必须考虑抗浮。抗浮的措施有：①依靠泵房自重抗浮；②在泵房顶部或侧壁增加重物来抗浮；③将泵房底板扩大嵌固于岩石地基内；④在泵房底部打入锚桩与基岩锚固来抗浮；⑤利用泵房下部井壁和底板与岩石之间的黏结力，以抵消一部分浮力。

第四节　河床式取水构筑物

从河心进水口取水的构筑物称为河床式取水构筑物，它主要由泵房、集水间或集水井、进水管和取水头部 4 部分组成。

当河床稳定、河岸较平坦、枯水期主流离岸较远、岸边水深不足或水质不好，而河心有足够水深或较好水质时，适宜采用河床式取水构筑物。

一、河床式取水构筑物的基本型式

河床式取水构筑物按照进水管型式的不同，可分为 4 种基本型式：自流管取水式、虹吸管取水式、水泵直接取水式和江心桥墩取水式，分别如图 2-47～图 2-50 所示。

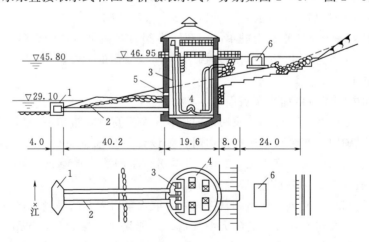

图 2-47　自流管取水构筑物（单位：m）

1—取水头部；2—自流管；3—集水间；4—泵站；5—进水孔；6—阀门井

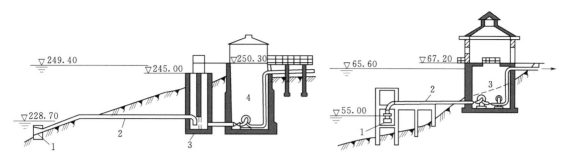

图 2-48　虹吸管取水构筑物
1—取水头部；2—虹吸管；3—集水间；4—泵房

图 2-49　水泵直接取水构筑物
1—取水头部；2—水泵吸水管；3—泵房

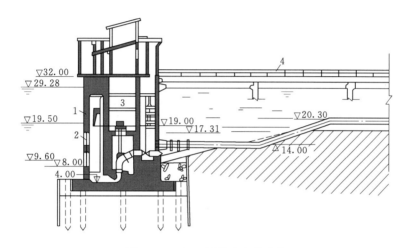

图 2-50　江心桥墩取水构筑物
1—进水间；2—进水孔；3—泵站；4—引桥

二、河床式取水构筑物的构造

河床式取水构筑物是由泵房、集水间、进水管和取水头部组成。由于泵房和集水间与岸边式取水构筑物的泵房、进水间基本相同，这里只重点介绍进水管和取水头部。

1. 集水间

集水间与泵房分建的集水间如图 2-51 所示。

与泵房合建的集水间常常布置在泵房的前侧，占用泵房的部分面积，如图 2-52 所示，其中图 2-52（a）布置比较紧凑，但集水间的结构上处理较复杂；图 2-52（b）布置将集水间附于泵房壁，在取水量较大，水泵台数较多时，也可将集水间做成独立的、与泵房完全分开的构筑物。

2. 取水头部

（1）取水头部的形式与构造。常用的取水头部有喇叭管、蘑菇形、鱼形罩、箱式以及桥墩式等。

1）喇叭管取水头部。如图 2-53 所示，设有格栅的金属喇叭管，用桩架或支墩固定

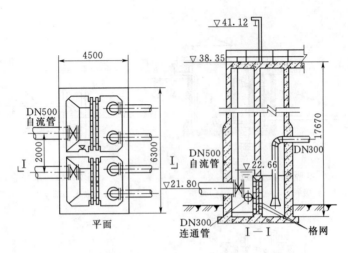

图 2-51 集水间与泵房分建

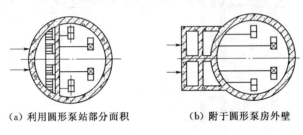

（a）利用圆形泵站部分面积 （b）附于圆形泵房外壁

图 2-52 集水间与泵房合建

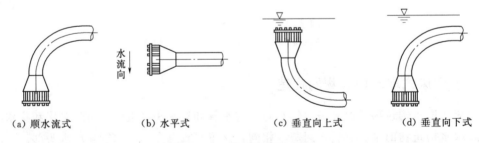

（a）顺水流式 （b）水平式 （c）垂直向上式 （d）垂直向下式

图 2-53 喇叭管取水头部

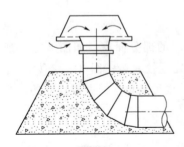

图 2-54 蘑菇形取水头部

在河床上。这种取水头部构造简单，造价较低，施工方便，适宜在中小取水量时采用。

2）蘑菇形取水头部。如图 2-54 所示，是一个向上的喇叭管，其上再加一金属帽盖。河水由帽盖底部流入，带入的泥沙及漂浮物较少。头部分几节装配，便于吊装和检修；头部高度较大，要求设置在枯水期时仍有一定水深，适用于中小型取水构筑物。

3）鱼形罩取水头部。如图 2-55 所示，是一个两端带有圆锥头部的圆筒，在圆筒表面和背水圆锥面上开设圆形进水孔。其水流阻力小，进水面积大，进水孔流速小，漂浮物难以吸附在罩上，适宜于水泵直接从河中取水。

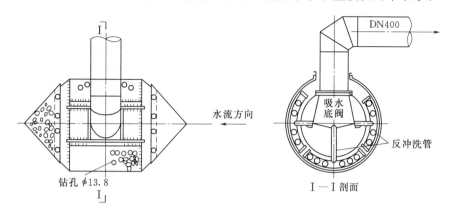

图 2-55 鱼形罩取水头部

4）箱式取水头部。由周边开设进水孔的钢筋混凝土箱和设在箱内的喇叭管组成。由于进水孔总面积较大，能减少冰凌和泥沙进入量。适宜在冬季冰凌较多或含沙量不大，水深较小的河流上采用。中小型取水工程中用得较多。箱的平面形状有圆形、矩形、菱形等。

5）斜板取水头部。在取水头部设斜板，这种新型取水头部除沙效果较好，适用于粗颗粒泥沙较多的河流。采用斜板取水头部时，河流应具有足够的水深和较大的流速，以便冲走沉降在河床上的泥沙。

（2）取水头部的设计。取水头部应满足：尽量减少吸入泥沙和漂浮物，防止头部周围河床冲刷，避免船只和木排碰撞，防止冰凌堵塞和冲击，便于施工，便于清洗检修等。因此，在设计中应考虑以下一些问题。

1）取水头部的位置和朝向。取水头部应设在稳定河床的深槽主流，有足够的水深处。为避免推移质泥沙，侧面进水孔的下缘应高出河底，一般不小于 0.5m，顶部进水孔应高出河底 1.0～1.5m 以上。从湖泊、水库取水时，底层进水孔下缘距水体底部的高度，应根据泥沙淤积情况确定，但不得小于 1.0m。

取水头部进水孔的上沿在设计最低水位以下的淹没深度：当顶部进水时不小于 0.5m，侧面进水时不小于 0.3m，当有冰凌时，从冰凌下沿算起；虹吸管和吸水管进水时，其上沿的淹没深度，不小于 1.0m（避免吸入空气）；从顶部进水时，应考虑当进水流速大时产生漩涡而影响淹没深度；从湖泊、水库取水时，应考虑风浪对淹没深度的影响。在通航河道中，取水头部的最小淹没深度应根据航行船只吃水深度的要求确定，并取得航运部门同意，必要时应设置航标。

进水孔一般布置在取水头部的侧面和下游面。漂浮物较少和无冰凌时，也可布置在顶面。

2）取水头部的外形与水流冲刷。为了减少取水头部对水流的阻力，避免引起河床冲刷，取水头部的迎水面一端做成流线型，并使头部长轴与水流方向一致，但流线型不便于施工和布置设备，实际应用较少。菱形、长圆形的水流阻力较小，常用于箱式和墩式取水头部。圆形水流阻力虽较大,但能较好的适应水流方向的变化,且施工较方便。

3)进水孔流速和面积。进水孔的流速要选择恰当。流速过大,易带入泥沙、杂草和冰凌;流速过小,又会增大进水孔和取水头部的尺寸,增加造价和水流阻力。进水流速应根据河中泥沙及漂浮物的数量、有无冰凌、取水点的水流速度、取水量的大小等确定。河床式取水构筑物进水孔的过栅流速,应根据水中漂浮物数量、有无冰絮、取水点的流速、取水量大小、检查和清理格栅的方便程度等因素确定。一般有冰絮时为 0.1~0.3m/s,无冰絮时为 0.2~0.6m/s。

取水头部的进水孔与格栅面积可参照岸边式取水构筑物的有关内容决定。

3. 进水管

进水管有自流管、进水暗渠、虹吸管等。自流管一般采用钢管、铸铁管和钢筋混凝土管。虹吸管要求严密不漏气,宜采用钢管,但埋在地下的亦可采用铸铁管。进水暗渠一般用钢筋混凝土,也有用岩石开凿衬砌而成。

为了提高进水的安全可靠性和便于清洗检修,进水管一般不应少于两条。当一条进水管停止工作时,其余进水管通过的流量应满足事故用水要求。

进水管的管径应按正常供水时的设计水量和流速决定。管中流速不应低于泥沙颗粒的不淤流速,以免泥沙沉积;但也不宜过大,以免水头损失过大,增加集水间和泵房的深度。进水管的设计流速一般不小于 0.6m/s。水量较大、含沙量较大、进水管短时,流速可适当增大。一条管线冲洗或检修时,管中流速允许达到 1.5~2.0m/s。

自流管一般埋设在河床下 0.5~1.0m,减少其对江河水流的影响和免受冲击。自流管如需敷设在河床上时,须用块石或支墩固定。自流管的坡度和坡向应视具体条件而定,可以坡向河心、坡向集水间或水平敷设。

虹吸管的虹吸高度一般采用不大于 4~6m,虹吸管末端至少应伸入集水井最低动水位以下 1.0m。虹吸管应朝集水间方向上升,其最小坡度为 0.003~0.005。每条虹吸管宜设置单独的真空管路,以免互相影响。

进水管内在投产初期尚达不到设计水量,管内流速过小时,可能产生淤积;有时自流长期停用,由于异重流的原因,管道内上层清水与河中浑水不断地发生交替,也可能造成管内淤积;有时漂浮物可能堵塞取水头部。在这些情况下应考虑冲洗措施。进水管的冲洗方法有顺冲、反冲两种。

顺冲是关闭一部分进水管,使全部水量通过待冲的一根进水管,以加大流速的方法来实现冲洗;或在河流高水位时,先关闭进水管上的阀门,从该格集水间抽水至最低水位,然后迅速开启进水管阀门,利用河流与集水间的水位差来冲洗进水管。顺冲法比较简单,不需另设冲洗管道,但附在管壁上的泥沙难于冲掉。

反冲洗是当河流水位低时,先关闭进水管末端阀门,将该格集水间充水至高水位,然后迅速开启阀门,利用集水间与河流的水位差来反冲进水管;或者将泵房内的水泵压水管与进水管连接,利用水泵压力水或高位水池来水进行反冲洗。这种方法冲洗效果较好,但管路较复杂。虹吸进水管还可在河流低水位时,利用破坏真空的办法进行反冲洗。

第五节　移动式取水构筑物

在水源水位变幅大、供水要求急和取水量不大时，可考虑采用移动式取水构筑物（浮船式和缆车式）。

一、浮船式取水构筑物

浮船式取水构筑物因无复杂的水下工程而具有投资少、建设快、易于施工、有较大的适应性和灵活性、能经常取得含沙量少的表层水等优点。因此，在我国西南、中南等地区使用较广泛。目前一只浮船的最大取水能力已达 30 万 m^3/d。它的缺点是河流水位涨落时，需要移动船位，阶梯式连接时尚需拆换接头以致短时停止供水，操作管理麻烦；浮船还要受到水流、风浪、航运等的影响。

1. 浮船取水位置选择

除应符合有关地表水取水构筑物位置选择的基本要求外，还应注意以下事项：

（1）河岸有适宜的坡度，岸坡过于平缓，不仅联络管增长，而且移船不方便，容易搁浅，采用摇臂式连接时，岸坡宜陡些。

（2）设在水流平缓、风浪小的地方，以便浮船的锚固和减小颠簸，在水流湍急的河流上，浮船位置应避开急流和大回流区，并与航道保持一定距离。

（3）尽量避开河漫滩和浅滩地段。

2. 浮船与水泵布置

浮船的数目应根据供水规模、供水安全程度等因素确定。当允许间断供水或有足够容量的调节水池时，或者采用摇臂式连接的，可设置一只浮船，否则不宜少于两只。

浮船有木船、钢板船和钢丝网水泥船等。钢丝网水泥船造价较低，能节约钢材，使用年限长，维修简单，是一种较好的船体，但怕搁浅、碰撞和震动。

浮船一般制造成平底囤船形式，平面为矩形，断面为梯形或矩形。浮船尺寸应根据设备及管路布置，操作及检修要求，浮船的稳定性等因素决定。目前船宽一般多为 5～6m，船长与船宽之比为 （2∶1）～（3∶1），吃水深 0.5～1.0m，船体深 1.2～1.5m，船首、船尾长 2～3m。

浮船上的水泵布置，除满足布置紧凑、操作检修方便外，应特别注意浮船的平衡与稳定。当每只浮船上水泵台数不超过 3 台时，水泵机组在平面上常成纵向排列，也可成横向排列。

水泵竖向布置一般有上承式和下承式两种（图 2-56）。上承式的水泵机组安装在甲板上，设备安装和操作方便，船体结构简单，通风条件好，可适用于各种船体，故常采用。但船的重心较高，稳定性差，振动较大。下承式的水泵机组安装在船底骨架上，其优缺点与上承式相反，吸水管需穿过船舷，仅适用于钢板船。

3. 浮船的平衡与稳定

为了保证运行安全，浮船应在各种情况下（正常运转、风浪作用、移船、设备装运时）均能保持平衡与稳定。首先应通过设备布置使浮船在正常运转时接近平衡。在其他情

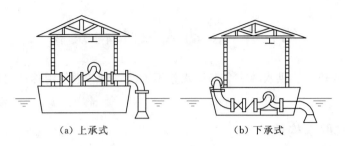

$$(a) \ 上承式 \qquad\qquad (b) \ 下承式$$

图 2-56 取水浮船竖向布置

况下如不平衡，可用平衡水箱或压舱重物来调整平衡。为保证操作安全，在移船和风浪作用时，浮船的最大横倾角以不超过 $7°\sim8°$ 为宜。浮船的稳定与船宽关系很大。为了防止沉船事故，应在船舱中设水密隔舱。

4. 联络管

浮船随河水涨落而升降，随风浪而摇摆。因此，船上的水泵压水管与岸边的输水管之间采用的联络管应当转动灵活。常用的连接方式有阶梯式和摇臂式。

(1) 阶梯式连接。

1) 柔性联络管连接。采用两端带有法兰接口的橡胶软管做联络管，管长一般为 $6\sim8m$。橡胶软管使用灵活，接口方便，但承压一般不大于 $490kPa$，使用寿命较短，管径较小（一般为 $350mm$ 以下），故适宜在水压和水量不大时采用。

2) 刚性联络管连接。采用两端各有一个球形方向接头的焊接钢管作为联络管，管径一般在 $350mm$ 以下，管长一般为 $8\sim12m$。钢管承压高，使用年限长。球形方向接头，转动灵活，使用方便，转角一般采用 $11°\sim15°$，但制造较复杂。

阶梯式连接，由于受联络管长度和球形接头转角的限制，在水位涨落超过一定范围时，就需移船和换接头，操作麻烦，并需短时停止取水。但船靠岸较近，连接比较方便，可在水位变幅较大的河流上采用。

(2) 摇臂式连接。套筒接头摇臂式连接的联络管由钢管和几个套筒旋转接头组成。水位涨落时，联络管可以围绕岸边支墩上的固定接头转动。这种连接的优点是不需要拆换接头，不用经常移船，能适应河流水位的猛涨猛落，管理方便，不中断供水，采用较广泛。目前已用于水位变幅达 $20m$ 的河流。但洪水时浮船离岸较远，上下交通不便。

由于 1 个套筒接头只能在 1 个平面上转动，因此 1 根联络管上需要设置 5 个或 7 个套筒接头，才能适应浮船上下、左右摇摆运动。

如图 2-57 所示为由 5 个套筒接头组成的摇臂式联络管。由于联络管偏心，致使两端套筒接头受到较大的扭力，接头填料易磨损漏水，从而降低了接头转动的灵活性与严密性。这种接头只适宜在水压较低，联络管重量不大时采用。

摇臂联络管的岸边支墩接口应高出平均水位，使洪水期联络管的上仰角略小于枯水期的下俯角。联络管上下转动的最大夹角 $(\alpha_1+\alpha_2)$ 不宜超过 $70°$。联络管长度一般在 $20\sim25m$ 以内。

5. 输水管

输水管一般沿岸边敷设。当采用阶梯式连接时，输水管上每隔一定距离设置叉管。叉

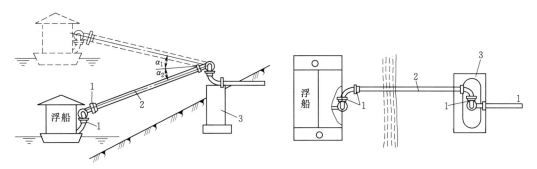

图 2-57 摇臂式套筒接头连接

1—套筒接头；2—摇臂联络管；3—岸边支墩

管的管垂直高差取决于输水管的坡度、联络管长度、活动接头的有效转角等因素，一般多在 1.5～2.0m。在常年低水位处布置第一个叉管，然后按高差布置其余叉管。当有两条以上输水管时，各条输水管上的叉管在高程上应交错布置，以便浮船交错位移。

6. 浮船的锚固

浮船需用缆索、撑杆和锚链等锚固。锚固方式应根据浮船停靠位置的具体条件决定。用系缆索和撑杆将船固定在岸边，适宜在岸坡较陡，江面较窄，航运频繁，浮船靠近岸边时采用。在船首尾抛锚与岸边系留相结合的形式，锚固更为可靠，同时还便于浮船移动。它适用于岸坡较陡，河面较宽，航运较少的河段。在水流急、风浪大，浮船离岸较远时，除首尾抛锚外，尚应增设角锚。

二、缆车式取水构筑物

缆车式取水构筑物由泵车、坡道或斜桥、输水管和牵引设备等部分组成，如图 2-58 所示。河水涨落时，泵车由牵引设备带动，沿坡道上的轨道上下移动。

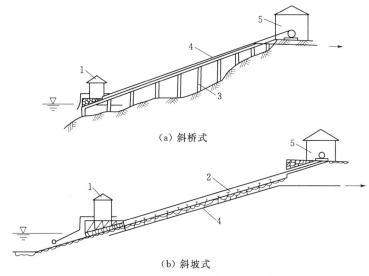

（a）斜桥式

（b）斜坡式

图 2-58 缆车式取水构筑物布置

1—泵车；2—坡道；3—斜桥；4—输水斜管；5—卷扬机房

缆车式取水构筑物的优点与浮船取水构筑物基本相同。缆车移动比较方便，受风浪影响小，比浮船稳定。但缆车取水的水下工程量和基建投资比浮船取水大，宜在水位变幅较大，涨落速度不大（不超过 2m/h），无冰凌和漂浮物较少的河流上采用。

缆车取水构筑物位置应选择在河岸地质条件较好，并有 10°～28°的岸坡处。河岸太陡，则所需牵引设备过大，移车较困难；河岸平缓，则吸水管架太长，容易发生事故。缆车式取水构筑物各部分构造和计算如下。

1. 泵车

供水一般设置 1 部泵车。供水量较大，供水安全性要求较高时，泵车应不少于 2 部，每部泵车上不少于 2 台水泵。泵车上的水泵宜选用吸水高度不小于 4m 特性曲线较陡的水泵，以减少移车次数，并使河流水位变化时，供水量变化不致太大。

泵车上水泵机组的布置，除满足布置紧凑，操作检修方便外，还应特别注意泵车的稳定和振动问题。小型水泵机组宜采用平行布置，将机组直接布置在泵车的桁架上，使机组重心与泵车轴线重合，运转时振动小，稳定性好。大中型机组宜采用垂直布置，机组重心落在两根桁架之间，机组放在短腹杆处，振动较小。

泵车车厢净高，在无起吊设备时采用 2.5～3.0m；有起吊设备时采用 4.0～4.5m。泵车的下部车架为型钢组成的桁架结构，在主桁架的下节点处装有 2～6 对滚轮。

2. 坡道

坡道的坡度一般为 10°～25°，其型式有斜坡式和斜桥式。当岸边地质条件较好，坡度适宜时，可采用斜坡式坡道。当岸坡较陡或河岸地质条件较差时，可采用斜桥式坡道。

斜桥式坡道基础可作成整体式、框式挡土墙和钢筋混凝土框格式。坡道顶面应高出地面 0.5m 左右，以免积泥。斜桥式坡道一般采用钢筋混凝土多跨连续梁结构。

在坡道基础上敷设钢轨，当吸水管直径小于 300mm 时，轨距采用 1.5～2.5m，吸水管直径 300～500mm 时，轨距采用 2.8～4.0m。

坡道上除设有轨道外，还设有输水管、安全挂钩座、电缆沟、接管平台及人行道等。当坡道上有泥沙淤积时，应在尾车上设置冲沙管及喷嘴。

3. 输水管

通常一部泵车设置一根输水管。输水管沿斜坡或斜桥敷设。管上每隔一定距离设置叉管（正三通或斜三通），以便与联络管相接。叉管的高差主要取决于水泵吸水高度和水位涨落速度，一般采用 1～2m。当采用曲臂式联络管时，叉管高差可以更大些（2～4m）。

在水泵出水管与叉管之间的联络管上需设置活动接头，以便移车时接口易对准。活动接头有橡胶软管、球形万向接头、套筒旋转接头和曲臂式活动接头等。橡胶软管使用灵活，但使用寿命较短，一般用于管径 300mm 以下。套筒接头由 1～3 个旋转套筒组成，装拆接口较方便，使用寿命较长，应用较广。

4. 牵引设备

牵引设备有绞车及连接泵车和绞车的钢丝绳组成。绞车一般设置在洪水位以上岸边的绞车房内。牵引力在 50kN 以上时宜用电动绞车，操作既安全，又节省劳力。

第六节　湖泊和水库取水构筑物

我国湖泊较多。新中国成立以来，为了农业灌溉、发电和工业生产用水、人民生活用水，已修建了大量水库，而今后还要修建更多的水库。为了满足工业生产用水和人民生活用水的需要，开发利用湖泊、水库的水资源，从湖泊和水库取水，现已日益增多。

一、取水构筑物位置选择

在湖泊、水库取水时，取水构筑物位置选择应注意以下几点。

（1）不要选择在湖岸芦苇丛生处附近。一般在这些湖区有机物丰富，水生物较多，水质较差，尤其是水底动物（如螺、蚌等）较多，而螺丝等软体动物吸着力强，若被吸入后将会产生严重的堵塞现象。湖泊中有机物一般比较丰富，就是在非芦苇丛生的湖区，也应考虑在水泵吸水管上投氯，使水底动物和浮游生物在进入取水构筑物时就被杀死，消除后患。

（2）不要选择在夏季主风向的向风面的凹岸处。因为在这些位置有大量的浮游生物集聚并死亡；沉至湖底后腐烂，从而水质恶化，水的色度增加，且产生臭味。同时藻类如果被吸入水泵提升至水厂后，还会在沉淀池（特别是斜管沉淀池）和滤池的滤料内滋长，使滤料产生泥球，增大滤料阻力。

（3）为了防止泥沙淤积取水头部，取水构筑物位置应选在靠近大坝附近，或远离支流的汇入口。因为在靠近大坝附近或湖泊的流出口附近，水深较大，水的浊度也较小，也不易出现泥沙淤积现象。

（4）取水构筑物应建在稳定的湖岸或库岸处。在风浪的冲击和水流的冲刷下，湖岸、库岸常常会遭到破坏，甚至发生崩坍和滑坡。一般在岸坡坡度较小、岸高不大的基岩或植被完整的湖岸和库岸是比较稳定的地方。

二、湖泊和水库取水构筑物的类型

1. 隧洞式取水和引水明渠取水

隧洞式取水构筑物可采用水下岩塞爆破法施工。这就是在选定的取水隧洞的下游一端，先行挖掘修建引水隧洞，在接近湖底或库底的地方预留一定厚度的岩石（即岩塞），最后采用水下爆破的办法，一次炸掉预留岩塞，从而形成取水口。这一方法，在国内外均获得采用。

2. 分层取水的取水构筑物

这种取水方式适用于深水湖泊或水库。在不同季节、不同水深，深水湖泊或水库的水质相差较大，例如，在夏秋季节，表层水藻类较多，在秋末这些漂浮生物死亡沉积于库底或湖底，因腐烂而使水质恶化发臭。在汛期、暴雨后的地面径流带有大量泥沙流入湖泊水库，使水的浊度骤增，显然泥沙含量越靠湖底、库底越高，采用分层取水的方式，可以根据不同水深的水质情况，取得低浊度、低色度、无嗅的水。

3. 自流管式取水构筑物

在浅水湖泊和水库取水，一般采用自流管或虹吸管把水引入岸边深挖的吸水井内，然后水泵的吸水管直接从吸水井内抽水（与河床式取水构筑物类似），泵房与吸水井既可合建，也可分建。

以上为湖泊、水库的常用的取水构筑物类型，具体选择时应根据水文特征和地形、地貌、气象、地质以及施工等条件进行技术经济比较后确定。

第七节 山区浅水河流取水构筑物

山区浅水河流与一般平原河流的水文特征和河床物质组成等不尽相同，因而两者的取水方式也有所不同。

一、山区河流及其取水方式的特点

1. 山区河流的特点

（1）流量和水位变化幅度很大，水位陡涨陡落，洪水持续时间短。在枯水期内，流量很小、水深很浅，有时出现多股细流，甚至断流，而在暴雨之后，山洪暴发，洪水流量可为枯水流量的数十、数百倍或更大。

（2）水质变化剧烈。枯水期水流清澈见底。暴雨后，水质骤然浑浊，含沙量大，漂浮物多。雨过天晴，水又复清澈。

（3）河床常为砂、卵石或岩石组成。河床坡度陡、比降大，洪水期流速大，推移质多，粒径大，有时甚至出现 1m 以上的大滚石。

（4）北方某些山区河流潜冰（水内冰）期较长。

2. 取水方式的特点

（1）由于山区河流枯水期流量很小，因此取水量所占比例往往很大，有时高达 70%～90% 以上。

（2）由于平枯水期水层浅薄，因此取水深度往往不足，需要修筑低坝抬高水位，或考虑采用底部进水等方式解决。

（3）由于洪水期推移质多，粒径大，因此修建取水构筑物时，要考虑能将推移质顺利排除，不致造成淤塞或冲击。

根据山区河流取水的特点，取水构筑物常采用低坝式（活动坝和固定坝）或底栏栅式。当河床为透水性良好的砂砾层，含水层较厚，水量较丰富时，亦可采用大口井或渗渠取地下渗流水。

二、低坝式取水构筑物

当山区河流取水深度不足，或者取水量占河流枯水量的百分比较大（30%～50%），推移质不多时，可在河流上修筑低坝来抬高水位和拦截足够的水量。

低坝有固定式低坝和活动式低坝两种。

1. 固定式低坝

固定式低坝取水枢纽由拦河低坝、冲沙闸、进水闸或取水泵站等部分组成，其布置如图 2-59 所示。固定式拦河坝一般做成溢流坝型式，坝高 1～2m。坝身通常用混凝土或浆砌块石建造；为了防止溢流坝在溢流时河床遭受冲刷，在坝下游一定范围内需用混凝土或浆砌块石铺筑护坦。护坦上有时设有齿槛、消力墩等辅助消能设施。

为了防止在上下游水位差作用下，从上游经过坝基土壤向下游渗透，上游的河床应用黏土或混凝土作防渗铺盖。黏土铺盖上需设置厚 30～50cm 的砌石层加以保护。有时还需要在坝基打入板桩或砌筑齿墙防渗。

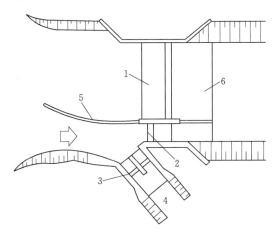

图 2-59 低坝取水装置
1—溢流坝（低坝）；2—冲沙闸；3—进水闸；
4—引水明渠；5—导流堤；6—护坦

冲沙闸设在溢流坝的一侧，与进水闸或取水口邻接，其主要作用是利用坝上下游的水位差，将坝上游沉积的泥沙排至下游。进水闸的轴线与冲沙闸轴线的夹角为 30°～60°，以便在取水的同时进行排沙，使含沙较少的表层水从正面进入进水闸，而含沙较多的底层水则从侧面由冲沙冲泄至下游。

2. 活动式低坝

活动坝在洪水期可以开启，故能减少上游淹没面积，并且便于冲走坝前沉积的泥沙，因此采用较多，但其维护管理较固定坝复杂。

低水头活动坝种类较多，设有活动闸门（平板闸门或弧形闸门）的水闸是其中常用的一种，既能挡水，也能引水和泄水。近几年来逐渐采用橡胶坝、浮体闸、水力自动翻板闸等新型活动坝。这里只对袋形橡胶坝略加介绍。

橡胶坝有袋形和片形。袋形橡胶坝是用合成纤维（尼龙、卡普隆、锦纶、维纶）织成的帆布，布面塑以橡胶，黏合成一个坝袋，锚固在坝基和边墙上，然后用水或空气充胀，形成坝体挡水。当水和空气排出后，坝袋塌落便能泄水，它相当于一个活动闸门。其优点是施工快，节约投资和钢材水泥，运行管理方便。但是坝袋易磨损，易老化，使用寿命短。

三、底栏栅式取水构筑物

通过坝顶带栏栅的引水廊道取水，称为底栏栅取水构筑物。它适宜在水浅、大粒径推移质较多的山区河流，取水量较大时采用。

底栏栅取水构筑物由拦河低坝、底栏、栅、引水廊道、沉沙池、取水泵站等部分组成。在拦河低坝上设有进水底栏栅及引水廊道。河水流经坝顶时，一部分通过栏栅流入引水廊道，经过沉沙池去除粗颗粒泥沙后，再由水泵抽走。其余河水经坝顶溢流，并将大粒径推移质、漂浮物及冰凌带至下游。

当取水量大，推移质甚多时，可在底栏栅一侧设置冲沙室和进水闸（或岸边进水口）。冲沙室用以排泄坝上游沉积的泥沙。进水闸用以在栏栅及引水廊道检修时，或冬季河水较清时进水。

底栏栅式取水构筑物应设在河床稳定、顺直、水流比较集中的河段，并避开受山洪影响较大的区域。底栏栅式取水构筑物各部分的构造及计算如下。

1. 拦河低坝

拦河低坝用以拦截水流，抬高水位。坝与水流方向垂直布置。坝身通常用混凝土或砌石建造。坝顶一般高出河底 0.5～1.0m。溢流坝段伪顶面应较栏栅坝段的顶面高出 0.3～0.5m，以便常水位时水流全部从底栏栅上通过。为了防止冲刷，坝下游应作陡坡、护坦和消力池等消能设施。

2. 底栏栅

底栏栅用以拦截水中的大粒径推移质和漂浮物，不使进入引水廊道。栏栅栅条可用扁钢、圆钢、铸铁或钢轨等材料制造。栅条断面以梯形较好，不易堵塞和卡石。栅条净距应根据推移质粒径大小而定，一般采用 6～10mm，最大 20mm。栅条宽度多为 8～25mm。

为使水流易于带动推移质顺利越过栏栅泄至下游，并减轻大石块对栏栅的撞击，栏栅应向下游敷设 0.1～0.2 的坡度。

3. 引水廊道

引水廊道一般采用矩形断面。廊道内壁宜用耐磨材料衬砌，以抵抗沙砾的磨损。

廊道一般按无压流考虑，因此廊道内水面以上应留有 0.2～0.3m 的保护高。为了避免泥沙淤积，廊道内的流速应从起端到末端逐渐增大，并应大于泥沙的不淤流速。廊道起端流速一般不小于 1.2m/s，末端流速不小于 2.0～3.0m/s。

廊道内水流情况复杂，一般均采用等速流近似计算法。在计算时，将等宽的廊道按长度分成几个相等的区段。

4. 沉沙池

沉沙池用以去除水中粗颗粒泥沙。沉沙池可做成直线形或曲线形。直线形沉沙池一般为矩形，采用一格或两格，每格宽 1.5～2.0m，长 15～20m，起端水深 2.0～2.5m，底坡 0.1～0.2。池中沉淀的泥沙利用水力定期冲走。

第八节 雨水集蓄供水工程

水窖是指在干旱、半干旱地区土层较厚的山塬地下挖成井形，用于储存地表径流，解决人畜用水、农田灌溉的一种坡面水土保持工程设施，又称旱井。水窖常修建于水源缺乏、水土流失严重的地方，是坡面蓄水保土的重要设施，也是解决贫困山区人畜用水的常用雨水集蓄供水设施。

一、水窖的特点

水窖供水系统与其他大型饮水工程相比，具有以下特点：

（1）集雨存水，调节降水的时空分配不均。我国降水时空分布极其不均，一般夏季降水多，春、秋两季降水少，水窖能把自然降水所形成的地表径流集蓄于地窖内，在无其他水源及干旱的冬、春季节保证人畜饮用。

（2）由于水窖把降水集中存储于地面以下，水窖密封比较好，周壁衬砌抹面等经过特殊处理，所以水窖不易被污染、不易蒸发、不渗漏、不受气温的影响、不易变质，储存的水经过沉淀和窖内淤泥等的净化作用，最大限度地发挥集雨存水的利用效能，能够有效地保证群众饮用干净卫生的水。

（3）水窖使用和管理方便，可使用较长时间。每年除定期清洗沉淀池、过滤料、水窖外，不需要其他管理措施及费用开支，并且水窖建成后使用年限较长，一般可用 20 年以上。

总之，水窖结构简单，容易修建。修建水窖有挖基、衬砌、抹面、封顶、建集雨场等简单工艺，技术难度不大，取材容易，具有工程量小、投资小、工期短等特点。

二、水窖的设计

1. 窖址选择

选择窖址应综合考虑集流、用水和建窖土质 3 个方面，一般应具备下列条件：①窖址要选择在有较大来水面积和径流集中的地方；②水窖应在用水点附近，引水、取水都比较方便的位置，山区应充分利用地形高差大的特点多建自流供水窖；③要有深厚坚硬的土层，以质地坚硬、均一、黏结性强的胶土最好，硬黄土次之；④要有良好的地形和环境条件；⑤要尽可能地临近井、渠、涝池和抽水站等水利设施，余缺互济，增加水窖复蓄次数，充分利用水资源。

2. 水窖容量的确定

影响水窖容积的主要因素有地形、土质条件、使用要求以及当地经济水平和技术能力等。应当根据设计年降雨量、集水面积、集流效率确定水窖容积。容积过大造成浪费，过小则使收集的雨水盛不下而排弃造成浪费。

（1）年生活用水量。年生活用水量可根据人口数和表 2－7 中的平均日生活用水定额确定。

表 2－7　　　　雨水集蓄供水工程居民平均日生活用水定额　　　　单位：L/（人・d）

分　　区	半干旱地区	半湿润、湿润地区
生活用水定额	10～30	30～50

（2）年饲养牲畜用水量可根据牲畜种类、数量和表 2－8 中的平均日饲养牲畜用水定额确定。

表 2－8　　　　雨水集蓄供水工程平均日饲养牲畜用水定额　　　　单位：L/（头・d）

牲畜种类	大牲畜	羊	猪	禽
饲养牲畜用水定额	30～50	5～10	15～20	0.5～1.0

3. 水窖结构设计

水窖是雨水集蓄工程中最常用的设施之一，也是集蓄雨水系统的核心。按砌筑水窖材料可分为砖砌、石砌、混凝土窖和土窖；按结构形式可分为自然土拱盖窖、混凝土拱窖和窖窖。对混凝土窖，按施工方法又可分为现浇和预制装配式。

水窖的结构决定着投资的大小和施工的难易程度。一般而言，浆砌石水窖施工简便，价格低，可由项目村各户根据统一的设计标准单独进行施工。钢筋混凝土水窖施工相对复杂，投资相对较高，必须有专业施工队进行施工。

水窖由窖体、沉淀过滤池、进出水管和排污清淤设施组成，其结构如图 2－60 所示。具体设计如下：

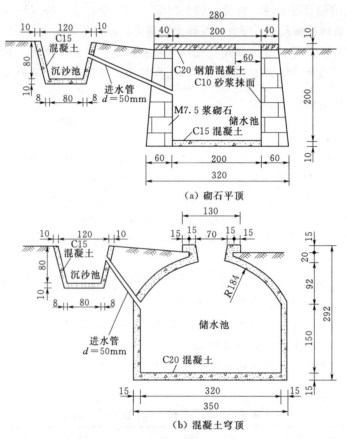

(a) 砌石平顶

(b) 混凝土穹顶

图 2－60　水窖结构剖面图（单位：cm）

（1）窖体。窖身是水窖的主体，窖身的最优形状应为球形，但施工难度较大。从受力角度及省工、省材料出发，将水窖修建为圆柱形。由于土石山区地质稳定性差，故不推荐土窖，均为衬护及抹面的砖、石、混凝土窖。窖底在夯实的基础上砌石、砌砖或现浇混凝土并预留检查孔，检查孔用 C20 钢筋混凝土预制盖板封闭。

（2）沉淀过滤池。一般水窖要保证人畜饮水要求，水质要求较高，故所有水窖均应修建一个长×宽×高＝1.2m×0.8m×1.0m，厚 12cm 的砖砌过滤池，为平式过滤。滤料分层为：5～20mm 卵石厚 10cm，0.5～2mm 粗砂厚 20cm，5～40mm 卵石厚 20cm。一般每隔半年应更换或清洗滤料一次。对未修建硬化（混凝土、砖铺地面、砌石）集雨场而直接引沟道或地表径流的水窖，在过滤池前应修建沉淀池，含泥雨水首先经沉淀池沉淀后再进入过滤池，经过滤后再引入水窖，沉淀池应比过滤池高 0.6m，沉淀池一般建成 12cm 厚的砖砌抹面的方池，其尺寸为：长×宽×高＝2m×1m×1m。

（3）进出水管。进水管为沉淀池与过滤池、过滤池与水窖之间连接引水管道，为较快接引大雨、集中降雨产生的汇流，一般要求管道为 40mm 以上管径。出水管为取用水管道，一般采用 25mm 管道安装于窖底部，接至农户家中。

（4）排污清淤。建窖时，应在窖底修建直径 0.6m、深 0.3m 的集污坑，并在集污坑内底部设 32mm 排污管，引出窖外，并用闸阀控制。若因条件限制，不能安装出水、排污管时，则需采取人工取水、水泵或虹吸管吸水，人工清淤。

4. 其他类型的水窖

（1）装配式水窖。装配式水窖由上部顶拱、下部圆柱体及窖底组成，在顶拱部分的中央设有检修孔，同时设有进水孔、放水孔、排污孔和溢流孔等，如图 2-61 所示。

水窖上部拱顶部分由梯形预制块组成，梯形预制块数随水窖直径的不同而不同。

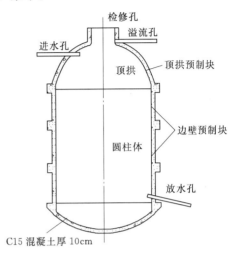

图 2-61　装配式水窖结构剖面图

下部圆柱体则根据农户所需水窖容积大小由 1～5 层混凝土预制块装配而成，边壁预制块采用定型尺寸。

考虑到预制、运输及结构的要求，各预制块的厚度均为 50mm，由 M10 水泥砂浆胶结成整体。

为了沉集污物，窖底部分最好做成椭球形，并在最低处布置排污管，或人工定时清淤。

装配式水窖的窖顶、窖底采用混凝土，窖壁采用砂浆防渗的水窖总深度不宜大于6.5m，最大直径不宜大于 4.5m，顶拱的矢跨比不宜小于 0.3。考虑到装配式水窖的设计、施工及一般农户的用水需求，装配式水窖最大直径取为 5.0m，顶拱矢跨比取为 0.3～0.4，圆柱体最大层数为 5 层。常用的水窖容积一般为 20～80m³。通过对窖体容积进行组合和前述力学计算，得出常用的装配式水窖设计参数，见表 2-9。

表 2-9　　　　　　　　　　装配式水窖设计参数

项　　目	直　　径/m							
	3.0			4.0			5.0	
	窖筒水深 h_0/m							
	3.00	4.00	5.00	2.00	3.00	4.00	2.00	3.00
容积 V/m³	21.21	28.27	35.34	25.13	37.70	50.27	39.27	58.90
每层预制块数/块	18	18	18	25	25	25	31	31
层数/层	3	4	5	2	3	4	2	3
总预制块数/块	54	72	90	50	75	100	62	93
矢跨比	0.3	0.3	0.3	0.3	0.3	0.3	0.4	0.4

项 目	直 径/m							
	3.0			4.0			5.0	
	窖筒水深 h_0/m							
	3.00	4.00	5.00	2.00	3.00	4.00	2.00	3.00
窖口直径/m	0.6	0.6	0.6	0.8	0.8	0.8	0.8	0.8
检修孔周长/m	1.88	1.88	1.88	2.51	2.51	2.51	2.51	2.51
顶拱预制块数/块	12	12	12	12	12	12	24	24
顶拱预制块上宽/m	0.16	0.16	0.16	0.20	0.20	0.20	0.10	0.10
顶拱预制块下宽/m	0.78	0.78	0.78	1.03	1.03	1.03	0.65	0.65
顶拱体积 V/m³	3.57	3.57	3.57	8.44	8.44	8.44	23.82	23.82
混凝土预制块体积/m³	1.983	2.577	3.171	2.018	2.843	3.668	2.825	4.848
水窖总体积 V/m³	24.78	31.84	38.91	33.57	46.14	58.71	63.09	82.72

（2）砖拱水窖。埋石混凝土砖砌拱水窖有施工简单、窖体稳定性好、质量可靠、使用寿命长，取土提水、清淤方便等优点。缺点是施工工艺复杂，需专业队伍组织施工。容积为 30m³ 的砖拱水窖结构如图 2-62 所示。

（3）竖井式圆弧型水窖。窖型特点是省工省料、投资少、牢固耐久、因深埋地下相对温差变化不大、水质好、稳定以及占地少等优点。容积为 20m³ 的竖井式圆弧形水窖结构如图 2-63 所示。

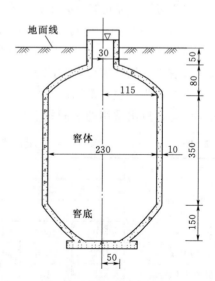

图 2-62 砖拱水窖结构剖面图（单位：cm）　图 2-63 竖井式圆弧形水窖结构剖面图（单位：cm）

（4）球形薄壳水窖。其窖型特点是省工省料、投资少、牢久、因深埋地下相对温差变化不大、水质好、稳定以及占地少。容积为 20m³ 的球形薄壳水窖结构如图 2-64 所示。

三、集雨场设计

水窖集雨场包括自然集雨场和人工集雨场。自然集雨场是将房屋屋顶、庭院、道路、河沟及人工开挖的绕山截雨沟等能汇集雨水的场地作为集雨场收集雨水入沉淀池。应特别注意，集雨场不能设在厕所、畜牲圈等位置，以防止污水汇入造成二次污染或细菌等有害物质混入汇集水流。

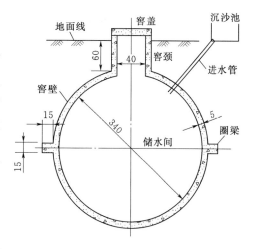

图 2-64　球形薄壳水窖结构剖面图
（单位：cm）

1. 屋檐集水

在瓦房屋檐下安装 $\phi110mm$（朝上部分剖开）UPVC 管和引水立管，经粗滤池过滤后进入水窖。对于平屋顶屋面，则利用檐沟汇集屋面雨水，安装引水立管即可。

（1）屋檐集水的优点是：①屋檐集水较其他饮水工程投资小、效益大，用户自己使用，便于管理和维护；②屋檐集水以屋顶代替收水场地，节省了土地，减少了受地面水造成的人畜粪便污染，改善了引水卫生质量，降低了肠道传染疾病的发病率，摆脱了地方性氟中毒的危害。

（2）屋檐集水的缺点主要是由于近年来生态环境的改变，年降雨量有减少的趋势，特别是春季，收集水量有限。

2. 地面集水

为解决屋檐集水集水量受限制的弊端，可人工增设集雨场。人工集雨场是对集雨面进行人工硬化处理或铺设防渗层，从而增加单位面积的集水流量、减少雨水冲刷而引起的集水含沙量。永久性专门集雨场宜用混凝土、浆砌石、浆砌砖抹面或者铺设塑料布而成的平整场地进行集雨。其优点是集雨时径流系数高、径流中含沙量低，能够干净、卫生汇集雨水，低渗漏，同等面积集雨量远大于素土夯实集雨场。

3. 集流面水平投影面积的计算

自然集雨场、人工集雨场的集流面水平投影面积，可按式（2-38）计算确定：

$$F = \frac{1000WK_1}{P\phi} \tag{2-38}$$

式中　F——集流面水平投影面积，m^2；

　　　W——设计供水规模，m^3/a；

　　　K_1——面积利用系数，人工集流面可为 1.05～1.1，自然坡面集流可为 1.1～1.2；

　　　P——保证率为 90% 时的年降雨量，mm；

　　　ϕ——年集雨效率，可按表 2-10 取值。

4. 蓄水构筑物的有效容积计算

蓄水构筑物的有效容积应根据设计供水规模和降雨量保证率为 90% 时的最大连续干旱天数、复蓄次数确定，可按式（2-39）计算：

表 2 - 10　　　　　　　　　不同类型集流面在不同降雨地区的年集雨效率

集流面材料	地区年集流效率/%		
	年降雨量250~500mm 地区	年降雨量500~1000mm 地区	年降雨量1000~1800mm 地区
混凝土	75~85	75~90	80~90
水泥瓦	65~80	70~85	80~90
机瓦	40~55	45~60	50~65
手工制瓦	30~40	45~60	45~60
浆砌石	70~80	70~85	75~85
良好的沥青路面	70~80	70~85	75~85
乡村常用土路土碾场和地面	15~30	25~40	35~55
水泥土	40~55	45~60	50~65
化学固结土	75~85	75~90	80~90
完整裸露塑料膜	85~92	85~92	85~92
塑料膜覆中粗砂或草泥	30~50	35~55	40~60
自然土坡（植被稀少）	8~15	15~30	30~50
自然土坡（林草地）	8~15	15~25	25~45

$$V = \frac{K_2 W}{1-\alpha} \qquad (2-39)$$

式中　V——有效蓄水容积，m^3；

K_2——容积系数，半干旱地区可取 0.8~1.0，湿润、半湿润地区可取 0.25~0.4；

α——蒸发、渗漏损失系数，封闭式构筑物可取 0.05，开敞式构筑物可取 0.1~0.2。

第三章 供水输配水系统设计

经过水厂处理以后的成品水需要经过水泵、输配水管网、水塔或水池等调节构筑物输送到用户。输配水工程的投资往往在整个给水工程中占有较大的比重，直接影响工程的总造价。本章主要介绍了管线的布置、管材及附属设施、水泵类型及选择、泵站、管网、调节构筑物的设计。

第一节 管 线 的 布 置

给水管网是给水系统的主要组成部分，由输水管（渠）和配水管网组成。输水管（渠）是指从水源到水厂或者从水厂到相距较远管网的管道或渠道。配水管网是指将水从水源或水厂输送到用户的管网。

给水管网的布置应满足：按照村镇规划布置管网，布置时应考虑给水系统的分期建设，并留有充分的发展余地；管线布遍整个给水区内，保证用户有足够的水量和水压；管网布置必须保证供水安全可靠，当局部管网发生事故时，断水范围应最小。

生活饮用水管网要与非生活引用水管网及单位的自备供水系统相互独立。

一、输水管（渠）的布置

输水管（渠）是指从水源到水厂或水厂到配水区域的主管道，一般沿线不接用户，主要起输送水作用。一般按单管布置，有条件的Ⅰ型、Ⅱ型供水工程宜按双管布置。

输水管线应根据下列要求确定：

（1）选择较短的路线，满足管道地理要求，沿现有道路或规划道路一侧布置。

（2）避开不良地质、污染和腐蚀性地段，无法避开时应采取防护措施。

（3）减少穿越道路、高等级公路、河流等障碍物。

（4）少拆迁房屋，少占农田，少损毁植被，保护环境。

（5）施工、维护方便，降低造价，运行安全可靠。

规模较大（Ⅰ型、Ⅱ型）的工程，长距离输水宜按双管布置。双管布置时，应设连通管和检修阀，干管任何一段发生事故时仍能通过75％的设计流量。

二、配水管网的布置

配水管网是指把水从水厂输送、分配到各用水区域及各用水点的管线。其中，担负沿线供水区域输水任务且直径较大的配水管称为干管，配水给各用户的小口径管道称为支管。配水管网布置有两种基本形式：树状网和环状网。

当树状网中某一管段损坏需停水检修时，该管段以后所有管段就会断水，供水的可靠性较差，水质容易变差，有出现浑水和红水的可能。但树状网管线较短，管径随水流方向逐渐减小，结构简单，投资较省，是村镇管网采用的管网形式。

在环状网中，管线连接成环状。当某一段管段损坏需停水检修时，可以关闭附近的阀门使之与其管段隔开，而水可流经其他管段供应用户，从而增加供水的可能性。环状网还可以大大减轻饮水锤作用产生的危害，但是环状网的造价比树状网高。

（1）从水厂到各用水村镇的配水干管布置应符合以下要求：

1）总体上应以树枝状为主，有条件时可采用环状、树枝状结合；应使供水系统布局合理、充分考虑节能。

2）在平原内，主管道应以较短的长度控制各个用水村镇；在山丘区，主管道的布置应与高位水池的布置相协调，充分利用地形重力流配水。

（2）村镇内的配水管网布置应符合以下要求：

1）可按树枝状布置；规模较大的村镇，有条件时可按环状布置或环状与树枝状结合布置。

2）应分区布置干管，干管应以较短的距离沿街道引向各分区，并符合有关建设分化。

3）应分区、分段设检修阀。

4）大于500人的村镇应按《建筑设计防火规范》（GB 50016—2014）和《农村防火规范》（GB 50039—2010）的有关要求在醒目处设置消火栓。

5）集中供水点应设在取水方便处，寒冷地区尚应有防冻措施。

6）入户管接口位置应考虑庭院结构和用水户意愿等。

在实际工程中，常将树状管网和环状管网结合起来进行布置。根据具体情况，在集镇主要供水区采用环状管网或双管供水，边远地区采用树状管网供水，或者近期采用树状管网供水，将来在逐步发展成为环状管网供水。

三、输配水管的附属设施布置

输水管道和配水干管上的附属设施主要有防治水锤破坏的空气阀、减压设施，以及运行维护需要的控制阀、泄水阀、检修阀，消火栓和水量、水压监测设施等。布置应符合以下要求：

（1）在管道凸起点应设空气阀；长距离无凸起点的管段，每隔1.0km左右也应设置空气阀。空气阀直径可为管道直径的1/8～1/12。

（2）在管道低凹处应设泄水阀，泄水阀直径可为管道直径的1/3～1/5。

（3）水源到水厂的输水管道始端和末端应设控制阀。

（4）在配水干管分水点下游侧的干管和分水支管上应设检修阀。

（5）重力流的配水干管，当地形高差超过60m并有富裕水头时，宜在适当位置设减压设施。

（6）地理管道在水平转弯、穿越铁路（或公路、河流）等障碍物处应设标志。

室外管道上的空气阀、减压阀、消火栓、闸阀、泄水阀、水表、测压表等应设置在井内，并有防冻、防淹措施。

水源取水管上、出厂水总管上应设能够计量瞬时流量和累计水量的流量计；向多个村镇供水时，每个村的干管上应设总表；需要在线检测时，可采用超声波流量计、电磁波流量计或智能水表等；用水单位的供水总管上、住宅的分户供水管上应设水表。

水泵出水管上应设压力表；出厂水总管上、入村（镇）的干管上应设压力表；各村镇和行政村应在最不利用户接管点处设压力表。当需在线检测时，可采用电接点压力表。

第二节　管材及附属设施

一、管材的选用要求

给水管道系统包括输水管、配水管及渠道，不同功能的管道，其材质要求不同。管材选择应根据设计内径、设计内水压力、敷设方式、外部荷载、地形、地质、施工和材料供应等条件，通过结构计算和技术经济比较确定，并应符合下列要求：

（1）应取得涉水产品卫生许可批准。

（2）应符合国家现行产品标准要求。

（3）管道的设计内水压力可按表 3－1 确定，公称压力不应小于设计内水压力。

表 3－1　　　　　　　　　　　　不同管材的设计内水压力　　　　　　　　　　单位：MPa

管材种类	最大工作压力	设计内水压力
钢管	p	$p+0.5 \geqslant 0.9$
塑料管	p	$1.5p$
球墨铸铁管	$p \leqslant 0.5$	$2p$
	$p > 0.5$	$p+0.5$
混凝土管	p	$1.5p$

注　最大工作压力根据工作时的最大内水压力和不输水时的最大静水压力确定。

（4）管道结构设计应符合《给水排水工程管道结构设计规范》（GB 50332—2002）的规定。

（5）地理管材可采用 PE 管或墨铸铁管、UPVC 管或 PP 管等。PE 管应符合《给水用聚乙烯（PE）管材》（GB/T 13660—2000）和《给水用聚乙烯（PE）管道系统第 2 部分：管件》（GB/T 13663.2—2005）的要求，球磨铸铁管应符合《水及燃气用球墨铸铁管、管件和附件》（GB/T 13295—2013）的要求，UPVC 管应符合《给水用硬聚氯乙烯（PVC－U）管材》（GB/T 10002.1—2006）和《给水用硬聚氯乙烯（PVC－U）管件》（GB/T 10002.2—2003）的要求，PP 管应符合《冷热水用聚丙烯管道系统》（GB/T 18742.3—2002）的要求。

（6）露天明设管道应选用金属管，采用钢管时应进行内外防腐处理，内防腐不应采用有毒材料，并严禁采用冷镀锌钢管。

（7）与管材链接的管件和密封圈等配件，应由管材生产企业配套供应。

二、常用管材

常用的给水管材有金属、非金属两大类。其中，金属管有球墨铸铁管、钢管；非金属管有自应力混凝土管、预应力混凝土管、预应力钢筋混凝土管、聚乙烯管、聚丙烯管、ABS 工程塑料管、玻璃纤维增强热固性树脂夹砂管。

（一）金属管材

1．球墨铸铁管（DIP）

该管材选用优质生铁，采用水冷金属型模离心浇注技术，并经退火处理，获得稳定均匀的金相组织，能保持较高的延伸率，故亦称为可延性铸铁管。球墨铸铁管具有高强度、高延伸度、抗腐蚀的卓越性能。

球墨铸铁管外壁采用喷涂沥青或喷锌防腐，内壁衬水泥砂浆防腐，最大口径达DN2200。铸铁管均采用柔性接口。由于球墨铸铁管性能好且施工方便，不需要在现场进行焊接及防腐操作，加上产量及口径的增加、管配件的配套供应等，应用广泛。

2．钢管（SP）

钢管钢材一般采用 Q235A·B 碳素镇静钢，有接钢管和无缝钢管之分。以防腐蚀性能来说，可分为保护层型、无保护层型与质地型钢管；按壁厚又有普通股钢材和加厚钢管之分。国内最大钢管直径可达 DN4000，每节钢管的长度一般在 10m 左右。

保护层型（主要指的是管道内壁）有金属保护层型与非金属保护层型，金属保护层型常用的有表面镀层保护层型、表面压合保护层型。表面镀层保护层型中常见的是热镀锌管，热镀锌管保护层致密均匀、附着力强、稳定性比较好。

目前，国外普遍使用承插式焊接接口的钢管，是传统钢管的第二代产品。2000 年获得我国专利的"扩胀成型的承插式柔性接口钢管"是继"承接式刚性接口钢管"后发展的第三代新型高级钢管，具有安装方便、施工时间短、安全的优点。

（二）非金属管材

1．自应力混凝土（SPCP）管

自应力混凝土管采用离心工艺制造，依靠膨胀作用张拉环向和纵向钢丝，使管体混凝土在环向和纵向处于受压状态。

该管管材管长通常为 3～4m，主要用于覆土不大于 2.0m、设计内压不大于 0.8MPa、口径不大于 DN300 的给水管道工程。

2．预应力混凝土（PCP）管

《预应力混凝土管》（GB 5696—2006）中规定管径的规格为 DN400～DN3000。预应力混凝土管的静水压力为 0.4MPa、0.6MPa、0.8MPa、1.0MPa、1.2MPa 5 个等级，管长为 5m。

预应力混凝土管为承插式胶圈柔性接头，其转弯或变径处采用特制的铸铁或钢板配件进行处理。可敷设在未经扰动的地基上，施工方便、价格低廉，城镇给水应用多。

预应力混凝土管若在软土地基上敷设，需做好管道基础，否则易引起管道不均匀沉降，造成管道承插口处胶圈的滑脱而严重漏水或出现停水事故。

3．预应力钢筋混凝土（PCCP）管

该管属于管芯缠丝预应力管，其管芯为钢筋与混凝土复合结构。该管有两种结构形式：一种为内衬式（PCCP - L），即钢筋在管芯外壁，用离心法工艺浇筑管芯混凝土，其规格为 DN600～DN1200；另一种为埋置式（PCCP - E）即钢筋埋在管芯混凝土中部，用立式振捣法工艺浇筑混凝土，其规格为 DN1400～DN3000。该管内压等级为 0.4～2.0MPa 逢双数排列的 9 个等级。

预应力钢筋混凝土管现场敷设方便，接口的抗渗漏型性能好，管材价格比金属管便宜，因此得到较多的应用。但由于管体自重较大，选用时应结合运费、现场地质情况及措施等进行技术经济比较分析确定。

4. 聚乙烯（PE）管

PE 管常用的规格为 DN32～DN500，工作压力为 0.4MPa、0.6MPa、0.8MPa、1.0MPa、1.25MPa、1.6MPa。PE 管有 PE63、PE80 和 PE100 三种强度等级，PE63 不宜用于埋地给水管道。PE 管的优点是：化学稳定性好，不受环境因素和管道内输送介质成分的影响，耐腐蚀性好；水利性能好，管道内壁光滑，阻力系数小，不易积垢；相对于金属管材密度小、材质轻；施工安装方便，维修容易。

由于该管属柔性管对小口径管可用盘管供应，连接时采用热熔对接，连接方式可采用电热熔、热熔对接焊和热熔承插连接。管道敷设即可采用直埋方式施工，也可采用插入管敷设（主要用于旧管道改造中的插入新管，省去开挖工作量）。

5. 改性聚丙烯（PP－R、PP－C）管

PP－R 管具有无毒、卫生、耐热（最高耐热温度可达 100℃以上、正常情况下可在 20℃长期使用）、保温性能好、安装方便、连接永久性、原料可回收的特点。它多用于工业、民用生活热水和空调供回水系统。PP－C 管管材的型号规格可达 DN100，连接方式为热熔连接。

PP－C 管是一种共聚聚丙烯管材。其主要特点有耐温性能好、长期高温和低温反复交替管材不变形、质量不降低、不含有害成分、化学性能稳定、无毒无味、输送饮用水安全性评价合乎卫生要求、抗拉强度和屈服应力大、延伸性能好、承受压力大、防渗漏性好。工作压力完全可以满足多层建筑供水的需要。PP－C 管管材的型号规格可达到 DN100，连接方式为热熔连接。

6. ABS 工程塑料管

ABS 工程塑料管是丙烯腈、丁二烯、苯乙烯三种化学材料的聚合物。其主要优点是耐腐蚀性极强、抗撞击性极好、韧性强，而且使用温度范围广（20～80℃）。该产品除常温型塑料管外，还有耐热型、耐寒型树脂塑料管。

ABS 工程塑料管主要规格有公称通径 DN15～DN400 十多种。管材最高许可压力为 0.6MPa、0.9MPa 和 1.6MPa 3 种规格。其连接方式有承插式和冷胶熔接法，冷胶熔接法具有施工方便、固化速度快、黏接强度高等特点。ABS 工程塑料管应用于高标准水质的管道输送，使其质量和经济效果达到最佳。

7. 玻璃纤维增强热固性树脂夹沙管（RPMP）

该管材连接方式有承插式和外套式。该管材的特点是质量轻、施工运输方便、耐腐蚀性好，且不许做外防腐和内衬；使用寿命长、维护费用低；内壁光滑且不结垢、可降低能耗；管材和接口不渗漏、不破裂，增强供水安全可靠性，管径相同时综合造价介于钢管和球墨铸铁管之间。

三、常用管道配件

给水管道在遇到转弯、变径、分流、管间连接、管道设备连接及维修等问题时，需要有相应的配件来解决。常用的管件有弯头、三通、四通、渐变管、短管、管堵、伸缩节、活接头等。

钢管配件一般由钢板卷焊而成，也可直接采用标准铸铁配件连接。预应力混凝土管在阀门、弯管、排气、放水等装置处必须采用钢制配件，自应力混凝土管可用铸铁配件连接。塑料管及玻璃钢夹砂管等一般采用同材质的成品配件。

四、管网附属设施

在给水管网系统中，除用于管道连接的管配件外，还应设置各种必要的附属设施，以保证管网的正常运行。主要有防水锤破坏的空气阀、减压设施，以及运行维护需要的控制阀、泄水阀、检修阀、消火栓、水量和水压监测设施、伸缩节等。

1. 阀门

阀门是控制水流方向、调节管道内的水量和水压的重要设备，安装位置通常在管线分支处、较长的管线上、穿越障碍物及有特殊要求部位。因阀门的阻力大，价格昂贵，所以阀门的数量在保持调节灵活的前提下尽可能少。

配水干管上装设阀门的距离一般为 400～1000m，且不应超过 3 条配水支管，主要管线和次要管线交接处的阀门常设在次要管线上，配水支管上的阀门间距不应隔断 5 个以上消火栓，承接消火栓的水管上要接阀门。阀门的口径一般和水管的直径相同，但当管径较大、阀门价格较高时，可安装 0.8 倍水管直径的阀门以降低造价。

在城镇给水系统中常用的阀门按用途和作用分类，主要有截断阀类（用于截断或接通介质，如闸阀、蝶阀、球阀等）、调节阀类（用于调节介质的流量和压力等，如调节阀、节流阀和减压阀等）、止回阀类（用于阻止介质倒流，如拍门等）和排气阀类（用于自动排出管道内空气，如单口排气阀和双口排气阀等）；按驱动动力分为手动阀、电动阀、液压阀、气动阀等；按公称压力分为高压阀、中压阀和低压阀。

（1）闸阀。它是给水管上最常见的阀门。闸阀由闸壳内的闸板上下移动来控制或截断水流。根据阀内的闸板形式分为楔式和平行式两种。根据闸阀使用时阀杆是否上下移动，分为明杆和暗杆。明杆式闸阀的阀杆随闸板的启闭而升降，因此易于从阀杆位置的高低掌握阀门启闭程度，适用于明装的管道；暗杆式闸阀的闸板在阀杆前进方向留一个圆形的螺孔，当闸阀开启时，阀杆螺丝进入闸板内而提起闸板，阀杆不外露，有利于保护阀杆，通常适用于安装和操作的位置受到限制的地方，否则当阀门开启时因阀杆上升而妨碍工作。

（2）蝶阀。蝶阀是由阀体内的阀板在阀杆作用下通过旋转来控制或截断水流的。蝶阀结构简单，尺寸小，质量轻，开启方便，旋转 90°即可全开或全关。蝶阀宽度较一般阀门小，但闸板全开时将占据上、下游管道的位置，因此不能紧贴楔式和平行式阀门旁安装。由于密封结构和材料的限制，蝶阀只用在中、低压管线上，例如水处理构筑物和泵站内。

（3）球阀。球阀是启闭件（球体）由阀杆带动并绕阀杆的轴线做旋转运动的阀门。主要用于截断或接通管路中的介质，亦可用于流体的调节与控制。

（4）止回阀。它也称为单向阀或逆向阀，主要用来限制水流朝一个方向流动。阀门的闸板可绕轴旋转，若水从反方向流来，闸板会因自重和水压作用而自动关闭。止回阀一般安装在水压大于196kPa的水泵压水管上，防止因突然停电或其他事故时水流倒流而损坏水泵设备。

（5）排气阀。排气阀安装在管线隆起部分，使管线投产或检修后通水时，管内空气经此阀排除。平时用来排出从水中释放的气体，以免空气积存管内减小过水断面，增加管道的水头损失。当管道损坏需放空检修时，可自动进入空气保持排水通畅。产生水锤时可使空气自动进入，避免产生负压。

（6）泄水阀。在管线低处和两阀门之间的低处，应安排泄水阀。它与排水管相连接，在检修时用来放空管内存水或平时用来排除管内的沉淀物。泄水阀和排水管的直径由放空时间决定。为加速排水，可根据需要同时安装进气管和进气阀。

2. 消火栓

消火栓主要是在火灾发生时，供消防车取水的设施。有地上式和地下式两种，均设置在给水管网的管线上，可直接从分配管接出，也可从配水干管上接出支管后再接消火栓，并在支管上安装阀门，以便检修。消火栓的流量为10～15L/s。

地上式消火栓一般设在街道的交叉口便于消防车驶近的地方，并涂以红色标志。适用于不冰冻地区，或不影响交通和市容的地区。地下式消火栓用于气温较低的地区，需安装在阀门井内，使用不如地上式方便。

3. 水锤消除设备

水锤又称水击，当压力管上阀门关闭过快或水泵压水管上的单向阀突然关闭时，管中水压可能提高到正常值的数倍，会对管道或阀门产生破坏作用。为防止水锤对管网产生破坏，通常采用如下措施：延长阀门启闭时间，延缓水流的瞬间冲击；在管线上安装安全阀或水锤消除器；有条件时取消泵站的单向阀和底阀。

（1）安全阀。安全阀一般安装在压力管道上，或水泵压水管上的单向阀后面，可减小发生水锤时管道中的压力，有效防止管中水压过高而发生事故。按其构造可分弹簧式和杠杆式两种。弹簧式安全阀是利用阀上的调节螺栓来调节弹簧的松紧，使阀中下盘受到的弹簧压力与管道中正常工作压力平衡而压紧下盘，不让管道中的水从侧管流出。当管道中的压力由于水锤作用而增加并大于弹簧压力时，阀中下盘被顶起，水经侧管流出，管道中的压力被释放，从而达到减弱或消除水锤的目的。

杠杆式安全阀以平衡重锤左右移动来调节阀中下盘受到的压力，使之与管道中正常工作压力相平衡而封闭排水口。当发生水锤而使管道中压力增大时，阀中下盘被顶起失去平衡，水则从测管方向流出而释放水锤压力。

（2）水锤消除器。水锤消除器适用于消除因突然停泵产生的水锤，安装在止回阀的下游，距单项阀越近越好。

4. 伸缩节

长距离的管路因温度差会引起伸缩，在两只墩之间的管道应设伸缩节。当温度变化时，管身可沿管轴线方向自由伸缩，以消除管壁的温度应力，减小作用在支墩上的轴向力。伸缩节允许两侧钢管产生微小的角位移，以适应地基的少量不均匀沉降。为了减小伸缩节的内水压力，有利于支墩的稳定，伸缩节一般布置在支墩下面、靠近支墩处。

五、管网附属构筑物

为了便于管网的正常运行、维护和管理，管网附属设施设置在专门的构筑物内，称为附属构筑物，主要包括阀门井、水表井、管支墩等。

1. 阀门井

室外管道上的闸阀、泄水阀、排气阀、消火栓等应设置在阀门井内。阀门井的形式可根据所安装的阀件类型、大小和路面材料来选择。阀门井参见给排水标准图 S143、标准图 S144。排气阀井参见标准图 S146。室外消火栓安装参见标准图 88S162。

2. 水表井

水表井是用来安装流量计、水表等计量设施，水表井内还要安装阀件、管道配件等，可按全国通用的给排水标准图 S145 进行设计。

3. 管支墩

承插式接口的管道，在弯管处、三通处及管道末端盖板上以及缩管处，都会产生拉力。当拉力较大时，会引起承插接头松动甚至脱节而使接口漏水，需在这些部位设支墩支承，以承受拉力和防止事故。但当管径小于 300mm，或管道转弯角度小于 10°，且水压力不超过 1MPa 时，因接口本身足以承受拉力，可不设支墩。

第三节　水　泵　类　型

水泵是一种把机械能转换为水流本身动能和势能的升水机械。泵站则是安装水泵及其有关动力设备的场所。水泵与泵站都是村镇给水工程中的重要组成部分。正确地选择水泵，合理地进行泵站设计，对降低制水成本，提高经济效益以及对日常的运行管理都有着重要的意义。

水泵类型繁多，根据工作原理的不同可分为容积泵、叶片泵等类型。容积泵是利用其工作室容积的变化来传递能量，主要有活塞泵、柱塞泵、齿轮泵、隔膜泵、螺杆泵等类型。叶片泵是利用回转叶片与水的相互作用来传递能量，主要有离心泵、混流泵和轴流泵等类型。潜水电泵的泵体部分是叶片泵。本节主要介绍离心泵、轴流泵、混流泵和潜水泵。

1. 离心泵

离心泵的工作原理是：依靠高速旋转的叶轮，液体在惯性离心力作用下获得了能量以提高压强。水泵在工作前，泵体和进水管必须灌满水，防止气蚀现象发生。当叶轮快速转动时，叶片促使水很快旋转，旋转着的水在离心力的作用下从叶轮中飞去，泵内的水被抛出后，叶轮的中心部分形成真空区域。水泵的水在大气压力（或水压）的作用下通过管网压到了进水管内。这样循环不已，就可以实现连续抽水。

离心泵的种类很多，分类方法常见的有以下几种方式：

（1）按叶轮吸入方式分为单吸式离心泵和双吸式离心泵。

（2）按叶轮数目分为单级离心泵和多级离心泵。

（3）按叶轮结构分为敞开式叶轮离心泵、半开式叶轮离心泵和封闭式叶轮离心泵。

（4）按工作压力分为低压离心泵、中压离心泵和高压离心泵。

（5）按泵轴位置分为卧式离心泵和边立式离心泵。

2. 轴流泵

由泵壳、叶轮和转轴等机件构成。也称螺桨泵。叶轮上有螺旋桨状的叶片若干，当叶轮随转轴一起被动力机械驱动旋转时，各叶片将水推向一端，同时又在另一端从水源吸取水，使水产生沿着平行于转轴方向的连续流动，达到不断输送水流的目的。水流压力因叶轮转动作用而提高。由叶轮出来的旋转水流通过固定导叶后，消除了旋转分速度，并由于扩散作用而使其部分动能转换成压力能，推动泵壳内的水流沿轴向上升，由出水管流出。

3. 混流泵

构造和工作原理兼有离心泵和轴流泵两种类型的特点的一种水泵。叶轮被动力机械带动旋转时，叶片一方面推动着水体，同时又驱使水体旋转产生离心作用。水体在叶片的推力和离心力的作用下产生流动和提高压力。水流由轴向流入叶轮后沿叶片斜向流出，常用于输送排量较大而压力中等的场合。通常有蜗壳式和导叶式两种类型。蜗壳式混流泵的结构同离心泵相似，利用蜗壳形流道将水流通过叶轮后获得的动能转换为压力能，一般中、小型混流泵多采用蜗壳式结构。导叶式混流泵也称斜流泵，其结构与轴流泵相似，具有径向尺寸较小，结构简单轻便等特点。大型混流泵以导叶式居多，其叶片的安装角度一般也能调节。混流泵的扬程范围一般为 3～10.5m，启动功率较低，能适应水位的变化，流量为 0.1～50m^3/s，效率可达 64%～86%。

4. 潜水泵

一种用途非常广泛的水处理工具。与普通的水泵不同的是它工作在水下，而水泵大多工作在地面上。开泵前，吸入管和泵内必须充满液体。开泵后，叶轮高速旋转，其中的液体随着叶片一起旋转，在离心力的作用下，飞离叶轮向外射出，射出的液体在泵壳扩散室内速度逐渐变慢，压力逐渐增加，然后从泵出口，排出管流出。此时，在叶片中心处由于液体被甩向周围而形成既没有空气又没有液体的真空低压区，液池中的液体在池面大气压的作用下，经吸入管流入泵内，液体就是这样连续不断地从液池中被抽吸上来又连续不断地从排出管流出。

第四节 泵 站 设 计

一、水泵性能

在村镇供水工程中，应用最多的是离心泵，本节主要介绍离心泵的主要性能，其他类型水泵的性能见有关资料。

1. 流量

流量是指单位时间内通过泵出口输出的水量，一般采用体积流量，用符号 Q 表示，单位为 L/s。

2. 扬程

扬程是单位重量输送液体从泵入口至出口的能量增量。用符号 H 表示，单位为 m（H_2O）。

水泵扬程是扬水高度与吸、压管道的沿程水头损失和各项局部水头损失之和（近似为泵出口和入口压力差），按式（3-1）计算：

$$H = H_0 + \sum h \qquad (3-1)$$

式中　H——水泵扬程，m；

　H_0——水泵的扬水高度，m；

　$\sum h$——水泵吸水管道、压水管道的水头损失之和，m。

（1）沿程水头损失。管道沿程水头损失一般按式（3-2）计算：

$$h_f = \lambda \frac{L}{d} \frac{V^2}{2g} \qquad (3-2)$$

其中

$$\left. \begin{array}{l} \lambda = \dfrac{8g}{C^2} \\[3mm] C = \dfrac{1}{n} R^{\frac{1}{6}} \end{array} \right\} \qquad (3-3)$$

式中　h_f——沿程水头损失，m；

　L——管长，m；

　d——管内径，m；

　λ——沿程阻力系数；

　V——设计流速，m/s；

　g——重力加速度；

　C——谢才系数，m^2/s；

　n——管道的糙率，可查有关《水力学设计手册》；

　R——管道的水力半径，$R = d/4$，m。

在供水工程设计时，可根据不同管材、管径，沿程水头计算采用不同的经验公式计算：

1）硬聚氯乙烯（PVC-U）管。可按式（3-4）计算：

$$i = 0.000915 \frac{Q_{设}^{1.774}}{d^{4.774}} \qquad (3-4)$$

式中　$Q_设$——设计流量，m^3/s；

　d——管道内径，m；

　i——单位管长水头损失，m/m。

2）钢管、铸铁管。当 $V < 1.2$ m/s 时有

$$i = 0.000912 \frac{V^2 \left(1 + \dfrac{0.867}{V}\right)^{0.3}}{d^{1.3}} \qquad (3-5)$$

当 $V \geqslant 1.2$ m/s 时有

$$i = 0.00107 \frac{V^2}{d^{1.3}} \qquad (3-6)$$

式中 V——流速，m/s；

其他符号意义同前。

3）混凝土管、钢筋混凝土管。按式（3-7）计算：

$$i = 10.294 \frac{n^2 Q^2}{d^{5.333}} \tag{3-7}$$

（2）局部水头损失。局部水头损失按式（3-8）计算：

$$h_j = \sum \xi \frac{V^2}{2g} \tag{3-8}$$

式中 h_j——沿程水头损失，m；

ξ——局部阻力系数，可查《水力学设计手册》；

其他符号意义同前。

供水工程中，输水管道多为长距离管道，水头损失主要为沿程水头损失，局部水头损失可取沿程损失的一定比例，一般为 5%～15%，可根据管道的长度适当选取，一般是长管道取小值，短管道取大值。

【例 3-1】 水泵扬程计算。资料同［例 1-1］，该村采用大口井供水，大口井深 5m，井径 4.5m；设计采用潜水泵（变频控制），变频控制柜安放在村委统一管理，采用电缆线与潜水泵连接，与主管道施工时一同埋入地下；供水管道采用 PE 管，主管 $\phi 110mm$，最远用水户管道长度 720m，设计输水流量按 31.7m³/h。

【解】 （1）扬水高度 H_0。经实测，大口井地面高程为 141.5m，最低水深按 1m 计算，可供水的最低水面高程为 141.5-4=137.5（m）；村东北角最高用水户的地面高程 150.1m，用户站杆高 1.5m，则最高供水高程为 150.1+1.5=151.6（m），扬水高度 H_0=151.6-137.5=14.1（m）。

（2）沿程水头损失计算。

1）按式（3-2）计算。对于 PE 管，取糙率 $n=0.011$，水力半径 $R=d/4=110/4=27.5(mm)=0.0275(m)$，谢才系数 $C=\frac{1}{n}R^{\frac{1}{6}}=\frac{1}{0.011}×0.0275^{\frac{1}{6}}=49.9(m^2/s)$，沿程阻力系数 $\lambda = \frac{8g}{C^2} = \frac{8×9.81}{49.9^2} = 0.032$。

输水流量 $Q=31.7m^3/h=8.8×10^{-3}m^3/s$，流速 $V=\dfrac{8.8×10^{-3}}{\dfrac{3.14×0.11^2}{4}}=0.92(m/s)$，沿程水头损失 $h_f = \lambda \dfrac{L}{d} \dfrac{V^2}{2g} = 0.032 × \dfrac{720}{0.11} × \dfrac{0.92^2}{2×9.81} = 9.0(m)$。

2）按式（3-4）计算。单位管长水头损失 $i=0.000915×0.0088^{1.774}/0.11^{4.774}=7.79×10^{-3}$（m/m），沿程水头损失 $h_f=7.79×10^{-3}×720=5.6$（m）。

可见采用不同的计算公式得到的沿程水头损失值并不相同，主要原因是管道的糙率取值造成的，一般取二者计算的大值作为沿程水头损失，偏于安全。

（3）由于缺乏参数，吸水管道和压水管道的局部水头损失按沿程损失的 10%估算，$h_j=0.9m$。

（4）水泵扬程按式（3-1）计算，$H=14.1+9.0+0.9=24.0$（m）。

3. 功率

水泵的功率包括有效功率、轴功率和配套功率。

泵传递给液体的功率称为有效功率。用符号 N_e 表示，单位为 kW。水泵的有效功率为

$$N_e = \gamma Q H \tag{3-9}$$

式中 γ——水的容重，N/m^3；

Q——水泵出水量，m^3/s；

H——水泵扬程，m。

电动机传递给泵轴上的功率称为轴功率。用符号 N 表示，单位为 kW。水泵的轴功率包括水泵的有效功率和为了克服水泵中各种损耗的损失功率。这些功率损耗主要是机械磨损、漏泄损失和水力损失等。

与泵机组相配的电机的功率称为配套功率，用符号 N_m 表示。配套功率要比轴功率大。这是由于一方面要克服传动中损失的功率；另一方面是保证机组安全运行，防止电动机过载，适当留有余地的缘故。

$$N_m = KN \tag{3-10}$$

式中 K——备用系数，一般取 1.15～1.50。

4. 效率

有效功率与轴功率的比值称为水泵的效率，用符号 η 表示，单位为％，计算见式 (3-11)。

$$\eta = \frac{N_e}{N} \tag{3-11}$$

5. 转速

水泵叶轮的转动速度称为转速，通常以每分钟转动的次数来表示，单位 r/min。在选用电动机时，应注意电动机的转速和水泵的转速相一致。

6. 允许吸上真空高度

水泵的允许吸上真空高度是指水泵在标准状态下（即水温为 20℃，表面压力为 1 个标准大气压）运转时，水泵所允许的最大的吸上真空高度，用符号 H_s 表示，单位为 mH_2O。

如果当地大气压不是 1 个标准大气压，或水温不是 20℃时，就必须修正允许吸上真空高度，修正式为

$$H_s' = H_s - (10 - H_A) - (h_v - 0.24) \tag{3-12}$$

式中 H_s'——修正后的允许吸上真空高度，mH_2O；

H_s——水泵样本提供的允许吸上真空高度，mH_2O；

H_A——水泵安装地点的实际大气压，mH_2O，它是随海拔不同而变化；

h_v——实际工作水温时的汽化压力，mH_2O。

在运转中，水泵进口处的真空表读数就是水泵进口处实际真空值，它应小于允许吸上真空高度，否则就会产生汽蚀现象。

为防止汽蚀现象的产生，水泵有一个最大允许安装高度。水泵的安装高度为水泵轴线至水源最低设计水面的垂直距离，水泵的最大安装高度为

$$H_g = H_s' - \frac{V^2}{2g} - h_s \tag{3-13}$$

式中 H_g——水泵的最大安装高度，mH_2O；

      H'_s——修正后的允许吸上真空高度，mH_2O；

      V——水泵进口处流速，m/s；

      h_s——吸水管中各项水头损失之和，m。

二、水泵的选择

（一）水泵选择的基本原则

所选用的泵型应同时满足如下要求。

（1）充分满足设计流量和扬程的要求。并尽量使所选水泵在泵站设计扬程运行时的工作点，在其设计工况点附近，在泵站最高及最低扬程运行时的工作点，在其高效区范围内。

（2）选用性能良好，并与泵站扬程、流量变化相适应的泵型。首先，应在已定型的系列产品中，选用效率高、吸水性能好、适用范围广的水泵。当有多种水泵可供选择时，应进行技术经济比较，择优采用。在系列产品不能满足要求时，可试制新产品，但必须进行模型和装置试验，在通过技术鉴定后选用。在扬程变幅较大的泵站，宜选用 $Q-H$ 曲线陡降型的水泵；在流量变化较大的泵站，宜选用 $Q-H$ 曲线平缓的水泵。

（3）所选水泵的型号和台数使泵站建设的投资（设备费和土建投资的总和）最少。

（4）便于运行调度、维修和管理。

（5）对多级提水泵站，水泵的型号和台数应满足上下级泵站的流量配合要求，尽量避免或减少因流量配合不当而导致的弃水。

（6）在有必要的情况下，尽量照顾到综合利用的要求。

（二）水泵设计流量的计算

1. 向水厂内的净水构筑物（或净水器）抽送原水的取水泵站

设计流量应为最高日工作时平均取水量，可按式（3-14）计算：

$$Q_1 = \frac{W_1}{T_1} \tag{3-14}$$

式中 Q_1——泵站设计流量，m^3/h；

    W_1——最高日取水量，应为最高日用水量、水厂自用水量和输水管道漏失水量之和，m^3；

    T_1——日工作时间，与净水构筑物（或净水器）的设计净水时间相同，h。

设计扬程应满足净水构筑物的最高设计水位（或净水器的水压）要求。

2. 向调节构筑物抽送清水的泵站

设计流量应为最高日工作时用水量，可按式（3-15）计算：

$$Q_2 = \frac{W_2}{T_2} \tag{3-15}$$

式中 Q_2——泵站设计流量，m^3/h；

    W_2——最高日用水量，m^3；

    T_2——日工作时间，应根据净水构筑物（或净水器）的设计净水时间、清水池的设计调节能力、高位水池（或水塔）的设计调节能力确定，h。

设计扬程应满足调节构筑物的最高设计水位要求。

3. 直接向无调节构筑物的配水管网供水的泵站

(1) 设计扬程应满足配水管网中最不利用户接管点和消火栓设置处的最小服务水头要求。

(2) 设计流量应为最高日最高时用水量，可按式（3-16）计算：

$$Q_3 = K_h \frac{W_2}{24} \tag{3-16}$$

式中　Q_3——泵站设计流量，$\mathrm{m^3/h}$；

　　　K_h——时变化系数。

三、村镇给水泵站

给水泵站是给水系统正常运转的枢纽。按泵站在给水系统中的作用可分为取水泵站（也称一级泵站）、送水泵站（也称二级泵站）、加压泵站和循环水泵站4种。

泵站位置应根据供水系统布局，以及地形、地质、防洪、电力、交通、施工和管理等条件综合确定。

1. 水泵机组的布置

水泵机组的排列是泵站内布置的重要内容，它决定泵房建筑面积的大小。机组间距以不妨碍操作和维修的需要为原则。机组布置应保证运行安全，装卸、维修和管理方便，管道总长度最短、接头配件最小、水头损失最小并应考虑泵站有扩建的余地。机组的排列形式有纵向排列、横向排列和横向双行排列等。

泵房设计应便于机组和配电装置的布置、运行操作、搬运、安装、维修和更换以及进水管、出水管的布置，并满足以下要求：

(1) 泵房大门口要求通畅，既能容纳最大的设备，又有操作余地。

(2) 供水泵房内，应设排水沟、集水井，必要时尚应设排水泵，水泵等设备的散水不应回流至进水池（或井）内。

(3) 水管与水管之间的净距应大于0.7m，保证工作人员能较为方便地通过。

(4) 水管外壁与配电设备应保持一定的安全操作距离，当为低压配电设备时不小于1.5m，当为高压配电设备时不小于2m。

(5) 长轴井泵和多级潜水电泵泵房，宜在井口上方屋顶处设吊装孔。

(6) 泵房设计应根据具体情况采取相应的采光、通风和防噪声措施。

(7) 寒冷地区的泵房，应有保温与采暖措施。

(8) 泵房地面层，应高出室外地坪300mm以上。

(9) 柱下不宜布置进水管与出水管。

2. 水泵的安装高度

在进水池最低运行水位时，卧式离心泵的安装高程应满足其允许吸上真空高度的要求；在含泥沙的水源中取水时，应对水泵的允许吸上真空高度进行修正。卧式离心泵的安装高程，除满足水泵允许吸上真空高度要求外，尚应综合考虑水泵充水系统的设置和泵房外进、出水管路的布置。

潜水泵顶面在最低设计水位下的淹没深度，管井中应不小于 3m，大口井、辐射井中不小于 1m，进水池中不小于 0.5m；潜水泵底面距水底的距离，应根据水底的沉淀（或淤积）情况确定。

3. 充水方式

卧式离心泵宜采用自灌式充水；进水池最低运行水位低于卧式离心泵叶轮顶时，泵房内应设充水系统，并按单泵充水时间不超过 5min 设计。

4. 进、出水管

水泵进、出水管设计应符合以下要求：

（1）对于进水管的基本要求是：不漏气、不积气、不吸气。

（2）进水管不宜过长，水平段应有向水泵方向上升（一般大于 0.005）的坡度；进水管的经济流速为 1.5～2.0m/s。

（3）水泵出水管路上应设渐放管、伸缩节、压力表、工作闸阀（或碟阀）、防止水倒流的止回阀等设备。

5. 水锤防护措施

减小水锤对于降低管路造价和改善机组运行条件都有很大的意义，具体的防护措施如下：

（1）减小管路中流速、变更出水管路纵断面的布置形式、设置调压室与空气室。

（2）装设水锤消除器、安装缓闭阀、取消止回阀。

6. 进水管喇叭口

离心泵进水管喇叭口的设计应符合以下要求：

（1）喇叭口的流速宜取 1.0～1.5m/s，直径宜等于或大于 1.25 倍进水管直径。

（2）喇叭口中心点距水底的距离（即喇叭口的悬空高度）：①喇叭管垂直布置时，可为 $(0.6～0.8)D$；②喇叭管倾斜布置时，可为 $(0.8～1.0)D$；③喇叭管水平布置时，可为 $(1.0～1.25)D$。

（3）喇叭口中心点距最低运行水位的距离（即喇叭口的最小淹没深度）：①喇叭管垂直布置时，应不小于 $(1.0～1.25)D$；②喇叭管倾斜布置时，应不小于 $(1.5～1.8)D$；③喇叭管水平布置时，应不小于 $(1.8～2.0)D$。

（4）吸水管喇叭口边缘距离井壁不小于 $(0.75～1.0)D$，吸水喇叭口之间的距离不小于 $(1.5～2.0)D$。

7. 电气

泵站电气设计应根据所选机电设备的电压和总功率以及当地的电力条件确定，并符合以下要求：

（1）泵站宜采用专用直配输电线路供电。根据泵站工程的规模和重要性，合理确定负荷等级。

（2）电气主接线设计应根据供电系统设计要求以及泵站规模、运行方式、重要性等因素合理确定，应接线简单可靠、操作检修方便、节约投资。

（3）主电动机的容量应按水泵运行可能出现的最大轴功率选配，并留有一定的储备，储备系数宜为 1.10～1.05。

（4）泵站在计费计量点的功率因数不应低于 0.85，达不到要求时应进行无功功率补偿。

（5）机组启动时，母线电压降不宜超过额定电压的 15%，电动机启动应按供电系统最小运行方式和机组最不利的运行组合形式进行计算。

（6）控制系统应具有过载、短路、过压、缺相以及欠压等保护功能，有条件时，控制系统还应具有水位、水压、流量、报警、启动和停机等自动控制功能。

第五节　管网水力计算

经过水厂处理以后的成品水需要经过水泵、输配水管网、水塔或水池等调节构筑物输送到用户。输配水工程的投资在整个给水工程中占有较大的比重，直接影响工程的总造价。

一、给水管网的布置

给水管网是给水系统的主要组成部分，由输水管渠和配水管网组成。输水管渠指从水源到水厂或者从水厂到相距较远管网的管线或渠道，输送过程中不取出使用。配水管网的作用是将水从水源或水厂输送到用户，并能够在水量和水压方面满足用户要求，沿线向用户配水。

1. 给水管网的布置形式

给水管网的布置应满足以下要求：按照村镇规划平面图布置管网，布置时应考虑给水系统分期建设的可能，并留有充分的发展余地；管网布置必须保证供水安全可靠，当局部管网发生事故时，断水范围应减到最小；管线遍布在整个给水区内，保证用户有足够的水量和水压；力求以最短距离敷设管线，以降低管网造价和供水能量费用。

根据要求，配水管网的布置形式有：树状管网、环状管网以及综合型管网。

树状管网从泵站到用户的管线呈树枝状，水流沿一个方向流向用户，若管网任意节点或管段损坏，则其后所有管线断水。树状管网管线短、投资省，但供水安全性较差，目前村镇广泛采用此种管网形式。

环状管网中，管段互相连接成闭合环状，水流可沿两个或两个以上的方向流向用户，若管网任意节点或管段损坏，均可关闭损坏两端的阀门检修，断水面积较小。环状管网还可以大大减轻因水锤作用产生的危害。但是环状管网的造价明显地比树状管网高。一般较大的镇和供水安全可靠性要求高的地区采用。

综合型管网是树状管网和环状管网的结合，一般在供水区的中心布置成环状管网，边缘地区布置成树状管网。

2. 输水管渠和配水管网的布置

输水管渠是指从水源到水厂或水厂到相距较远管网的管渠，沿线不向用户配水，主要起输送水的作用。输水管渠具有距离长，与河流、高地、交通路线等交叉较多等特点，常用的有压力输水管渠和无压输水管渠两种形式。

输水管渠布置的基本原则：整个供水系统布局合理；尽量缩短线路长度，减少拆迁，少占农田，便于管渠施工和运行维护，保证供水安全；选线时，应选择最佳的地形和地质条件，尽量沿现有道路定线，以便于施工和检修；减少与铁路、公路和河流的交叉；管线避免穿越滑坡、岩层、沼泽、高地下水位和河水淹没与冲刷地区，以降低造价和便于管理。充分利用地形条件，优先采用重力流输水；考虑近、远期结合和分步实施的可能。

输水管渠路线选定后，接下来要考虑采用单管渠输水还是双管渠输水、管线上应布置哪些附属构筑物以及输水管的排气和检修放空等问题。

为保证安全供水，可以用一条输水管渠在用水区附近建造水池进行流量调节，或者采用两条输水管渠。双管布置时，应设连通管和检修阀，干管任何一段发生事故时仍能通过75%的设计流量。

在管道凸起点，应设自动进（排）气阀；长距离无凸起点的管段，每隔一定距离亦应设自动进（排）气阀。在管道低凹处，应设排空阀。向多个村镇输水时，分水点下游侧的干管和分水支管上均应设检修阀；个别村（或镇）地势较高或较远，需分压供水时，应在适当位置设加压泵站。重力流输水管道，地形高差超过60m并有富余水头时，应在适当位置设减压设施。地埋管道在水平转弯、穿越铁路（或公路、河流）等障碍物处应设标志。

配水管网是指从输水管接出，分配到各用水区域及各用水点的管道。其中，担负沿线供水区域输水作用且直径较大的配水管称为干管，配水给各用户的小口径管道称为支管。

配水管网选线和布置，应符合以下要求：按照规划布置，考虑分期建设可能，留有充分的发展余地；管网可设计为树状管网，但应考虑将来有连成环状管网的可能，在树状管段的末端应装置排水阀；生活饮用水的管网，严禁与非生活饮用水的管网连接，严禁与各单位自备的生活饮用水供水系统连接；管线遍布在整个给水区内，管网中的干管应以最近距离输水到用户和调节构筑物，保证用户有足够的水量和水压。管线宜沿现有道路或规划道路路边布置；管道与建筑物、铁路和其他管道的水平净距，应根据建筑物基础的结构、路面种类、卫生安全、管道埋深、管径、管材、施工条件、管内工作压力、管道上附属构筑物的大小及有关规定等条件确定；给水管应设在污水管上方，当给水管与污水管平行设置时，管外壁净距不应小于1.5m，当给水管设在污水管测下方时，给水管必须采用金属管材，并应根据土壤的渗水性及地下水位情况，妥善确定净距；给水管网应根据具体情况设置分段和分区检修的阀门；在配水管网隆起点和平直段的必要位置，应装设排（进）气阀，低处应装设泄水阀；地形高差较大时，应根据供水水压要求和分压供水的需要在适宜的位置设加压泵站或减压设施；应根据村镇具体情况设置消火栓，消火栓应设在取水方便的醒目处。

村镇生活饮用水管网，地埋管道，应优先考虑选用符合卫生要求的给水塑料管，通过技术经济比较确定。

二、管网的水压关系

为了保证一座建筑物的最高用水点有足够的水量和压力，要求管网在该建筑物的进户管处具有一定的自由水头，也称最小服务水头。在生活饮用水管网中，对一般性居住建筑可采用经验数值对最小服务水头进行估算：一层建筑物为10m，二层为12m，三层及三层以上每增加一层加 4m。

计算管网所需的水压时，应先选择一个距水厂或水塔最远或最高的用水点作为管网的控制点，这个控制点也称为最不利点。只要控制点的水压满足用水要求，则管网中所有用水点水压都能满足要求。

在村镇给水系统中，为了保证用户对水量和水压的要求，常常设置水塔作为调节二级泵站供水与用户需水量的关系。水塔在管网中的位置不同，管网的工作情况也有所不同。

（一）水泵扬程确定

水泵扬程 H_p 等于静扬程和水头损失之和：

$$H_p = H_0 + \sum h \tag{3-17}$$

静扬程 H_0 需根据抽水条件确定。一级泵站静扬程是指水泵吸水井最低水位与水厂的前端处理构筑物（一般为混合絮凝池）最高水位的高程差。

水头损失 $\sum h$ 包括水泵吸水管、压水管和泵站连接管线的水头损失。

所以一级泵站的扬程为（图 3-1）

$$H_p = H_0 + h_n + h_d \tag{3-18}$$

式中　　H_0——静扬程，m；

h_n——由最高日平均时供水量加水厂自用水量确定的吸水管路水头损失，m；

h_d——由最高日平均时供水量加水厂自用水量确定的压水管和泵站到絮凝池管线中的水头损失，m。

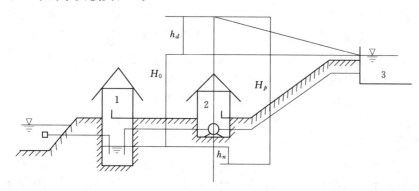

图 3-1　一级泵站扬程计算

1—吸水井；2—一级泵站；3—絮凝池

二级泵站是从清水池取水直接送向用户或先送入水塔，而后流进用户。

无水塔时，泵站直接输水到用户（图 3-2）。水泵扬程为

$$H_p = H_{st} + \sum h_p + \sum h \tag{3-19}$$

式中　　H_p——泵站所需总扬程，m；

H_{st}——所需静扬程，m，等于控制点要求的水压标高（$Z_c + H_c$）与吸水井最低设计水位标高（Z_0）之差，即 $H_{st} = (Z_c + H_c) - Z_0$，其中 Z_c 为控制点处的地形标高，m；H_c 为控制点所需要的自由水压值，m，管网设计时根据该点建筑物层数确定；

$\sum h_p$——泵站内水头损失，m，等于泵站的吸水管水头损失（h_s）与压水管水头损失

（h_d）之和，即 $\sum h_p = h_s + h_d$；

$\sum h$——泵站至工作点之间管路水头损失，m，等于输水管路的水头损失（h_c）与配水管网的水头损失（h_n）之和，即 $\sum h = h_c + h_n$。

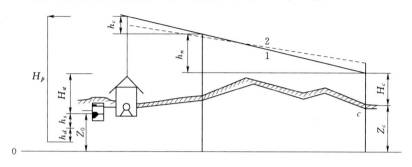

图 3-2 无水塔管网的水压线
1—最小用水时；2—最高用水时

（二）水塔高度确定

水塔是靠重力作用输水到用户。大中城市一般不设水塔，因城市用水量大，水塔容积小了不起作用，如容积太大造价又太高，况且水塔高度一经确定，对今后给水管网的发展将产生影响。小城镇和工业企业则可考虑设置水塔，即可缩短水泵工作时间，又可保证恒定的水压。水塔在管网中的位置，可靠近水厂、位于管网中间或靠近管网末端等。不管哪类水塔，水塔的高度指水柜底面或最低水位离地面的高度（图 3-3）。按下式计算：

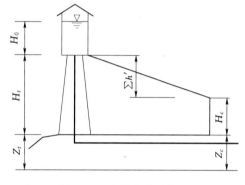

$$H_t = H_c + \sum h' - (Z_t - Z_c) \quad (3-20)$$

式中 H_t——水塔高度，m；

图 3-3 水塔高度计算图

H_c——控制点要求的自由水压，m；

$\sum h'$——按最高时用水量计算的水塔至控制点之间管路的水头损失，m；

Z_t——水塔处的地形标高，m；

Z_c——控制点处的地形标高，m。

从上式看出，建造水塔处的地面标高 Z_t 越高，则水塔高度 H_t 越低。这就是水塔建在高地的原因。

三、管网的水力计算

当给水管网布置方案确定以后，就可以进行管网的水力计算。水力计算的任务是在最高日最高时用水量的条件下，确定各管段的设计流量和管径，并进行水头损失计算，根据控制点所需的自由水头和管网的水头损失确定二级泵站的扬程和水塔高度，以满足用户对水量和水压的要求。

要确定管段的设计流量，必须先求出管段的沿线流量和节点流量。

1. 沿线流量、节点流量和管段设计流量的计算

村镇规模较小，给水管网比较简单时，各段管线内的流量比较明确，因而可以根据流量直接确定各管线的管径。有些村镇在给水管网的干管或配水管上，承接了许多用户，沿途配水的情况比较复杂。通常配水可以分为两种情况：一种情况是企业、机关、学校、公共建筑等大用户的用水从管网中某一点集中供给，称为集中流量；另一种情况是用水量比较小，数量多而分散的居民用水，称为沿线流量。

通常在计算时采用比流量法对沿线流量进行简化。所谓比流量法就是假定居住区的沿线流量是均匀地分布在整个管段上，则单位长度管段上的配水流量称为比流量，比流量可按式（3-21）计算：

$$q_s = \frac{Q - \sum q}{\sum L} \tag{3-21}$$

式中　q_s——比流量，L/(s·m)；

　　　Q——管网总用水量，L/s；

　　　$\sum q$——大用户集中用水量总和，L/s；

　　　$\sum L$——干管总长度，m，不配水的管段不计，只有一侧配水的管段折半计。

有了比流量，就可以求出各管段的沿线流量 q_l：

$$q_l = q_s L \tag{3-22}$$

式中　q_l——沿线流量，L/s；

　　　L——该管段的计算长度，m。

从式（3-22）中可以看出管段中的沿线流量是沿着水流方向逐渐减少的，管段中的沿线流量还是变化着的。因此管段中的沿线流量求出后，不易确定管段的管径和计算水头损失。为了便于计算，须进行简化。将管段的沿线流量转化成从节点集中流出的流量，这样沿管线不再有流量流出，即管段中的流量不再沿线变化。这种简化后得到的集中流量称为节点流量。

沿线流量化成节点流量的原理是求出一个沿线不变的折算流量，使它产生的水头损失等于实际上沿管线变化的流量产生的水头损失。工程上采用折算系数为 0.5。因此，在管网中任一节点的节点流量等于该节点相连各管段沿线流量总和的一半，即

$$q_i = 0.5 \sum q_l \tag{3-23}$$

求得各节点流量后，管网计算图上便只有集中于节点的流量（加在附近的节点上）。

管网中任一管段中的流量包括沿线不断配送而减少的沿线流量 q_l 和通过该管段转输到以后管段的转输流量 q_t。因而管段的设计流量 Q_l 为

$$Q_l = q_t + 0.5 \sum q_l \tag{3-24}$$

式中　q_t——管段转输流量，L/s。

转输流量在管段中是不变的，是通过该管段输送到下一管段的流量。

对于树状网来说，由于水流的方向是确定并唯一的，该管段的转输流量易于计算。因此树状网的任一管段的计算流量等于该管段以后（顺水流方向）所有节点流量的总和。

对于环状网来说，由于任一节点的水流情况较为复杂，各管段的流量与以后各节点流量没有直接的联系，并且在一个节点上连接几条管段，因此任一节点的流量包括该节点流

量和流向以及流离该节点的几条管段流量。所以环状网流量分配时，不可能像树状网一样，对每一管段得到唯一的流量值。分配流量时，必须保持每一节点的水流连续性，也就是流向任一节点的流量必须等于流离该节点的流量，满足节点流量平衡条件，即

$$q_i + \sum q_{ij} = 0 \qquad (3-25)$$

式中　q_i——节点 i 上的节点流量，L/s；

　　　q_{ij}——连接在节点 i 上的各管段流量，L/s。

用二级泵站送来的总流量沿各节点进行流量分配，所得出的各管段通过的流量，就是各管段的初步分配流量。

环状网流量分配的步骤如下：

（1）按照管网的主要供水方向，并选定整个管网的控制点，初步拟定各管段的水流方向。

（2）从二级泵站到控制点之间选定几条主要的平行干管线，这些平行干管中尽可能均匀地分配流量，并且符合水流连续性的条件。这样，当其中一条干管损坏，流量由其他干管转输时，不会使这些干管中的流量增加过多。

（3）与干管线垂直设置连接管，沟通平行干管之间的流量。连接管有时起一些输水作用，有时只是就近供水到用户，平时流量一般不大，只有在干管损坏时才转输较大的流量，因此连接管中可分配较少的流量。

2. 管径的确定

通过上面的管段流量分配以后，各管段的流量就可以作为已知条件，根据管段流量和流速就可以确定管径如式（3-26），即

$$d = \sqrt{\frac{4q}{\pi V}} \qquad (3-26)$$

式中　d——管径，m；

　　　q——流量，m³/s；

　　　V——流速，m/s。

从式（3-26）可以看出，管径的大小和流速流量都有关系。要确定管径，除知道流量以外，还必须知道流速，确定流速的方法有几种，见表 3-2。

表 3-2　　　　　　　　　　　　　流速的确定方法

条　　件	流　　速　　值
最高和最低允许流速	防止发生水锤现象，最大流速不超过 2.5～3.0m/s；当输送浑水时为避免管内淤积，最小流速为 0.6m/s
经济流速	流速是指在一定年限内（投资偿还期）管网造价和管理费用之和为最小的流速。由于各村镇的电费、管网造价等经济因素不同，其经济流速也有差异，一般大管径的经济流速大于小管径的经济流速
界限流速	准管径规格限制，每一种标准管径不止对应一个最经济的流速，而是对应一个经济流速界限，在界限流速范围内这一管径都是经济的
平均经济流速	小管径 $d = 100～400mm$ 时为 0.6～1.0m/s，大管径为 0.9～1.4m/s

工程中，可以直接由界限流速确定的界限流量表来确定管径，各管径的界限流量见表

3-3。

表3-3　　　　　　　　　　　界　限　流　量

管径/mm	界限流量/(L/s)	管径/mm	界限流量/(L/s)
100	<9	500	145~237
150	9~15	600	237~355
200	15~28.5	700	355~490
250	28.5~45	800	490~685
300	45~78	900	685~822
400	78~145	1000	822~1120

3.水头损失的计算

给水管网任一管段两端节点的水压和该管段水头损失之间有下列关系：

$$H_i - H_j = h_{ij} \tag{3-27}$$

式中　H_i、H_j——从某一基准面算起的管段起端 i 和终端 j 的水压，m；

h_{ij}——管段 i 到 j 的水头损失。

在给水管网的计算中，一般只考虑管线沿程的水头损失，如果有必要时，可将沿程水头损失乘以 1.05~1.15 作为管网附件的局部水头损失。沿程水头损失公式：

$$h_{ij} = iL \tag{3-28}$$

式中　i——单位管段长度的水头损失，或水力坡度；

L——管段的计算管长。

【例3-2】　某镇有居民6万人，最高日用水量定额为120L/(人·d)，自来水普及率为83%，时变化系数为 $K_h = 1.6$，要求最小服务水头为16m。用水量较大的一工厂和一公共建筑，集中流量分别为25L/s和17.4L/s，地形平坦，各节点标高可由当地的地形图查出，管网布置情况如图3-4所示。节点9地面标高为6.0m，水塔处地面标高为7.4m，其他节点的标高见表3-5。

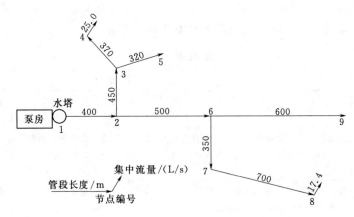

图3-4　管网布置图

【解】　（1）最高日最大时设计用水量：

$$Q=\frac{60000\times120\times0.83\times1.6}{24\times3600}+25+17.4=153.07(\text{L/s})$$

（2）比流量。去除管段两侧无用户的管段 3～4 和管段 7～8 外，计算管段长度为 2620m，则有

$$q_s=\frac{153.07-25.0-17.4}{2620}=0.04224[\text{L/(s·m)}]$$

（3）沿线流量。具体计算见表 3－4。

表 3－4 沿 线 流 量 计 算

管段	长度/m	沿线流量/(L/s)	管段	长度/m	沿线流量/(L/s)
1～2	400	16.9	6～7	350	14.78
2～3	450	19.01	6～9	600	25.34
2～6	500	21.12	合计	2620	110.67
3～5	320	13.52			

（4）节点流量。具体计算见表 3－5。

表 3－5 节 点 流 量 计 算

节点	地面标高/m	节点流量/(L/s)	集中流量/(L/s)	节点总流量/(L/s)
1	7.4	0.5×16.9=8.45		8.45
2		0.5×(16.9+19.01+21.12)=28.51		28.51
3		0.5×(19.01+13.52)=16.27		16.27
4	6.0		25.00	25
5	6.1	0.5×13.52=6.76		6.76
6		0.5×(21.12+14.78+25.34)=30.62		30.62
7		0.5×14.78=7.39		7.39
8	7.7		17.40	17.40
9	6.0	0.5×25.34=12.67		12.67
合计		110.67	42.40	153.07

（5）干管线计算。根据地形和用水量情况，控制点选为节点 8，干线定为 1～2、2～6、6～9，采用球墨铸铁管。管径按平均经济流速确定，水头损失计算查舍维列夫公式计算表。干管水力计算见表 3－6。

表 3－6 干 管 水 力 计 算

管段	长度/m	流量/(L/s)	管径/mm	水头损失/m
1～2	400	144.62	500	$\frac{1.53}{1000}\times400=0.61$
2～6	500	68.08	300	$\frac{4.9}{1000}\times500=2.45$
6～9	600	12.67	150	$\frac{7.2}{1000}\times600=4.32$
合计				7.38

（6）各节点水压计算。由控制点 9 地面标高为 6m，要求最小服务水头为 20m，计算干管上各节点的水压为

1）节点 9 水压：$6+20=26$（m）。

2）节点 6 水压：$26+4.32=30.32$（m）。

3）节点 2 水压：$30.32+2.45=32.77$（m）。

4）节点 1（水塔）水压：$32.77+0.61=33.38$（m）。

5）水塔高度：$33.38-7.4=26$（m）。

（7）支管水力计算。支管选择管径时，应注意支线各管段水头损失之和不得大于允许的水头损失，既满足支线上各个节点的最小服务水头要求，同时还应注意市售标准管径的规格。支管的水力计算见表 3－7。

表 3－7　　　　　　　　　　支 管 水 力 计 算 表

管段	流量/(L/s)	支线允许水平水力坡度 i	管径/mm	水力计算坡度 i	水头损失/m
6～7	24.79	$\dfrac{30.32-(7.7+20)}{350+700}=0.0025$	200	0.00588	2.06
7～8	17.4	0.0025	200	0.00296	2.07
2～3	48.03	$\dfrac{32.77-(6.1+20)}{450+320}=0.0087$	250	0.00653	2.97
3～5	6.76	0.0087	150	0.00231	5.57
3～4	25.0	$\dfrac{(30.32-29.4)-(6+20)}{370}=0.0104$	200	0.00598	2.21

（8）泵房水泵扬程。节点 1 处的泵房，清水池吸水井最低水位 2m，泵房管线水头损失 2.5m，水塔水柜高度 3m，则水泵扬程为 $7.4+26+2.5+3-2=36.9$（m）。

第六节　重力流管道系统设计

如果水源的海拔大于用水点的海拔，则可以不用水泵，而仅靠水的重力势能输水。此方法不但施工简单而且运行费用低，所以在实际工程中应大为提倡。设计重力流系统时，首先要测定水源和用水点的高度差，水源和用水点的海拔差为系统水头，这是决定输水量的关键要素之一，其他要素包括管径、长度、材料和流速。

一、初步设计需要考虑的事项

首先要绘制图纸，标出水源与用水点的位置及它们之间的距离，还要绘出二者之间的障碍物，设计管道沿线的标高，尤其是水源、蓄水池、用水点和它们之间的丘陵和洼地等的标高。

从水源到用水点的输水方式有两种，分别为明渠输水和暗渠输水。明渠输水经常用混凝土、砖或本地其他材料修砌，优点是经久耐用、水流阻力小；缺点是施工过程中要保持沟渠的坡度一致，而且实际上由于水源和用水点之间不可避免地存在着障碍物，所有要达到坡度一致比较困难。最重要的是由于明渠较容易受到外界的污染，所以一般不用明渠，

而是推荐使用暗渠或者暗渠输水。

二、设计举例

【例3-3】　假设一个500人的农村小区坐落于山下的位置上，小河位于山腰位置最低流速为10L/s。欲设计一个配水系统，并计划只为用户提供生活用水，本地区没有工厂或者企业需要配水，而且动物用水也不用本系统供应。每人每天用水100L设计，根据以上情况确定输水管线和蓄水池的尺寸。

【解】　（1）计算近期需水量。

	数量		用水当量		总用水量
人口	500	×	100	=	50000（L/d）
学校（学生）		×		=	（L/d）
商业		×		=	（L/d）
大型家畜（如牛）		×		=	（L/d）
小型家畜（如羊）		×		=	（L/d）
公共喷泉		×		=	（L/d）

近期需水总量 =50000L/d

（2）计算远期需水量。设计服务期为20年。如果资料缺乏，则人口以当前人口的2倍，家禽以当前的1.25倍计，再假定用水速率提高2倍。

人口	当前用量 50000×4		=200000（L/d）
公共机构和公共喷泉	当前用量	×2 =	（L/d）
家畜	当前当量	×1.25=	（L/d）

远期需水总量=200000L/d

（3）蓄水池的容积。

$$蓄水池容积=\frac{200000}{1000}=200（m^3）$$

（4）取水口抽水量。

确定出水速度（L/s）：出水流速=200000/86400=2.3（L/s）

假定抽水超过24h（86400s）。

（5）管道尺寸。

1）要计算管道尺寸，首先计算管长，则有

总长=测量长度+装配等量长度

配件相对于当量长度（表3-8）计算如下：

配件	数量×相当长度=当量长度
阀门	1 × 2.7m=2.7m
90°弯头	2 × 13.2m=26.4m
45°弯头	× =
丁字管（直管）	× =
丁字管（侧管）	× =

回转控制阀　　　　　　　　　　$1 \times 38.2m = 38.2m$

　　　　　　　　　　　总当量长度＝67.3m

从水源到蓄水池的管长＝1971.0m，故总管长＝2038m。

2）计算水头。

$$水头＝水源海拔－蓄水池顶部海拔＝530m－510m＝20m$$

3）计算克服1000m长管道的摩擦所需水头。

$$所需水头＝\frac{总水头－剩余水头}{管线总长/1000m}＝\frac{20m－5m}{2038m/1000m}＝7.4m$$

4）从表3-8中选择管道尺寸。

表3-8　　　　　　　　**管道配件摩擦损失的相当长度（重力流系统）**　　　　　单位：m

配件	管径/mm				
	30	40	50	80	100
阀门开启时	1.2	1.3	1.6	2.0	2.7
90°弯头	6.7	7.5	8.6	11.1	13.1
45°弯头	1.8	2.2	2.8	4.1	5.6
丁字管（直管）	4.7	5.7	7.8	12.1	17.1
丁字管（侧管）	8.8	10.0	12.1	17.1	21.2
控制阀	13.1	15.2	19.1	27.1	38.2

　　工作时间为24h；流量单位为L/s；而所需水头从步骤3）中求出。选择管道尺寸见表3-9。

表3-9　　　　　　　　　　　　　**选择管道尺寸**

项目	流量/(L/s)	水头损失/(m/1000m)		管道尺寸/mm	管材
需要	2.3	可用7.4		80	P（塑料管）
流量稍低	2.0	6.1	4.0	80	镀锌铁管/塑料管/水泥管
流量稍高	2.5	8.7	6.0	80	镀锌铁管/塑料管/水泥管

由步骤4）可求出输水管径为80mm，如果管径太小则水头损失太大。

5）则可得出：

a. 估计近期用水量为50000L/d。

b. 估计远期用水量为200000L/d。据此确定输水管线尺寸。

c. 蓄水池的容积定为200m³。也可以考虑建一个较小的蓄水池，以后再扩建。

d. 管径应满足24h供水，允许选择最小管道尺寸。在本例中需要2.3L/s的流量。因为水源可以提供10L/s的流量，所以完全能够满足需要。

e. 管径可以根据水头值和管道长度来确定。

（a）管道总长包括阀门和法兰的长度，见表3-8。此例中，管长包括了阀门和法兰的长度，总管长是 2038m。

（b）水源和蓄水池水平面之间的水头是不同的，在这个案例中是 20m。

（c）能够推动水流通过管线的水头是压力水头，推荐水头最少为 5m，为防止管线中出现真空，本例中采用 9.8m。

（d）利用表 3-10 选择管径。在第一列流量栏中找到需要的流量（2.3L/s）。如果所需流量能在表中找到，那么从流量一行向右找到第一个比步骤（c）所得压力水头低的值。该值所对应管径即为所需管径。如果所需流量在表中没有给出，用与实际流量邻近的上一个低流量和下一个高流量查表。在本例中，每个流量都需要相同的管径：80mm。如果比实际流量小的流量允许较小管道尺寸时，就要进行修正，见表 3-10。

表 3-10					每 1000m 管道的水头损失				单位：m	
流量/(L/s)	管道直径/mm									
	30		40		50		80		100	
	GI	AC/P	GI	AC/P	GI	AC/P	GI	AC/P	GI	AC/P
0.1	3.4	2.2	1.5	0.9	0.34	0.22				
0.2	5.8	3.5	2.5	1.5	0.59	0.36	0.12			
0.3	21	8	9	3	1.25	0.75	0.18	0.1		
0.4	23	14	14	5.7	2.2	1.4	0.3	0.2		
0.5	34	21	19	8.6	3.4	2.1	0.45	0.3	0.12	
0.6	48	30	20	12.5	4.6	3	0.61	0.4	0.15	
0.7	61	39	27	16	6	3.9	0.8	0.51	0.2	
0.8	80	50	35	22	8	5	1.3	7.0	0.26	0.17
0.9	100	61	42	27	9.9	6.1	1.4	0.9	0.32	0.02
1.0		75	51	32	13	7.5	1.7	1.1	0.39	0.4
1.1		90	62	38	15	9.4	2.0	1.3	0.47	0.3
1.2			73	45	18	11.0	2.5	1.5	0.55	0.35
1.3			83	54	20	13.5	2.75	1.75	0.61	0.4
1.4			100	60	24	15	3.2	2.1	0.75	0.48
1.5				68	28	17	3.7	2.4	0.88	0.55
1.6				75	30	19	4	2.6	0.95	0.60
1.7				88	34	22	4.6	2.9	1.1	0.68
1.8				95	37	25	5.0	3.2	1.25	0.72
1.9					40	27	5.6	3.5	1.3	0.8
2.0					46	30	6.1	4.0	1.5	0.90
2.5						44	8.7	6.0	2.2	1.35
3.0						60	14	8.4	3.0	1.9
3.5						75	18	11.5	6.2	2.5
4.0						105	23	15	8.3	3.3

续表

流量/(L/s)	管道直径/mm									
	30		40		50		80		100	
	GI	AC/P	GI	AC/P	GI	AC/P	GI	AC/P	GI	AC/P
5.0							37	26	12	5.0
6.0							50	31	16	7
7.0							67	42	20	9.5
10							130	80	30	18.5
15									70	45
20									125	70

说明：本例题中无数据处表示在本例中不存在，但在实际设计中均需对其进行考虑。

三、设计中的其他因素

除了管道尺寸外，在设计输水管线时其他因素也要考虑，如管道沿线的高点和低点、阀门的安装等。

即使管道内有剩余水头，且可以维持一定的压力，但是空气仍有可能聚集在管线高点，因此要在每个高点的顶端安装一个排气阀。在管线低点配置排水阀，排走沉积物，尤其当水源含有砂或很细的沉积物时，这一点非常重要。

为了便于系统的操作和维护，管道上安装闸阀，从而可以在一段管线上进行修理时不影响其他管线的正常使用。但是对于简单重力系统来说，管线的任何部位出现故障时整个系统都要停止运行，其优点是在于不需要大量的阀门。阀门的安装原则是：在水源处安装一个，在靠近蓄水池或用水点安装一个，其余的阀门沿管线每隔 1000m 安装一个。

第七节　供水调节构筑物设计

在给水系统中，一级泵站均匀供水，二级泵站分级供水，用户的用水情况是多变的。因此，在这三者之间存在着水量不平衡时，需通过调节构筑物来调节管网内的流量，常用的有水塔和水池等。建于高地的水池其作用和水塔相同，既能调节流量，又可保证管网所需的水压。当城市或工业区靠山或有高地时，可根据地形建造高地水池。如城镇附近缺乏高地或因高地离给水区太远，以致建造高地水池不经济时，可建造水塔。中小城镇和工矿企业等建造水塔以保证水压的情况较多。

一、调节构筑物有效容积的计算

调节构筑物的有效容积，应根据以下要求，通过技术经济比较确定：

（1）单独设立的清水池和高位水池可按最高日用水量的 20%～40% 设计；同时设置清水池和高位水池时，清水池可按最高日用水量的 10%～20% 设计，高位水池可按最高日用水量的 20%～30% 设计；水塔可按最高日用水量的 10%～20% 设计；向净水设施提供冲洗用水的调节构筑物,其有效容积尚应增加水厂自用水量。取值时,规模较大的工程宜取低值,小规模工程宜取高值。

(2) 在调节构筑物中加消毒剂时,其有效容积应满足消毒剂与水的接触时间要求。

(3) 供生活饮用水的调节构筑物的容积,不应考虑灌溉用水。

(4) 高位水池和水塔的最低运行水位,应满足最不利用户接管点和消火栓设置处的最小服务水头要求;清水池的最高运行水位,应满足净水构筑物或净水器的竖向高程布置。

二、水塔高度的计算

给水系统应保证一定的水压,使能供给足够的生活用水或生产用水。泵站、水塔或高地水池是给水系统中保证水压的构筑物,因此需了解水泵扬程和水塔(或高地水池)高度的确定方法,以满足设计的水压要求。

水塔水柜底高于地面的高度可按式(3-29)计算:

$$H = H_c - h_n - (Z_t - Z_c) \qquad (3-29)$$

式中　H_c——控制点 c 要求的最小服务水头,m;

h_n——按最高时用水量计算的从水塔到控制点的管网水头损失,m;

Z_t——设置水塔处的地面标高,m;

Z_c——控制点的地面标高,m。

从式(3-29)可以看出,建造水塔处的地面标高 Z_t 越高,则水塔高度越低,这就是水塔建在高地的原因。

三、水塔和水池的基本要求

1. 水塔

多数水塔采用钢筋混凝土或砖石等建造,但以钢筋混凝土水塔或砖支座的钢筋混凝土水柜用得较多。

钢筋混凝土水塔主要由水柜(或水箱)、塔架、管道和基础组成。进水管、出水管可以合用,也可分别设置。进水管应设在水柜中心并伸到水柜的高水位附近,出水管可靠近柜底,以保证水柜内的水流循环。为防止水柜溢水和将柜内存水放空,需设置溢水管和排水管,管径可和进水管、出水管相同。溢水管上不应设阀门。排水管从水柜底接出,管上设阀门,并接到溢水管上。

与水柜连接的水管上应安装伸缩接头,以便温度变化或水塔下沉时有适当的伸缩余地。

为观察水柜内的水位变化,应设浮标水位尺或电传水位计。水塔顶应有避雷设施。

水塔外露于大气中,应注意保温问题。因为钢筋混凝土水柜经过长期使用后,会出现微细裂缝,浸水后再冰冻,裂缝会扩大,可能因此引起漏水。根据当地气候条件,可采取不同的水柜保温措施:或在水柜壁上贴砌 8~10cm 的泡沫混凝土、膨胀珍珠岩等保温材料;或在水柜外贴砌一砖厚的空斗墙;或在水柜外再加保温外壳,外壳与水柜壁的净距不应小于 0.7m,内填保温材料。

水柜通常做成圆筒形,高度与直径之比约为 0.5~1.0。水柜过高不好,因为水位变化幅度大会增加水泵的扬程，多耗动力，且影响水泵效率。有些工业企业，由于各车间要求的水压不同，而在同一水塔的不同高度放置水柜；或有将水柜分成两格，以供用不同水质的水。

塔体用以支撑水柜，常用钢筋混凝土、砖石或钢材建造。近年来也可采用装配式和预应力钢筋混凝土水塔。装配式水塔可以节约模版用量。塔体形状有圆筒形和支柱式。

水塔基础可采用单独基础、条形基础和整体基础。

砖石水塔的造价比较低，但施工费时，自重较大，宜建于地质条件较好的地区。从就地取材的角度考虑，砖石结构可和钢筋混凝土结合使用，即水柜用钢筋混凝土，塔体用砖石结构。

2. 水池

给水工程中，常用钢筋混凝土水池、预应力钢筋混凝土水池和砖石水池等，其中以钢筋混凝土水池使用最广，一般做成圆形或矩形。

水池应有单独的进水管和出水管，进水管与出水管应对侧安装以保证池内水流的循环。此外应有溢水管，管径和进水管相同，管端有喇叭口，管上不设阀门。水池的排水管接到积水坑内，管径一般按 2h 内将池水放空计算。容积在 1000m³ 以上的水池，至少应设两个检修孔。为使池内自然通风，应设若干通风孔，高出水池覆土面 0.7m 以上。池顶覆土厚度视当地平均室外气温而定，一般在 0.5～1.0m 之间，气温低则覆土应厚些。当地下水位较高，水池埋深较大时，覆土厚度需按抗浮要求决定。为便于观测池内水位，可装置浮标水位尺或水位传示仪。

预应力钢筋混凝土水池可做成圆形或矩形，它的水密性高，大型水池较钢筋混凝土水池节约造价。

装配式钢筋混凝土水池近年来也有采用。水池的柱、梁、板等构件事先预制，各构件拼装完毕后，外面再加钢筋，并加张力，接缝处喷涂砂浆时不漏水。

砖石水池具有节约木材、钢筋、水泥，能就地取材，施工简便等特点。我国中南、西南地区盛产砖石材料，尤其是丘陵地带，地质条件好，地下水位低，砖石施工的经验也丰富，更宜于建造砖石水池。但这种水池的抗拉、抗渗、抗冻性能差，所以不应用于湿陷性黄土地区、地下水位过高地区或严寒地区。

第四章 供水水处理工艺

村镇供水水处理的作用是经过一系列有效的水处理工艺和设备对原水进行处理，通过改变原水的主要质量指标，从而达到村镇用户用水标准，以满足用户的用水要求。提高水的质量，解决原水不能满足用户用水标准的问题，就要求对水处理系统进行优良的设计。本章内容主要介绍水处理原理、常规水处理工艺和特种水处理的原理、工艺等。

第一节 原水水质与水处理方法

村镇给水处理主要涉及原水的水质情况、用户对水质的要求和水处理方法三方面的内容。

一、原水水质

原水是指从水源取得而未经过处理的水。水源主要包括地下水和地表水，地表水是指经地表径流的江河水、湖泊、水库及海洋水；地下水根据其埋藏条件可分为上层滞水、潜水、承压水。无论原水取自地下水源还是地表水源，都不同程度地含有各种各样的杂质。归纳起来，这些杂质按尺寸大小和存在形态可分成悬浮物、胶体和溶解物三大类。

（一）原水中地表水的杂质

地表水体的水质和水量受人类活动影响较大，几乎各种污染物质可以通过不同途径流入地表水，且向下游汇集。

水是一种很好的溶剂，它不但可以溶解全部的可溶物质，而且一些不溶的悬浮物、胶体和一些生物等均可以存在于水体中，因此，自然界中的各种水源都含有不同成分的杂质。以悬浮物形式存在的主要有石灰、石英、石膏及黏土和某些植物；呈胶体状态的有黏土、硅和铁的化合物及微生物生命活动的产物（即腐殖质和蛋白质）；溶解物质包括碱金属、碱土金属及一些重金属的盐类，还含有一些溶解气体，如氧气、氮气和二氧化碳等；除此之外，还含有大量的有机物质。水中杂质分类见表 4-1。

表 4-1 水 中 杂 质 分 类

水中杂质	溶解物	胶体颗粒	悬浮物
尺寸	0.1~1.0nm	1.0~100nm	100nm~1mm
特征	透明	光照下浑浊	浑浊甚至肉眼可见

（二）原水的特性指数

表征水的物理性质的指标有色度、嗅、味、浊度、固体含量及温度等。

嗅和味主要来源于水体自净过程的水生动植物及微生物的繁殖和衰亡及工业废水中的各种杂质。目前，测定水的嗅与味只能靠人体的感官进行。

色度表现在水体呈现的不同颜色。纯净水无色透明，天然水中含有黄腐酸呈黄褐色，含有藻类的水呈绿色或褐色。较清洁的地表水色度一般为 15～25 度，湖泊水色度可达 60 度以上，饮用水色度不超过 15 度。

浊度是表示水中含有悬浮及胶体状态的杂质物质。浊度主要来自于生活污水与工业废水的排放。

水温与水的物理化学性质有关，气体的溶解度、微生物的活动及 pH 值、硫酸盐的饱和度等都受水温影响。

一般来讲天然水源的地下水水质的悬浮物较少，但由于水流经岩层时溶解了各种可溶的矿物质，所以其含盐量高于地表水（海水及咸水湖除外），故其硬度高于地表水，我国地下水总硬度平均为 60～300mg/L 之间，有的地区可高达 700mg/L。地表水主要以江河水为主，其水中的悬浮物和胶体杂质较多，浊度高于地下水，但其含盐量和硬度较低。

二、水质标准

水质是指水的使用性质，是水和其中的杂质共同表现的综合特性。通常采用水质指标来衡量水质的优良，能反映水的使用性质的一种量称为水质指标，水质指标表示水中杂质的种类和数量，水质指标又称水质参数。

水质标准是用水对象（如生活饮用和工业用水及其他杂用等）所要求的各项水质参数应达到的指标和限值。不同的用水对象，要求的水质标准不同，如生活饮用水水质标准，它与人类身体健康有直接关系。随着人们生活水平的提高和科学技术的进步以及水源的污染日益严重，饮用水标准不断修改。

（一）生活饮用水卫生标准

生活饮用水卫生标准是从保护人群身体健康和保证人类生活质量出发，对饮用水中与人体健康相关的各种因素（物理、化学和生物），以法律形式作的量值规定，以及为实现量值所作的有关行为规范的规定，经国家有关部门批准，以一定形式发布的法定卫生标准。《生活饮用水卫生标准》（GB 5749—2006）的修订是保证饮用水安全的重要措施之一。在国家标准化管理委员会协调下，由卫生部牵头，会同建设部、国土资源部、水利部、国家环境保护总局，组织卫生、供水、环保、水利、水资源等各方面专家共同参与完成了该项标准的修订工作。新标准具有以下 3 个特点：一是加强了对水质有机物、微生物和水质消毒等方面的要求，新标准中的饮用水水质指标由原标准的 35 项增至 106 项，增加了 71 项。其中，微生物指标由 2 项增至 6 项；饮用水消毒剂指标由 1 项增至 4 项；毒理指标中无机化合物由 10 项增至 21 项；毒理指标中有机化合物由 5 项增至 53 项；感官性状和一般理化指标由 15 项增至 20 项；放射性指标仍为 2 项。二是统一了城镇和农村饮用水卫生标准。三是实现饮用水标准与国际接轨。新标准水质项目和指标值的选择，充分考虑了我国实际情况，并参考了世界卫生组织的《饮用水水质准则》，参考了欧盟、美国、俄罗斯和日本等国饮用水标准。

生活饮用水水质标准和卫生要求必须满足以下三项基本要求：

（1）为防止介质水传染病的发生和传播，要求生活饮用水不含病原微生物。

（2）水中所含化学物质及放射性物质不得对人体健康产生危害，要求水中的化学物质及放射性物质不能引起急性和慢性中毒及潜在的远期危害（致癌、致畸、致突变作用）。

（3）水的感官性状是人们对饮用水的直观感觉，是评价水质的重要依据。生活饮用水必须确保感官良好，为人民所乐于饮用。

（二）乡镇企业用水水质标准

不同的企业类型，水质要求也各不相同，所要求的用水水质标准也就不同。

一般工艺用水的水质要求高，不仅要求去除水中悬浮杂质和胶体杂质，而且需要不同程度地去除水中的溶解杂质。食品、酿造及饮料工业的原料用水，水质要求应当高于生活饮用水的要求。纺织、造纸工业用水，要求水质清澈，且对易于在产品上产生斑点从而影响印染质量或漂白度的杂质含量，加以严格限制。如铁和锰会使织物或纸张产生锈斑，水的硬度过高会使织物或纸张产生钙斑。在电子工业中，零件的清洗及药液的配制等都需要纯水。特别是半导体器件及大规模集成电路的生产，几乎每道工序均需"高纯水"进行清洗。

对锅炉补给水水质的基本要求是：凡能导致锅炉、给水系统及其他热力设备腐蚀、结垢及引起汽水共腾现象的各种杂质，都应大部或全部去除。锅炉压力和构造不同，水质要求也不同。锅炉压力越高，水质要求也越高。当水的硬度符合要求时，即可避免水垢的产生。此外，许多工业部门在生产过程中都需要大量冷却水，用以冷凝蒸汽以及工艺流体或设备降温。冷却水首先要求水温低，同时对水质也有要求，如水中存在悬浮物、藻类及微生物等，会堵塞管道和设备。因此在循环冷却系统中，应控制在管道和设备中由于水质所引起的结垢、腐蚀和微生物繁殖。

三、给水处理方法

给水处理的目的是将原水（包括地表水和地下水）的水质，处理成符合生活饮用或工业用水水质的过程。原水中含有各种各样杂质，不能直接满足供水水质要求，根据水源水质和用水对象对水质的要求选择合适的水处理方法，在给水处理中，经常需要几种水处理方法结合使用。

（一）常规处理工艺

"混凝-沉淀-过滤-消毒"称为生活饮用水的常规处理工艺（图4-1）。我国以地表水为水源的水厂主要采用这种工艺流程。但根据水源水质不同，尚可增加或减少某些处理构筑物。

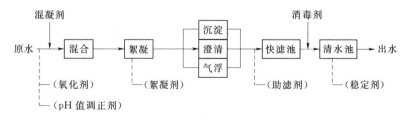

图4-1　常规给水处理工艺流程

"混凝-沉淀-过滤"通常称为澄清工艺。处理对象主要是水中悬浮物和胶体杂质。原水加药后，经混凝后使水中悬浮物和胶体形成絮体，而后通过沉淀池进行重力分离。然后利用粒状滤料过滤截留水中杂质，用以进一步降低水的浊度。完善而有效的混凝、沉淀和过滤，不仅能有效地降低水的浊度，对水中某些有机物、细菌及病毒等的去除也是有一定效果。根据原水水质不同，在上述澄清工艺系统中还可适当增加或减少某些处理构筑物。例如，处理高浊度原水时，往往需设置预沉池或沉沙池；原水浊度很低时，可以省去沉淀构筑物而进行原水加药后的直接过滤。但在生活饮用水处理中，过滤是必不可少的。

消毒是灭活水中致病微生物，通常在过滤以后进行。主要消毒方法是在水中投加消毒剂。当前我国普遍采用的消毒剂是氯，也有采用次氯酸钠、二氧化氯、臭氧、漂白粉等。消毒工艺是保证饮用水安全的一道有利屏障。

（二）特殊水处理

1. 除铁、除锰

当饮用水中的铁、锰的含量超过生活饮用水卫生标准时，需采用除铁、除锰措施。常用的除铁、除锰方法有自然氧化法和接触氧化法。还可采用药剂氧化法、生物氧化法及离子交换法等。通过上述处理方法（离子交换法除外），使溶解性二价铁和锰分别转变成三价铁和四价锰的沉淀物而去除。除铁、除锰工艺系统的选择应根据是否单纯除铁还是同时除铁、除锰，原水中铁、锰含量及其他有关水质特点确定。

2. 除氟

氟是有机体生命活动所必需的微量元素之一，长期饮用高氟水会引起氟中毒，典型病症是氟斑牙（斑釉齿）和氟骨症。当水中含氟量超过 1.0mg/L 时，需采用除氟措施。

3. 硬水软化

软化处理对象主要是水中钙、镁离子。软化方法主要有离子交换法、药剂软化法。离子交换法使水中钙、镁离子与阳离子交换剂上的离子互相交换以达到去除的目的；药剂软化法是在水中投入药剂，如石灰、苏打等使钙、镁离子转变为沉淀物而从水中分离出来。

4. 淡化和除盐

淡化和除盐处理对象是水中各种溶解盐类，包括阴、阳离子。将高含盐量的"苦咸水"处理到符合生活饮用水要求时的处理过程，一般称为咸水"淡化"；制取纯水及高纯水的处理过程称为水的"除盐"。

5. 高浊度水处理

一般含沙量为 $10\sim100kg/m^3$，沉淀时泥和水有明显界面的水称为高浊度水。我国地域辽阔，水源水质差异较大。黄河水的含沙量高，有的河段最大平均含沙量超过 $100kg/m^3$，对黄河为水源的给水厂处理工艺，要充分考虑泥沙的影响，应在混凝工艺前段设置预处理工艺，以去除高浊度水中的泥沙。因此，高浊度水处理流程和常规水处理流程的区别主要在于调蓄水池和预沉池的设置以及沉淀池的考虑。

6. 含藻水处理

地表水是指江河、湖泊、水库等水，我国的湖泊及水库的蓄水量占全国淡水资源的23％。所以，以湖泊、水库作为水源的城市占全国城市供水量的 25％左右。由于湖泊、水库的水文特征，加上含氮、磷污水大量排入，使水体富营养化现象严重，藻类大量繁殖。当藻类含量大于 100 万个/L 时会妨碍水厂常规处理，使出厂水难以符合饮用水标准的原水称为含藻水。含藻水的处理方法主要有硫酸铜、预氯化等灭藻以及强化混凝沉淀、气浮法、生物处理等，设计时应根据实验研究或相似条件下水厂的运行经验，通过技术经济比较确定处理方法。

7. 微污染处理

微污染水源是指水的性质达不到地面水环境要求，其中包括水的物理、化学和微生物指标。我国工业迅速发展，饮用水源的污染越来越严重，水中含有的有害物质越来越多。有些河流的水源氨氮（$NH_3 - N$）浓度增加，有机物综合指标 BOD、COD、TOC 升高，水中溶解氧（DO）降低，导致嗅和味明显。这种水源，用传统的水处理工艺难以处理到饮用水水质标准。因此，为使水质达标，要选择合适的水处理工艺。微污染水源主要是有机物污染，将常规水处理工艺的混凝工艺环节改进，如投加粉末活性炭（PAC）进行吸附，同时投加氧化剂氧化水中的有机物。

尽管污染物成分复杂，在常规处理工艺中加以生物处理，对微污染水源的预处理是目前可行的方案，生物预处理的目的主要是降低原水中的有机物浓度，为后续处理创造条件。经过生物膜法如生物滤池、生物转盘及生物接触滤池和生物流化床等处理后，大大降低水中的有机污染物浓度。

第二节　村镇水处理工艺选择

村镇给水处理工艺、处理构筑物或一体化净水器的选择，应根据原水水质、设计规模，参照相似条件下水厂的运行经验，结合当地条件，通过技术经济比较确定。

1. 水源水质符合相关标准时，采取以下净水工艺

（1）水质良好的地下水，可只进行消毒处理。

（2）原水有机物含量较少，浊度长期不超过 20NTU、瞬间不超过 60NTU 时，可采用慢滤加消毒或接触过滤加消毒的净水工艺。原水采用双层滤料或多层滤料滤池直接过滤，习惯称一次净化。

（3）原水浊度长期低于 500NTU、瞬间不超过 1000NTU 时，可采用混凝沉淀（或澄清）、过滤加消毒的净水工艺。混凝沉淀（或澄清）及过滤为水厂中主体构筑物，这一流程习惯上称为二次净化。

（4）原水含沙量变化较大或浊度经常超过 500NTU 时，可在常规净水工艺前采取预沉措施；高浊度水应按《高浊度水给水设计规范》（CJJ 40—2011）的要求进行净化。

2. 限于条件，选用水质超标的水源时，可采取以下净水工艺

（1）微污染地表水可采用强化常规净水工艺，或在常规净水工艺前增加生物预处理或化学氧化处理，也可采用滤后深度处理。

（2）含藻水宜在常规净水工艺中增加气浮工艺，并符合《含藻水给水处理设计规范》（CJJ 32—2011）的要求。

（3）铁、锰超标的地下水应采用氧化、过滤、消毒的净水工艺。

（4）氟超标的地下水可采用活性氧化铝吸附、混凝沉淀或电渗析等净水工艺。

（5）苦咸水淡化可采用电渗析或反渗透等膜处理工艺。

3. 设计水量大于 1000m³/d 的工程宜采用净水构筑物

设计水量 1000～5000m³/d 的工程可采用组合式净水构筑物；设计水量小于 1000m³/d

的工程可采用慢滤或净水装置。

水厂运行过程中排放的废水和污泥应妥善处理，并符合环境保护和卫生防护要求；贫水地区，宜考虑滤池反冲洗水的回用。确定水处理工艺应结合村镇居民居住状况与当地水源条件和水质要求考虑，水处理工艺应力求简便、实用可靠、价廉。

第三节 混 凝

水污染最明显的部分是水中的各种固体物质。水中悬浮杂质大都可以通过自然沉淀的方法去除，如大颗粒悬浮物可在重力作用下沉降；而细微颗粒包括悬浮物和胶体颗粒的自然沉降极其缓慢，在停留时间有限的水处理构筑物内不可能沉降下来，它们是造成水浊度的根本原因。这类颗粒的去除，有赖于破坏其胶体的稳定性，如加入混凝剂，使颗粒相互聚结形成容易去除的大絮凝体，则通过沉淀方可去除。混凝法广泛用于自来水水质净化中。

一、混凝机理

混凝是指水中胶体粒子以及微小悬浮物的聚集过程，它是凝聚和絮凝的总称。所谓"凝聚"是指水中胶体失去稳定性的过程，它是瞬时的；而"絮凝"是指脱稳胶体相互聚结成大颗粒絮体的过程，它则需要一定的时间才能完成。在实际生产中，这两个过程很难截然分开。因此，把能起凝聚与絮凝作用的药剂统称为混凝剂。

（一）水中胶体稳定性

由两种以上的物质混合在一起而组成的体系为分散体系，其中被分散的物质称分散相，在分散相周围连续的物质称分散介质。水处理工程所研究的分散体系中，颗粒尺寸为 $1nm \sim 0.1\mu m$ 的称为胶体溶液，颗粒大于 $0.1\mu m$ 的称悬浮液。分散相是指那些微小悬浮物和胶体颗粒，它们可以使光散射造成水的浑浊，分散介质就是水。

胶体稳定性，是指胶体颗粒在水中长期保持分散悬浮状态的特性，致使胶体颗粒稳定性的主要原因是颗粒的布朗运动、胶体颗粒间同性电荷的静电斥力和颗粒表面的水化作用。

胶体颗粒的布朗运动，构成了动力学稳定性。水中粒度较微小的胶体颗粒，发生布朗运动较为剧烈，因此能长期悬浮于水中而不发生沉降。

胶体间的静电斥力和颗粒表面的水化作用，构成了聚集稳定性。即指水中胶体颗粒之间因其表面同性电荷相斥或者由于水化膜的阻碍作用而不能相互凝聚的特性，而胶体稳定性关键在于聚集稳定性，聚集稳定性一旦被破坏，则胶体颗粒就会聚结变大而下沉。

（二）混凝机理

水处理工程中的混凝现象比较复杂。不同种类混凝剂以及不同的水质条件，混凝机理也有所不同。混凝的目的是为了使胶体颗粒能够通过碰撞而彼此聚集。因此，就需要消除或降低胶体颗粒的稳定因素，使其失去稳定性。

胶体颗粒的脱稳可分为两种情况：一种是通过混凝剂的作用，使胶体颗粒本身的双电层结构发生变化，致使电位降低或消失，达到胶体稳定性破坏的目的；再一种就是胶体颗粒的双电层结构未发生多大变化，而主要是通过混凝剂的媒介作用，使颗粒彼此聚集。

对于混凝机理，水处理行业对目前的研究结果认知比较一致的混凝剂对水中胶体粒子的混凝作用有4种，即压缩双电层作用机理、吸附电性中和作用机理、吸附架桥作用机理和沉淀物网捕或卷扫作用机理。在水处理工程中，这4种作用有时可能会同时发挥作用，只是在特定情况下，以某种机理为主，取决于混凝剂的种类和投加量、水中胶体粒子性质和含量以及水的pH值等。目前，普遍应用这4种机理来定性描述水的混凝现象。

1. 压缩双电层作用机理

由于胶体粒子的双电层结构，反离子的浓度在胶粒表面处最大，并沿着胶粒表面向外的距离呈递减分布，最终与溶液中离子浓度相等。当向溶液中投加电解质，使溶液中离子浓度增高，则扩散层的厚度减小。该过程的实质是加入的反离子与扩散层原有反离子之间的静电斥力把原有部分反离子挤压到吸附层中，从而使扩散层厚度减小。由于扩散层厚度的减小，电位相应降低，因此胶粒间的相互排斥力也减少。另一方面，由于扩散层减薄，它们相撞时的距离也减少，因此相互间的吸引力相应变大。从而其排斥力与吸引力的合力由斥力为主变成以引力为主（排斥势能消失了），胶粒得以迅速凝聚。

2. 吸附电性中和作用机理

胶粒表面对异号离子、异号胶粒、链状离子或分子带异号电荷的部位有强烈的吸附作用，由于这种吸附作用中和了电位离子所带电荷，减少了静电斥力，降低了电位，使胶体的脱稳和凝聚易于发生。此时静电引力常是这些作用的主要方面。上面提到的三价铝盐或铁盐混凝剂投量过多，凝聚效果反而下降的现象，可以用本机理解释。因为胶粒吸附了过多的反离子，使原来的电荷变号，排斥力变大，从而发生了再稳现象。

3. 吸附架桥作用机理

吸附架桥作用是指高分子物质与胶体颗粒的吸附与桥连。当高分子链的一端吸附了某一胶粒后，另一端又吸附另一胶粒，形成"胶粒-高分子-胶粒"的絮凝体。高分子物质在这里起了胶粒与胶粒之间相互结合的桥梁作用。当高分子物质投量过多时，胶粒的吸附面均被高分子覆盖，两胶粒接近时，就受到高分子之间的相互排斥而不能聚集。这种排斥力可能源于"胶粒-胶粒"之间高分子受到压缩变形而具有排斥势能，也可能由于高分子之间的电性斥力或水化膜。因此，高分子物质投量过少，不足以将胶粒架桥连接起来；投量过多，又会产生"胶体保护"作用，使凝聚效果下降，甚至重新稳定，即所谓的再稳。

4. 沉淀物网捕或卷扫作用机理

沉淀物网捕又称为卷扫，是指当铝盐或铁盐混凝剂投量很大而形成大量氢氧化物沉淀时，可以网捕、卷扫水中胶粒，以致产生沉淀分离。这种作用，基本上是一种机械作用，混凝剂需量与原水杂质含量成反比。网捕、卷扫所需混凝剂的量较大，不经济，在生产中较少应用，但对低温低浊水，网捕、卷扫不失为一种有效的方法。

二、混凝剂和助凝剂

（一）混凝剂

为了使胶体颗粒脱稳而聚集所投加的药剂，统称混凝剂，混凝剂具有破坏胶体稳定性和促进胶体絮凝的功能。习惯上把低分子电解质称为凝聚剂，这类药剂主要通过压缩双电层和电性中和机理起作用，把主要通过吸附架桥机理起作用的高分子药剂称为絮凝剂。在混凝过程中如果单独采用混凝剂不能取得较好的效果时，可以投加某类辅助药剂用来提高混凝效果，这类辅助药剂统称为助凝剂。

混凝剂的基本要求是：混凝效果好，对人体健康无害，适应性强，使用方便，货源可靠，价格低廉。混凝剂种类很多，按化学成分可分为无机和有机两大类，见表4-2。

表4-2　　　　　　　　　　　混凝剂的类型及名称

类　型			名　称
无机型		无机盐类	硫酸铝，硫酸铝钾，硫酸铁，氯化铁，氯化铝，碳酸镁
		碱类	碳酸钠，氢氧化钠，石灰
		金属氢氧化物类	氢氧化铝，氢氧化铁
		固体细粉	高岭土，膨润土，酸性白土，炭黑，飘尘
	高分子类	阴离子型	活化硅酸（AS），聚合硅酸（PS）
		阳离子型	聚合氯化铝（PAC），聚合硫酸铝（PAS），聚合氯化铁（PFC），聚合硫酸铁（PFS），聚合磷酸铝（PAP），聚合磷酸铁（PFP）
		无机复合型	聚合氯化铝铁（PAFC），聚合硫酸铝铁（PAFS），聚合硅酸铝（PASI），聚合硅酸铁（PFSI），聚合硅酸铝铁（PAFSI），聚合磷酸铝（PAFP）
		无机-有机复合型	聚合铝-聚丙烯酰胺，聚合铁-聚丙烯酰胺，聚合铝-甲壳素，聚合铁-甲壳素，聚合铝-阳离子有机高分子，聚合铁阳离子有机高分子
有机型		天然类	淀粉，动物胶，纤维素的衍生物，腐殖酸钠
	人工A类	阴离子型	聚丙烯酸，海藻酸钠（SA），羧酸乙烯共聚物，聚乙烯苯磺酸
		阳离子型	聚乙烯吡啶，胺与环氧氯丙烷缩聚物，聚丙烯酰胺阳离子化衍生物
		非离子型	聚丙烯酰胺（PAM），尿素甲醛聚合物，水溶性淀粉，聚氧化乙烯（PEO）
		两性型	明胶，蛋白素，干乳酪等蛋白质，改性聚丙烯酰胺

无机混凝剂应用历史悠久，广泛用于饮用水、工业水的净化处理以及地下水、废水淤泥的脱水处理等。无机混凝剂按金属盐种类可分为铝盐系和铁盐系两类；按阴离子成分又可分为盐酸系和硫酸系；按分子量可分为低分子体系和高分子体系两大类。

有机混凝剂虽然价格低廉，但效果较差，特别是在某些冶炼过程中，实质上是加入了杂质，故应用较少。近20年来有机混凝剂的使用发展迅速。这类混凝剂可分为天然高分子混凝剂（褐藻酸、淀粉、牛胶）和人工合成高分子混凝剂（聚丙烯酰胺、磺化聚乙烯苯、聚乙烯醚等）两大类。由于天然聚合物易受酶的作用而降解，已逐步被不断降低成本的合成聚合物所取代。

1. 无机混凝剂

在无机混凝剂中，应用最广的是铝盐和铁盐金属盐类。铝盐混凝剂主要要有硫酸铝、明矾、聚合氯化铝、聚合硫酸铝，铁盐混凝剂主要有三氯化铁、硫酸亚铁、聚合硫酸铁、聚合氯化铁。

2. 有机高分子混凝剂

有机高分子混凝剂分天然和人工合成两类，在给水处理中，人工合成的高分子絮凝剂应用越来越多。这类混凝剂均为巨大的线性分子，每一大分子由许多链节组成且常含带电基团，故又被称为聚合电解质。按基团带电情况，又可分为阳离子型、阴离子型、两性型、非离子型4种。水处理中常用的是阳离子型、阴离子型和非离子型3种高分子混凝剂，两性型使用极少。

非离子型聚合物的主要品种是聚丙烯酰胺（PAM）和聚氧化乙烯（PEO），PAM是使用最为广泛的人工合成有机高分子混凝剂（其中包括水解产物）。聚丙烯酰胺的混凝效果在于对胶体表面具有强烈的吸附作用，在胶体之间形成桥联。通常以HPAM作助凝剂以配合铝盐或铁盐作用，效果显著。

（二）助凝剂

当单用混凝剂不能取得良好效果时，而投加某些辅助药剂以提高混凝效果的药剂称为助凝剂。助凝剂也有很多种，大体分以下两类：

1. 改善絮凝体结构的高分子助凝剂

当使用铝盐或铁盐混凝剂产生的絮凝体细小而松散时，可利用高分子助凝剂的强烈吸附架桥作用，使细小松散的絮凝体变得粗大而密实。常用的高分子助凝剂有活化硅酸、海藻酸钠、聚丙烯酰胺等。

（1）活化硅酸配合铝盐或铁盐使用效果较好，对处理低温、低浊水较为有效，但活化硅酸制造和使用较麻烦。它只能现场调制，即日使用，否则易形成冻胶。

（2）海藻酸钠是多糖类高分子物质，是海生植物用碱处理制得。用以处理较高浊度的水效果较好，但价格昂贵，生产上使用不多。

（3）聚丙烯酰胺及其水解产物是高浊度水处理中使用最多的助凝剂。投加这类助凝剂可大大减少铝盐或铁盐混凝剂用量。

此外，黏土和沉淀污泥等，均可作为改善絮凝体结构的助凝剂。

2. 调节或改善混凝条件的药剂

当原水碱度不足而使混凝剂水解困难时，可投加碱剂（通常用石灰）以提高水的pH值，当原水受到严重污染、有机物过多时，可用氧化剂（通常用氯气）以破坏有机物干扰；当采用硫酸亚铁时，可用氯气将亚铁氧化成铁。这类药剂本身不起混凝作用，只能起辅助混凝的作用。

总之，混凝剂和助凝剂品种的选择及其用量，应根据原水悬浮物含量及性质、pH值、碱度、水温、色度等水质参数，原水凝聚沉淀试验或相似条件水厂的运行经验，结合当地药剂供应情况和水厂管理条件，通过技术经济比较确定。常用的混凝剂可选用聚合氯化铝、硫酸铝、三氯化铁、明矾等，高浊度水可选用聚丙烯酰胺作助凝剂，低温低浊水可选用活化硅酸或聚丙烯酰胺作助凝剂。当原水碱度较低时，可采用石灰乳液作助凝剂。

三、混凝过程

（一）混凝剂的溶解和溶液的配制

溶解池是把块状或粒状的混凝剂溶解成浓溶液，一般情况下只要适当搅拌即可溶解。对难溶的药剂或在冬季水温较低时，可用蒸汽或热水加热，药剂溶解后流入溶液池，配成一定浓度。在溶液池中配制时同样要进行适当搅拌，搅拌时可采用水力、机械或压缩空气等方式。一般药量小时采用水力搅拌，药量大时采用机械搅拌。凡和混凝剂溶液接触的池壁、设备、管道等，应根据药剂的腐蚀性采取相应的防腐措施。

大中型水厂通常建造混凝土溶解池，一般设计两格，交替使用。溶解池通常设在加药间的底层，为地下式。溶解池池顶高出地面 0.2m，底坡应大于 2％，池底设排渣管。

溶解池容积可按溶液池容积的 20％～30％计算。根据经验，小型水厂溶解池容积为 $0.5～0.9m^3/(10^4 m^3 \cdot d)$，中型水厂为 $1m^3/(10^4 m^3 \cdot d)$。

溶液池的容积：

$$W_1 = \frac{24 \times aQ}{1000 \times 1000cn} = \frac{aQ}{417cn} \tag{4-1}$$

式中　Q——处理的水量，m^3/h；

a——混凝剂最大投加量，mg/L；

c——溶液浓度，％；

n——每日调制次数，一般不超过 3 次。

溶解池的容积一般按 $(0.2～0.3)W_1$ 计算。

（二）混凝剂溶液的投加

为保证混凝剂的准确有效投加，投药设备应满足以下基本要求：投量准确且能随时调节方便，混凝剂的投加量与原水水质、混凝剂品种、水温、混合方法等许多因素有关，一般是通过试验和实际观察确定。

计量设备有多种，如直接使用定量投药泵，采用转子流量计、电磁流量计。比较简单的是孔口计量设备，在村镇水厂比较常用。

混凝剂的投加方法是根据投药点的不同而决定的，一般分为重力投加与压力投加两种。

重力投加是依靠重力作用把混凝剂加入原水中的投加方法，通常需要设置高位溶液池或直接在投加点投加。当投加点选择在水泵的吸水管或吸水管喇叭口时，称为泵前投加，泵前重力投加是利用水泵叶轮的高速转动使混凝剂迅速地分散到原水中。这种方法能满足混合工艺要求，节省混凝剂。但对水泵叶轮有一定的腐蚀作用，尤其是采用铁盐作混凝剂时。采用泵前重力投加要求投药点到反应设施的距离较近，一般不大于 100m。当取水泵站距反应池较远时，可采用泵后直接投加，即将混凝剂直接加注在水泵的出水管上或投加在混合池入口处。

压力投加是采用水射器在水泵出水管上用压力投药的方式。

四、混合设备

混合的作用在于使混凝剂迅速均匀地扩散在原水中，以创造良好的水解和聚合条件。因此混合应该快速剧烈，整个过程要求在 10～30s 内完成，最多不超过 2min。混合设备很多，我国常用的有以下 3 类。

1. 水泵混合

最简单的混合方法是水泵混合，将药剂投在一级泵站吸水喇叭口处或吸水管中，利用水泵叶轮的高速转动达到快速而剧烈混合的目的。这种方式设备简单，无需专门的混合设备，没有额外的能量消耗，所以运行费用较省。但在使用三氯化铁等腐蚀性较强的药剂时会腐蚀水泵叶轮。

由于水泵出水管进入絮凝池的投药量无法精确计量而导致自动投加难以实现，一般水厂的原水泵房与絮凝池距离较远，容易在管道中形成絮凝体，影响了絮凝效果。因此要求混凝剂投加点一般控制在100m之内，投加在原水泵房水泵吸水管或吸水喇叭口处，并注意设置水封箱，以防止空气进入水泵吸水管。

2. 管式混合

常用的管式混合有管道静态混合器、文氏管式、孔板式管道混合器、扩散混合器等。最常用的为管道静态混合器。

（1）管道静态混合器。管道静态混合器是在管道内设置若干固定叶片，通过的水成对分流，并产生涡旋反向旋转和交叉流动，从而达到混合的目的。静态混合器在管道上安装容易实现快速混合，并且效果好、投资省、维修工程量少，但会产生一定的水头损失。为了减少能耗，管内流速一般采用1m/s。该种混合器内一般采用1～4个分流单元，适用于流量变化较小的水厂。

（2）扩散混合器。扩散混合器是在孔板混合器的前面加上锥形配药帽组成的。锥形配药帽为90°夹角，顺水流方向投影面积是进水管面积的1/4，孔板面积是进水管面积的3/4，管内流速1m/s左右，混合时间为2～3s。混合器的长度一般在0.5m以上，用法兰连接在原水管道上，安装位置低于絮凝池水面。扩散混合器的水头损失为0.3～0.4m，多用于直径在200～1200mm的进水管上，适用于中小型水厂。

3. 机械混合

机械混合是通过机械在池内的搅拌达到混合目的，要求在规定的时间内达到需要的搅拌强度，满足速度快、混合均匀的要求。机械搅拌一般采用桨板式和推进式。桨板式结构简单，加工制造容易。推进式效能高，但制造较为复杂。混合池有方形和圆形之分，以方形较多。池深与池宽比为1:1～3:1，池子可以单格或多格串联，停留时间10～60s。

机械搅拌一般采用立式安装，为了减少共同旋流，需要将搅拌机的轴心适当偏离混合池的中心。在池壁设置竖直挡板可以避免产生共同旋流。机械混合器水头损失小，并可适应水量、水温、水质的变化，混合效果较好，适用于各种规模的水厂。但机械混合需要消耗电能，机械设备管理和维护较为复杂，在村镇水厂中不常用。

规模较小的村供水站，一般建议不单独修建混合池（槽），而是采用简易的投药（混凝剂）设施，如水泵混合和管式混合等方式。

五、絮凝设备

当药剂与原水充分混合后，水中胶体和悬浮物质发生凝聚产生细小矾花，这些细小矾花还需要通过絮凝池进一步形成沉淀性能良好、粗大而密实的矾花，以便在沉淀池中去除。絮凝中必须控制一定的流速，创造适宜的水力条件。在反应池的前部，因水中的颗粒细小，流速要大，以利颗粒碰撞黏结；到了絮凝池的后部，矾花颗粒逐步黏结变大，此时的流速应适当减小，以免矾花破碎。因此，絮凝池内的流速应按由大到小进行设计。

絮凝池的种类较多，村镇水厂中常用的有折板絮凝池、机械絮凝池、网格絮凝池等。

1. 折板絮凝池

考虑到村镇水厂的规模较小，水量变化不大，在村镇水厂中可采用折板絮凝池，折板絮凝池分单通道、多通道两种型式，如图4-2和图4-3所示。

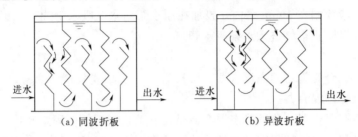

图4-2　单通道折板絮凝池剖面示意图

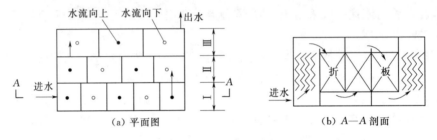

图4-3　多通道折板絮凝池剖面示意图

折板絮凝池一般分为3段，3段中折板布置可分别采用异波折板、同波折板和平行直板。折板可采用钢丝网、水泥或其他无毒材料制作，折板夹角90°~120°，波高一般采用0.25~0.40m。运行时的控制流速为第一段0.25~0.35m/s，第二段0.15~0.25m/s，第三段0.10~0.15m/s。絮凝时间在8~15min为宜。

折板絮凝池的优点是：絮凝时间短、絮凝效果好，容积小并且省能省药，但要设排泥设施，安装维修较困难。

2. 机械絮凝池

机械絮凝池利用电动机经减速装置驱动搅拌器对水进行搅拌，故水流的能量消耗来源于搅拌机的功率输入。搅拌器有桨板式和叶轮式等，目前我国常用前者。乡镇水厂一般用垂直轴式。搅拌强度逐格减小，其方式有搅拌机转速递减，或者桨板数或桨板面积递减，通常采用前一种方式。为适应水质、水量的变化，搅拌速度应能调节。搅拌设备应注意防腐。

桨板式机械絮凝池主要设计参数如下：

（1）池内一般设3~4挡搅拌机。各挡搅拌机之间用隔墙分开以防止水流短路。隔墙上、下交错开孔。开孔面积按穿孔流速决定。穿孔流速以不大于下一挡桨板外缘线速度为宜。为增加水流紊动性，有时在每格池子的池壁上设置固定挡板。

（2）桨板。每台搅拌器上桨板总面积为水流截面积的10%~20%，不宜超过25%，以免池水随桨板共同旋转减弱搅拌效果，桨板长度不大于叶轮直径75%，宽度取10~30cm。

（3）叶轮旋转线速度。叶轮半径中心点旋转线速度；第一格采用 0.5m/s，逐格减少，最末一格采用 0.1～0.2m/s，不得大于 0.3m/s。

（4）絮凝时间。通常采用 15～20min。

机械絮凝池效果较好，并能适应水质变化。但需机械设备，因而增加机械维修工作。

第四节 沉 淀

沉淀就是使原水或已经过混凝作用的水中固体颗粒依靠重力的作用，从水中分离出来的过程。完成沉淀过程的构筑物称为沉淀池。

目前村镇水厂常用的沉淀池有平流式沉淀池、斜板（管）沉淀池和自然沉淀。

一、沉淀类型

1. 自然沉淀

水流速度减慢或静止时，水中的悬浮颗粒在沉淀过程中，彼此没有干扰，其大小、形态和密度均不改变，只受重力和水流阻力作用而沉淀，使水得到初步澄清，称为自然沉淀。它受水流速度、水流量、水温、悬浮物颗粒的大小、比重和形状的影响。用于常规水厂浊度较高的地表水原水的预处理，通过预处理池或水库等方式进行自然沉淀。

2. 混凝沉淀

形成浊度的胶体颗粒在沉淀过程中，悬浮颗粒由彼此碰撞，发生接触凝聚使其粒径和密度增加，形状发生相应变化而沉淀。

3. 拥挤沉淀

当悬浮物浓度大于 5000mg/L 时，颗粒下沉过程中彼此干扰，在清水和浑水之间形成明显的交界面，该交界面逐渐下沉。

4. 化学沉淀

投加药剂使水中呈离子状态的溶解性杂质结晶析出。

二、平流式沉淀池

平流式沉淀池是应用较早、比较简单的一种沉淀形式。它是用砖石或钢筋混凝土建造的矩形水池。既可用于自然沉淀，也可用于混凝沉淀。所谓自然沉淀就是原水中不投加混凝剂，颗粒在沉淀过程中不改变其大小、形状和密度的沉淀，一般用做预沉处理。而混凝沉淀是原水中加入混凝剂，在沉淀过程中，颗粒由于碰撞吸附的作用而改变其大小、形状和密度的沉淀。平流式沉淀池具有构造简单、造价低、操作方便、处理效果稳定、潜力较大的优点，同时也有平面面积大、排泥较困难的缺点。

平流式沉淀池前部为进水区，上部为沉淀区，下部为污泥区，池后部为出水区。

1. 进水区

进水区的作用是使水流均匀地分布于整个进水截面上，并尽量减少搅动，一般是水流从絮凝池直接流入沉淀池，通过穿孔墙将水流均匀分布于沉淀池整个断面上。为防止絮凝体破碎，孔口流速不宜大于 0.15～0.2m/s，现在多采用 0.05m/s 或更小的流速。

2. 沉淀区

沉淀区的作用是使杂质与水分离，是沉淀池的主体部分。为了提高沉淀分离效果，将其主要的设计参数作了规定：

一般采用有效水深为 3～3.5m，超高 0.3～0.5m，池深 3.3～4.0m，池长按式（4-2）计算：

$$L = 3.6vT \qquad\qquad (4-2)$$

式中　L——池长，m；

　　　v——池内平均水平流速，一般为 10～25mm/s；

　　　T——沉淀时间，一般采用 1～3h。

根据经验，池长与池宽之比不得小于 4:1，池长与池深之比宜大于 10:1。池宽较大时，应采用导流墙将平流式沉淀池进行纵向分格，每个宽度宜为 3～8m，不宜大于 15m。

3. 污泥区

污泥区的作用是存积污泥，定期排除，以便沉淀池能连续工作。排泥不畅，污泥淤积过多，将严重影响出水水质和操作管理，排泥设施经历了从大漏斗、小漏斗、穿孔管至机械排泥的发展过程。

目前平流沉淀池一般采用机械排泥。机械排泥是利用机械装置，通过排泥泵或虹吸将池底积泥排至池外。机械排泥装置有链带式刮泥机、桁车式刮泥机、泵吸式排泥和虹吸式排泥装置等。设有桁车式刮泥机的平流式沉淀池，工作时桥式桁车刮泥机沿池壁的轨道移动，刮泥机将污泥推入储泥斗中，不用时将刮泥设备提出水外，以免腐蚀；设有链带式刮泥机的平流式沉淀池，工作时链带缓缓地沿与水流方向相反的方向滑动。刮泥板嵌于链带上，滑动时将污泥推入储泥斗中。当刮泥板滑动到水面时，又将浮渣推到出口，从那儿集中清除。链带式刮泥机的各种机件都在水下，容易腐蚀，养护较为困难。当不设存泥区时，可采用吸泥机，使集泥与排泥同时完成。常用的吸泥机有多口式和单口扫描式，且又分为虹吸和泵吸两种。

4. 出水区

出水区的作用是均匀地汇集沉淀后的表层清水。一般采用溢流堰式和淹没孔口式两种出流方式。溢流堰可分为平顶堰和齿形堰。施工时必须使堰顶保持水平。淹没孔口式的孔口应均匀布置在整个池宽上，孔口一般位于水面下 12～15cm 处，孔口中心必须在同一水平线上，孔口流速宜为 0.6～0.7m/s，孔径 20～30mm，孔口水流应自由跌落到出水渠中。

为缓和出水区附近的流线过于集中，应尽量增加出水堰的长度，以降低堰口的流量负荷。堰口溢流率一般小于 500m³/(m·d)。目前我国常用的增加堰长的办法是增加出水支渠，形成指形出水渠。

三、斜板（管）沉淀池

斜板（管）沉淀池是在平流式沉淀池基础上发展起来的一种新型沉淀池。根据哈真浅池理论，为增加沉淀面积，提高去除率，在沉淀池中设置斜板或斜管，成为斜板（管）沉淀池。斜板（管）沉淀池由配水整流区、斜板（管）、集水区、积泥区等部分组成，如图4-4所示。按照斜板（管）中泥水流动方向可分成异向流、同向流和侧向流 3 种形式，其中以异向流应用最广。异向流斜板（管）沉淀池，因水流向上流动，污泥下滑，方向各异而得名。由于沉淀区设有斜板或斜管组件，斜板（管）沉淀池的排泥只能依靠静水压力排出。

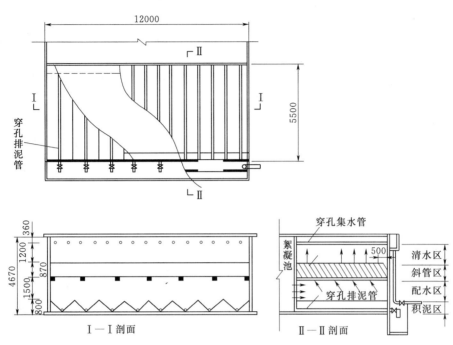

图 4-4　斜板（管）沉淀池示意图

斜板（管）倾角一般为 60°，长度为 1～1.2m，板间垂直间距为 80～120mm，斜管内切圆直径为 25～35mm。斜板（管）材要求轻质、坚面、无毒、价廉。目前较多采用聚丙烯塑料或聚氯乙烯塑料。如图 4-5 所示为塑料片正六角形斜管黏合示意图，塑料薄板厚为 0.4～0.5mm，尺寸通常不大于 1m×1m，热轧成半六角形，然后黏合。

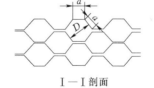

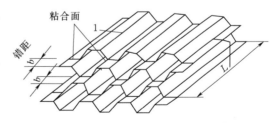

图 4-5　塑料片正六角形斜管黏合示意

中、小规模的斜板（管）沉淀池通常采用穿孔管排泥。穿孔管设在三角槽内，管径一般不小于 150mm，孔径 20～30mm，孔距 0.3～0.6mm，孔眼向下与垂线成 45°～60°交叉排列。穿孔管可采用钢管、钢筋混凝土管和铸铁管。

规范规定斜管沉淀池的表面负荷为 9～11m³/(m²·h)（相当于 2.5～3.0mm/s）。目前生产上倾向采用较小的表面负荷以提高沉淀池出水水质。

斜板（管）沉淀池的特点是在沉淀池中装置许多间隔较小的平行倾斜板或倾斜管，具有沉淀效率高、在同样出水条件下比平流沉淀池的容积小、占地面积少的优点。

第五节　澄　　清

澄清池是利用池中积聚的活性泥渣与原水中的杂质颗粒相互接触、吸附，使杂质从水中分离出来，从而达到使水变清的构筑物。

澄清池的特点是在一个构筑物中完成混合、絮凝、沉淀 3 个过程。由于利用活性泥渣加强了混凝过程，加速了固、液分离，提高了澄清效率。但澄清池对水量、水质、水温的变化适应性差，要求管理技术较高。

泥渣层的形成方法，通常是在澄清池开始运转时，在原水中加入较多的凝聚剂，并适当降低负荷，经过一定时间运转后，逐步形成。当原水浊度低时，为加速泥渣层的形成，也可投加黏土。

澄清池的种类和型式较多，基本上可分为泥渣循环型和泥渣过滤型两类，泥渣循环澄清池的原理是利用机械或水力的作用，使部分活性泥渣循环回流，在回流的过程中，活性泥渣不断地接触、吸附原水中的杂质，使杂质从水中分离出来。

泥渣过滤型澄清池又称泥渣悬浮型澄清池，它的工作情况是加药后的原水由下而上通过悬浮状态的泥渣层时，使水中脱稳杂质与高浓度的泥渣颗粒碰撞凝聚并被泥渣层拦截下来。这种作用类似过滤作用，浑水通过悬浮层即获得澄清。其主要池型有悬浮澄清池和脉冲澄清池。

由于泥渣过滤澄清池在管理上要求高，因此，一般村镇中、小水厂较多地采用泥渣循环澄清池。其主要池型有水力循环澄清池和机械搅拌澄清池。

一、水力循环澄清池

水力循环澄清池的工作原理是：原水从池底进水管经过喷嘴高速喷入喉管，在喉管下部喇叭口附近形成真空而吸入回流泥渣。原水与回流泥渣在喉管中剧烈混合后，被送入第一絮凝室和第二絮凝室，从第二絮凝室流出的泥水混合液，在分离室中进行泥水分离，清水上升由集水渠收集经出水管排出，泥渣则一部分进入泥渣浓缩室，一部分被吸入到喉管重新循环，如此周而复始工作。水力循环澄清池剖面图如图 4-6 所示。

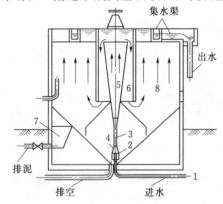

图 4-6　水力循环澄清池剖面图
1—进水管；2—喷嘴；3—喉管；4—喇叭口；
5—第一絮凝室；6—第二絮凝室；
7—泥渣浓缩室；8—分离室

水力循环澄清池结构简单，不需要机械设备，但泥渣回流量难以控制，由于絮凝室容积较小，絮凝时间较短，回流泥渣接触絮凝作用发挥不好。处理效果较机械加速澄清池差，耗药量大，对原水水量、水质、水温的适应性差。并且池体直径和高度要有一定的比例，直径大高度就大，故水力循环澄清池一般适用于中小型水厂。水力循环澄清池在村镇中、小水厂较适用，单池产水量为 $40\sim320\text{m}^3/\text{h}$，进水悬浮物含量一般要求小于 2000mg/L。

二、机械搅拌澄清池

机械搅拌澄清池（又称机械加速澄清池），是利用机械的搅拌提升作用使活性泥渣在池内循环流动并与原水充分混合絮凝，从而完成澄清过程。机械搅拌澄清池的结构主要由进水管、配水槽、絮凝室、分离区、集水区、污泥浓缩室、搅拌设备等组成，如图 4-7 所示。

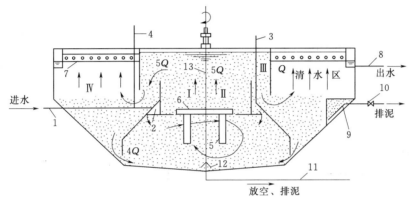

图 4-7 机械搅拌澄清池剖面示意图

1—进水管；2—三角配水槽；3—透气管；4—投药管；5—搅拌桨；6—提升叶轮；7—集水槽；
8—出水管；9—泥渣浓缩室；10—排泥阀；11—放空管；12—排泥罩；13—搅拌轴；
Ⅰ—第一絮凝室；Ⅱ—第二絮凝室；Ⅲ—导流室；Ⅳ—分离室

机械搅拌澄清池的工作原理：原水由进水管通过环形三角配水槽的缝隙均匀流入第一絮凝室。因原水中可能含有气体，会积在三角槽顶部，故应安装透气管。混凝剂投注点按实际情况和运转经验确定，可加在水泵吸水管内，亦可由投药管加入澄清池进水管、三角配水槽等处。

搅拌设备由提升叶轮和搅拌桨组成。提升叶轮装在第一絮凝室和第二絮凝室的分隔处。搅拌设备的作用是：①提升叶轮将回流水从第一絮凝室提升至第二絮凝室，使回流水中的泥渣不断地在池内循环；②搅拌桨使第一絮凝室内的水体和进水迅速混合，泥渣随水流处于悬浮和环流状态。因此，搅拌设备使接触絮凝过程在第一絮凝室、第二絮凝室内得到充分发挥。回流流量为进水流量的 $3\sim5$ 倍，图 4-7 中表示回流量为进水流量的 4 倍。搅拌设备宜采用无线变速电动机驱动，以便随进水水质、水量变动而调整回流量或搅拌强度。但是生产实践证明，一般转速约在 $5\sim7\text{r/min}$，平时运转中很少调整搅拌设备的转速，因而也可采用普通电动机通过涡轮涡杆变速装置带动搅拌设备。

第二絮凝室设有导流板（图 4-7 中未绘出），用以消除因叶轮提升时所引起的水的旋转，使水流平稳地经导流室Ⅲ流入分离室Ⅳ。分离室中下部为泥渣层，上部为清水层。清水向上经集水槽流至出水管。清水层须有 $1.5\sim2.0\text{m}$ 深度，以便在排泥不当而导致泥渣层厚度变化时，仍可保证出水水质。

主要设计参数如下：

（1）水在澄清池内总的停留时间为 1.2～1.5h。

（2）原水进水管流速一般在 1m/s 左右。由于进水管进入环形配水槽后向两侧环流配水，所以三角配水槽断面按设计流量的一半计算，配水槽和缝隙流速约为 0.5～1.0m/s。

（3）清水区上升流速一般为 0.8～1.1mm/s，低温低浊水可采用 0.7～0.9mm/s，清水区高度为 1.5～2.0m，以便在排泥不当而导致泥渣层厚度变化时，仍可保证出水水质。

（4）叶轮提升流量一般为进水流量的 3～5 倍。叶轮直径为第二絮凝室内径的 70%～80%。

（5）第一絮凝室、第二絮凝室（包括导流室）和分离室的容积比，一般控制在 2∶1∶7 左右。第二絮凝室和导流室流速为 40～60mm/s。

（6）小池可用环形集水槽，池径较大时应增设辐射式水槽。池径小于 6m 时可用 4～6 条辐射槽，直径大于 6m 时可用 6～8 条。环形槽和辐射槽壁开孔，孔眼直径为 20～30mm，流速为 0.5～0.6m/s。集水槽计算流量应考虑 1.2～1.5 的超载系数，以适应今后流量的增大。

（7）当池径较小，且进水悬浮物量经常性小于 1000mg/L 时，可采用人工排泥。池底锥角在 45°左右。当池径较大，或进水悬浮物含量较高时，须有机械刮泥装置。安装刮泥装置部分的池底可做成平底或球壳形。

（8）污泥浓缩斗容积为澄清池容积的 1%～4%，根据池的大小设 1～4 个污泥斗。

机械搅拌澄清池处理效率较高，对原水水质、水量的变化适应性强，操作运行较为方便，适用于大中型水厂，进水悬浮物浓度应小于 1000mg/L，短时允许 3000～5000mg/L。但能耗大，设备维修工作量大。

第六节 过 滤

在常规水处理工艺中，原水经混凝沉淀后，沉淀（澄清）池的出水浊度通常在 10 度以下，为了进一步降低沉淀（澄清）池出水的浊度，还必须进行过滤处理。过滤一般是指以粒状材料（如石英砂等）组成具有一定孔隙率的滤料层来截留水中悬浮杂质，从而使水获得澄清的工艺过程。过滤工艺采用的处理构筑物称为滤池。

滤池通常设在沉淀池或澄清池之后。过滤的作用是：一方面进一步降低了水的浊度，使滤后水浊度达到生活饮用水标准；另一方面为滤后消毒创造良好条件，这是因为水中附着于悬浮物上的有机物、细菌乃至病毒等在过滤的同时随着水的浊度降低被部分去除，而残存于滤后水中的细菌、病毒等也因失去悬浮物的保护或吸附，将在滤后消毒过程中容易被消毒剂杀灭。因此，在生活饮用水净化工艺中，过滤是极为重要的净化工序，它是保证生活饮用水卫生安全的重要措施。

一、过滤的机理

1. 阻力截留

当污水自上而下流过颗粒滤料层时，粒径较大的悬浮颗粒首先被截留在表层滤料的空隙中，随着此层滤料间的空隙越来越小，截污能力也变得越来越大，逐渐形成一层主要由被截留的固体颗粒构成的滤膜，并由它起重要的过滤作用。这种作用属阻力截留或筛滤作用。悬浮物粒径越大，表层滤料和滤速越小，就越容易形成表层筛滤膜，滤膜的截污能力也越高。

2. 重力沉降

污水通过滤料层时，众多的滤料表面提供了巨大的沉降面积。重力沉降强度主要与滤料直径及过滤速度有关。滤料越小，沉降面积越大；滤速越小，则水流越平稳，这些都有利于悬浮物的沉降。

3. 接触絮凝

由于滤料具有巨大的比表面积，它与悬浮物之间有明显的物理吸附作用。此外，砂粒在水中常带表面负电荷，能吸附带电胶体，从而在滤料表面形成带正电荷的薄膜，进而吸附带负电荷的黏土和多种有机物等胶体，在砂粒上发生接触絮凝。

在实际过滤过程中，上述 3 种机理往往同时起作用，只是随条件不同而有主次之分。对粒径较大的悬浮颗粒，以阻力截留为主；对于细微悬浮物，以发生在滤料深层的重力沉降和接触絮凝为主。

根据过滤效果主要取决于水中悬浮颗粒与滤料颗粒之间黏附作用这一理论，人们发展了"接触过滤"滤池（原水经加药后直接进入滤池过滤，滤前不设任何絮凝设备）和"微絮凝过滤"滤池（原水加药混合后先经过一简易微絮凝池，形成粒径约 40～60min 的微粒后进入滤池过滤）等直接过滤的方法。对于低浊度（40～50 度）、色度不大、较稳定的原水，省去沉淀、絮凝，进行直接过滤的，实现杂质经过滤池一次分离的目的。

二、滤池的构造

滤池主要由滤料、承托层、配水系统 3 部分组成。

（一）滤料

滤料的质量对滤池正常工作关系很大，滤料要有足够的机械强度，能抵抗在过滤、冲洗过程中造成的磨损与破碎；有较高的化学稳定性，滤料溶于水后不能产生有害有毒成分；要有适当的颗粒级配。

石英砂是使用最广泛的滤料。在双层和多层滤料中，常用的还有无烟煤、石榴石、磁铁矿、金刚砂等。在轻质滤料中，有聚苯乙烯及陶粒等。

滤料的粒径表示颗粒的大小，颗粒的级配是指滤料颗粒的大小及在此范围内不同颗粒粒径所占的比例。滤料颗粒粒径、级配要恰当。滤料级配的控制参数是：最小粒径、最大粒径和不均匀系数 K_{80}，K_{80} 越大，表示粗、细颗粒的尺寸相差越大，滤料越不均匀，K_{80} 越小，则滤料越均匀。对各种滤料的滤速及滤料的组成见表 4-3。

（二）承托层

承托层设于滤料层和底部配水系统之间。其作用一是支承滤料，防止过滤时滤料通过配水系统的孔眼流失，为此要求反冲洗时承托层不能发生移动；二是反冲洗时均匀地向滤料层分配反冲洗水。滤池的承托层一般由一定级配天然卵石或砾石组成，铺装承托层时应严格控制好高程，分层清楚，厚薄均匀，且在铺装前应将黏土及其他杂质清除干净。其粒径和厚度见表 4-4。

表 4 - 3　　　　　　　　　　**滤池的滤速及滤料组成表**

类　别	滤料组成			正常滤速 /(m/h)	强制滤速 /(m/h)
	粒径 /mm	滤料组成不均匀系数 K_{80}	厚度 /mm		
石英砂滤料	$d_{max}=1.2$ $d_{min}=0.5$	<2.0	700	6～7	7～10
双层滤料	无烟煤 $d_{max}=1.2$ $d_{min}=0.8$	<2.0	300～400	7～10	10～14
	石英砂 $d_{max}=1.2$ $d_{min}=0.5$	<2.0	400		

表 4 - 4　　　　　**普通快滤池大阻力配水系统承托层的粒径和厚度**

层次（自上而下）	尺寸/mm	厚度/mm
1	2～4	100
2	4～8	100
3	8～16	100
4	16～32	本层顶面高度至少应高出配水系统孔眼 100

（三）配水系统

配水系统的作用在于使冲洗水均匀分布在整个滤池平面上。通常采用大阻力配水系统和小阻力配水系统两种形式。

（1）大阻力配水系统。它的中间是一根干管或干渠，干管两侧接出若干根相互平行的支管。支管下方开两排小孔，与中心线成 45°角交错排列，若干管较大，在其顶部也开配水孔。反冲洗时，水流从干管起端进入后流入各支管，由支管孔口流出，再经承托层和滤料层流入排水槽。大阻力配水系统配水均匀，结构复杂，需要较大的冲洗水头，一般适用于单池面积较小的滤池。

（2）小阻力配水系统。它不采用穿孔管而代之以底部较大的配水空间，其上铺设条缝式钢筋混凝土滤板、穿孔滤砖、孔板网、缝隙滤头等，水流进口断面积大、流速小，底部配水室内压力将趋于均匀。小阻力配水系统构造简单，所需的冲洗水头较低，但配水均匀性较差，一般用于无阀滤池和虹吸滤池。

三、滤池反冲洗

滤池过滤一段时间后，当水头损失增加到设计允许值或滤后水质不符合要求时，滤池须停止过滤进行反冲洗。反冲洗的目的是清除截留在滤料层中的杂质，使滤池在短时间内恢复过滤能力。快滤池的反冲洗方法有 3 种：高速水流反冲洗；气、水反冲洗；表面冲洗。

（一）高速水流反冲洗

高速水流反冲洗是利用高速水流反向通过滤料层，使滤层膨胀呈流态化，在水流剪切力和滤料颗粒间碰撞摩擦的双重作用下，把截留在滤料层中的杂质从滤料表面剥落下来，然后被冲洗水带出滤池。这是应用最早的一种冲洗方法，其滤池结构和设备简单，操作简便。

为了保证冲洗效果，要求必须有一定的冲洗强度、适宜的滤层膨胀度和足够的冲洗时间，室外给水设计规范对这三项指标的推荐值见表4-5。

表4-5　　　　　　　水洗滤池的冲洗强度、膨胀度和冲洗时间（水温20℃）

滤　层	冲洗强度 /[L/(s·m²)]	膨胀度 /%	冲洗时间 /min
单层细砂级配滤料	12～15	45	7～5
双层煤、砂级配滤料	13～16	50	8～6
三层煤、砂、重质矿石级配滤料	16～17	55	7～5

注　1. 当采用表面冲洗设备时，冲洗强度可取低值。
　　2. 由于全年水温、水质有变化，应考虑有适当调整冲洗强度的可能。
　　3. 选择冲洗强度时应考虑所用混凝剂品种。
　　4. 膨胀度数值仅作设计计算用。

冲洗强度是以cm/s计的反冲洗流速，换算成单位面积滤层所通过的冲洗流量，称"冲洗强度"，以L/(s·m²)计。1cm/s＝10L/(s·m²)。

反冲洗时，滤层膨胀后所增加的厚度与膨胀前厚度之比，称滤层膨胀度，滤层膨胀度的不同会直接影响滤层的孔隙率。

（二）气、水反冲洗

高速水流反冲洗虽然操作方便，池子和设备较简单，但冲洗耗水量大，水力分级现象明显，而且未被反冲洗水流带走的大块絮体沉积于滤层表面后，极易形成"泥膜"，妨碍滤池正常过滤。如果采取气、水反冲洗辅助冲洗措施，可以改善反冲洗效果。

气、水反冲洗是利用上升空气气泡的振动可有效地将附着于滤料表面污物擦洗下来使之悬浮于水中，然后再用水反冲把污物排出池外。因为气泡能有效地使滤料表面污物破碎、脱落，故水冲强度可降低，即可采用所谓"低速反冲"。气、水反冲操作方式有以下几种：

（1）先用空气反冲，然后再用水反冲。

（2）先用气-水同时反冲，然后再用水反冲。

（3）先用空气反冲，然后用气-水同时反冲，最后再用水反冲（或漂洗）。

冲洗程序、冲洗强度及冲洗时间的选用需根据滤料种类、密度、粒径级配及水质水温等因素确定，也与滤池构造形式有关。

气、水反冲洗的优点在于提高冲洗效果，节省冲洗水量，减少水冲洗强度，同时冲洗结束后，仍保持原来滤层结构，能提高滤层含污能力。

（三）表面冲洗

表面冲洗是在滤料砂面以上50～70mm处放置穿孔管。反冲洗前先用穿孔管孔眼或喷嘴喷出的高速水流冲洗去表层10cm厚度滤料中的污泥，然后再进行水反冲洗。表面冲洗可提高冲洗效果，节省冲洗水量。根据穿孔管的安置方式，表面冲洗可分为固定式（较多的穿孔管均匀地固定布置在砂面上方）和旋转式（较少的穿孔管布置在砂面上方，冲洗臂绕固定轴旋转，使冲洗水均匀地布洒在整个滤池）的两种。其表面冲洗强度分别为 $2\sim3L/(m^2\cdot s)$ 和 $0.50\sim0.75L/(m^2\cdot s)$，冲洗时间均为 $4\sim6min$。

四、滤池

滤池按滤速的大小可分为快滤池和慢滤池两种。快滤池又分普通快滤池、无阀滤池、虹吸滤池等，目前村镇小水厂最常用的是无阀滤池、普通快滤池。无阀滤池不设闸阀，而是利用虹吸原理进行自动过滤和冲洗，因而管理较为方便。无阀滤池按其工作条件可分为重力式无阀滤池和压力式无阀滤池。

（一）重力式无阀滤池

重力式无阀滤池主要在中、小型水厂使用，构造如图 4-8 所示。

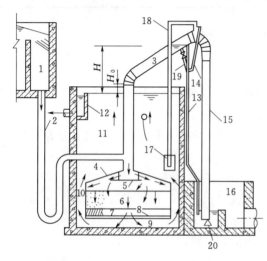

图 4-8　重力式无阀滤池的构造
1—进水分配槽；2—进水管；3—虹吸上升管；4—伞形顶盖；5—挡板；6—滤料层；7—承托层；8—配水系统；9—底部配水区；10—连通渠；11—冲洗水箱；12—出水渠；13—虹吸辅助管；14—抽气管；15—虹吸下降管；16—水封井；17—虹吸破坏斗；18—虹吸破坏管；19—强制冲洗管；20—冲洗强度调节器

过滤时，待滤水经进水分配槽，由 U 形进水管进入虹吸上升管，再经伞形顶盖下面的配水挡板整流和消能后，均匀地分布在滤料层的上部，水流自上而下通过滤料层、承托层、小阻力配水系统进入底部配水区，然后清水从底部集水空间经连通渠（管）上升到冲洗水箱，冲洗水箱水位开始逐渐上升，当水箱水位上升到出水渠的溢流堰顶后，溢流入渠内，最后经滤池出水管进入清水池。冲洗水箱内储存的滤后水即为无阀滤池的冲洗水。过滤开始时，虹吸上升管内水位与冲洗水箱中水位的高差称为过滤起始水头损失，一般为 0.2m 左右。

在过滤的过程中，随着滤料层内截留杂质量的逐渐增多，过滤水头损失也逐渐增加，从而使虹吸上升管内的水位逐渐升高。当水位上升到虹吸辅助管的管口时（这时的虹吸上升管内水位与冲洗水箱中水位的高差称为终期允许水头损失，一般采用 $1.5\sim2.0m$），水便从虹吸辅助管中不断向下流入水封井内，依靠下降水流在抽气管中形成的负压和水流的夹气作用，抽气管不断将虹吸管中空气抽出，使虹吸管中真空度逐渐增大。结果是虹吸上升管中水位和虹吸下降管中水位都同时上升，当上升管中的水越过虹吸管顶端下落时，下落水流与下降管中上升水柱汇成一股冲出管口，把管中残留空气全部带走，形成虹吸。此时，由于伞形盖内的水被虹吸管排出池外，造成滤层上部压力骤降，从而使冲洗水箱内的清水沿着与过滤时相反的方向自下而上通过滤层，对滤料层进行反冲洗。冲洗后的废水经虹吸管进入排水水封井排出。

在冲洗过程中，冲洗水箱内水位逐渐下降。当水位下降到虹吸破坏斗缘口以下时，虹吸管在排水同时，通过虹吸破坏管抽吸虹吸破坏斗中的水，直至将水吸完，使管口与大气相通，空气由虹吸破坏管进入虹吸管，虹吸即被破坏，冲洗结束，过滤自动重新开始。

在正常情况下，无阀滤池冲洗是自动进行的。但是，当滤层水头损失还未达到最大允许值而因某种原因（如周期过长、出水水质恶化等）需要提前冲洗时，可进行人工强制冲洗。强制冲洗设备是在虹吸辅助管与抽气管相连接的三通上部，接一根压力水管，夹角为15°，并用阀门控制。当需要人工强制冲洗时，打开阀门，高速水流便在抽气管与虹吸辅助管连接三通处产生强烈的抽气作用，使虹吸很快形成，进行强制反洗。

（二）压力式无阀滤池

压力式无阀滤池是在压力作用下进行工作的一种无阀滤池。其流程简单，当原水悬浮物小于150mg/L时，可进行一次净化。压力式无阀滤池通常和水塔建在一起，过滤水储存在水塔中，靠水塔的压力供给用户。滤池的冲洗水也储存于水塔中。特别适用于小型、分散、天然水质较好的村镇自来水工程。

压力式无阀滤池的工作过程如图4-9所示。原水采用泵前加药后，直接由水泵自上而下进入压力滤池，过滤后的清水借助水泵压力经集水系统压入水塔内冲洗水箱，冲洗水箱储满后，溢流入水塔内，从水塔出水管流出配送给用户。

在过滤过程中，因不断截留杂质，使滤层的过滤阻力增加，为了克服不断增加的阻力，水泵的扬程也逐渐提高，此时虹吸上升管中的水位随之增高，当水位上升到虹吸辅助管的管口时，就和重力式无阀滤池原理一样，使滤池开始冲洗。冲洗时水泵利用自动装置自行关闭，停止进水。当冲洗水箱中水位下降到虹吸破坏管管口时，空气进入虹吸管，虹吸作用破坏，反冲洗自动结束。随后水泵自动开启，过滤重新开始。

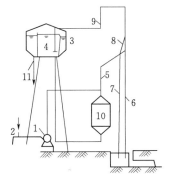

图4-9　压力式无阀滤池示意图
1—水泵；2—加药；3—水塔；4—冲洗水箱；5—虹吸上升管；6—虹吸下降管；7—虹吸辅助管；8—抽气管；9—虹吸破坏管；10—压力滤池；11—水塔出水管

（三）普通快滤池

普通快滤池设有4个阀门，即进水阀、排水阀、反冲洗阀、清水阀，故又称为"四阀滤池"。如果用虹吸管代替进水阀门和排水阀门，则又称为"双阀滤池"。双阀滤池与普通快滤池构造和工艺过程完全相同，只是排水虹吸管和进水虹吸管分别代替排水阀门和进水阀门。

普通快滤池运行可靠，可通过降低滤速改善出水水质，构造如图4-10所示。

普通快滤池工作过程是过滤和冲洗交错地进行。从过滤开始到冲洗结束称为快滤池工作周期。过滤时开启进水管和清水管阀门，关闭冲洗管和排水管阀门。浑水就从进水总管、支管从浑水渠进入滤池。经过滤料层、承托层后，由配水系统的配水支管、干管到清水支管、总管流往清水池。浑水经滤料层时，水中杂质即被截留，随着滤层杂质截留量的逐渐增加，滤料层的水头损失也相应增加，当水头损失到一定程度，滤池产水量锐减，即需停止过滤进行冲洗。冲洗时关闭进水支管和清水支管阀门，开启排水支管阀和冲洗水支

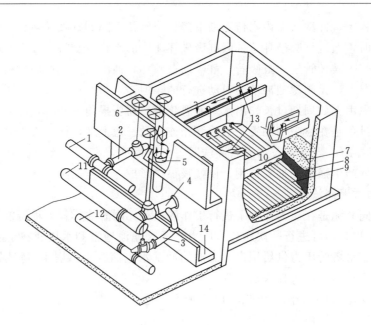

图 4-10　普通快滤池的构造（箭头表示冲洗水流方向）

1—进水总管；2—进水支管；3—清水支管；4—冲洗支管；5—排泥阀；6—浑水渠；7—滤料层；8—承托层；
9—配水支管；10—配水干管；11—冲洗总管；12—清水总管；13—冲洗排水槽；14—废水渠道

管阀门。冲洗水由冲洗水总管、支管，经配水系统的干管、支管及支管上的许多孔眼流出，自下而上穿过承托层及滤料层，均匀地分布于整个滤池平面，滤料层在由下而上均匀分布的水流中处于悬浮状态，滤料得到清洗。冲洗废液流入冲洗排水槽，再经浑水渠、排水管和废水渠进入下水道。冲洗一直进行到滤料基本干净为止。进水浊度在 10NTU 以下时，单层砂滤滤速约为 6～10m/h，双层砂滤滤速约为 8～14m/h，多层砂滤滤速约为 16～20m/h。

快滤池滤料可采用单层石英砂滤料或双层滤料。快滤池表面以上的水深宜为 1.5～2.0m。快滤池冲洗前的水头损失宜为 2.0～2.5m。单层石英砂滤料快滤池适宜采用大阻力或中阻力配水系统。快滤池冲洗排水槽的总面积不应大于过滤面积的 25%。滤料表面到洗砂排水槽底的距离应等于冲洗时滤层的膨胀高度。快滤池冲洗水的供给可采用冲洗水泵或冲洗水箱。当采用冲洗水泵时，水泵的能力应按单格滤池冲洗水量设计。当采用冲洗水箱时，水箱有效容积应按单格滤池冲洗水量的 1.5 倍计算。

（四）慢滤池和粗滤池

慢滤池是最早采用的滤池形式，以滤速比较慢而得名，20 世纪 50 年代后，城市供水由于慢滤池占地面积大，渐渐被快滤池取代，但在农村小规模水处理中具有独特的优势。工艺流程一般是粗滤和慢滤组合在一起。

1. 粗滤池

（1）宜作为慢滤池的预处理，可用于原水浊度低于 500NTU、瞬时浊度不超过 1000NTU 的地表水处理。

（2）粗滤池布置形式的选择，应根据净水构筑物高程布置和地形条件等因素，通过技术经济比较后确定。

(3) 竖流粗滤池宜采用二级粗滤串联，平流粗滤池宜由 3 个相连通的砾石室组成。

(4) 竖流粗滤池的滤料应按表 4-6 的规定取值。

(5) 平流粗滤池的滤料应按表 4-7 的规定取值。

(6) 粗滤池滤速宜为 0.3～1.0m/h。

(7) 竖流粗滤池滤层表面以上的水深宜为 0.2～0.3m。

(8) 上向流竖流粗滤池底部应设有配水室、排水管，闸阀宜采用快开阀。

表 4-6 　　　　　　　　　竖流粗滤池滤料组成 　　　　　　　　　单位：mm

粒 径	厚 度	粒 径	厚 度
4～8	200～300	16～32	450～500
8～16	300～400		

表 4-7 　　　　　　　　平流粗滤池滤料组成与池长 　　　　　　　　单位：mm

卵石或砾石室	粒 径	池 长
室 1	16～32	2000
室 2	8～16	1000
室 3	4～8	1000

2. 慢滤池

(1) 进水浊度宜小于 20NTU，布水应均匀。

(2) 应按 24h 连续工作设计。

(3) 滤速宜按 0.1～0.3m/h 设计，进水浊度高时取低值。

(4) 出口应有控制滤速的措施，可设可调堰或在出水管上设控制阀和转子流量计。

(5) 滤料宜采用石英砂，粒径为 0.3～1.0mm，滤层厚度为 800～1200mm。

(6) 滤料表面以上水深宜为 1.0～1.3m；池顶应高出水面 0.3m、高出地面 0.5m。

(7) 承托层宜为卵石或砾石，自上而下分 5 层铺设，并符合表 4-5 的规定。

表 4-8 　　　　　　　　　慢滤池承托层组成 　　　　　　　　　单位：mm

粒 径	厚 度	粒 径	厚 度
1～2	50	8～16	100
2～4	100	16～32	100
4～8	100		

(8) 滤池面积小于 15m² 时，可采用底沟集水，集水坡度为 1%；当滤池面积较大时，可设置穿孔集水管，管内流速宜采用 0.3～0.5m/s。

(9) 有效水深以上应设溢流管；池底应设排空管。

(10) 滤池应分格，格数不少于 2 个。

(11) 北方地区应采取防冻和防风沙措施，南方地区应采取防晒措施。

（五）村镇分散供水工程中常用简易滤池

对于经济条件较差的村镇，可以因地制宜地采用多种形式的简易滤池来改善饮用水水质。简易滤池均属慢滤池类，虽然存在出水率低、洗砂工作繁重等缺点，但它可以有效去除水中细菌，提高出水水质。而且有构造简单、易于施工、投资省、管理方便。是村镇改善饮用水水质的有效过渡措施。

1. 半山滤池

它是利用山区溪流水改善山区农民饮用水的简易设施。它是由滤池和高位水池组成。一般将滤池建在有山溪水的附近，利用修渠、引管、筑坝等措施将水引入池内。滤池的出水引入高位水池。水池的容积考虑到村镇用水时间比较集中的特点，要求存水量较多，一般按每天用水量的40%～50%计算。根据当地地形条件和环境，滤池和高位水池可合建或分建。

滤池的大小根据使用人口的多少而定。对慢滤池而言，一般每平方米滤池面积每小时的出水量约为0.2～0.3m³。根据目前农村用水情况，每人每天大约为80L，故每平方米滤池面积24h出水量可供60～90人使用。

滤池的深度一般采用2～3m，滤层及承托层有效深度为1.25～1.60m。滤料层及承托层情况见表4-9。

表4-9　　　　　　　　　半山滤池滤料层及承托层

分　层	材　料	粒径/mm	层厚/mm
滤料层	细砂	0.3～1.2	800～1000
	粗砂	1.2～2.0	150～200
承托层	卵石	2.0～8.0	150～200
	卵石	8.0～32.0	150～200

为防止滤料在暴雨时流失，还经常在滤料层上铺碎石与石子，同时还可阻拦较大固体杂质进入滤料层。滤层下采用穿孔管收集过滤水，加消毒剂高位水池中进行消毒，最后输送到山下用户。

半山滤池是一种不经过混凝沉淀的一次净化系统，适用于植被条件较好、水质较好的山区溪流水。其构造简单，管理方便。如果地形利用得当还可省去动力设备，并具有一定蓄水能力。

2. 塘边滤池

一般由滤池和清水池组成，常建立在塘边。按进水方向的不同分为直滤式、横滤式和直滤加横滤式3种。直滤式为滤层上部进水，下部出水；横滤式为滤层一侧进水，另一侧出水；直滤加横滤式为横滤起初滤作用，直滤起过滤作用。

滤池的面积与滤层、承托层的要求可参照半山滤池。滤池表面要求有0.5～1.5m的水深。池体应高于地面，以防地表水流入。

塘边滤池适用于水位变化不大，浊度较低的池塘、水库，可作为中、小村庄取水用。

3. 河渠边滤池

河渠边滤池分为两种形式，一种是河网地区，尤其在南方，通常将滤池建在河边，其结构形式与塘边滤池相仿；另一种是距河流较远的缺水地区，采用渠道引入河水，通常将滤池建立在渠边。无论哪种形式，其工艺流程都视河水的浊度而定。如果是浊度较高的水源，必须进行预沉淀，再进入滤池过滤。

河渠边滤池的过滤原理、滤料、滤层厚度均与半山滤池相似。取水的地点应遵照地面水取水的选择要求确定。

以上 3 种滤池应注意卫生防护，滤池、清水池应密封并由专人管理。对河渠边滤池一般每隔半个月将滤池表面带有污泥的砂子刮出清洗一次，每隔 3～5 个月将砂、卵石全部取出清洗。塘边滤池每隔 1～2 个月刮砂清洗，每隔 1～2 年将滤料全部取出清洗。半山滤池视使用情况而定。

五、超滤

超滤又称超过滤，用于截留水中胶体大小的颗粒，而水和低分子量溶质则允许透过超滤膜。其机理是筛孔分离，因此可根据去除对象选择超滤膜的孔径。超滤由于孔径较大，无脱盐性能，操作压力低，设备简单，因此在纯水处理中用于去除水中部分的细菌、病毒、胶体、大分子等微粒相，尤其是对产生浊度物质的去除非常有效，其出水浊度甚至可达 0.1NTU 以下。

在超滤过程中，水在膜的两侧流动，则在膜附近的两侧分别形成水流边界层，在高压侧由于水和小分子的透过，大分子被截留并不断累积在膜表面边界层内，使其浓度高于主体水流中的浓度，从而形成浓度差，当浓度差增加到一定程度时，大分子物质在膜表面生成凝胶，影响水的透过通量，这种现象称浓差极化。此时，增大压力，透水通量并不增大，因此，在超滤操作中应合理地控制操作压力、浓液流速、水温、操作时间（及时进行清洗），对原水进行预处理。

超滤装置主要有管式、浸没式和卷式等。饮用水净化多采用内压-管式和外压-浸没式超滤膜装置。

1. 内压-管式超滤膜装置

内压-管式超滤膜装置由超滤膜和管式外壳组成，运输、安装、更换简单，原水由超滤膜内壁加压、外壁出水，纳污能力相对较低，冲洗相对频繁、回收率相对较低，进水浊度一般控制不超过 20NTU。当原水水质较差，预处理要求相对严格，设计时有以下规定：

（1）原水浊度长期不超过 20NTU、短期不超过 60NTU 时，可只在膜前设"加药-混合-微絮凝"预处理措施；原水浊度长期超过 20NTU 时，宜在膜前设"加药混合-絮凝-沉淀"预处理措施。

（2）运行跨膜压差宜为 2～8m，最大反冲洗跨膜压差宜为 20m。

（3）过滤周期宜为 30～60min，过滤膜通量宜为 40～80L/(m²·h)。

（4）反洗流量宜为过滤流量的 2～3 倍，反洗时间宜为 20～120s；当进水浊度较高时，宜在反洗前进行 10～30s 的顺冲，顺冲流量宜为 1.5～2 倍的过滤流量。

（5）系统的原水回收率设计不宜低于 90%。

此装置的优点是原液流道截留面面积较大，不易堵塞；膜面的清洗较容易，可化学清洗或擦洗。其缺点是单位体内膜的充填密度较低，占地面积大，膜的弯头及连接件多，设备安装烦琐。

2. 外压-浸没式超滤膜装置

外压-管式超滤膜装置由超滤膜和支撑框架组成，运输、安装、更换相对笨重且复杂，超滤膜外外壳约束，直接浸没于被过滤的水中，通过负压泵抽吸，原水从超滤膜外壁进内壁出、纳污能力、抗污染能力、抗原水浊度的冲击负荷能力相对较强，对预处理要求相对较低。过滤设计应符合下列规定：

（1）原水浊度长期不超过 50NTU、短期不超过 200NTU 时，可采用"加药-混合-絮凝"预处理措施；原水浊度长期超过 50NTU 时，宜采用"加药-混合-絮凝-沉淀"预处理措施。

（2）过滤周期宜为 1～3h，过滤膜通量宜为 20～40L/（m² · h）。

（3）超滤膜的抽吸工作压力宜为 -60～0kPa。

（4）超滤膜组件应安装在膜滤池内。

（5）反洗流量宜为过滤流量的 2～3 倍，反洗时膜底部宜辅以曝气，反洗时间宜为 30～120s，反洗后应排空膜池内的废水。

此装置的优点是：装置牢固，适合在广泛的压力范围内工作；流道间隙大小可调，原水通道不易被杂物堵塞；可拆性，清洗方便；通过增减膜及支撑板的数量可处理不同水量。其缺点是：装置较笨重，单位体积内的有效膜面积较小，膜的强度要求较高。

第七节　消　毒

为了保障人民的身体健康，防止水致疾病的传播，生活饮用水中不应含有致病微生物，即常见的传染性肝炎病毒、痢疾病毒、眼结膜炎病毒、脑膜炎病毒等。消毒就是杀灭水中对人体健康有害的致病微生物、保证水质的一种措施。我国《生活饮用水卫生标准》（GB 5749—2006）中规定：细菌总数不超过 100 个/mL，总大肠菌群不得检出。江河中的水经过雨水的冲刷汇流，受到各种杂质的污染，经过混凝、沉淀和过滤等净化过程，水中大部分悬浮物质被去除，同时黏附在悬浮物颗粒上的大部分细菌、大肠杆菌、病原菌和其他微生物也被去除，但是还有一定数量的微生物，包括对人体有害的病原菌和病毒，要用消毒的方法来去除，才能供应用户。

水的消毒方法可分为物理消毒和化学消毒两大类。物理方法有加热法、紫外线法、超声波法等；化学方法有加氯法（或加漂白粉）、臭氧法或其他氧化剂法等。化学方法有氯消毒、二氧化氯消毒、次氯酸钠消毒、漂白粉消毒、臭氧消毒等。这些方法各有特点，但由于氯价格低廉、消毒效果良好和使用较方便等，所以目前大多数水厂仍然以加氯法消毒为主。

一、物理法消毒

1. 加热消毒

加热消毒很多行业都有所应用，而且已经有很长的应用历史。人们把自来水煮沸后饮用，早已成为常识，同时也是一种有效而实用的饮用水消毒方法。但是如果把此法应用于大规模的城市供水或污水消毒处理，则费用高，也很不经济，因此，这种消毒方法仅适用于特殊场合很少量水的消毒处理。

2. 紫外线消毒

利用紫外线光在水中照射一定时间以完成消毒的方法。

（1）紫外线消毒是利用紫外灯管提供紫外线对水进行照射，紫外线的光能可破坏水中细菌的核酸结构，从而将细菌杀死，对病毒也有致死作用。紫外线消毒效果与其波长有关。当紫外线波长为 200～295nm，有明显的杀菌作用，波长为 260～265nm 的紫外线杀菌力最强。

（2）消毒特点，紫外线具有很强的杀菌光谱性，对光谱细菌、病毒杀伤力强，并能与水中的化合物作用发生光化学反应而破坏有机物，在紫外线照射下，有机物化学键发生断裂而分解，不产生有害副产物。利用紫外线进行饮用水消毒，接触时间短，杀菌能力强，处理后水无色、无味、耗电少、设备简单，并能实现自动化，有利于安全生产。但紫外线消毒无持续杀菌能力，不能防止水在管网中再度污染，只能现消毒现饮用，消毒费用稍高些。

（3）适用范围适用于农村小型单村供水工程。特别是无清水池的小型工程。即将水从水源井提升经紫外线消毒后直接供农户的供水工程。同时也适用于超纯水的小型工程。

3. 辐射消毒

辐射是利用电离辐射（γ 射线、X 射线和加速电子等）照射待处理水，杀死其中的微生物，从而达到灭菌消毒的目的。由于射线有较强的穿透能力，可瞬时完成灭菌作用，一般情况下不受温度、压力和 pH 值等因素的影响，效果稳定。通过控制照射剂量，还可以有选择地杀死微生物。辐射消毒法的一次投资大，而且还要用到辐射源，有一定的风险，必须注意有严格的安全防护设施，完善的操作管理。

除上述消毒方法外，人们还在探索研究高压静电消毒、微电解消毒、微波消毒等消毒方法在水处理中应用。总的来说，物理消毒法方便快捷，对消毒后的水质没有影响，单从水处理的角度来讲，非常理想。但其费用较高，在应用上有一定的局限性，因此，在大规模水处理中应用较多的消毒方法还是化学消毒。

二、化学法消毒处理

化学消毒的消毒效果，首先取决于消毒剂的性能，不同消毒剂的灭菌能力相差很大，应选择性能稳定的高效消毒剂。对于同种消毒剂，如果消毒剂和水有较长的接触时间，可适当降低消毒剂的剂量，否则，就需要提高消毒剂的剂量，以保证消毒效果。

（一）氯消毒

氯消毒法指的是将液氯汽化后通过加氯机投入水中完成氧化和消毒的方法。氯消毒法是迄今为止最常用的方法，其特点是成本低、工艺成熟、效果稳定可靠。

1. 氯消毒原理

氯在常温下为黄绿色气体，具有强烈刺激性及特殊臭味，氧化能力很强。在 6～7 个标准大气压下，可变成液态氯，体积缩小为原体积的 1/457。液态氯灌入钢瓶，有利于储存和运输。

氯溶于水后起下列反应：

$$Cl_2 + H_2O = HCl + HClO$$

$$HClO = H^+ + ClO^-$$

次氯酸（HClO）起了主要的消毒作用，次氯酸（HClO）是很小的中性分子，只有它才能很快地扩散到细菌表面，并透过细胞壁进入细菌内部，借氯原子的氧化作用破坏菌体内的酶系统（酶是促进葡萄糖吸收和新陈代谢作用的催化剂）而使细菌死亡。

2. 加氯量

加氯量应满足两个方面的要求：一是用于消毒过程中，灭活微生物、氧化有机物和还原性物质，在规定的时间内达到指定的消毒指标；二是消毒后的出水中要保持一定的剩余氯，抑制消毒过程未杀死的致病菌复活。通常把满足上述两方面要求而投加的氯量分别称为需氯量和余氯量。因此，用于氯消毒的加氯量应是需氯量与余氯量之和。不同水质所需的加氯量差别很大，应根据水处理的目的、性质和相关的标准、规范要求，通过试验确定实际需要的加氯量。

我国的生活饮用水卫生标准规定，加氯接触 30min 后，游离性余氯不应低于 0.3mg/L，管网末梢水的游离性余氯不应低于 0.05mg/L。对于各种污水的消毒，其相应的标准、规范中一般也有对应的控制指标。

（1）加氯量一般按折点加氯法确定，折点加氯的优点如下：

1）可以去除水中大多数产生臭和味的物质。

2）有游离性余氯，消毒效果较好。

（2）缺乏试验资料时，一般的地表水经混凝、沉淀和过滤后或清洁的地下水，加氯量可采用 1.0～1.5mg/L；一般的地表水经混凝、沉淀而未经过滤时可采用 1.5～2.5mg/L。

3. 加氯点

（1）滤后投氯。将氯投在滤池出水口或清水池进口或滤池至清水池管线上。适用于原水水质较好，经过滤处理后水中有机物和细菌已大部分去除，投加少量氯可满足要求。若地下水不经净化工艺处理，则需在泵前或泵后投加。

（2）滤前氯化（预氯化）。投加混凝剂同时投氯。适用于处理含腐殖质的高色度原水，用氯氧化水中有机物以提高混凝效果，或以硫酸亚铁作混凝剂时，或防止沉淀和过滤池生长藻类。

（3）管网中途投氯。位置一般在加压泵站，适用于管网延伸较长的地区。

4. 加氯设备

加氯设备主要是氯瓶和加氯机。氯瓶一般是卧式钢瓶，加氯机是将氯瓶流出的氯气先配制成氯溶液，然后用水射器加入水中。加氯机有不同的型号和不同的加氯量。手动加氯机存在加氯量调节滞后、余氯不稳定等缺点；近年来，自来水厂的加氯自动化发展很快，采用加氯机配以相应的自动检测和自动控制装置的自动加氯技术。村镇水厂可根据需要、操作条件、经济状况等进行选用。加氯设备安置在加氯间，氯瓶储备在氯库。加氯间和氯库可以合建或分建。

储藏在钢瓶内的液氯气化时，要吸收大量的热：每公斤液氯气化时需要吸收 280kJ 的热量。加热量不足就会阻碍液氯的气化。生产上常用自来水浇洒在氯瓶的外壳上以供给热量。

氯气是有毒气体。故加氯间和氯库位置除了靠近加氯点外，还应位于主导风向下方，且需与经常有人值班的工作间隔开。加氯间和氯库在建筑上的通风、照明、防火、保温等应特别注意，还应设置一系列安全报警、事故处理设施等。

（二）二氧化氯（ClO₂）消毒

二氧化氯（ClO_2）在常温常压下是一种黄绿色气体，具有与氯相似的刺激性气味，极不稳定，必须以水溶液形式现场制取。二氧化氯在水溶液中以气体分子存在，不发生水解反应。因此，二氧化氯一般只起氧化作用，不起氯化作用，它与水中杂质形成的三氯甲烷等比氯消毒要少得多。二氧化氯也不与氨作用，在 pH 值＝6～10 范围内，杀菌效率几乎不受 pH 值影响。

二氧化氯是中性分子，对细菌的吸附和穿透能力都比较强，因此，对细菌有很强的灭活能力。其消毒能力次于臭氧，但高于氯。与臭氧比较，它又有剩余消毒效果。另外，二氧化氯还有很强的除酚能力。

二氧化氯易挥发，稍一曝气即可从水中溢出。气态和液态的二氧化氯还易爆炸，因此，二氧化氯消毒通常采用现场制备。其制备方法有多种，比较普遍的是用亚氯酸钠和氯反应制取：

$$2NaClO + Cl_2 \rule[0.5ex]{1.5em}{0.4pt} ClO_2 + 2NaCl$$

二氧化氯既是消毒剂，又是氧化能力很强的氧化剂。在当前水处理中受到重视，但由于制取原料价格较高，限制了二氧化氯消毒的广泛应用。

（三）次氯酸钠消毒

电解食盐水所得的氯气与 NaOH 作用即得 NaClO：

$$2NaOH + Cl_2 \rule[0.5ex]{1.5em}{0.4pt} NaClO + NaCl + H_2O$$

次氯酸钠的消毒作用仍靠 HClO，反应如下：

$$NaClO + H_2O \rule[0.5ex]{1.5em}{0.4pt} HClO + NaOH$$

次氯酸钠又称漂白水，其溶液是一种非天然存在的强氧化剂，它的杀菌效力同氯气相当，属于真正高效、广谱、安全的强力灭菌、消毒药剂。次氯酸钠为淡黄色液体，有氯臭，有效氯含量为 10％～12％，易溶于水，稳定性差，受热及阳光照射有效氯易降低，故不宜长时间保存，并在避光的容器中保存。在避光的塑料桶保存 1～3 个月时，有效氯降低 1％～6％，使用时应测量有效氯或适当减少稀释水即可。所以农村水厂使用次氯酸钠溶液是恰当的、安全可靠的，而且简便有效。当采用次氯酸钠消毒时，其质量应符合国家现行有关标准的规定，产品应取得卫生部门颁发的涉及饮用水卫生安全产品卫生许可批件才能使用，加量按 0.5～1.0mg/L 投加，消毒成本约 0.008 元/m³。

次氯酸钠消毒主要应用于中小型水厂，特别是农村水厂或分散式供水，是农村饮水安全工程使用最方便的药物。近年由于氯气消毒的安全性问题，个别水厂已用次氯酸钠溶液取代液氯消毒。

（四）漂白粉消毒

漂白粉是用氯气和石灰制成的，主要成分是 $Ca(ClO)_2$。漂白粉是一种白色粉末状物质，有氯的气味，易受光、热和潮气作用而分解使有效氯降低，故必须放在阴凉干燥且通风良好的地方。漂白粉消毒和氯气消毒原理是相同的，主要也是加入水后产生次氯酸灭活细菌。

漂白粉需配成溶液加注，溶解时先调成糊状物，然后再加水配成 1.0%～2.0%（以有效氯计）浓度的溶液。溶液的配制的方法和配置混凝剂的方法相似。在小型村镇水厂可利用两个缸，一个为溶药缸，另一个是投药缸。较大规模也可采用水池。当投加在滤后水中时，溶液必须经过约 4～24h 澄清，以免杂质带进清水中；若加入浑水中，则配制后可立即使用。

由于氯气容易逸出和腐蚀性较强，因此溶药和投药缸必须加盖，所有设备和管材都应采用耐腐蚀的材料。

（五）臭氧消毒

臭氧呈淡蓝色，由 3 个氧原子（O_3）组成，具有强烈的杀菌能力和消毒效果，作为给水消毒剂的应用在世界上已有数 10 年的历史。臭氧杀菌效力高的原因主要是：①臭氧氧化能力强；②穿透细胞壁的能力强；③由于臭氧破坏细菌有机链状结构，导致细菌死亡。

臭氧的工业制造方法采用无声放电原理。空气在进入臭氧发生器之前要经过压缩、冷却、脱水等过程，然后进入臭氧发生器进行干燥净化处理。并在发生器内经高压放电，产生浓度为 10～12mg/L 的臭氧化空气，其压力为 0.4～0.7MPa。将此臭氧化空气引至消毒设备应用。臭氧化空气由消毒用的反应塔（或称接触塔）底部进入，经微孔扩散板（布气板）喷出，与塔内待消毒的水充分接触反应，达到消毒目的。反应塔是关键设备，直接影响出水水质。臭氧消毒后的尾气还可引至混凝搅拌池加以利用。这样，不仅可降低臭氧耗量，还可降低运转费用。因为原水中的胶体物质或藻类可被臭氧氧化，并通过混凝沉淀去除，提高过滤水质。

臭氧处理饮用水作用快、安全可靠。随着臭氧处理过程的进行，空气中的氧也充入水中，因此水中溶解氧的浓度也随之增加。臭氧只能在现场制取，不能储存。这是臭氧的性质决定的，但可在现场随用随产。臭氧消毒所用的臭氧剂量与水的污染程度有关，通常为 0.5～4mg/L。臭氧消毒不需很长的接触时间，不受水中氨氮和 pH 值的影响，消毒后的水不会产生二次污染。当臭氧用于消毒过滤水时，其投加量一般不大于 1mg/L，如用于去色和除臭味，则可增加至 4～5mg/L。一般说，如维持剩余臭氧量为 0.4mg/L，接触时间为 15min，可得到良好的消毒效果，包括杀灭病毒。

臭氧消毒的主要缺点是臭氧发生装置较为复杂，投资大和运行费用较高，生产 1kg 臭氧需耗电 15～20kW·h。臭氧在水中不稳定，容易散失，因而不能在配水管网中继续保持杀菌能力。臭氧也不能储存，只能边生产边使用。

三、村镇分散供水常见消毒方法

（一）煮沸消毒

煮沸消毒是最安全有效的消毒方法。农村分散式供水（生水）经过煮沸后，几乎所有的细菌和病毒都能被杀死，所以农村地区提倡喝开水是最卫生、最安全的措施之一。

（二）氯化消毒法

即使用含氯的化学消毒剂，如漂白粉、漂白粉精、液态氯、二氧化氯等，能有效杀死水中的致病微生物，其中以漂白粉在农村使用最广泛。

1. 井水消毒

井水尽管水质较好，但对于浅井水来讲，它也容易受到周围环境中污染物的污染，因此对浅井水进行消毒也是必要的。井水常用漂白粉或漂白粉精片进行消毒。

（1）直接加氯消毒法。消毒时间和次数应根据用水量和取水的时间决定。在一般情况下，公用井可分早、午、晚各 1 次或每日 2 次，用水量较小的家庭水井每日 1 次即可。消毒前先将井水量计算出来，计算方法如下：

$$Q = \pi R^2 H \tag{4-3}$$

式中　Q——水量，m^3；

　　　R——井半径，m；

　　　H——井水水深，m。

计算出井内水量后，按每立方米（吨）水加漂白粉精片 10 片或漂白粉 10g 投加。一般井水消毒漂白粉投加量为 $4\sim6g/m^3$，较浑浊河水、塘水等漂白粉投加量为 $6\sim12g/m^3$。计算出漂白粉投加量后，应先将漂白粉配制成漂白粉溶液，将漂白粉上清液投加到需消毒的水中。

漂白粉溶液的配制方法：投加时将所需的漂白粉或碾碎的漂白粉精片放在碗内，加少许清洁水调成糊状，然后再加适量清洁水稀释至充分溶解，搅匀后静止沉淀，静置后取漂白粉上清液倒入需消毒的井水中，用吊桶将井水震荡数次使井水搅匀，待 30min 后即可使用。每天消毒 1～2 次，消毒应在取水前 1～2h 进行。当水井被污染时，消毒用药量可增加 2～3 倍。

（2）持续加氯消毒法。持续消毒法是把一定量的漂白粉装入容器内，加水搅拌后放入水中，利用取水时的振荡作用，使氯经容器的孔眼或容器壁慢慢地渗出来，以达到持续消毒的目的。一次投药可维持数天至数周。用作持续消毒的容器种类很多，如用塑料袋、塑料窗纱袋、竹筒、陶土罐或罐头盒。消毒容器的上方与木块、泡沫塑料或竹筒连接在一起，并保持一定距离，使容器浮在水面下 10cm 处。竹筒持续消毒器是直径 5～6cm 的一个竹筒。一端保留竹节，一端开口，在靠开口端边上钻几个直径 0.2cm 的小孔，竹筒内放半筒漂白粉，加水少许调成糊状，用木塞将开口端塞紧。消毒 $1m^3$ 井水需预先在药瓶上部钻孔 1～2 个，孔径 0.5cm 左右，水量每增加 $1m^3$，就增加小孔 1～2 个。余氯不足时增加小孔数，余氯过多时减少小孔数。消毒时将浮筒悬在井水中，使漂白粉筒浸于水面下 40cm 左右。塑料袋持续消毒器，用 18cm×25cm 长方形塑料袋（无毒），在上部 1/3 处每边开 0.2～0.4cm 小孔数个，袋内装 250～500g 漂白粉，加少许水调成糊状，再用塑料绳扎紧袋口，使用时用浮筒悬于井中。根据使用情况，每个药瓶内药剂通常 1～2 周换 1 次。在使用过程中须注意防止药瓶浮出水面、歪倒以及小孔堵塞。

2. 水窖和水池的消毒

为保障收集至水窖中的雨水水质卫生，必须经过消毒才可使用。目前农村常用的消毒剂为漂白粉或漂粉精。窖水的消毒也可以分为间歇法和持续消毒两种方法。

3. 家庭储水的消毒

农村家庭由于用的江河湖井水作为饮用水，大都要储水，即使使用集中供水，由于定时供水，农户仍保持着用家庭储水容器（缸、水池、塑料或金属桶罐等）来储水的习惯。因而储水的水质是直接关系到饮水水质问题。

水质中细菌总数与储存较长时间的水有关，储存的水时间越长，水里的细菌数量越多。虽然煮沸的水能杀死细菌，细菌本身不会对人体造成危害。但水中含有硝酸盐，在水加热过程中，水中的细菌，特别是大肠杆菌能将水中的硝酸盐还原为亚硝酸盐。据武汉化验分析，储存 3d 的水烧开后，其亚硝酸盐含量为储存 1d 的 3.64 倍，储存 7d 的水则为储存 1d 的 9.12 倍。因此，应尽量避免以储存水为饮水。要尽量创造条件，多用当日水，农村则应当日吃水当日挑。如确需饮用储水，应对储水采取一些消毒措施，以减少细菌的含量。对缸或水池要经常清洗消毒。

缸水消毒是家庭用水消毒法之一。先测出缸内水量，再根据水量计算漂白粉用量，然后将漂白粉配成消毒液，滴入水缸搅拌混合半小时后，即可饮用。可用含氯制剂的泡腾片按使用方法进行消毒，也可用漂白粉或漂精片进行缸水消毒。

（三）注意事项

（1）漂白粉进行水消毒时，不能直接将漂白粉投入需消毒的水中。

（2）漂白粉具有腐蚀性，对织物有漂白作用，对金属有腐蚀作用；高浓度时对人有刺激性，配制溶液时应戴口罩、橡胶手套。漂白粉性质不稳定，易潮解结块，有效氯易挥发，当漂白粉有效氯下降到 15% 以下或已结成硬块时就不宜使用。

（3）消毒后的饮用水应达到消毒效果，水中游离余氯量应达到 0.3～0.5mg/L，将已消毒水放在碗中，用鼻嗅有无氯臭气味，若有即达到投加量。若氯臭过度明显，则可能投药过量。

第八节　村镇饮用水特殊水处理

我国农村供水工程水源类型复杂、点多、面广、规模小，部分地区地下水中会遇到高铁、高锰、高氟、高砷或含盐量等超标，这些水源水质必须采取有别于常规水质处理的方法，才能使处理后的水质达到国家《生活饮用水卫生标准》（GB 5479—2006）。

一、饮用水除铁、除锰

我国有丰富的地下水资源，其中有不少地下水源含有过量的铁和锰，称为含铁含锰地下水。微量的铁和锰是人体必需的元素，但饮用水中含有超量的铁和锰，会产生异味和色度。当水中含铁量小于 0.3mg/L 时无任何异味；含铁量为 0.5mg/L 时，色度可达 30 度以上；含铁量达 1.0mg/L 时便有明显的金属味。水中含有超量的铁和锰，会使衣物、器具洗后染色。含锰量大于 1.5mg/L 时会使水产生金属涩味。锰的氧化物能在卫生洁具和管道内壁逐渐沉积，产生锰斑。当管中水流速度和水流方向发生变化时，沉积物泛起会产生黑水现象。因此《生活饮用水卫生规范》（GB 5749—2006）规定：饮用水中铁的含量不应超过 0.3mg/L，锰的含量不应超过 0.1mg/L。当原水中铁、锰含量超过上述标准时，就要进行处理。

（一）空气氧化法

曝气氧化法是利用空气中的氧，将水中 Fe^{2+} 氧化成 Fe^{3+}，经水解后，先生成氢氧化铁胶体，然后逐渐絮凝成絮状沉淀物经普通砂滤池去除。此法对于原水含铁量较高时仍可采用。

1. 自然氧化法除铁

让空气中的氧溶于水中，使 Fe^{2+} 氧化成 Fe^{3+}，进而将其去除。

水的 pH 值、水温、碱度、有机物及可溶性硅酸的含量对自然法除铁有较大影响，pH 值和碱度越低、有机物及可溶性硅酸含量越高，二价铁的氧化速度越慢，除铁效果越差。自然氧化法除铁对 pH 值低于 7 的水处理较困难，但多数含铁地下水 pH 值低于 7，因此需加强曝水（或改成跌水曝气），尽量多地散除水中的 CO_2 以提高水的 pH 值。

2. 曝气氧化法除铁

在水处理工艺中通常采用较大曝气强度，在充氧的同时驱除地下水中的游离 CO_2，以提高 pH 值，曝气后的 pH 值一般在 7.0 以上。尽管如此，空气自然氧化除铁工艺所需的停留时间仍较长，约 2~3h，且由于三价铁絮凝体较小，容易穿透滤层，影响水质。另外，水中溶解性硅酸与三价铁氢氧化物形成硅铁络合物，影响除铁效果。

曝气装置应根据原水水质、曝气程度要求，通过技术经济比较选定，可采用跌水、淋水、射流曝气、压缩空气、叶轮式表面曝气、板条式曝气塔或触式曝气塔等装置，并符合以下要求：

（1）采用跌水装置时，可采用 1~3 级跌水，每级跌水高度为 0.5~1.0m，单宽流量为 20~50m³/(h·m)。

（2）采用淋水装置（穿孔管或莲蓬头）时，孔眼直径可为 4~8mm，孔眼流速为 1.5~5m/s，距水面安装高度为 1.5~2.5m。采用莲蓬头时，每个莲蓬头的服务面积为 1.0~1.5m²。

（3）采用射流曝气装置时，其构造应根据工作水的压力、需气量和出口压力等通过计算确定，工作水可采用全部、部分原水或其他压力水。

（4）采用压缩空气曝气时，每立方米的需气量（以 L 计）宜为原水中二价铁含量（以 mg/L 计）的 2~5 倍。

（5）采用板条式曝气塔时，板条层数可为 4~6 层，层间净距为 400~600mm。

（6）采用接触式曝气塔时，填料可采用粒径为 30~50mm 的焦炭块或矿渣，填料层层数可为 1~3 层，每层填料厚度为 300~400mm，层间净距不小于 600mm。

（7）淋水装置、板条式曝气塔和接触式曝气塔的淋水密度，可采用 $5\sim10m^3/(h\cdot m^2)$。淋水装置接触水池容积，可按 $30\sim40min$ 处理水量计算；接触式曝气塔底部集水池容积，可按 $15\sim20min$ 处理水量计算。

（8）采用叶轮式表面曝气装置时，曝气池容积可按 $20\sim40min$ 处理水量计算；叶轮直径与池长边或直径之比可为 $1:6\sim1:8$，叶轮外缘线速度可为 $4\sim6m/s$。

（9）当曝气装置设在室内时，应考虑通风设施。

3. 除锰

锰和铁的化学性质相近，所以共存于地下水中，但铁的氧化还原电位低于锰，容易被 O_2 氧化，相同 pH 值时二价铁比二价锰的氧化速率快，以致影响二价锰的氧化，因此地下水除锰比除铁困难。pH 值高时除锰较易。

常用的方法有曝气氧化法除锰。用曝气氧化法除锰，必须在水中加石灰，使 pH 值略高于 10 才能使锰沉淀下来，处理后再用硫酸调节 pH 值，以符合饮用水要求。

（二）天然锰砂法

1. 天然锰砂除铁

天然锰砂含有高价锰的氧化物，MnO_2 首先被水中的溶解氧氧化成高价锰的氧化物，高价锰再将 Fe^{2+} 氧化成 Fe^{3+}。天然锰砂在除铁过程中，在其表面逐渐形成一种以"滤膜"形式存在的铁质催化物，称为"活性滤膜"。这种活性滤膜不断自动催化除铁过程。在接触催化作用的同时，又完成对水中铁质的截留分离作用。随着过滤时间延长，吸附锰砂表面的三价铁在增多，在反冲洗时，吸附锰砂表面的三价铁被冲洗掉，天然锰砂的机能又重新恢复，即地表水除铁工艺。

2. 锰砂接触氧化除锰

在 Fe^{2+} 和 Mn^{2+} 共存的条件下，宜先曝气氧化过滤去除水中的 Fe^{2+}，再用锰砂过滤除锰。锰砂除锰是利用 $MnO_2\cdot H_2O$ 膜的催化作用，其催化后失去活性，因此需不断向水中加氧使其再生。

（三）药物氧化法除铁

当空气氧化地下水中的 Fe^{2+} 有困难时，可以向水中投加氯气、高锰酸钾等强氧化剂，它们能迅速地将二价铁氧化成三价铁。

（四）除铁、除锰滤池

目前常用有接触催化除铁滤池和自然氧化除铁滤池。前者是利用滤料对水中的 Fe^{2+} 的接触催化作用将其截留去除，后者利用滤料对已氧化生成的氢氧化铁机械拦截和接触吸附等作用将其截留去除。

（1）滤池的滤料宜采用天然石英砂或锰砂。滤料厚度宜为 $800\sim1200mm$，滤速宜为 $5\sim7m/h$。滤料粒径宜符合下列规定：

石英砂宜为：$d_{min}=0.5mm$，$d_{max}=1.2mm$。

锰砂宜为： $d_{min}=0.6mm$，$d_{max}=1.2\sim2.0mm$。

（2）除铁、除锰滤池工作周期根据水质及气候条件确定，宜为 $8\sim48h$。

（3）除铁、除锰滤池宜采用大阻力配水系统。当采用锰砂滤料时，承托层顶面两层应改为锰砂石。

（4）除铁、除锰滤池冲洗强度和冲洗时间可按表4-10采用。

表4-10　　　　　　除铁、除锰滤池冲洗强度、膨胀度、冲洗时间

滤料种类	滤料粒径 /mm	冲洗方式	冲洗强度 L/(s·m²)	膨胀度 /%	冲洗时间 /min
石英砂	0.5～1.2	无辅助冲洗	13～15	30～40	>7
锰砂	0.6～1.2	无辅助冲洗	18	30	10～15
锰砂	0.6～1.5	无辅助冲洗	20	25	10～15
锰砂	0.6～2.0	无辅助冲洗	22	22	10～15
锰砂	0.6～2.0	有辅助冲洗	19～20	15～20	10～15

（五）家用除铁、除锰设备

对于分散供水的村镇，可采用市场上的一体化除铁、除锰设备，见表4-11。

表4-11　　　　　　市场上分户型地下水除铁、除锰设备对照表

设备	主要结构	主要性能	优缺点
家用除铁、除锰设备	普通型采用一次絮凝技术，自控型采用循环初絮凝技术。结构类似一个圆柱，使用时，将其放置在蓄水容器中间即可	普通型只能处理2.5mg/L以下的低含铁水；自控型可祛除任何含量的铁和锰；并可以自动启动两次，分级除铁、除锰，完全自动启动和停止	优点是精巧，充分利用农村家庭现在供水设施，使用简单，运行费用低；缺点是处理后的水与污物共存在一个容器中，需要定时加药和排污
除铁、除锰过滤设备	采用接触除铁、除锰技术，外形是过滤罐形状，内部装有锰砂，还需要额外配置水泵	可以祛除水中铁、锰、悬浮物和其他杂质。锰砂成熟后出水水质非常高	优点是结构简单，滤砂成熟后水质非常稳定，出水水质高；缺点是设备重，滤砂成熟前出水不稳定，需要反冲洗普通型采用一次絮凝技术，自控型采用循环初絮凝技术。结构类似一圆柱，使用时，将其放置在蓄水容器中间即可

二、地下水除氟

氟是人体正常代谢的必需微量元素之一，人体各种组织普遍含有氟，其中以骨骼和牙齿的含量为最多。当人们长期饮用含氟量低于0.5mg/L的地下水，就会造成龋齿病增加。但长期摄入氟化物含量过高的饮水，将引起牙齿和骨骼为主的慢性疾病，前者称为氟斑牙，后者称为氟骨病，是严重危害人类健康的地方病。我国《生活饮用水卫生标准》（GB 5749—2006）规定，氟化物的含量不得超过1.0mg/L。当原水氟化物含量超过标准时，就应设法进行处理。氟化物含量过高的原水往往呈偏碱性，pH值常大于7.5。

常用的除氟方法目前有多种多样，吸附过滤法是应用最广泛的，原理是利用吸附剂的吸附作用和离子交换作用除氟，作为滤料吸附剂主要是活性氧铝，其次是骨炭。这两种方法都是除氟比较经济有效的方法，其他还有混凝、电渗析等除氟方法，应用较少。

小知识　　　　　　　　　　　**地 方 性 氟 中 毒**

　　地方性氟中毒是由于一定地区的环境中氟元素过多，而致生活在该环境中的居民经饮水、食物和空气等途径长期摄入过量氟所引起的一种慢性全身性疾病，其基本病症是氟斑牙和氟骨症，病人的牙齿将会变成黄褐色，牙根发黑，牙齿会一点点掉屑，直至掉光。发病原因是由于当地岩石、土壤中含氟量过高，造成饮水和食物中含氟量增高而引起。过量氟的摄入，使人体内的钙、磷代谢平衡受到破坏。这种病其分布很广，主要流行于印度、波兰、捷克、德国、意大利、英国、美国、日本等国，在我国分布面也是非常广泛，除上海市、海南省以外，其余各省（自治区、直辖市）均有地方性氟中毒病区存在。

　　降低饮用水氟含量的方法很多，有活性氟化铝过滤法、碱式氟化铝吸附法、电渗析法等，适用于集中供水的居民区和厂矿企业。水中投入明矾，再经炉渣过滤的除氟方法，经济方便，最适用于散居的居民和农村地区。

（一）常用的除氟方法

1. 活性氧化铝法

　　活性氧化铝是白色颗粒状多孔吸附剂，有较大的比表面积。活性氧化铝是两性物质，在酸性溶液中活性氧化铝为阴离子交换剂，对氟有极大的选择性。活性氧化铝使用前用硫酸铝溶液活化，使转化成为硫酸盐型，除氟时硫酸盐型氧化铝与氟结合，当活性氧化铝失去除氟作用后，可用1%～2%浓度的硫酸铝溶液再生。

　　（1）反应原理。反应原理如下：

$$(Al_2O_3)_n \cdot 2H_2O + SO_4^{2-} = (Al_2O_3)_n \cdot H_2SO_4 + 2OH^-$$

除氟时的反应为

$$(Al_2O_3)_n \cdot H_2SO_4 + 2F^- = (Al_2O_3)_n \cdot 2HF + SO_4^{2-}$$

活性氧化铝失去除氟能力后，可用1%～2%浓度的硫酸铝溶液再生：

$$(Al_2O_3)_n \cdot 2HF + SO_4^{2-} = (Al_2O_3)_n \cdot H_2SO_4 + 2F^-$$

　　活性氧化铝的吸附容量是1g活性氧化铝能吸附氟的重量一般为1.2～4.5mg。除氟装置的接触时间应在15min以上，pH值控制为6.0～7.0。

　　活性氧化铝吸附法宜用于含氟量小于10mg/L、悬浮物含量小于5mg/L的原水。粒径为0.5～1.5mm，最大粒径应小于2.5mm，并应有足够的机械强度。

　　（2）活性氧化铝吸附法除氟可采用下列工艺流程：

　　（3）原水进入吸附滤池前，可投加硫酸、盐酸或二氧化碳气体，使pH值调整至6.0～7.0。如果原水浊度大于5NTU或含沙量较高，应在吸附滤池前进行预处理。

　　（4）当吸附滤池进水pH值小于7.0时，宜采用连续运行方式，其空床流速宜为

6～8m/h。流向宜采用自上而下的形式。

（5）当原水含氟量小于 4mg/L 时，吸附滤池的氧化铝厚度宜大于 5m；当原水含氟量大于 4mg/L 时，厚度宜大于 8m，也可采用两个吸附滤池串联运行。

（6）活性氧化铝再生液宜采用硫酸铝溶液，或采用氢氧化钠溶液，采用硫酸铝溶液再生时，浓度宜为 1%～3%；采用氢氧化钠溶液再生时，浓度宜为 1%。再生液浓度和用量应通过试验确定。

（7）当采用氢氧化钠溶液再生时，可采用反冲洗、再生、二次反冲洗、中和 4 个阶段；当采用硫酸铝再生时，可采用反冲洗、再生、二次反冲洗 3 个阶段。

（8）首次反冲洗宜采用冲洗强度为 12～16L/（m² · s），冲洗时间为 10～15min，冲洗膨胀率 30%～50%；二次反冲洗宜采用冲洗强度为 3～5L/（m² · s），冲洗时间为 1～3h。

2. 骨炭法

骨炭法或称磷酸三钙法，是仅次于活性氧化铝的除氟方法，在我国应用较广泛。骨炭主要成分是羟基磷酸钙，其分子式可以是 $Ca_2(PO_4)_2 \cdot CaCO_3$，也可以是 $Ca_{10}(PO_4)_6(OH)_2$，交换反应如下：

$$Ca_{10}(PO_4)_6(OH)_2 + 2F^- = Ca_{10}(PO_4)_6F_2 + 2OH^-$$

当水的含氟量高时，反应向右进行，氟被骨炭吸收而去除。

骨炭再生一般用 1%NaOH 溶液浸泡，然后再用 0.5% 的硫酸溶液中和。再生时水中的 OH^- 浓度升高，反应向左进行，使滤层得到再生又变为羟基磷酸钙。

骨炭法除氟较活性氧化铝法的接触时间短，只需 5min，且价格比较便宜，但是机械强度较差，吸附性能衰减较快。

3. 电渗析法

电渗析法是制取纯水的一种常用方法，在直流电场的作用下，原水中可溶解性离子迁移，通过离子交换膜得到分离，浓缩室的水排放，稀释室的水就是去除大部分离子的处理水。利用电渗析除氟效果良好，不用投加药剂，除氟的同时可降低高氟水的总含盐量。

4. 混凝沉淀法除氟

混凝沉淀法除氟是指采用在水中投加具有凝聚能力或与氟化物产生沉淀的物质，形成大量胶体物质或沉淀，氟化物也随之凝聚或沉淀，再通过过滤将氟离子从水中除去的过程。凝聚剂可采用三氯化铝、硫酸铝或聚合氯化铝，投加量（以三价铝计）可为原水含氟量的 10～15 倍。

混凝沉淀法除氟可用于原水氟化物含量不超过 4mg/L、处理水量小于 30m³/d 的水厂。

（二）YK-F 型除氟设备

YK-F 型全自动除氟器，它对氟化物去除率为 75%～85%，采用固定单层床工艺，顺流再生。当除氟器工作时，原水自上而下通过多孔硅铝酸盐矿物质分子筛层，水中的氟化物不断被分子筛吸附而除去。当出水达到一定量时，一级罐中的分子筛会饱和，失去交换能力，须停止运行进行再生。此时出水由其他罐提供，保证连续出水。再生时要求先对分子筛进行反洗，以去除可能截流的悬浮物等杂质，同时松动分子筛。然后从罐上部进药液，再生废液通过排污阀排出。药洗结束后，最后进行正洗工艺，彻底清除分子筛层中残留的药液。再生过程中药液通过喷射器自动吸入，并自动混合到预定浓度后送入交换器，再生剂浓度可通过阀门自由调节。

工作时，采用两台设备同时运行，分别再生。单台设备额定出水量为 $10m^3/h$。当其中的任一台设备失效时，该失效罐自动退出运行，启动再生程序。再生结束后自动投入运行。整个系统采用全自动控制，以流量控制运行终点，顺流再生。每台罐的工作状态依次为：运行→再生（反洗、吸药、置换、正洗）→运行。同时为保证生产用水的需要，控制系统禁止两台设备出现同时再生的情况。

三、地下水除砷

砷及砷化物的毒性与其水溶性的大小有关。水溶性大，其毒性也大。元素砷极易氧化为毒性很强的三氧化二砷。人长期饮用含砷量达 $0.1\sim4.7mg/L$ 的水可引起慢性中毒，水砷含量在 $20mg/L$ 以上时就可引起急性中毒。三氧化二砷的致死量为 $60\sim200mg$。为了保障人们的健康，世界卫生组织（WHO）、欧盟、日本、美国等先后将饮用水中砷的标准定为 $10\mu g/L$，我国（2008 年 7 月 1 日实施）也将砷的含量标准由 $50\mu g/L$ 降低到 $10\mu g/L$。

（一）除砷措施

1. 混凝沉降法

混凝沉降法是目前在工业生产和处理生活饮用水中运用得最广泛的除砷方法，可使工业废水达到排放标准，使生活饮用水达到饮用标准。最常见的混凝剂是铁盐，如三氯化铁（$FeCl_3$）、硫酸亚铁（$FeSO_4$）、氯化铁（$FeCl_3$）；铝盐，如硫酸铝、聚合氯化铝；还有硅酸盐、碳酸钙、煤渣（主要成分是 SiO_2 和 Al_2O_2，有骨架结构和微孔）经粉碎及高温焙烧活化后做混凝剂，另外还有聚硅酸铁（PFSC）、无机铈铁（稀土基材料）等做混凝剂。研究表明，铁盐的除砷效果好于铝盐，所以在除砷过程中常对所处理的水进行预氧化，把三价 As 氧化为五价 As，再进行混凝，为了提高氧化效果，有时还会加入催化剂促进氧化。

混凝沉降法除砷工艺流程：

采取过滤措施后，去除率明显提高，这说明混凝剂水解产物形成的胶体具有较大的比表面积，能和砷酸根发生吸附共沉淀，使砷的去除率明显提高。一般认为，混凝剂投加后，能够促使溶解状态的砷向不溶的含砷反应产物转变，从而达到将砷从水中去除的目的，该过程可概括整理成以下 3 个方面：①沉淀作用，水解的金属离子与砷酸根形成沉淀；②共沉淀作用，在混凝剂水解-聚合-沉淀过程中，砷通过被吸附、包裹、闭合等作用而随水解产物一起沉淀；③吸附作用，砷被混凝剂形成的不溶性水解产物表面所吸附。后两种机制更为重要，因为在饮水除砷处理中，一般 pH 值大于 5.5，该条件下不易形成沉淀。

混凝沉降法除砷需要大量的混凝剂，产生大量的含砷废渣无法利用，且处理困难，长期堆积则容易造成二次污染，因此该方法的应用受到一定的限制。

2. 吸附法

吸附法是一种简单易行的水处理技术，一般适合于处理量大、浓度较低的水处理系统。该方法是以具有高比表面积、不溶性的固体材料作吸附剂，通过物理吸附作用、化学吸附作用或离子交换作用等原理将水中的砷污染物固定在自身的表面上，从而达到除砷的目的。主要的除砷吸附剂有活性氧化铝、活性炭、骨炭、沸石以及天然或合成的金属氧化物及其水合氧化物等。

用吸附法除砷效果易受有机物、pH值、水中砷的存在形态及浓度、其他阴阳离子成分及浓度的影响，且吸附剂材料价格较贵，因此可采用适当的预处理措施，如采用预氧化、多级过滤后再吸附的除砷工艺。

3. 离子交换法

离子交换法也是一种有效的脱砷方法，其运用于除砷也越来越广泛。由于离子交换法投资高，操作较复杂，原水中含其他盐量较高时，需对原水进行预处理，需要酸碱再生，再生废水必须经处理合格后排放，存在环境污染隐患，细菌易在床层中繁殖，且离子交换树脂会长期向纯水中渗溶有机物，因此应慎重采用。

（二）除砷设备

YK-AS型除砷设备是通过水箱的电子液位控制系统的启动停止信号，将含砷水送到PE水箱中，向水箱中通入O_3，臭氧氧化水箱中含砷水，将三价砷氧化为五价砷，满足除砷净水器的进水要求。变频供水柜检测用户用水信号，控制加压泵启动工作频率，向除砷净水器供水。被氧化为五价砷的水源进入除砷净水器，与除砷净水器中装填的铜合金及二氧化锰滤料发生电化学反应。铜合金的锌失去离子，砷得到电子。含砷的离子水中得到锌的电子后，加大沉积效果，被下层的二氧化锰滤料捕捉，隔离在滤料层上部，达到除砷的目的。经过运行后的除砷净水器被捕捉的砷离子增多，出水流量减少，产生明显压降，用户只需反冲洗除砷净水器就可以达到正常工作要求。处理后的水质符合生活饮用水卫生标准的要求。

四、水的软化

硬度是水质的一个重要指标。硬度盐类包括Ca^{2+}、Mg^{2+}、Fe^{2+}、Mn^{2+}、Fe^{3+}、Al^{3+}等易形成难溶盐类的金属阳离子。在一般天然水中，主要是钙离子和镁离子，所以通常以水中钙、镁离子的总含量称为水的总硬度。硬度又可区分为碳酸盐硬度（也叫暂时硬度）和非碳酸盐硬度（也叫永久硬度）。

小知识   **为什么水壶会结垢？**

在有些地区，水壶、暖瓶等器具在使用一段时间后，会在壶底结出厚厚的一层水垢。产生水垢的主要原因是钙、镁离子含量大，水的硬度大，当水煮沸时，水中的重碳酸盐分解破坏而析出的$CaCO_3$和$MgCO_3$沉淀。

地下水的硬度是指水中钙、镁离子含量。硬度可分为总硬度、暂时硬度和永久硬度。总硬度是指水中所含钙和镁的盐类的总含量。暂时硬度是指当水煮沸时，重碳酸盐分解破坏而析出的 $CaCO_3$ 和 $MgCO_3$ 的含量。而当水煮沸时，仍旧存在于水中的钙盐和镁盐（主要是硫酸镁和氯化物）的含量，称永久硬度。硬度一般用"德国度"或每升毫克当量来表示。一个德国度相当于在 1 升水中含有 10mg 的 CaO 或者 7.2mg 的 MgO。1 毫克当量硬度等于 2.8 德国度，或是等于 20.04mg/L 的 Ca^{2+} 或 12.16mg/L 的 Mg^{2+}。

地下水按硬度的大小分为极软水（<4.2 德国度）、软水（4.2～8.4 德国度）、微硬水（8.4～16.8 德国度）、硬水（16.8～25.2）、极硬水（>25.2 德国度）5 类。

一般来讲，石灰岩地区，由于石灰岩的主要成分为 $CaCO_3$，钙、镁离子含量高，因而水的硬度较大，多为硬水或微硬水；而在花岗岩地区，花岗岩的主要成分为硅酸盐，水中钙、镁离子含量少，水的硬度低，多为软水。

水的硬度大小，对人体的健康有直接关系。研究资料表明，适当饮用微硬水，对改善人体心脑血管功能，降低心脑血管发病率和死亡率。

生活用水与生产用水均对硬度指标有一定的要求，硬度超过标准的水需进行软化。与硬水不同，软水是只含少量或不含可溶性钙盐、镁盐的水，煮沸时不发生明显的变化。

目前水的软化处理主要有下面几种方法：一种方法是加入某些药剂，把水中钙、镁离子转变成难溶化合物使之沉淀析出，这一方法称为水的药剂软化法或沉淀软化法。另一种方法是利用某些离子交换剂所具有的阳离子（Na^+ 或 H^+）与水中钙、镁离子进行交换反应，达到软化的目的，称为水的离子交换软化法。此外，还有基于电渗析原理，利用离子交换膜的选择透过性，在外加直流电场作用下，通过离子的迁移，在进行水的局部除盐的同时，达到软化的目的。在村镇给水处理中常采用药剂软化法。

水的药剂软化工艺过程，就是根据溶度积原理，按一定量投加某些药剂（如石灰、苏打等）在原水中，使之与水中钙、镁离子反应生成沉淀物 $CaCO_3$ 和 $Mg(OH)_2$。工艺所需设备与净化过程基本相同，也要经过混合、絮凝、沉淀、过滤等工序。

（一）石灰软化

在水的药剂软化中，石灰是最常用的投加剂，由于价格低，来源广，很适用于原水的碳酸盐硬度较高、非碳酸盐硬度较低且不要求深度软化的场合。石灰用量不恰当，会使出水水质不稳定，给运行管理带来困难。石灰实际投加量应在生产实践中加以调试。

石灰（CaO）是由石灰石经过燃烧制取，亦称生石灰。石灰加水反应称为消化过程，其生成物 $Ca(OH)_2$ 叫做熟石灰或消石灰。投加熟石灰时可配制成一定浓度的石灰乳液。

熟石灰虽然亦能与水中非碳酸盐的镁硬度起反应生成氢氧化镁，但同时又产生了等物质的量的非碳酸盐的钙硬度。所以，单纯的石灰软化是不能降低水的非碳酸盐硬度的。不过，通过石灰处理，还可去除水中部分铁和硅的化合物。

综上所述，石灰软化主要是去除水中的碳酸盐硬度以及降低水的碱度。但过量投加石灰，反而会增加水的硬度。石灰软化往往与混凝同时进行，有利于混凝沉淀。

（二）石灰-苏打软化

这一方法是在水中同时投加石灰和苏打（Na_2CO_3）。此时，石灰用以降低水的碳酸盐硬度，苏打用于降低水的非碳酸盐硬度。软化水的剩余硬度可降低到 $0.15\sim0.2mol/L$。该法适用于硬度大于碱度的水。

五、苦咸水处理

我国是一个严重缺水的国家，而且时空分布不均匀，水环境污染较严重，原生劣质水分布面积广，尤其是西北干旱内陆地区，由于降水稀少，蒸发强烈，水资源天然匮乏，作为主要供水水源的地下水，普遍含盐、含氟量高，大部分地区又没有可替代的淡水资源。苦咸水是由于水中含有大量氯化物、镁、钙离子及碘、氟等物质而使饮水的口感发苦发涩。因此，作为饮用水时，应进行淡化处理。

1. 蒸馏法

蒸馏法就是把苦咸水或海水加热使之沸腾蒸发，再把蒸汽冷凝成淡水的过程。蒸馏法是最早采用的淡化法，其主要优点是结构较简单、操作容易、所得淡水水质好。蒸馏法有许多种，如多效蒸发、多级闪蒸、压汽蒸馏、膜蒸馏等。

2. 电渗析法

在苦咸水淡化中应用的电渗析法简称 ED，是利用离子交换膜在电场作用下，分离盐水中的阴、阳离子，从而使淡水室中盐分浓度降低而得到淡水的一种膜分离技术。电渗析装置是利用离子在电场的作用下定向迁移，通过选择透过性的离子交换膜达到除盐目的。

3. 反渗透法

反渗透方法可以从水中除去 90% 以上的溶解性盐类和 99% 以上的胶体微生物及有机物等。与其他水处理方法相比具有无相态变化、常温操作、设备简单、效益高、占地少、操作方便、能量消耗少、适应范围广、自动化程度高和出水质量好等优点。尤其以风能、太阳能作动力的反渗透净化苦咸水装置，是解决无电和常规能源短缺地区人们生活用水问题的既经济又可靠的途径。反渗透淡化法不仅适用于海水淡化，也适合于苦咸水淡化。现有的淡化法中，反渗透淡化法是最经济的，它甚至已经超过电渗析淡化法。

YK-RO-A 型常规反渗透法工艺流程是：原水→预处理系统→高压水泵反渗透膜组件→净化水。其中预处理系统视原水的水质情况和出水要求可采取粗滤、活性炭吸附、精滤等，精滤必不可少，是为了保护反渗透膜、延长其使用寿命而设立的。

小知识　　　　　　　　　　**怎样消除水壶中的水垢？**

1. 白醋除垢法

将白醋及水，以 1:2 的比例，倒进水壶里面（白醋 250mL 即可，也就是从超市买来的白醋半瓶即够一次使用量），烧开后断电，再浸泡 2h 以上。如果，是不锈钢材质的电水壶，最好是晚上睡前用此法，烧开后，可放置浸泡一夜，早上，再倒出这些醋水。用清水多次清洗后，水壶就彻底干净了。假若你家是铝电水壶，就将醋水溶液煮开后，放置 1～2h 后，再清洗干净。

2. 碱液除垢法

如果水垢的主要成分是硫酸钙，那么将纯碱溶液倒入水壶里煮，再放置 2h 后，水垢就可除掉了。然后，多次用清水将水壶清洗干净。

3. 苏打除垢法

在水壶中加满水，放入少许苏打粉，然后煮沸，几分钟后，水垢就会自动脱落了。再多次用清水来清洗水壶即可彻底干净了。

4. 煮土豆除垢法

将 3～5 个土豆放在水壶里煮几个小时，水垢就会成块的脱落下来。然后，再用清水清洗干净即可。

5. 煮鸡蛋壳除垢法

用水壶煮两次鸡蛋壳，然后再用清水将水壶清洗干净，也能将水垢除去。

六、水的除藻

目前，水体的富营养化现象给饮用水处理带来的问题日益严重，其中主要是由藻类和有机物引起。

（一）水中藻类对饮用水处理的不利影响

1. 藻类致臭

许多富营养化的水体都存在着不同程度的臭味。在藻类大量繁殖的水体中，藻类一般是主要的致臭微生物。

2. 藻类产生毒素

某些藻类在一定的环境下会产生毒素，这些毒素对健康有害。常规处理工艺对藻毒素的去除效率较低，而活性炭过滤或臭氧氧化则几乎可以完全去除水中藻毒素。

3. 药耗增加

生产中，为杀灭水中藻类，往往要加大消毒剂的投加量，不仅使制水成本提高，更增加了水中消毒副产物的含量，降低了饮用水的安全性。

4. 藻类堵塞滤层

原水在混凝沉淀的过程，水中大量的微小藻类因其密度小而未被去除，进入滤池后，在滤层中快速繁殖，造成滤层较早堵塞，从而使滤池工作周期大大缩短，严重时可能引起水厂被迫停产。

（二）去除藻类物质的方法

在不改变现有水厂的工艺流程，不需增加大型设备和构筑物，且经济有效、简便易行的前提条件下，有以下几个优化及强化常规工艺的化学除藻方法和辅助措施。

（1）折点加氯杀藻。把反应池前的加氯量加大，以氧化水中的有机物，杀灭藻类。这是一种较为简单的能快速杀藻的方法，在国内水厂使用较多，能够有效地杀灭藻类，抑制藻类产生和繁殖。据有关实验表明，采用该种方法，除藻率一般能达到 50% 左右，并能除去水中的一部分异味，除藻后的原水再经常规水处理工艺，能使饮用水中不含或稍含藻。

（2）二氧化氯杀藻。二氧化氯是一种强氧化剂，具有更好的灭菌、除藻和除臭效果，并且能够有效地控制卤代烃的生成量，降低矾耗，改善水质。根据有关实验发现：二氧化氯优于液氯，具有较高的氧化-还原电势，比液氯杀菌能力强，由于它不像 Cl_2 以亲电取代为主，而是以氧化反应为主，经氧化的有机物多降解为氧基因为主的产物，不会产生卤代烃等消毒副产物，对人体的副作用小。但其成本较氯气高，生产条件较为苛刻，目前国内的部分制水企业正研究它来代替氯气消毒的可行性。

（3）加助凝剂，即 HCA－1 阳离子净水剂杀藻。HCA－1 属阳离子型线性高分子聚合物，它是二甲基二烯丙基季铵盐的聚合物，水溶性好，能完全溶解于水成真溶液，质量符合生活饮用水处理标准。其作用机理是借助聚合物本身含有的阳离子基团和活性吸附基团，对悬浮胶粒和含负电荷的物质通过电中和及吸附架桥等作用使之失稳、絮凝。由于有机高分子有极高的聚合度，由于藻类表面带负电荷，易与阳离子型 HCA－1 接触，所以在反应池投加 HCA－1 助凝剂能使水中的微生物絮凝成团，加速其沉淀去除。

（4）加助凝剂高锰酸盐（PPC）复合药剂。它是一种新型、高效的助凝剂，合肥自来水公司 PPC 预处理技术对合肥巢湖原水中藻类的去除效果已有资料证实。在一定范围内 PPC 的投量和它的除藻效率成正比关系。预处理中 PPC 的投量越高，沉淀水和滤后水中藻类的去除率呈不断上升趋势。似其对低浊、低藻的原水处理效果并不理想。

（5）粉末活性炭（PAC）预处理。在反应池前，把粉末活性炭和混凝剂一起连续投加于原水中，经混合吸附水中有机物和无机杂质后，黏附在絮体上的炭粒大部分在沉淀池中成为污泥排除。粉末活性炭作为助凝剂，可强化反应沉淀池对藻类的去除，并能去除异臭异味，特别是在藻类繁殖季节，用此法可作为应急措施。

（6）防止池壁藻类腐蚀的辅助措施。上述方法，对于水中藻类的抑制和去除都存在着不同的优缺点。为了解决藻类对混凝土构筑物池壁的腐蚀问题，在池壁贴瓷砖或涂装水池专用涂料都不失为一种有效的防腐措施。现新建水厂大多采用了该种方法，对于防止池壁的腐蚀效果较好。

七、高浊度的水净化处理

1. 高浊度水特征

高浊度水是指浊度较高、有清晰的界面分选沉降的含沙水体，其含沙量一般为 $10\sim100kg/m^3$。在高浊度水中，由于泥沙颗粒众多，颗粒间碰撞几率较高，自凝作用比一般水体更为强烈。

2. 高浊水自然沉淀

（1）当原水浊度瞬时超过 10000NTU 时，必须设置自然沉淀池。当原水浊度超过 500NTU（瞬时超过 5000NTU）或供水保证率较低时，可将河水引入天然池塘或人工水池，进行自然沉淀并兼做储水池。

（2）自然沉淀池的沉淀时间宜为 $8\sim12h$。

（3）自然沉淀池的有效水深宜为 $1.5\sim3.0m$，超高为 0.3m，并应根据清泥方式确定积泥高度。

3. 高浊度水的混凝剂及其应用

在处理高浊度水的新工艺，选用高效能混凝剂是首要条件之一，目前最常用是投加聚丙烯酰胺絮凝剂（PAM）处理高浊度水。PAM 比一般混凝剂在处理最大含沙量、投加剂量等方面具有较大优点，最佳投加浓度为 1%～2%。确定 PAM 的投加量时，应考虑含沙量和泥沙颗粒表面积的影响。

4. 高浊度水的净化工艺

与一般水处理工艺流程不同，高浊度水处理工艺受河道泥沙的影响大，一般设有调蓄水库。在沉淀过程中，往往采用二次沉淀。

（1）不设调蓄水库时的处理工艺。多沙高浊度水一般见于长江上游各江河中。稳定泥沙以及含沙量的比例较小，沙粒比较容易下沉，并且取水可以保证，故一般不设置调蓄水库，采用的工艺为二级或三级絮凝沉淀。

（2）设浑水调蓄水库时的处理工艺。浑水调蓄水库可以用于一次沉淀池的泥沙沉淀，设计水库时，为便于排除泥沙、节电和管理，除死库容外，一般将沉淀部分和蓄水部分分别设置。多采用沉沙渠进行自然沉淀，或采用平流式沉淀池、辐流式沉淀池等进行自然沉淀。

（3）设清水调蓄水库的处理流程。由于地形、地质条件的限制，以及供水安全方面的考虑，在高浊度水处理流程上采用清水调蓄水库。清水调蓄水库库容根据避沙峰、取水口脱流、河道断流和取水口冰害等因素确定。水厂不能取水运行时，则要消耗清水调蓄水库的水量。一旦水厂恢复取水运行，要及时补充清水调蓄水库所消耗的水量。

（4）一次沉淀（澄清）处理工艺。一次沉淀（澄清）处理工艺主要用于一些中小型工程。一次沉淀（澄清）处理构筑物多采用水旋絮凝混凝澄清池一类的新型处理构筑物，这类构筑物在沙峰时，为减少出水浊度，除投加絮凝剂外，同时也投加混凝剂，河水较清时则仅投加混凝剂，由于这类池型采用絮凝混凝沉淀和沉淀泥渣的二次分离技术，故占地小，效率高。

八、低温低浊度处理

1. 低温低浊度水特征

这种水质不仅水温低、浊度低、而且水中耗氧量、碱度以及 pH 值都低，而水的黏度大，在水质净化过程中投加混凝剂后，混合絮凝慢，矾花细小、轻松、不易下沉，从而造成絮凝、沉淀、过滤效果差，即使加大絮凝剂投加量，不仅达不到饮用水水质标准，水中色度和浊度反而增高。低温低浊度水难处理的原因是絮凝速率和颗粒沉降速度同水温变化成正比关系，即絮凝速率和颗粒沉降速度随水温升高而增大，随水温降低而减小。水中悬浮物和胶体杂质是水处理的主要对象，在混凝沉淀过程中，颗粒大的悬浮物一般易于沉淀，而粒径细小的悬浮物和胶体杂质在水中长期处于分散悬浮状态，具有"胶体稳定性"，当水温低时，布朗运动的动能低。水温低，无机盐混凝剂水解速度慢。

2. 处理低温低浊度水工艺

（1）高分子助凝剂。当采用铝盐或铁盐作絮凝剂时，水温影响明显，投加阳离子高分子电解质助凝剂时，水温对助凝剂的用量与絮凝速度却影响较小。高分子助凝剂有活化硅酸、海藻酸钠以及聚丙烯酰胺等。

（2）泥渣回流法。利用机械搅拌澄清池的泥渣回流，来增加原水浊度，从而克服浊度低的不利条件，可使水中胶体杂质微粒互相碰撞机会增多，加快了絮凝作用，提高了混凝反应效率，以达到净化水质的目的。

（3）微絮凝 YK－C2F 直接过滤法。该方法采用两级过滤，过滤效果好。

（4）气浮法。气浮法是利用压力溶气水骤然减压所释放出来的大量微细气泡，将水中加药混凝反应后所形成的絮粒吸附在气泡表面，由于气泡密度小于水的密度，而使带有絮粒的气泡上浮于水面，形成浮渣而被刮渣机除去，以达到除浊度的目的。其工艺流程如下：

投加絮凝剂

原水→反应池→压力溶气罐→释放器→气浮池→快滤池→出水

九、微污染水处理

由于工业污染物排放量不断增加，城市生活污水不断排入，以及农业化肥的大量使用，使地表水源受到的污染越来越重，优质的水源越来越少，而传统的常规净化工艺对这些有机物很难有效去除。

微污染水源就是指水的物理、化学和微生物指标不能达到《地表水环境质量标准》（GB 3838—2002）中作为生活饮用水源水的水质要求。污染物的种类很多，但此处主要是指受到有机物污染的水源，这类水中氨氮（NH_3-N）含量高，有机物指标（BOD、COD、TOC 等）数量高，水的气味明显，加氯消毒时可降低氯的消毒效果，还可与氯形成三氯甲烷。

针对微污染水源水的水质特点，微污染水源水处理技术按照作用原理，可以分为物理、化学、生物净水工艺；按照处理工艺的流程，可以分为预处理、常规处理、深度处理；按照工艺特点，可以分为传统工艺强化技术、新型组合工艺处理技术。现就处理工艺的流程和特点不同，对微污染水源水处理技术研究现状加以综述。

（一）预处理技术

一般把附加在传统净化工艺之前的处理工序称为预处理技术。按对污染物的去除途径，预处理技术可分为氧化法和吸附法，氧化法又可分为化学氧化法和生物氧化法。采用适当物理、化学和生物的处理方法，是对水中的污染物进行初级去除，同时可以使常规处理更好地发挥作用，减轻常规处理和深度处理的负担，改善和提高饮用水水质。

1. 化学氧化预处理技术

化学氧化预处理技术依靠氧化剂氧化能力，破坏水中污染物的结构，转化或分解污染物。化学氧化可以有效降低水中的有机物含量，提高微污染源水中有机物的可生化降解性，有利于后续处理，杀灭影响给水处理工艺的藻类，改善混凝效果，降低混凝剂的用量，去除水中三卤甲烷前体物。

2. 生物氧化预处理技术

生物预处理是指在常规净水工艺之前增设生物处理工艺，是对污水生物处理技术的引用，借助微生物群体的新陈代谢活动，去除水中的污染物。目前饮用水净化中采用的生物反应器大多数是生物膜类型的。就现代净水技术而言，生物预处理已成物理化学处理工艺的必要补充，与物理化学处理工艺相比，生物预处理技术可以有效改善混凝沉淀性能，减少混凝剂用量，并能去除传统工艺不能去除的污染物，使后续工艺简单易行，减少了水处理中氯的消耗量，出水水质明显改善，已成为当今饮用水预处理发展的主流。

3. 吸附法

利用物质强大的吸附性能、交换作用或改善混凝沉淀效果来去除水中污染物，主要有粉末活性炭吸附和沸石吸附等。

（1）粉末活性炭吸附法是将粉末活性炭制成炭浆，投加在常规净水工艺之前，与受污染的原水混合后，在絮凝沉淀池中吸附污染物，并附着在絮状物上一起沉淀去除，少量未沉淀物在滤池中去除，从而达到脱除污染物质的目的。

（2）沸石作为一种极性很强的吸附剂，对氨氮、氯化消毒副产物、极性小分子有机物均具有较强的去除能力，将沸石和活性炭吸附工艺联合使用，可使饮用水源中的各种有机物得到更全面和彻底的去除。

（二）深度处理技术

一般把附加在传统净化工艺之后的处理工序称为深度处理技术。应用较广泛的有生物活性炭、臭氧-活性炭联用和膜技术等。在常规处理工艺以后，采用适当的处理方法，将常规处理工艺不能有效去除的污染物或消毒副产物的前驱物加以去除，以提高和保证饮用水质。

1. 生物活性炭深度处理技术

生物活性炭深度处理技术是利用生长在活性炭上的微生物的生物氧化作用，从而达到去除污染物的技术。该技术利用微生物的氧化作用，可以增加水中溶解性有机物的去除效率，延长活性炭的再生周期，减少运行费用，而且水中的氨氮可以被生物转化为硝酸盐，从而减少了氯化的投氯量，降低了三卤甲烷的生成量。

2. 膜法深度处理技术

在膜处理技术中，反渗透（RO）、超滤（UF）、微滤（MF）、纳滤（NF）都能有效地去除水中的臭味、色度、消毒副产物前体及其他有机物和微生物，去除污染物范围广，且不需要投加药剂，设备紧凑和容易自动控制。近年来，膜法在美国受到高度重视，特别是其对消毒副产物的良好控制性，被美国国家环保总局环保部门推荐为最佳工艺之一。

3. 臭氧-活性炭联用深度处理技术

臭氧-活性炭联用深度处理技术采取先臭氧氧化后活性炭吸附，在活性炭吸附中又继续氧化的方法，使活性炭充分发挥吸附作用。预先投加臭氧，可使水中的大分子转化为小分子，改变其分子结构形态，提供了有机物进入较小孔隙的可能性，使大孔内与炭表面的有机物得到氧化分解，使活性炭可以充分吸附未被氧化的有机物，从而达到水质深度净化的目的。当然，臭氧-活性炭联用技术也有其局限性，臭氧在破坏某些有机物结构的同时也可能产生一些其他的中间产物。

（三）传统工艺强化处理技术

改进和强化传统净水处理工艺是目前控制水厂出水有机物含量最经济最具实效的手段。对传统净化工艺进行改造、强化，可以进一步提高处理效率，降低出水浊度，提高水质。

1. 强化混凝

强化混凝的目的在于合理投加新型有机及无机高分子助凝剂，改善混凝条件，提高混凝效果。包括无机或有机絮凝药剂性能的改善；强化颗粒碰撞、吸附和絮凝体长大的设备的研制和改进；絮凝工艺流程的强化，如优化混凝搅拌强度、确定最佳反应 pH 值等。

2. 强化过滤

强化过滤技术是在不预加氯的情况下，在滤料表面培养繁殖微生物，利用生物作用去除水中有机物。强化过滤就是让滤料既能去浊，又能降解有机物、氨氮、亚硝酸盐氮等。比较常见的方法是采用活性滤池。即在普通滤池石英砂表面培养附着生物膜，用以处理微污染水源水，该工艺不增加任何设施，在现有普通滤池基础上就可实现，是解决微污染水源水质的一条新途径。

3. 强化沉淀

沉淀分离是传统水处理工艺的重要组成部分，新的强化沉淀技术针对改善沉淀水流流态，减小沉降距离，大幅度提高沉淀效率。当水进入沉淀区后，通过自上而下浓缩絮凝泥渣的过程，实现对原水有机物连续性网捕、卷扫、吸附、共沉等系列的综合净化，达到以强化沉淀工艺处理微污染水的目的。

（四）新型组合工艺处理技术

采用新型组合工艺，可以有效去除水质标准要求的各种物质。如生物接触氧化-气浮工艺、臭氧-砂滤联用技术、生物活性炭-砂滤联用技术、臭氧-生物活性炭联合工艺、生物预处理-常规处理-深度处理组合工艺。利用生物陶粒预处理能有效去除氨氮、亚硝酸盐氮、锰和藻类，并能降低耗氧量、浊度和色度；强化混凝处理能提高有机物与藻类的去除率，降低出厂水的铝含量；活性炭处理对有机污染物有显著的去除效果。

1. 臭氧、沸石、活性炭的组合工艺

沸石置于活性炭前处理含氨氮的原水，可充分利用沸石的交换能力及生物活性炭去除稳定量的氨氮的能力，对于进水的冲击负荷具有良好的削峰作用，且减少沸石再生次数，出水更加经济、稳定、可靠。

2. 微絮凝直接过滤工艺处理微污染水库水源

水库水源浊度低和受污染的水质特征，利用臭氧强氧化性，结合微絮凝直接过滤工艺，强化了微污染水库水的处理效果，提高了对水源浊度、COD_{Mn}、UV_{254}、NH_3-N 的去除率，降低了杀菌消毒投氯量，消除了三氯甲烷等卤代烃致癌物的副作用，省去了常规混凝-沉淀-过滤-投氯消毒工艺中的混凝和沉淀工序。以普通石英砂滤料替代活性炭滤料，大大降低了微污染水的处理成本。

3. 高锰酸钾与粉末活性炭联合除污染技术

高锰酸钾预氧化能够显著地促进粉末活性炭对水中微量酚的去除，两者具有协同作用。生产性应用结果表明，高锰酸钾与粉末活性炭联用可显著地改善饮用水水质，有效地去除水中各种微量有机污染物，明显降低水的致突变活性。对水的其他水质化学指标也有明显的去除效果。

4. 气浮－生物活性炭微污染水处理技术

在传统工艺沉淀池后半部分，加气浮工艺，以气浮的方式运行时，在气浮絮凝池前补充投加絮凝剂和活性炭浆，气泡与活性炭可直接黏附。由于水中的浊度低，活性炭吸附微气泡比重轻，形成的悬浮液容易加气上浮。

第九节　一体化净水装置

在传统设计中，水处理构筑物均为钢筋混凝土结构，施工复杂，占地面积大，运行费用较高。近些年，在城、乡、村镇、工矿企业、开发区、旅游区兴建中小型自来水厂，一体化的净水设备应运而生，并得到了普遍应用。

一体化净水装置是将水质净化工程过程有机地组合装于同一机（箱、罐）体内，应用现代净水新技术、新工艺组成。其功能相当于一个以地表水或地下水为水源的中小型水厂，净化出水经消毒后可以达到《生活饮用水卫生标准》（GB 5749—2006）的要求。它区别于常规水厂采用混凝土建造混凝、沉淀、过滤等净化设施，而是采用不锈钢、碳钢或玻璃钢等材料制作成定型的净水装置，一般在工厂内加工成组合产品，运送到现场安装调试使用。

一体化净水装置与钢筋混凝土净水构筑物比较，优点是：①施工周期短，见效快；②水头损失少，降低了运行电耗，药耗低；③占地面积少，节省土地40%以上，采用钢结构和集成技术，节省投资；④外形简单、美观、可靠，运行人员少，电耗、药耗低，年运行费相对较低，出水水质好，不仅可以达到国家标准，而且稳定可靠。只要做好防腐措施，其使用年限不短于钢筋混凝土结构净水构筑物。适用于中小型常规水厂建设，也可用于农村饮用水特殊净化处理。目前一体化净水设备已在各地农村饮水安全工程和农村饮水解困工程建设中广泛应用。

一、一体化净水设备基本原理

地表水经原水泵从水源地抽吸水或自流，并同时加药，经管道混合器，使地表水和絮凝剂充分混合，进入反应池，再由反应池流到斜管沉淀池。地表水加药反应后，在反应区内形成矾花，矾花在斜板沉降区内沉降分离，底部集泥达到一定量后排泥。沉降区分离出的上清水，从顶部溢流槽或管道出水，再自流进入过滤器，进一步过滤降低水中的浊度，出水水质基本达到1～3度之间。当过滤阻力达到一定高度时，能利用虹吸原理自动反冲洗或手动强制反洗。它集混凝、沉淀、过滤为一体，它对高浊度地表水和波动性大的原水有很好的适应能力，且有出水水质好、沉淀速度快、能耗小、排泥稳定、管理操作方便等特点。它在原水浊度小于100NTU时，出水能达到国家生活饮用水标准，当进水浊度大于1000NTU时应增加排泥次数或在净水器前设预沉器。

二、饮用水一体化净水装置种类及适用范围

一体化净水装置种类有多种多样，有净水塔、一体化净水设备。按照操作自动化的程度，可分为全自动式、半自动式、手动式一体化净水设备；按运行中的受压状态，可分为重力式和压力式；按反冲洗方式又可分为虹吸无阀式、全水力式、全水泵式；按电力供水方式可分为无电力供应和有电供应；还有砂过滤和炭过滤组合的一体化净水装置；个别一体化净水设备只有过滤没有投加混凝装置，它适用范围小，在水质浊度稍高和变化大的地方不适用。

（一）净水塔

1. 特点

净水塔由压力滤池与水塔合建的构筑净水塔是由压力式无阀滤池或单阀滤池、水泵、加药间、水塔合并建造的净水构筑物。小型净水塔中水塔有效容积应按最高日用水量的10％～15％计算。考虑滤池反冲洗用水时，则宜按最高日用水量的15％～25％设计。小型净水塔确定总容积时，应考虑保护高度3m（超高）所占的容积。小型净水塔的进、出水管管径应与供水管网起端管径相同，溢流管、排水管管径不应小于100mm。

2. 适用范围

净水塔特别适用于制水量小、用水又相对集中的镇（乡）村，作为农村饮水安全工程净水设备方式之一。现在农村饮用水安全工程应用中，由于《生活饮用水卫生标准》（GB 5749—2006）的实施，出水从3NTU降低到1NTU，结合20世纪80年代初改水工作经验，净水塔适用原水浊度长期为小于10NTU，短时不超过60度的原水，滤速控制在6m/h左右。

（二）压力式滤罐或滤池

压力式滤罐或滤池由压力罐和滤池石英砂等组成，滤料直径适宜为0.6～1.0mm，滤层厚度可为1.0～1.2m，滤池滤速根据不同场所进行调整（微絮凝滤速20～30m/h，普通压力式过滤器滤速6～12m/h）。压力滤池期终允许水头损失宜为5～6m。压力滤池可采用立式，当直径大于3m时宜采用卧式。压力滤池反冲洗强度宜为15L/(m²·s)，冲洗时间宜为10min。压力滤池应采用小阻力配水系统，可采用管式、滤头或格栅。压力滤池应设排气阀、人孔、排水阀和压力表。它适用沉淀池出水后进行过滤或作为微絮凝一体化净水设备的过滤罐或作为净水塔的过滤罐。

（三）内循环连续式过滤器

1. YK-CLF内循环连续式过滤器结构

内循环连续式过滤器是近年来国外研制成功的一种新型一体化水处理设备，它省略了常规净水工艺中的反应、沉淀工段，在装置中完成絮凝、过滤和反冲洗过程，使得在滤床中直接进行凝聚和分离成为可能。其特点是过滤、冲洗同时运转，不需间断，尤其是农村乡镇供水及工业供水时最为便利，且占地少。由于几乎所有的常规水处理步骤都直接在滤床中进行，因此连续式过滤器在设备体积上比传统的常规水处理节省80％以上，加药量则节省了20％～30％，正是基于以上的优点，连续式过滤器得到广泛的开发应用。目前美国、日本已经有1000多套连续式过滤器应用于中、小型水厂。

内循环连续式过滤器是一种新型的一体化水处理设备，利用微絮凝过滤技术，采用体循环洗砂系统，连续过滤，连续反冲洗。内循环连续式过滤器工作参数为滤料粒径 0.70～1.00mm、滤层厚度 0.6～1m，滤速小于 12m/h，提砂管内气水比 9～11，砂循环速率 2～4mm/min。

2. 适用范围

适用于水源水质较稳定的水库水，浊度变化较小的场所，即浊度长期不超过 20NTU、瞬时不超过 60NTU 的水的净化，其他指标符合《地表水环境质量标准》（GB 3838—2002）Ⅱ类水的要求。

（四）饮用水一体化净水设备

1. 特点

一体化净水设备（CPF）是指将絮凝、沉淀、过滤组合在一起而完成常规处理工艺过程的装置，以及进行接触过滤的装置。它是由集絮凝、沉淀、过滤作用为一体的净水设备、水泵、加药间（混凝剂和消毒剂）、清水池合并建造的净水构筑物。它是我国农村饮用水安全工程中小型水厂应用最普遍的净水设备，净化出水经消毒后可以达到《生活饮用水卫生标准》（GB 5749—2006）的要求（浊度小于 1NTU）。与分离式净水构筑物相比，具有体积小、占地少、一次性投资省、建设速度快的特点。国内生产的一体化净水设备的处理能力一般为 1～150m³/h。

2. 适用范围

饮用水一体化净水设备适用于原水水质浊度常年小于 500NTU，瞬时不超过 1000NTU（最恰当浊度小于 100NTU），其他指标符合《地表水环境质量标准》（GB 3838—2002）Ⅱ类水要求的供水设施。

（五）水力循环型净水器

水力循环型净水器主要包括 JCL 型、XHL 型、FXY 型和 KJS 型一体化净水器。前三者均根据地表江河、湖泊水水质特点进行设计，而 KJS 型则根据矿井水水质特点进行设计。四种类型净水器均将混凝、澄清和过滤三道净水工序综合在同一个设备内完成。

在水力循环澄清池基础上通过内置两个反应器达到反应目的，在清水区下部也增加了塑料珠过滤层，但塑料珠过滤不可能截流细小颗粒、而且反冲洗采用穿孔管反洗效果。直接过滤 YK‐UF 型超滤中央净水设备很差。一体化自动水处理器通过巧妙构思将所有净水单元集中于一体，并且全部通过虹吸原理实现水力自动化，滤料采用天然瓷砂、水处理效果非常好。

（六）微絮凝净水设备

1. 特点

微絮凝 YK‐C2F 型净水设备是一种在密闭的箱体内完成絮凝、过滤的净化过程。它由加药装置、微絮凝压力式两级直接过滤装置、消毒装置等部分组成。净水时间为 25～30min。它是一种使原水与絮凝剂快速混合、微絮凝后，形成密而实的良好微絮凝体进入到滤料层中，从而提高滤料层含污量，延长运行周期，达到不需要建设沉淀池的一体化净水工艺。

2. 适用范围

微絮凝净水设备适用于水源水质较稳定的水库水，浊度变化较小的场所，即浊度长期不超过 20NTU、瞬时不超过 60NTU 的水的净化，其他指标符合《地表水环境质量标准》（GB 3838—2002）Ⅱ类水的要求。

（七）直接过滤 YK - UF 型超滤中央净水设备

1. 结构

直接将原水源水经过砂和超滤过滤，水质达到生活饮用水卫生标准的要求。净水时间约为 15～20min。包括砂预处理系统、超滤膜组件等组成。

2. 超滤中央净水设备的适用范围

（1）原水为地表水时，浊度小于 10NTU，其他指标符合《地表水环境质量标准》（GB 3838—2002）的Ⅱ类水。

（2）原水为地下水时，浊度小于 10NTU，其他指标符合《地下水环境质量标准》（GB 3838—2002）。

（八）混凝沉淀型净水器

混凝沉淀型净水器主要包括 BZ 型、CW 型、JS 型、YJ 型、BJI 型、KG - CL 型等，均以地表江河、湖泊水水质特点进行设计，将混凝、沉淀和过滤三道净水工序综合在同一个设备内完成。

三、饮用水一体化净水设备技术要点

以地面水为水源，将絮凝、沉淀（或澄清）、过滤 3 个净化过程组合（CPF）在一体内的饮用水净水装置称为饮用水一体化净水设备。

$$混凝剂 \qquad\qquad 消毒剂$$
$$\downarrow \qquad\qquad\qquad \downarrow$$
地表水→水泵→混凝→沉淀→过滤→清水池→管网→用户

（一）技术术语

（1）净水装置中混合器：是使投入的药剂迅速均匀地扩散于被处理水中以创造良好的凝聚反应条件的过程。

（2）絮凝：完成凝聚的胶体在一定的外力扰动下相互碰撞、聚集以形成较大絮状颗粒的过程。

（3）沉淀：利用重力沉降作用去除水中杂物的过程。

（4）澄清：通过与高浓度泥渣层的接触而去除水中杂物的过程。

（5）过滤：借助粒状材料或多孔介质截除水中杂物的过程。

（6）压力式净水器：在密闭的箱体内处于有压状态下完成絮凝、沉淀（或澄清）、过滤的净化过程的装置。

（7）重力式净水器：在敞开或加盖的箱体内完成絮凝、沉淀（或澄清）、过滤的净化过程的装置。

（二）一体化净水的技术参数

（1）滤速为 6～12m/h。

（2）设备反冲洗强度为 $10\sim15L/(m^2 \cdot s)$。

（3）净水流量。净水流量 (m^3/h) ＝按罐体面积 (m^2) ×滤速 $(6\sim12m/h)$。

如 YK－CPF－1600－B，表示罐体直径为 1600mm，则净水流量罐体面积 $(0.8\times0.8\times3.14)$ ×滤速 (10) ＝ $20m^3/h$，该设备每天制水量约 $400m^3$，使用人数按每人每天用 150L，则可供 2666 人使用，一般应有安全系数取值 1.3 左右，则供 2000 人最恰当。

（4）反冲洗水箱容积。冲洗水箱容积 ＝ $0.06\times\{$ 冲洗强度 $[L/(m^2 \cdot s)]$ ×滤池面积 (m^2) ×冲洗时间 $(min)\}$。

如 YK－CPF－1600－B 的反冲洗水箱容积，冲洗强度 $12\sim15L/(m^2 \cdot s)$，冲洗时间取值为 6min。则冲洗水箱容积 ＝ $0.06\times12\times2.0096\times6＝8.68m^3$，其中冲洗强度按 $12L/(m^2 \cdot s)$ 计。

（5）反冲洗泵流量。采用水源加压进行反冲洗的一体化净水设备，在设计时应选择加压泵的流量，一般冲洗强度按 $15L/(m^2 \cdot s)$ 计。反冲洗扬程一般为 15m，则

$$反冲泵流量＝冲洗强度×过滤面积×3600$$

如 YK－CPF－1600－B 的反冲洗流量 ＝ $(15\times2.0096\times3600)/1000＝108m^3/h$。

（6）场所面积。场所面积 (m^2) ＝ $[$ 罐体直径 (m) ＋2 $]$ × $[$ 罐体直径 (m) ＋3 $]$。

例如 YK－CPF－2500－D，则为 $4.5\times5.5＝24.75m^2$，场所面积约为 $25m^2$。

四、一体化净水设备类型

（1）一体化水处理设备型式、种类较多，在选择时应主要考虑以下几点：

1）适用范围广，出水水质好。在不同原水条件下，能保证水质各项指标达到国家规定的生活饮用水标准。

2）工作稳定可靠，不会出现水质、水量经常变化的现象。

3）操作简单，管理方便，运行可靠，投药量少，体积小，价格低。

（2）一体化净水设备 YK－CPF 型根据外围的反冲洗方式、原水投式方式、加混凝剂等情况又分为 A、B、C、D 类型，还有敞开的箱体的 E 类型。

1）节能型一体化净水设备（A 类型）。水源由原水泵提升，混凝剂和消毒剂投加采用计量泵，反冲洗采用高位水箱，在密闭的箱体内处于有压状态下完成絮凝、沉淀（或澄清）、过滤的净化过程的装置（工作压力小于 0.3MPa），称为节能型 YK－CPF－XXX－A 型一体化净水设备。它结构简单，几乎不需维修，整个传输过程可在一个密封的槽中进行，减少压力损耗，降低了噪声和能耗。

2）重力式虹吸无阀一体化净水设备（B 类型）。在水源具备一定落差（大于 8m），依靠重力式自流的压力或加压进行混凝、沉淀和过滤，滤池采用虹吸无阀滤池进行自动反冲洗，在密闭的箱体内压力状态下完成絮凝、沉淀（或澄清）、过滤的净化过程的装置（工作压力小于 0.3MPa），称为重力式虹吸无阀 YK－CPF－XXX－B 型一体化净水设备。

根据电力供应情况投加混凝剂和消毒剂方式可选择计量泵或没有电力供应重力式投加。

3）全水力一体化净水设备（C 类型）。在水源具备一定落差（大于 8m），依靠重力式自流的压力进行混凝、沉淀和过滤，混凝剂和消毒剂采用重力投加（无电力供应），

反冲洗采用手动控制阀门的高位水箱反冲洗方式，在密闭的箱体内处于有压状态下完成絮凝、沉淀（或澄清）、过滤的净化过程的装置（工作压力小于 0.3MPa），称为全水力 YK‐CPF‐XXX‐C 型一体化净水设备。

4）常规加压及特殊处理的一体化净水设备（D 类型）。原水提升和反冲洗采用泵进行，混凝剂和消毒剂投加采用计量泵，以及水源水有微污染或有铁锰超标，在密闭的箱体内处于有压状态下完成絮凝、沉淀（或澄清）、过滤的净化过程的装置（工作压力小于 0.3MPa），针对地表水铁锰超标的水源水，可采用锰砂为过滤材料，达成净化效果。这类设备称为常规加压及特殊处理 YK‐CPF‐D 型一体化净水设备。

5）敞开箱体的一体化净水设备（E 类型）。在敞开的箱体内完成絮凝、沉淀（或澄清）、过滤的净化过程的一体化净水装置，它不是一个密闭罐体内完成絮凝、沉淀（或澄清）、过滤的净化过程的装置。水源的压力不能保留，需多次加压提升，如广西壮族自治区、浙江省的某些企业生产的一体化净化设备。

第五章　村镇供水工程施工工艺

为了保证农村饮水安全工程的质量，确保项目按期投入运行，发挥投资效益，根据国家发展和改革委员会、水利部、卫生部《关于加强农村饮水安全工程建设和运行管理工作的通知》《农村饮水安全项目建设管理办法》等文件精神，各地应严格按有关要求选择有工程施工资质的企业进行施工，施工后按有关要求组织验收，确保工程质量。

本章主要介绍地下水取水构筑物、地表水取水构筑物、管道工程、蓄水池、水窖等工程的施工方法、施工工艺；泵房与水泵机组、阀门仪表与电气设备安装等，同时介绍了村镇供水工程施工一般规定、工程验收的有关程序和规定。

第一节　村镇供水工程施工一般规定

一、村镇供水工程施工的基本规定

农村集中式供水工程的施工，应通过招投标确定施工单位和监理单位；规模较小的工程，条件不具备时，可由有类似工程经验的单位承担施工。

（1）集中式供水工程宜通过招投标确定施工单位和监理单位；小型分散工程，条件不具备时，可由有类似工程经验的单位承担施工。

（2）施工前，应进行施工组织设计、编制施工方案、建立质量管理体系，明确施工质量负责人和施工安全负责人，经批准取得施工许可证和安全生产许可证后，方可实施。

（3）施工过程中，应做好材料设备、隐蔽工程和分部工程等中间环节的质量验收；隐蔽工程应经过中间验收合格后，方可进行下一道工序施工。

（4）施工过程中应做好材料和设备的采购、试验与试验记录，同时应做好设计的变更、隐蔽工程的中间验收、分项工程质量评定、质量及故障处理、技术洽商等记录。

（5）施工应符合国家及各省（自治区、直辖市）有关文明施工、安全、防水、防电、防雷击、防噪声、劳动保护、交通保障、文物及环境保护等法律法规的有关规定。

（6）应按设计图纸和技术要求进行施工；施工过程中，需要变更设计时，应征得建设单位同意，由设计单位完成。

（7）应符合国家相关施工及验收规范的要求。构筑物应符合《给水排水构筑物施工及验收规范》（GBJ 141—90）的规定，机井尚应符合《机井技术规范》（SL 256—2000）的规定，混凝土结构工程应符合《混凝土结构工程施工质量验收规范》（GB 50204—2015）的规定，砌体结构工程应符合《砌体工程施工质量验收规范》（GB 50203—2011）的规定，管道工程应符合《给水排水管道工程施工及验收规范》（GBJ 50268—2008）的规定，机电设备应符合《泵站技术规范》（SD 204—1986）和《电气装置安装工程电器设备交接试验标准》（GB 50150—2006）的规定。

二、施工准备

（1）施工前应由设计单位进行设计交底，当施工单位发现设计图有错误时，应及时向设计单位和建设单位提出变更设计的要求。施工前，应根据合同规定与施工需要，进行调查研究，充分掌握下列情况和资料：现场地形、地貌、现有建筑物和构筑物、地上杆线和树木、地下管线和电缆情况；气象、水文、工程地质与水文地质资料；施工用地、交通运输、供电、供水、排水及环境条件；工程材料和施工机械供应条件；结合工程特点和现场条件的其他情况和资料。

（2）施工组织设计的内容应包括工程概况、施工部署、施工方法、施工技术组织措施、施工计划及施工总平面布置图等，对主要施工方法应分别编制施工设计。施工技术组织措施应包括保证工程质量、安全、工期、降低成本、交通保障、文明施工和环境保护的措施。

（3）施工前，尚应完成有关拆迁协议的签订。

三、土建工程施工

（1）基坑开挖形式，宜采取保护措施，深基坑工程应保持边坡的稳定性、坑底和侧壁渗透的稳定性。

（2）基础工程施工期间，应进行施工质量、对周围环境和临近工程设施影响的检测。

（3）构（建）筑物基础处理应满足基地承载力和变形要求，应按有关规定进行基槽验收。

（4）土方回填应排除积水、清除杂物，分层铺设时厚度可取 200～300mm，并应分层回填夯实。回填土土质、高度压实系数应符合设计要求。管道沟槽的回填，应在管道安装验收合格并对管道系统进行加固后再回填。

（5）钻井应综合考虑地层岩性，并对设计含水层进行复核，应用黏土球封闭非取水含水层。井深直径不得小于设计井径。沉井过程中，应控制每 100cm 顶角倾斜不超过 1.5°。在松散、破碎或水敏性地层中钻井，应采用泥浆护壁井口加套管。沉井后应及时进行洗井和抽水试验，出水水质和水量应满足设计要求。

（6）防渗体和反滤层施工完毕后，应单项工程进行验收。验收合格后应采取措施加以保护。

（7）地表水取水构筑物的施工，应做好防洪、土石方堆砌、排水、清淤与导流等，以保证施工安全。竣工后，应及时拆除全部施工设施、清理现场，修复原有护坡、护岸等，应按当地规划标准恢复生态环境和植皮。

（8）取水头部施工前应编制施工组织设计，工地周边应有足够堆料、牵引及安全施工机具的场地。

（9）水池施工，应做好钢筋的绑扎与保护层、防渗层。防止出现变形缝，避免与减少施工冷缝，控制温差引起的裂缝。施工完成之后应进行满水试验，满水试验时应无漏水现象，水池实测水量应不大于允许渗水量。允许渗水量应按池壁和池底渗湿总面积计算，钢筋混凝土水池允许渗水量 2L/(m² · d)，砖石砌体水池 3L/(m² · d)。

（10）满水试验合格后，应及时进行池壁外的各项工序及土方回填，需覆土的池顶亦应及时均匀对称地进行回填。

（11）集蓄水池给水系统井式水窖（井窖）施工保证土质黏性好、质地坚硬，远离地层裂缝、沟边、沟头、陷穴。必须在前次砂浆凝固后再抹第二层，且应每层一次连续抹完。

（12）集蓄水池给水系统窖式水窖（长方形拱顶水害）施工可用浆砌砖石砌筑、M5水泥砂浆抹面，窖壁与窖底应用 M8 或 M10 水泥砂浆抹面，厚 30mm 防渗做法同井窖。

四、材料设备采购

（1）材料、设备的采购应符合采购程序和设计要求，并应符合国家现行有关标准的规定。材料、设备的卫生性能应符合国家现行有关标准的规定。

（2）材料、设备（含附件）到货后，应对照供货合同及时验收。验收内容主要包括出厂合格证、性能检测报告、技术指标和质量、外观、颜色、说明书与生产日期等。

（3）凡与生活饮用水直接接触的设备、管道、附件及其防腐材料、滤料、混凝剂、净水器等设备材料均应符合卫生安全要求。

（4）对批量购置的主要材料、应按照有关规定进行取样检测。

（5）材料设备应按性能性质分类存放，不应与有毒物质和腐蚀性物质存放在一起。水泥、钢材应有防雨、防潮措施，塑料管道堆放地应平整，并应有遮阳等防老化措施。

第二节 地下水取水构筑物施工

地下水取水构筑物主要有管井、大口井、辐射井、截潜流工程、引泉工程等，本节主要介绍管井、大口井的施工工艺。辐射井、截潜流工程、引泉工程等地下水取水构筑物的施工工艺见有关资料。

一、管井的施工

管井是垂直安装在地下的取水构筑物，主要由井壁管、滤水器、沉淀管、填砾层和井口封闭层等组成。管井施工是一项基建工程，应严格按工程施工工艺及技术要求进行，以保证管井工程质量。管井的建造一般包括地面地质调查、物探以确定孔位、钻进井孔，测井、下管、填砾、封井、固井、洗井、抽水试验和水质检验工艺流程。管井的主要施工程序及成井工艺简述如下。

（一）井孔钻进

井孔钻进方法较多，包括冲击钻进、回转钻进、冲击回转钻进以及循环钻进、空气钻进等，目前国内普遍使用方法为冲击钻进和回转钻进。

1. 冲击钻进

冲击钻进的基本原理是使钻头在井孔内上下往复运动，依靠钻头自重来冲击孔底岩层，使之破碎松动，再用抽筒捞出，如此反复，逐渐加深形成井孔（图 5-1）。

冲击钻进依靠冲击钻机来实现。适用于松散的冲洪积地层。钻机型号可根据岩层情况、管井口径、深度，以及施工地点的运输和动力条件，结合钻机性能选定，这在钻井工程设计中就要明确给定。在钻进过程中，必须采用护壁措施，常用的有泥浆壁钻进和套管护壁钻进。随着冲洗井技术的进步，清水水压钻进受到了重视，清水水压钻进，一是由于水静压力的作用，有助于井壁的稳定；二是在钻进过程中自然造浆，增加护壁性能。因此，在水源充分，覆盖层地层密实的地方多采用此方法。冲击钻进法效率低、速度慢，但机具设备简单、轻便。

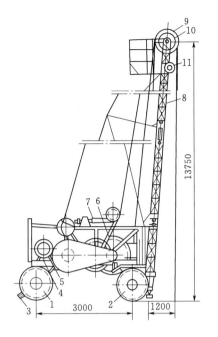

图 5-1　CZ-22 型冲击钻机
1—前轮；2—后轮；3—辕杆；4—底架；
5—电动机；6—连杆；7—缓冲装置；
8—桅杆；9—钻进工具钢丝绳天轮；
10—抽砂筒；11—起重用滑轮

2. 回转钻进

回转钻进的基本原理是使钻头在一定的钻压下在孔底回转，以切削、研磨破碎孔底岩层，并依靠循环冲洗系统将岩屑带上地面，如此循环钻进形成井孔（图 5-2）。

回转钻进依靠回转钻机来实现。回转钻进又分为一般回转钻进、反循环回转钻进及岩心回转钻进。一般回转钻进既适用于松散的冲积层，也适用于基岩地层。此种钻机用动力机通过传动装置，使转盘转动，转盘带动钻杆旋转，从而使钻头切削岩层。在钻进同时，钻机上的泥浆泵不断地从泥浆池抽取一定浓度的泥浆，经提引水龙头，沿钻杆内腔至钻头喷射到被切削的工作面上。泥浆与钻孔内的岩屑混合在一起，沿井孔上升到地面，流入沉淀池，在沉淀池内分离岩屑后的泥浆又重复被泥浆泵送至井下。这种泥浆循环方式又称正循环回转钻进。循环泥浆在钻进中既起清除岩屑的作用，又起加固井壁和冷却钻头的作用。

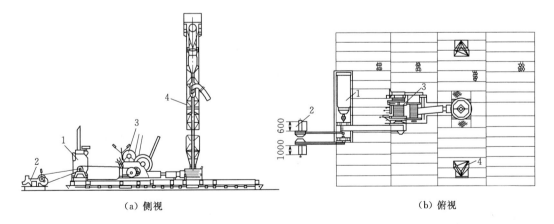

（a）侧视　　　　　　　　　（b）俯视

图 5-2　SPJ-300 型钻机
1—柴油机；2—泥浆泵；3—主机；4—钻塔

反循环回转钻进克服了正循环回转钻进中由于井壁有裂隙和坍塌，发生循环的漏失和流速降低，以致岩屑在井孔内沉淀而不能从井孔中排出的弊病。泥浆由沉淀池流经井孔到井底，然后经钻头、钻杆内腔、提引水龙头和泥浆泵回到泥浆沉淀池。它的特点是循环流量大，在钻杆内腔产生较高的流速。

岩心回转钻进设备与工作情况和一般回转钻进法基本相同，只是所用的钻头是岩心钻头。岩心钻头只将沿井壁的岩石破碎，保留中间部分，因此效率较高，并能将未被破碎的岩心取到地面供考察地层之用。岩心回转钻进适用于钻进坚硬的岩石，其优点是进尺速度高，钻进深度大，所需设备功率小，常用于钻进基岩深管井。

钻井方法的选择对于降低造价、加快工程进度、保证工程质量都有很大的意义，因此，应结合各地的具体情况，选择适宜的钻井方法。

（二）成井

钻凿井孔到预定深度，要对地层资料进行编录，必要时还要通过物探测井准确确定地层岩性剖面和取水层，然后按照管井构造设计要求，依据实际地层资料，对井壁管、滤水管、沉淀管进行排管，最大限度地使滤水管对准取水层，然后及时进行下管安装、填砾和封井等，形成水井。

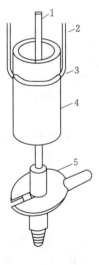

图 5-3　钻杆托盘下管法
1—钻杆；2—大绳；
3—绳套；4—井管；
5—垫叉

1. 井管安装

井管的安装，简称下管，是管井施工中最为关键而且是最紧张的一道工序。常见的下管方法有：

（1）钻杆托盘下管法。钻杆托盘下管法适用于采用非金属管材建造的管井，因下管易于保证井管垂直，故使用较为普遍，钻杆托盘下管法如图 5-3 所示，其主要设备为托盘、钻杆、井架及起重设备。

钻杆托盘下管法的步骤如下：

1）将第一根带有反丝扣接箍的钻杆与托盘中心的反丝锥形接头在井口连接好，然后将井管吊起套在钻杆上，徐徐落下，使托盘与井管连接在一起。

2）把装好井管的第二根钻杆吊起后放入井内，用垫叉在井口枕木或垫轨上将钻杆端部卡住，另用提引器吊起另一根钻杆。

3）将第二根钻杆对准第一根钻杆上端接头，然后用另一套起重设备，单独将套在第二根钻杆上的井管提高一段，拿去圆形垫叉，对接好两根钻杆，再将全部钻杆提起一段高度，并使两根井管在井口接好之后，即将接好的井管全部下入井内。第二根钻杆上端接头再用垫叉卡在井口枕木上。去掉提引器，准备提吊第三根钻杆上的井管，如此循环直至下完井管。

待全部井管下完及管外填砾已有一定高度，且使井管在井孔中稳定以后，才允许按正扣方向用力徐徐转动钻杆，使之与托盘脱离，然后将钻杆逐根提出井外。

（2）悬吊下管法。悬吊下管法主要适用于钻机钻进，并且是由金属管材（钢管或铸铁管）和其他能承受拉力的管材建造而成的深井。该法是用钻机的起重设备提吊井管，全部井管的重量是由钻塔承担的，因此钻杆的抗拉强度、卷扬机的起重能力和钻塔的安全负荷是下管深度的控制条件。

该方法的特点是：下管速度快、施工安全，并且容易保证井管垂直。悬吊下管法的主要设备有：管卡、钢丝绳套、井架和起重设备。井架及起重设备，通常多是用钻机上的井架和卷扬机，但当钻机的起重能力不足时，则可采用浮板下管法，利用泥浆浮力来减轻井管重量。

悬吊下管法的下管步骤较为简单，首先用管卡子将底端没有木塞的第一根井管在箍下边夹紧，并将钢丝绳套套在管卡子的两侧，通过滑车将井管提吊起来下入孔内，使管卡子轻轻落在井口垫木上，随后摘下第一根井管的钢丝绳套，用同样的方法起吊第二根井管，并用绳索或链钳上紧丝扣，然后将井管稍稍吊起，卸开第一根井管上端的管卡子，向井孔下入第二根井管。按此方法直至将井管全部安装完毕。

2. 填砾及井管外封闭

(1) 填砾。管外围填滤料的目的是通过在管壁与孔壁之间的环状空隙填入滤料，以形成人工过滤层，可以增大滤水管的进水面积，减少滤水管的进水阻力，防止孔壁泥沙涌进井内，从而起到增大井水量，减少井水的含沙量及延长井的工程寿命的目的。填砾及井管外封闭是成井工艺中一个重要环节。填砾规格、填砾方法以及不良含水层的封闭和井口的封闭质量的优劣，都可能影响管井的质量。

填砾要按设计要求的粒径与级配进行筛选，并以圆和椭圆形砾石为主，在井内换浆后，把砾料由孔口均匀连续填入（避免砾石充塞于井孔上部），随时测量填砾深度，核对填料数量，直至达到要求深度为止。填砾要求如下：

1) 围填砾石质量的要求。除要求砾石本身必须保证颗粒浑圆度好、经过筛选冲洗、不含泥土杂物、符合规格标准外，还要求在填砾工序中做到及时填砾和均匀填砾，以防止产生滤料的蓬塞和离析等不良现象的产生，尽量满足填砾的设计标准。

2) 围填砾石数量的要求。一般要求在围填砾石之前，应结合井孔及井管规格和井孔岩层柱状图，对所准备的砾石，除满足质量要求外，在数量上应具备10%～15%的安全富余量，因在井孔钻进中可能会产生超径现象，相应的要增大填砾数量。

3) 围填砾石厚度的要求。在滤料质量符合标准的情况下，一般滤料有效厚度在8～10cm时即可起到滤水拦沙的作用。但实践证明：在井壁管直径一定的前提下，增大滤料的厚度，不仅可以有效地防止井内涌沙，而且还可以增大水井出水量。因此，在不过分增加钻井费用的前提下，适当地加大井孔的直径，增大填砾的厚度是完全必要的。

4) 围填砾石高度的要求。应根据滤水管的位置来确定，一般要求对所有设置滤水管的部位进行填砾，其高度应高出最上一层含水层5～10m，以防止在洗井及抽水试验中因滤料下沉而产生滤水管涌沙等不良现象。

(2) 围填方法。在围填滤料的过程中必须随时丈量深度，并记录其填入的数量。围填过程中必须要做到：从井管四周的井孔内慢慢均匀投撒，要绝对禁止大量集中从一侧倒入，以免形成柱塞或将井管拥斜。

一般每回填高度3～5m后，须测量一次，用铅丝拎上一个长0.5～1.0m的铁棍，其重量应是下入井内铅丝重量的1倍以上。不断测量的主要目的是为了核对填入滤料的体积与深度的关系是否对应。如果发现滤料没有下到预定位置，则说明发生了蓬塞现象。围填滤料时还应注意以下几点：

1）当井管全部下入井孔后，应立即进行填料，以防止泥浆沉淀或孔壁坍塌。

2）围填滤料的过程中，要防止滤料填不到预定位置，而中途蓬塞。如果发现堵塞现象，可以采取适当的办法予以处理，可采用振荡法、冲水填料法、反循环填料法加以解决。

（3）管外的封闭与隔离。为保证取水层的水质、水量不受其他含水层的影响，而将其他含水层进行封闭，使其不会沿井壁管串通到取水层或涌出地面的一种措施，称为封闭隔离。

1）封闭隔离常用的材料。

a. 水泥。水泥可用做封闭料，一般选用较高标号的硅酸盐水泥，使用时拌和成水泥浆，用钻杆或导管将水泥浆送至预定位置。一般在压力较高的含水层中用水泥封闭效果较差，并且会给以后井的修复造成困难，所以在一般情况下，不宜采用水泥封闭。

b. 黏土。农田灌溉机井多采用黏土封闭，其封闭效果也较好，但作为封闭材料的黏土，必须是质地纯洁，含沙量小的优质黏土。

2）黏土封闭材料的制作。

a. 天然状态的干黏土封闭。使用这样的黏土封闭时，要求使用经过筛选的黏土碎块，块径 3～5cm，最好不要用于黏土粉末，这是因为黏土粉末在下沉过程中会溶于泥浆中，影响封闭效果。经过筛选的干黏土块虽较黏土粉末好些，但其遇水后崩解的速度较快，所以也很少使用。

b. 采用黏土球进行封闭。选用优质的黏土加水掺和均匀后，制成直径 2～3cm 的黏土球，并要求大小均匀，滚圆度要好，阴干（勿暴晒），控制其含水量在 10% 左右。因为黏土经过人工拌和后，其颗粒间的结构较原始状态更为紧密，不再具有节理，所以在泥浆中的崩解速度，远较原始状态的干黏土块为慢，一般超过 30min 才能彻底崩解，能够较理想地围填到预定位置。经试验，当黏土球崩解后，初期其体积体被压缩 10% 时，其渗透系数为 0.095m/昼夜；经过一段时间，当体积被压缩 15% 时，渗透系数进一步降低到 0.006m/昼夜左右。由此可以看出，使用黏土球封闭较易于控制，且有较好的封闭止水效果。

3）封闭隔离方法。

a. 连续封闭隔离。当所取含水层比较单一，或在某一含水层段集中取水时，常采用这种方式。即当含水层部位的滤料围填完毕后，在其上部直至井口完全封闭，称为连续封闭。这种方式施工较为简便，封闭位置也易于掌握。

b. 分段封闭隔离。在多个含水层中取水时，若其中某个含水层因为某种原因而必须封闭隔离时，多采用这种方式封闭（如图 5-4 所示）。含水层Ⅰ、Ⅲ作为取水层要围填滤料，含水层Ⅱ为有害水层须封闭隔离，而含水层Ⅰ以上至井口又须进行封闭，这种分段交错隔离的方法即称为分段封闭隔离方式。它能保证含水层Ⅰ、Ⅲ充分进水，而又不至于使含水层Ⅱ的水通过井壁管串通到其他取水含水层。这种隔离方式施工要求较高，对于每一层的

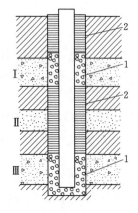

图 5-4　分段封闭
隔离示意图
1—滤料；2—黏土
封闭隔离

围填都应精确测量与计算，预留其沉陷量。使用黏土球时，应按 25% 的沉陷量来考虑，一般不至于发生错位现象，可以保证有较好的封闭隔离效果。为了确保封闭质量，应对所采用黏土进行试验，以确定投填时黏土球的适宜含水量与崩解时间，每填完一段后应停 2～3h，令其充分沉陷。

（三）洗井

在凿进的过程中，泥浆和岩屑不仅滞留在井周围的含水层中，而且还在井壁上形成一层泥浆壁，洗井就是要消除井孔及周围含水层中的泥浆和井壁上的泥浆壁，同时还要冲洗出含水层中部分细小颗粒，使井周围含水层形成天然反滤层。因此，洗井是影响水井出水能力的重要工序。洗井工作要在安装井管、填砾、止水与管外封闭工作完成并用抽筒清理井内泥浆之后立即进行，以防泥浆壁硬化，给洗井带来困难。

选择适宜的洗井方法，要根据含水层的特性、井孔结构、井管质量、井孔水力特征及沉砂情况综合确定。洗井方法有活塞洗井、压缩空气洗井、水泵抽水或压水洗井、液态 CO_2 洗井，酸化 CO_2 喷洗井等。活塞洗井法是用安装在钻杆上带有活门的活塞，在井壁管内上下拉动，使过滤器周围形成反复冲洗的水流，以破坏泥浆壁并清除含水层中残留泥浆和细小颗粒。活塞洗井效果好，洗井较彻底。压缩空气洗井效率较高，采用较广，对于细粉砂地层，一般不宜采用此法。有时适宜选择几种方法联合洗井，可以提高洗井效果，既能按要求达到水清砂净的要求，又能增大井的出水量。当泥浆壁被破坏，出水变清，井水含砂量在 1/50000（粗砂地层）～1/20000（细砂地层）以下时，就可以结束洗井工作。

（四）抽水试验

抽水试验是管井建造的最后阶段，目的在于测定井的出水量，了解出水量与水位降落值的关系，为选择、安装抽水设备提供依据，同时采取水样进行分析，以评价井的水质。因此，成井后进行抽水试验是必不可少的最后一道工作。

抽水试验前应测出静水位，抽水时应测定与出水量相应的动水位。抽水试验的最大出水量一般应达到或超过设计出水量，如设备条件所限，也不应小于设计出水量的 75%。抽水试验时，水位下降次数一般为 3 次，至少为 2 次。每次都应保持一定的水位降落值与出水量稳定延续时间。

抽水试验过程中，除认真观测和记录有关数据以外，还应在现场及时进行资料整理工作，绘制出水量与水位降落值的关系曲线、水位和出水量与时间关系曲线以及水位恢复曲线等，以便发现问题及时处理。

（五）管井施工常见事故的预防和处理

1. 井孔坍塌

施工中应注意根据土层变化情况及时调整泥浆指标，或保持高压水护孔；做好护口管外封闭，以防泥浆在护口管内外串通；特殊岩层钻进时须储备大量泥浆，准备一定数量的套管；停工期间每 4～8h 搅动或循环孔内泥浆一次，发现漏浆及时补充；在修孔、扩孔时，应加大泥浆的比重和黏度。

发现井孔坍塌时，应立即提出钻具，以防埋钻。并摸清塌孔深度、位置、淤塞深度等情况，再行处理。如井孔下部坍塌，应及时填入大量黏土，将已塌部分全部填实，加大泥浆比重，按一般钻进方法重新钻进。

2. 井孔弯曲

钻机安装平稳，钻杆不弯曲；保持顶滑轮、转盘与井口中心在同一垂线上；变径钻进要有导向装置；定期观测，及早发现。冲击钻进时可以采用补焊钻头，适当修孔或扩孔来纠斜。当井孔弯曲较大时，可在近斜孔段回填土，然后重新钻进。

回转钻进纠斜可以采用扶正器法或扩孔法。在基岩层钻进时，可在粗径钻具上加扶正器，把钻头提到不斜的位置，然后采用吊打、轻压、慢钻速钻进。在松散层钻进时，可选用稍大的钻头，低压力、慢进尺、自上而下扩孔。另外还可采用灌注水泥法和爆破法等。

3. 卡钻

钻头必须合乎规格；及时修孔；使用适宜的泥浆保持孔壁稳定；在松软地层钻进时不得进尺过快。

在冲击钻进中，出现上卡，可将冲击钢丝绳稍稍绷紧，再用掏泥筒钢丝绳带动捣击器沿冲击钢丝绳将捣击器降至钻具处，慢慢进行冲击，待钻具略有转动，再慢慢上提。出现下卡可将冲击钢丝绳绷紧，用力摇晃或用千斤顶、杠杆等设备上提。出现坠落石块或杂物卡钻，应设法使钻具向井孔下部移动，使钻头离开坠落物，再慢慢提升钻具。

在回转钻进中，出现螺旋体卡钻，可先迫使钻具降至原来位置，然后回转钻具，边转边提，直到将钻具提出，再用大"钻耳"的鱼尾钻头或三翼刮刀钻头修理井孔。当出现掉块、探头石卡钻或岩屑沉淀卡钻时，应设法循环泥浆，再用千斤顶、卷扬机提升，使钻具上下移动，然后边回转边提升使钻具捞出。较严重的卡钻，可用振动方法解除。

4. 钻具折断或脱落

合理选用钻具，并仔细检查其质量；钻进时保持孔壁圆滑、孔底平整，以消除钻具所承受的额外应力；卡钻时，应先排除故障再进行提升，避免强行提升；根据地层情况，合理选用转速、钻压等钻进参数。

钻具折断或脱落后，应首先了解情况，如孔内有无坍塌淤塞情况，钻具在孔内的位置，钻具上断的接头及钻具扳手的平面尺度等。了解情况后常采用孔内打印——作标记的方法。钻具脱落于井孔，应采用扶钩先将脱落钻具扶正，然后立即打捞。

（六）成井的验收

水井竣工后，当其质量基本符合设计标准时方能交行使用，故应根据各项设计指标进行验收。

1. 水井验收的主要项目

（1）井斜。指井管安装完毕后，其中心线对铅直线的偏斜度。当孔深小于 100m 时，孔斜不大于 1°；当孔深大于 100m 时，孔斜不大于 3°。

（2）滤水管的位置。滤水管安装位置必须与含水层位置相对应，其深度偏差不能超过 0.5～1.0m。

（3）滤料及封闭围填的材料。除滤料的质量应符合规格要求外，其围填数量与设计数量不能相差太大，一般要求填入数量不能少于计算数量的 95%。

（4）出水量。当设计资料与钻孔资料相符时，井的出水量不应低于设计出水量。

（5）含砂量。井水含砂量，在粗砂、砾石、卵石含水层中，其含砂量应小于 1/5000；在细砂、中砂含水层中其含砂量应小于 1/5000～1/10000。

（6）含盐量。对生活饮用水及加工副业用水的水质要求：除水的物理性质应是无色、无味、无臭；化学成分应与附近勘探孔或附近生产井近似外，并应结合设计用水对象的要求验收。

2. 水井验收的主要文件资料

（1）水井竣工说明书。该文件是施工中的技术文件，应简要描述施工情况，变动设计的理由和基本技术资料；如井孔柱状图（其中包括岩石名称、岩性描述、岩层深度及厚度等），电测井曲线，水井竣工结构图，抽水试验数据和水质资料以及水井竣工综合图表等。

（2）水井使用说明书。该文件内容包括：为防止水井结构的破坏和水质的恶化，而提出的维护建议和要求，对水井使用中可能发生的问题提出维修方案和建议，并提出水井最大可能出水量和建议的提水设备等。

二、大口井的施工

大口井的施工方法有大开挖法和沉井法两种。

（一）大开挖法

大开挖施工法即在开挖的基槽中进行井筒砌筑或浇注及铺设反滤层工作。其优点是井壁比沉井施工法薄，且可就地取材，便于井底反滤层施工，可在井壁外围回填滤料层，改善进水条件；但在深度大水位高的大口井中，施工土方量大，排水费用高。因此，此法适用于建造直径小于 4m、井深 9m 以内的大口井，或地质条件不宜采用沉井施工法的大口井。

（二）沉井法

沉井施工就是先在地面上预制井筒，然后在井筒内不断将土挖出，井筒借自身的重量或附加荷载的作用下，克服井壁与土层之间摩擦阻力及刃脚下土体的反力而不断下沉直至设计标高为止，然后封底，完成井筒内的工程。其施工程序有基坑开挖、井筒制作、井筒下沉及封底。

1. 水下灌筑混凝土施工

在进行基础施工中，如在江河水位较深，流速较快情况下修建取水构筑物时，如泵房等常可采用直接在水下灌筑混凝土的方法，或灌筑连续墙。有时地下水渗透量大、大量抽水又会影响地基质量。

（1）混凝土水下施工方法。一般分为水下灌筑法和水下压浆法。

1）水下灌筑法。水下灌筑法有直接灌筑法、导管法、泵压法、柔性管法和开底容器法等。通常施工中使用较多的方法是导管法。导管法是将混凝土拌和物通过金属管筒在已灌筑的混凝土表面之下灌入基础，这样就避免了新灌筑的混凝土与水直接接触，如图 5-5 所示，导管活塞如图 5-6 所示。

导管法施工过程包括：填料、开管、提升和浇筑。

当导管下口与基底的距离 $h_1 = 30 \sim 50 \text{cm}$、导管下口与灌入混凝土高之间的距离 $h_2 = 0.5 \sim 1 \text{m}$、管内混凝土顶高出水面的距离 $h_3 = 2.5 \text{m}$ 时剪断铅丝，冲开塞子（开管），浇筑混凝土，同时提升导管防止堵塞。

2）施工中应控制以下几点：①连续浇灌，保证浇灌速度在每小时提升导管 $0.5 \sim 3 \text{m}$，

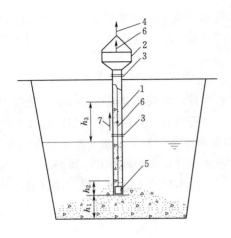

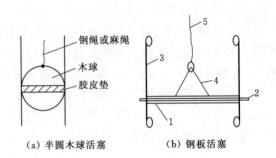

图 5-5　水下灌筑混凝土

1—导管；2—漏斗；3—接头；4—其中设备吊索；

5—混凝土塞子；6—铅丝；7—导管缓缓上升

图 5-6　导管活塞图

1—钢板；2—胶皮板；3—钢筋；4—吊钩；5—8 号铅丝

即浇混凝土 $15m^3/h$；②多根导管共同作业时，应控制每根导管作用半径在 $3\sim4m$；控制各根之间混凝土顶面标高；③运输、浇筑要求与其他混凝土施工相同，主要是保证连续浇灌；控制初凝时间内浇筑完成。

（2）水下压浆法。压浆法是先在水中抛填粗骨料，并在其中埋设注浆管，然后用水泥砂浆通过泵压入注浆管内并进入骨料中，如图 5-7 所示。

水下注浆分自动灌注和加压注入（如图 5-8 所示）。加压注入由砂浆泵加压。骨料用带有拦石钢筋的格栅模板、板桩或砂袋定形。注浆管可采用钢管，内径根据骨料最小粒径和灌注速度而定，通常为 25mm、38mm、50mm、65mm、75mm 等规格，管壁开设注浆孔，管下端呈平口或 45°斜口。

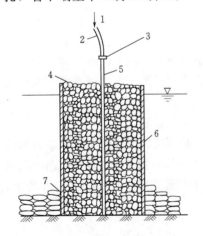

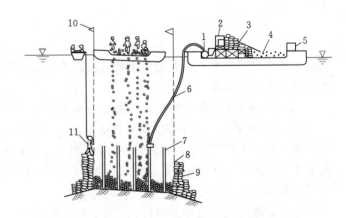

图 5-7　水下混凝土压浆法

1—水泥砂浆灌入口；2—软管；3—接箍；

4—砾石；5—注浆管；6—模板；7—砂袋

图 5-8　水下压力注浆施工作业过程

1—砂浆泵；2—砂浆搅拌机；3—头式运输机；4—砂；

5—水箱；6—砂浆输送泵；7—导管；8—帆布；

9—砂袋；10—水上标志；11—潜水工

2. 井筒制作及下沉方法

井筒在下沉过程中，井壁成为施工期间的围护结构，在终沉封底后，又成为地下构筑物的组成部分。为了保证沉井结构的强度、刚度和稳定性要求，沉井的井筒大多数为钢筋混凝土结构。常用横断面为圆形或矩形。

（1）井筒制作。井筒制作方法有天然地面制作下沉（无垫木法）和水面筑岛制作下沉（有垫木法）。前者适用于无地下水或地下水位较低时，采用基坑内制备井筒下沉，其坑底最少应高出地下水位 0.5m。后者适用于在地下水位高，或在岸滩及浅水中制作沉井，先用砂土或土（透水性好、易于压实，不能用黏土、石料土）修筑土岛，井筒在岛上制作，然后下沉。

井筒制作工序包括基坑及坑底处理和井筒混凝土浇灌。

1）基坑及坑底处理。

a. 地基承载力较大，可进行浅基处理即无垫木法，即在与刃脚底面接触的地基范围内，进行原土夯实，垫砂垫层、砂石垫层、灰土垫层等处理，垫层厚度一般为 300～500mm。然后在垫层上浇灌混凝土井筒。

b. 坑底承载力较弱，应在人工垫层上设置垫木，增大受压面积。

2）井筒混凝土浇灌。

a. 分段浇灌、挖土分段下沉、不断接高。即浇一节井筒，井筒混凝土达到一定强度后，挖土下沉一节，待井筒顶面露出地面尚有 0.8～2m 左右时，停止下沉，再浇制井筒、下沉，轮流进行直到达到设计标高为止。该方法对地基承载力要求不高，工序多、工期长，在下沉时易倾斜。

b. 分段浇灌接高、一次下沉。即分段浇制井筒，待井筒全高浇筑完毕并达到所要求的强度后，连续不断地挖土下沉，直到达到设计标高。对地基承载力要求较高，工期短，高空作业多，接高时易倾斜。

沉井制作的允许偏差，应符合表 5-1 的规定。

表 5-1　　　　　　　　　沉井制作的允许偏差

项　　目		允许偏差/mm
平面尺寸	长、宽	±0.5%，且不得大于 100
	曲线部分半径	±0.5%，且不得大于 50
	两对角线差	对角线长的 1%
井壁厚度		±15

（2）井筒下沉。

1）沉井下沉前的准备工作。

a. 将井壁、底梁与封底及底板连接部位凿毛。

b. 将预留孔、洞和预埋管临时封堵，并应严密牢固和便于拆除。对预留顶管孔，可在井壁内侧以钢板密封；外侧用黏性土填实。

c. 应在沉井的外壁四面中心对称画出标尺，内壁画出垂线。

2）沉井下沉的方法。沉井下沉过程中主要是克服井壁与土间的摩擦力和地面对刃脚的反力。当井筒不能有足够的自重下沉时，可以采取附加荷载以增加井筒下沉重量，也可以采用震动法、泥浆套管下沉（如图 5-9 所示）或气套方法以减少摩擦阻力使之下沉。有排水下沉、不排水下沉、触变泥浆套沉井。当土质为砂土时，可用高压水枪先将井内泥土冲稀成泥浆，然后用水力吸泥机将泥浆吸出排到井外，如图 5-10 所示。

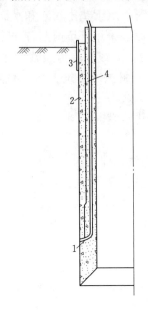

图 5-9　泥浆套下沉
1—刃脚；2—泥浆套；3—地表
围圈；4—泥浆管

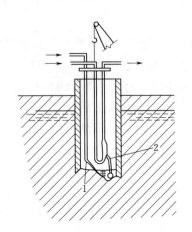

图 5-10　水枪冲土下沉
1—水枪；2—水力吸泥机

排水下沉是在井筒下沉和封底过程中，采用井内开设排水明沟（人工挖土、机械挖土、水力吸泥机吸土），用水泵将地下水排除或采用人工降低地下水位方法排出地下水。适用井筒所穿过的土层透水性较差，涌水量不大，排水不致产生流沙现象而且现场有排水出路的地方。

不排水下沉是在水中挖土（人工挖土、机械挖土、水力吸泥机吸土）。适用排水有困难或在地下水位较高的亚砂土和粉砂土层，有产生流沙现象的地区或周围地面和建筑物有防沉陷要求时。下沉中要使井内水位比井外地下位高 1～2m，以防流沙。

触变泥浆套沉井是在井壁与土之间注入触变泥浆，形成泥浆套，以减少井筒下沉的摩擦力。为了在井壁与土之间形成泥浆套，井筒制作时在井壁内埋入泥浆管，或在混凝土中直接留设压浆通道；井筒下沉时，泥浆从刃脚台阶处的泥浆通道口向外挤出。

3）沉井下沉完毕后的允许偏差。

a. 刃脚平均高程与设计高程的偏差不得超过 100mm；当地层为软土层时，其允许偏差值可根据使用条件和施工条件确定。

b. 刃脚平面轴线位置的偏差，不得超过下沉总深度的 1％；当下沉总深度小于 10m 时，其偏差可为 100mm。

c. 沉井四角（圆形为相互垂直两直径与圆周的交点）中任何两角的刃脚底面高差不

得超过该两角间水平距离的 1%，且最大不得超过 300mm；当两角间水平距离小于 10m 时，其刃脚底面高差可为 100mm。

（3）井筒封底。井筒封底的目的是保证底板不渗漏。一般采用钢筋混凝土、防水油毡作封底材料。水下封底混凝土强度达到设计规定，且沉井能满足抗浮要求时，方可将井内水抽除。

采用导管法进行水下混凝土封底时，应遵守下列规定：

1）基底的浮泥、沉积物和风化岩块等应清除干净。当为软土地基时，应铺以碎石或卵石垫层。

2）混凝土凿毛处应洗刷干净。

3）导管应采用直径为 200～300mm 的钢管制作，并应有足够的强度和刚度。导管内壁应光滑，管段的接头应密封良好并便于拆装。

4）导管数量应由计算确定。导管的有效作用半径可取 3～4m。其布置应使各导管的浇筑面积互相覆盖，对边沿或拐角处，可加设导管。

5）导管设置的位置应准确。每根导管上端应装有数节 1.0m 长的短管；导管中应设球塞或隔板等隔水。采用球塞时，导管下端距井底的距离应比球塞直径大 50～100mm；采用隔板或扇形活门时，其距离不宜大于 100mm。

6）每根导管浇筑前，应备有足够的混凝土量，使开始浇筑时，能一次将导管底埋住。

7）水下混凝土封底的浇筑顺序，应从低处开始，逐渐向周围扩大。当井内有隔墙、底梁或混凝土供应量受到限制时，应分格浇筑。

8）每根导管的混凝土应连续浇筑，且导管埋入混凝土的深度不宜小于 1.0m。各导管间混凝土浇筑面的平均上升速度不应小于 0.25m/h；相邻导管间混凝土上升速度宜相近，终浇时混凝土面应略高于设计高程。

水下封底混凝土强度达到设计规定，且沉井能满足抗浮要求时，方可将井内水抽除。

（4）质量检查与控制。井筒在下沉过程中，由于水文地质资料掌握不全，下沉控制不严，以及其他各种原因，可能发生土体破坏、井筒倾斜、筒壁裂缝、下沉过快、或不继续下沉等事故，应及时采取措施加以校正。

1）土体破坏。在土质松散地区沉井下沉过程中，产生破坏土的棱体，影响周围建、构筑物。应采取措施有护土和设置支撑（刃脚斜面的模板应待混凝土强度达到设计强度的 70% 及以上时，方可拆除）。

2）井筒倾斜。当刃脚下面的土质不均匀、井壁四周土压力不均衡或挖土操作不对称或刃脚某一处有障碍物时会导致井筒倾斜。在井筒内设置垂球观测和电测等；井筒外采用标尺测定、水准测量等。施工中采取下沉慢侧多挖土，下沉快侧将土夯实或做人工垫层；井筒外壁一边开挖土方，相对另一边回填土方，并且夯实；下沉慢的一边增加荷载；如果由于地下水浮力而使加载失败则应抽水后进行校正；下沉慢侧安装震动器震动或用高压水枪冲击刃脚使土与井壁摩擦；小石块用刨挖方法去除，或用风镐凿碎；大石块或坚硬岩石则用炸药清除。

3）井筒裂缝。井筒裂缝有环向裂缝（由于下沉时井筒四周土压力不均造成的）和纵向裂缝（挖土时遇到石块或其他障碍物，井筒仅支于若干点，混凝土强度又较低时）。

预防措施有井筒达到规定强度后才能下沉；在井筒外面挖土以减少该方向的土压力或撤除障碍物。

一旦出现裂缝可用水泥砂浆、环氧树脂或其他补强材料涂抹裂缝进行补救。

4）井筒下沉过快或沉不下去。

a. 下沉过快。下沉过快是由于长期抽水或因砂的流动，使井筒外壁与土之间的摩擦力减少；土的耐压强度较小，使井筒下沉速度超过挖土速度而无法控制。可控制井筒外将土夯实，增加土与井壁之间的摩擦力；下沉到设计标高时防自沉，即不挖刃脚土，立即封底；在刃脚处修筑单独的混凝土支墩或连续式混凝土圈梁。

b. 沉不下去。沉不下去可能是遇有障碍或自重过轻。应清除障碍物或加载下沉。

第三节　地表水取水构筑物施工

沿江河或湖泊的村镇用水多以地表水为水源，故需修建取水构筑物。常见的地表水取水构筑物形式有岸边式、江心式、斗槽式等，这类取水构筑物工程的施工方法有围堰法、浮运沉箱法。

一、围堰法

围堰法是指在一些条件适合的浅水域开展施工时，采用构筑堤坝的方法在施工地附近围出一定面积的隔水带，将其中的水排出，使水下地面出露后进行工程修建。围堰是为创造施工条件而修建的临时性工程，待取水构筑物施工完成后，要按设计要求将围堰拆除，避免影响构筑物的作用。围堰的结构形式有土石围堰、卷埽混合围堰、板桩围堰、混凝土围堰等。采用何种围堰要根据施工所在地区的江河水文、地质条件以及河流性质等确定。围堰的选用范围见表5-2。

表5-2　　　　　　　　　　　　　围堰的选用范围

围堰类型		适用条件
土石围堰	土围堰	水深≤1.5m，流速≤0.5m/s；河边浅滩，河床渗水性较小
	土袋围堰	水深≤3.0m，流速≤1.5m/s；河床渗水性较小或淤泥较浅
	木桩竹条土围堰	水深1.5～7m，流速≤2.0m/s，河床渗水性较小，能打桩，盛产竹木地区
	竹篱土围堰	水深1.5～7m，流速≤2.0m/s，河床渗水性较小，能打桩，盛产竹木地区
	竹、铅丝笼围堰	水深4m以内，河床难以成桩，流速较大
	堆石土围堰	河床渗水性很小，流速≤3.0m/s，石块能就地取材
板桩围堰	钢板桩围堰	深水或深基坑，流速较大的砂类土、黏性土、碎石土及风化岩等坚硬河床。防水性能好，整体刚度较强
	钢筋混凝土板桩围堰	深水或深基坑，流速较大的砂类土、黏性土、碎石土河床。除用于挡水防水外还可作为基础结构的一部分，可采取拔除周转使用，能节约大量木材
	钢套筒围堰	流速≤2.0m/s，覆盖层较薄，平坦的岩石河床，埋置不深的水中基础，也可用于修建桩基承台
	双壁围堰	大型河流的深水基础，覆盖层较薄、平坦的岩石河床

（一）围堰施工的一般规定

（1）围堰高度应高出施工期间可能出现的最高水位（包括浪高）0.5～0.7m。

（2）围堰外形一般有圆形、圆端形（上、下游为半圆形，中间为矩形）、矩形、带三角的矩形等。围堰外形直接影响堰体的受力情况，必须考虑堰体结构的承载力和稳定性。围堰外形还应考虑水域的水深，以及因围堰施工造成河流断面被压缩后，流速增大引起水流对围堰、河床的集中冲刷，对航道、导流的影响。

（3）堰内平面尺寸应满足基础施工的需要。

（4）围堰要求防水严密，减少渗漏。

（5）堰体外坡面有受冲刷危险时，应在外坡面设置防冲刷设施。

（二）土围堰施工要求

（1）筑堰材料宜用黏性土、粉质黏土或砂夹黏土。填出水面之后应进行夯实。填土应自上游开始至下游合龙。

（2）筑堰前，必须将堰底河床底上的杂物、石块及树根等清除干净。

（3）堰顶宽度可为1～2m。机械挖基时不宜小于3m。堰外边坡迎水流一侧坡度宜为1：2～1：3，背水流一侧可在1：2之内。堰内边坡宜为1：1～1：1.5。内坡脚与基坑的距离不得小于1m。

（三）土袋围堰施工要求

（1）围堰两侧用草袋、麻袋、玻璃纤维袋或无纺布袋装土堆码。袋中宜装不渗水的黏性土，装土量为土袋容量的1/2～2/3，袋口应缝合。堰外边坡为1：0.5～1：1，堰内边坡为1：0.2～1：0.5。围堰中心部分可填筑黏土及黏性土芯墙。

（2）堆码土袋，应自上游开始至下游合龙。上下层和内外层的土袋均应相互错缝，尽量堆码密实、平稳。

（3）筑堰前，堰底河床的处理、内坡脚与基坑的距离、堰顶宽度与土围堰要求相同。

（四）钢板桩围堰施工要求

（1）有大漂石及坚硬岩石的河床不宜使用钢板桩围堰。

（2）钢板桩的机械性能和尺寸应符合规定要求。

（3）施打钢板桩前，应在围堰上下游及两岸设测量观测点，控制围堰长、短边方向的施打定位。施打时，必须备有导向设备，以保证钢板桩的正确位置。

（4）施打前，应对钢板桩的锁口用止水材料捻缝，以防漏水。

（5）施打顺序一般为从上游分两头向下游合龙。

（6）钢板桩可用捶击、振动、射水等方法下沉，但在黏土中不宜使用射水下沉办法。

（7）经过整修或焊接后的钢板桩应用同类型的钢板桩进行锁口试验、检查。接长的钢板桩，其相邻两钢板桩的接头位置应上下错开。

（8）施打过程中，应随时检查桩的位置是否正确、桩身是否垂直，否则应立即纠正或拔出重打。

插打钢板桩的允许偏差应符合表5-3的规定。拔出钢板桩前，应向堰内灌水，使堰内外水位相等。拔桩应由下游开始。

表 5 – 3　　　　　　　　　　　　　　　　插打钢板桩的允许偏差

项　　目		允许偏差/mm
轴线位置	陆上打桩	100
	水上打桩	200
顶部高程	陆上打桩	±100
	水上打桩	±200
垂直度		桩长 $L/100$，且不大于 100

（五）钢筋混凝土板桩围堰施工要求

（1）板桩断面应符合设计要求。板桩桩尖角度视土质坚硬程度而定。沉入砂砾层的板桩桩头，应增设加劲钢筋或钢板。

（2）钢筋混凝土板桩的制作，应用刚度较大的模板，榫口接缝应顺直、密合。如用中心射水下沉，板桩预制时，应留射水通道。

（3）目前钢筋混凝土板桩中，空心板桩较多。空心多为圆形，用钢管作芯模。板桩的榫口一般以圆形较好。桩尖一般斜度为 $1:2.5\sim1:1.5$。

（六）套箱围堰施工要求

（1）无底套箱用木板、钢板或钢丝网水泥制作，内设木、钢支撑。套箱可制成整体式或装配式。

（2）制作中应防止套箱接缝漏水。

（3）下沉套箱前，同样应清理河床。若套箱设置在岩层上时，应整平岩面。当岩面有坡度时，套箱底的倾斜度应与岩面相同，以增加稳定性并减少渗漏。

（七）双壁钢围堰施工要求

（1）双壁钢围堰应作专门设计，其承载力、刚度、稳定性、锚锭系统及使用期等应满足施工要求。

（2）双壁钢围堰应按设计要求在工厂制作，其分节分块的大小应按工地吊装、移运能力确定。

（3）双壁钢围堰各节、块拼焊时，应按预先安排的顺序对称进行。拼焊后应进行焊接质量检验及水密性试验。

（4）钢围堰浮运定位时，应对浮运、就位和灌水着床时的稳定性进行验算。尽量安排在能保证浮运顺利进行的低水位或水流平稳时进行，宜在白昼无风或小风时浮运。在水深或水急处浮运时，可在围堰两侧设导向船。围堰下沉前初步锚锭于墩位上游处。在浮运、下沉过程中，围堰露出水面的高度不应小于 1m。

（5）就位前应对所有缆绳、锚链、锚锭和导向设备进行检查调整，以使围堰落床工作利进行，并注意水位涨落对锚锭的影响。

（6）锚锭体系的锚绳规格、长度应相差不大。锚绳受力应均匀。边锚的预拉力要适当，避免导向船和钢围堰摆动过大或折断锚绳。

（7）准确定位后，应向堰体壁腔内迅速、对称、均衡地灌水，使围堰落床。

（8）落床后应随时观测水域内流速增大而造成的河床局部冲刷，必要时可在冲刷段用卵石、碎石垫填整平，以改变河床上的粒径，减小冲刷深度，增加围堰稳定性。

（9）钢围堰着床后，应加强对冲刷和偏斜的情况进行检查，发现问题及时调整。

（10）钢围堰浇筑水下封底混凝土之前，应按照设计要求进行清基，并由潜水员逐片检查合格后方可封底。

（11）钢围堰着床后的允许偏差应符合设计要求。当做承台模板用时，其误差应符合模板的施工要求。

二、浮运沉箱法

当修建的取水构筑物较小，河道水位较深，修建围堰困难或工程量很大不经济时，适宜采用浮运沉箱法。由于沉箱本身是取水构筑物的一部分，因而不必修建耗时、费钱的临时性围堰。

浮运沉箱法是预先在岸边制作取水构筑物（沉箱），通过浮运或借助水上起重设备吊运到设计的沉放位置上，再注水下沉到预先修建的基础上。当修建的取水构筑物较小，河道水位较深，修建围堰困难或工程量很大，不经济时，适宜采用浮运沉箱法。由于沉箱本身就是取水构筑物的一部分，因而不必修建费时费钱的临时性围堰。该法适用于淹没式江心取水口构筑物的施工，但须具备足够的水上机具设备和潜水工作人员。

第四节　泵房、水泵机组施工

一、泵房施工

1. 基本要求

泵房底板的地基处理应符合设计要求，经过验收合格后，才能进行混凝土施工。

岸边式取水泵房宜在枯水期施工，并应在汛前施工至安全部位。需要汛期施工时，对已建部分应有防护措施。泵房地下部分的内壁、隔水墙及底板均不得渗水。电缆沟内不得洇水。泵房出水管连接部位不应渗漏。

2. 预留孔洞、预埋件

各种埋件及插筋、铁件的安装均应符合设计要求，且牢固可靠。埋设前应将其表面的锈皮、油漆和油污清除干净。埋设的管子应无堵塞现象，外露管口应临时加盖保护。

3. 二期混凝土

混凝土浇筑过程中，应对各种管路进行保护，防止损坏、堵塞或变形。浇筑二期混凝土前，应对一期混凝土表面凿毛清理，刷洗干净。二期混凝土宜采用细石混凝土，其强度等级应不小于同部位一期混凝土的强度等级。体积较小时，可采用水泥砂浆或水泥浆压入法施工。二期混凝土浇筑时，应注意已保护安装的设备及埋件，且应振捣密实，收光整理。机、泵座二期混凝土，应保证设计标准强度达到70％以上，才能继续加荷安装。

二、水泵机组安装

安装水泵的步骤依次为：安装前检查、基础施工及验收、设备安装、动力安装、试运转。轴流泵的安装如图 5-11 所示，立式轴流泵的安装如图 5-12 所示。

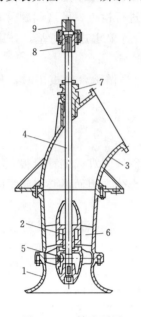

图 5-11　轴流泵图
1—吸水喇叭管；2—导叶座；3—出水弯管；
4—泵轴；5—叶轮；6—导叶；7—填料盒；
8—泵联轴器；9—电机联轴器

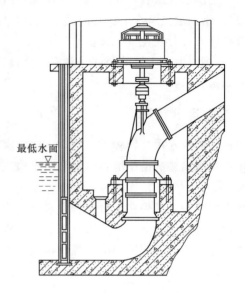

图 5-12　立式轴流泵的安装

（一）安装前检查

水泵安装前应对水泵进行以下检查：

（1）按水泵铭牌检查水泵性能参数，即水泵规格型号、电动机型号、功率、转速等。

（2）设备不应该有损坏和锈蚀等情况，管口保护物和堵盖应完整。

（3）用手盘车应灵活，无阻滞、卡住现象，无异常声音。

（二）基础施工及验收

小型水泵多为整体组装式，即在出厂时已把水泵、电动机与铸铁机座组合在一起，安装时只需将机座安装在混凝土基础上即可；另一类是水泵泵体与电机分别装箱出厂的，安装时要分别把泵体和电机安装在混凝土基础上。

水泵基础应按设计图纸确定中心线、位置和标高，有机座的基础，其基础各向尺寸要大于机座 100～150mm；无机座的基础，外缘应距水泵或电机地脚螺栓孔中心 150mm 以上。基础顶面标高应满足水泵进出口中心高度要求，并不低于室内地坪 100mm。当基础的尺寸、位置、标高符合设计要求后，办理水泵基础交接验收手续。

基础一般用混凝土、钢筋混凝土浇筑而成，强度等级不低于 C15。固定基座或泵体、电机的地脚螺栓，可随浇筑混凝土同时埋入，此时要保证螺栓中心距准确，一般要以尺寸要求用木板把螺栓上部固定在基础模板上，螺栓下部用 $\phi6$ 圆钢相互焊接固定。另一种做法是，在地脚螺栓的位置先预留埋置螺栓的深孔，待安装基座时再穿上地脚螺栓进行浇筑，此法称为二次浇筑法。由于土建施工先做基础，水泵及管道安装后进行，为了安装时更为准确，所以常采用二次浇注。

水泵基础深度一般比地脚螺栓埋深 200mm。

水泵基础验收主要内容有：基础混凝土强度等级是否符合设计要求，外表面是否平整光滑，浇筑和抹面是否密实。可用手锤轻打，声音实脆且无脱落为合格。尺寸检查有平面位置、标高、外形尺寸、地脚螺栓留孔数量、位置、大小、深度。在基础强度达到设计要求或相应的验收规范要求后，方可进行水泵安装。在气温 10～15℃时，一般要在 7～12d 以后才可进行二次浇注并进行安装。

（三）设备安装

1. 水泵泵体安装

水泵整机在基础上就位，机座中心线应与基础中心线重合，因此安装时应首先在基础上画出中心线位置。机座用调整垫铁的方法进行找平，垫铁厚度依需要而定，垫铁组在能放稳和不影响灌浆的情况下，应尽量靠近地脚螺栓。每个垫铁组应尽量减少垫铁块数，一般不超过 3 块，并少用薄垫铁。放置平垫铁时，最厚的放在下面，最薄的放在中间，并将各垫铁相互焊接，以免滑动影响机座稳固。

水泵泵体、电机如已装为一体，机座就位后找正、找平即完成安装。如分体安装时，还要进行水泵体和电机的安装和连接。此时应按图纸要求在机座上定出水泵纵横中心线，纵中心线就是水泵轴中心线，横中心线是以出水管的中心线为准。水泵找平的方法有：把水平尺放在水泵轴上测量轴向水平，或用吊垂线的方法，测量水泵进出口的法兰垂直平面与垂线是否平行，若不平行，可以用泵体机座与泵体螺栓相接处加减薄钢片调整。水泵找正，在水泵外缘以纵横中心线位置立桩，并在空中拉中心线交角 90°，在两根线上各挂垂线，使水泵的轴心和横向中心线的垂线相重合，使其进出口中心与纵向中心线相重合。

2. 水泵的配管

泵的连接管有吸水管和压出管两部分；吸水管上装有闸阀，水泵吸水管安装如图 5-13 所示；在压水管道的转弯与分支处应采用支墩或管架固定，以承受管道上的内压力所造成的推力；安装橡胶可挠接头；安装闸阀或截止阀、压力表、止回阀等。

管道与泵的连接为法兰连接，要求法兰连接同心并平行。

吸水管路安装应该满足以下要求：

（1）吸水管路必须严密，不漏气，在安装完成后应和压水管一样，要求进行水压试验。

（2）水泵易设计成自动控制运行方式，间接抽水时应尽可能采用自灌式。

（3）吸入式水泵吸水管应有向水泵方向上扬且大于 0.005 的坡度，以免空气及水蒸气存在管内。

3. 动力安装

采用联轴器直接传动时应保证泵联轴器与电机联轴器同心，间隙满足要求。皮带间接传动时应保证皮带的松紧度合适。

4. 水泵试运转

水泵机组安装完毕，经检验合格，应进行试运转并检查安装质量。水泵长期停用，在运行前也应进行试运行。

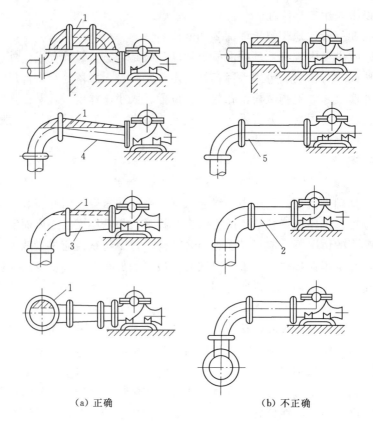

（a）正确　　　　　　　　　　（b）不正确

图 5-13　水泵吸水管安装
1—空气团；2—偏心渐缩管；3—同心渐缩管；4—向水泵下降；5—向水泵上升

　　试运转前应做好准备工作，新装水泵由施工单位制定试运转方案，包括试运转的人员组织、应达到的要求、操作规程、注意事项、记录表格、安全措施等。并对设备、仪表进行检查，电气部分除必须与机械部分同时运行外，应先行试运转。

　　试运转时首先关闭出水管上阀门和压力表、真空表，打开吸水管上阀门，灌水或开动真空泵使水泵充满水；深井泵要打开润水管的阀门，对橡皮轴承进行润湿。此时即可启动电动机，进行试运转。电动机达到额定转速后，应逐渐打开出水管阀门，并打开压力表、真空表。

　　试运转合格后慢慢地关闭出水管阀门和压力表、真空表，停止电动机运行，试运转完毕。

　　试运转的要求是：离心泵和深井泵应在额定负荷下运转 8h，轴承温升应符合产品说明书的要求，最高温度不得超过 75℃。填料函处温升很小，压盖松紧适度，只允许每分钟有 20～30 滴水泄出。水泵不应有较大振动，声音正常。各部位不得有松动和泄漏现象。对于深井泵在启动 20min 应停止运转，进行轴向间隙终调节。电动机的电流值不应超过额定值。

　　水泵房中各种接头、部件均无泄漏现象。各种信号装置、计量仪表工作正常。从水泵房中输出的水应具有设计要求的水量、水压。水泵停止运转后，泵房内水管中的积水应全部放空。

　　试运转结束后要断开电源，排除泵和管道中的积水，复查水泵轴向间隙和地脚螺栓、靠背轮螺丝、法兰螺栓等紧固部分，最后清理现场，整理各项记录，施工和使用单位在记录上签证。

第五节　阀门、仪表及电气设备安装

一、阀门及仪表安装

（一）阀门的安装

阀门的连接方式有法兰连接和螺纹连接，与管道连接类似。

阀门在安装前因存放时间长、运输过程中有损坏或无合格证时，应在安装前重新做强度和严密性试验。阀门试验台如图 5-14 所示。

1. 阀门质量规定

阀门在安装前应逐个进行外观检查和动作检查，其质量应符合以下规定：

（1）外表不得有裂纹、砂眼、机械损伤、锈蚀等缺陷和缺件、脏污、铭牌脱落及色标不符等情况。阀体上的有关标志应正确、齐全、清晰，并符合相应标准规定。

（2）阀体内应无积水、锈蚀、脏污和损伤等缺陷，法兰密封面不得有径向沟槽及其他影响密封性能的损伤。阀门两端应有防护盖保护。

（3）球阀和旋塞阀的启闭件应处于开启位置。其他阀门的启闭件应处于关闭位置，上回阀的启闭件应处于关闭位置并作临时固定。

（4）阀门的手柄或车轮应操作灵活轻便，无卡涩现象。止回阀的阀瓣或阀芯应动作灵活正确，无偏心、移位或歪斜现象。

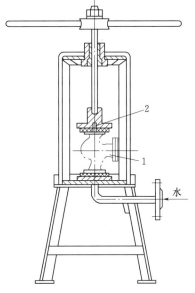

图 5-14　阀门试验台
1—阀门；2—放气孔

（5）旋塞阀的开闭标记应与通孔方位一致。装配后塞子应有足够的研磨余量。

（6）主要零部件如阀杆、阀杆螺母、连接螺母的螺纹应光洁，不得有毛刺、凹疤与裂纹等缺陷，外露的螺纹部分应予以保护。

（7）阀门应按批抽查 10% 且不少于 1 件进行尺寸检查。若有不合格，再抽查 20%；若仍有不合格，则逐个检查且质量应符合下列规定：阀门的结构长度、通径、法兰、螺纹等应符合规范规定；直通式铸钢阀门的连接法兰密封面应相互平行；在每 100mm 的法兰密封面直径上，平行度偏差不得超过 0.15mm；直角式阀门的连接法兰密封面应相互垂直，在每 100mm 法兰密封面直径上，垂直度偏差不得超过 0.3mm；直通式铸铁阀门连接法兰的密封面应互相平行，在每 100mm 的法兰密封面直径上，平行度偏差不得超过 0.2mm；直角式铸铁阀门连接法兰的密封面上，垂直度偏差不得超过 0.4mm；闸阀的闸板密封面中心必须高于阀体密封面中心，当闸板密封面磨损时，关闭位置下降，但阀体、闸板密封面仍应完全吻合。

2. 阀门安装条件

阀门安装时应具备以下条件：

（1）阀门经检查、试压合格，且符合设计要求。

（2）各种技术资料齐全、完整（如合格证、试验记录等）。

（3）填料充实、填放正确，其压盖螺栓有足够的调节余量。

（4）管子、管件经检查合格，并具备有关技术文件，内部清理干净，无杂物。

（5）连接阀门的法兰、密封面应清洁，无污垢，无机械损伤。

（6）连接部位已固定。

3. 阀门安装注意事项

阀门安装时应注意以下事项：

（1）阀门安装应按阀门的指示标记及介质流向，确定其安装方向。

（2）法兰或螺纹连接的阀门应在关闭状态下安装。

（3）对焊阀门在焊接时不应关闭。

（4）对于承插式阀门还应在承插端头留有 1.5mm 的间隙。

（5）对焊阀门与管道连接的焊缝宜采用氩弧焊打底，防止焊接时焊渣等杂物掉入阀体内。

（6）法兰连接的阀门，在安装时应对法兰密封面及密封垫片进行外观检查，不得有影响密封性能的缺陷存在。

（7）安装铸铁、硅铁及搪瓷衬里的阀门时，应避免强力连接或受力不均引起间体损坏。

（8）与阀门连接的法兰应保持平行，其偏差不应大于法兰外径的 1.5/1000，且不大于 2mm，严禁用强紧螺栓的方法消除歪斜。

（9）与阀门连接的法兰应保持同轴，其螺栓孔中心偏差不应超过孔径的 5%，以保证螺栓自由穿入。

（10）法兰连接时，应使用同一规格的螺栓，并符合设计要求。紧固螺栓时应对称均匀，松紧适度，紧固后外露螺纹应为 2～3 扣。

（11）阀门安装后，应对其操作机构和传动装置进行调整与试验，使之动作可靠、开关灵活、指示准确。

（二）仪表的安装

仪表连接头应设在流束稳定的直管上，不宜设在管道弯曲或流束呈旋涡状处。在水平或倾斜管道上，仪表连接头不应设在管道底部。

1. 水表及流量计

为了保证计量最准确，在水表进水口前安装截面与管道相同的至少 5 倍表径以上的直管段，水表出水口安装至少 2 倍表径以上的直管段；水表的上游和下游处的连接管道不能缩径；法兰密封圈不得突出伸入管道内或错位；安装水表前必须彻底清洗管道，避免碎片损坏水表；水表水流方向要和管道水流方向一致；水表安装以后，要缓慢放水充满管道，防止高速气流冲坏水表；安装位置应保证管道中充满水，气泡不会集中在表内，应避免水表安装在管道的最高点；应保护水表免受水压冲击；小口径旋翼式水表必须水平安装，前后或左右倾斜都会导致灵敏度降低。

2. 压力表

压力表应靠近仪表连接头安装，如图 5-15 所示。

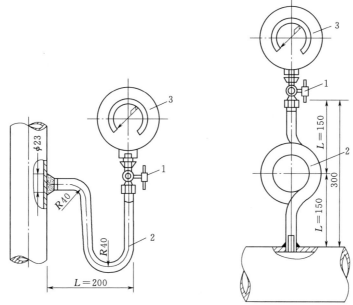

图 5-15　压力表安装
1—三通旋塞；2—表弯；3—压力表

3. 温度计

测量计应设在能灵敏、准确地反映介质温度的位置，不应位于介质不流动的死角处。在直管段上安装时，可垂直或倾斜 45°插入管道内；在弯头处或倾斜 45°安装时，应与介质逆向。温度计的感温体应全部伸入管道内。对于直径较小的管道，温度计可在弯头处安装，或扩大管径后安装，扩大管径部分的长度为 250～300mm。如图 5-16 所示。

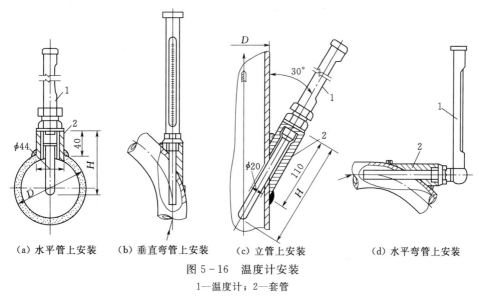

（a）水平管上安装　（b）垂直弯管上安装　（c）立管上安装　　（d）水平弯管上安装

图 5-16　温度计安装
1—温度计；2—套管

4．液位计

液位计常安装在敞口或密闭容器上，显示容器内的液位，如图 5-17 所示。

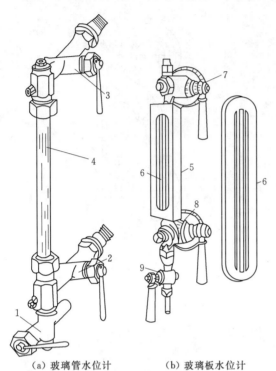

（a）玻璃管水位计　　　　（b）玻璃板水位计

图 5-17　液位计安装

1、9—放水旋塞；2、8—水旋塞；3、7—汽旋塞；
4—玻璃管；5—金属框；6—玻璃板

液位计应安装在便于操作人员观察的位置，并有照明装置。液位计安装完毕并经调校后，应在刻度表盘上用红色漆画出最高、最低液面的警戒线。使用温度不要超过玻璃管、板的允许使用温度。在冬季，则要防止液位计冻堵和发生假液位。

二、电气设备安装

1．开关柜及配电柜（箱）安装

柜内设备与各构件间连接牢固，盘、柜的接地应牢固良好。装有电器的可开启的盘、柜门，应以软导线与接地的金属构架可靠地连接。配电盘内布线要横平竖直，螺丝不能有松动，线头接触良好。盘内各元件固定可靠无松动，触头无氧化、无毛刺。

二次回路的连接件均应采用铜质制品。结线的具体要求：电气回路的连接螺栓连接、插接、焊接等应牢固可靠；电缆芯线和所配导线的端部均应标明其回路编号，编号应正确，字迹清晰且不易脱色；配线整齐、清晰、美观，导线绝缘良好，无损伤；盘、柜内的导线不应有接头。

使用于连接可动部位门上电器、控制台板等的导线尚应符合下列要求：应采用多股软导线，敷设时应有适当裕度；线束应有加强绝缘层；与电器连接时，端部应绞紧，不得松散、断股；在可动部位两端，应用卡子固定。

引进柜内的控制电缆及其芯线应符合下列要求：电缆应排列整齐，避免交叉，并应固定牢固，不使所接的端子板受到机械应力；铠装电缆的钢带不应进入盘、柜内，铠装钢带切断处的端部应扎紧；橡胶绝缘芯线应套外套绝缘管保护；盘、柜内的电缆芯线，应垂直或水平有规律地配置，不得任意歪斜交叉连接；备用芯应留有适当裕度。

在绝缘导线可能遭到油类污浊的地方应采用耐油的绝缘导线，或采取防油措施。

开关柜前面的过道宽度应不小于下列数值：低压柜为 1.5m，高压柜为 3.0m；背后检修的开关柜与墙壁的净距不宜小于 0.8m。

2．电力变压器安装

电力变压器应按《电气装置安装工程电气设备交接试验标准》（GB 50150—2006）的规定进行交接试验。其安装应符合国家相关标准的规定，并通过电力部门检查认定。变压器不应有渗油现象；绝缘油应符合要求，油位指示应正确。接地装置引出的接地干线应与变压器的低压侧中性点直接连接。

3. 电缆与管线安装

电缆敷设前应检查电缆是否有机械损伤，电缆盘是否完好。对 3kV 及以上电缆应做耐压试验，1kV 以下电缆可用 1kV 摇表摇测绝缘电阻，绝缘电阻一般不低于 1MΩ。

金属的导管和线槽、桥架、托盘与电缆支架应接（PE）或接零（PEN）可靠。当设计无要求时，金属桥架或线槽全长不应少于 2 处与接地（PE）或接零（PEN）干线连接。电缆支架、支撑、桥架、托盘的固定应牢固可靠。

汇线槽应平整、光洁、无毛刺，尺寸准确，焊接牢固。电缆保护管不应有变形及裂缝，内部应清洁、无毛刺，管口应光滑、无锐边，保护管弯曲处不应有凹陷、裂缝和明显的弯扁。

当电缆进出构筑物、建筑物、沟槽及穿越道路时，应加套管保护。电缆管线与其他管线的间距应符合设计要求。电缆沟内应无杂物，盖板应齐全、稳固、平整，并应满足设计要求。直埋电缆线路的直线部分，若无永久性建筑物时应埋设标桩，接头和转角处也均应埋设标桩。

4. 接地与防雷装置

一般情况下，应充分利用构筑物与建筑物钢筋混凝土基础内的钢筋作为防雷接地装置，当不能利用其钢筋混凝土基础作为接地装置时，应围绕建筑物四周敷设成环形的人工接地装置。电气、电子设备等接地装置宜与防雷接地装置共用接地体，并宜与埋地金属管道相连，此时，接地电阻不应大于 1Ω。若与防雷接地装置分开，两接地装置的距离一般情况下不应小于 3m；电子设备不应小于 20m。

建筑物顶部的避雷针、避雷带等应与顶部外露的其他金属物体连成一个整体的电气通路，且与避雷引下线连接可靠，并应符合《建筑物防雷设计规范》（GB 50057—2010）的规定。避雷针、避雷带的位置应正确，焊缝应饱满无遗漏，焊接部分补刷的防腐油漆应完整。

第六节　常规管道工程施工

村镇给水排水管道工程施工前应由设计单位进行设计交底，同时应根据施工需要进行调查研究，并应掌握管道沿线的下列情况和资料：

现场地形、地貌、建筑物、各种管线和其他设施的情况；工程地质和水文地质资料；气象资料；工程用地、交通运输及排水条件；施工供水、供电条件；工程材料、施工机械供应条件；在地表水水体中或岸边施工时，应掌握地表水的水文和航运资料。在寒冷地区施工时，还应掌握地表水的冻结及流冰的资料；结合工程特点和现场条件的其他情况和资料。

管道铺筑前，应检查堆土位置是否符合规定，检查管道地基情况，施工排水措施，沟槽边坡及管材与配件是否符合设计要求。管道及管件应采用兜身吊带或专用工具起吊，装卸时应轻装轻放，运输时应垫稳、绑牢，不得相互撞击；接口及钢管制的内外防腐层应采取保护措施。

管节堆放宜选择使用方便、平整、坚实的场地；堆放时必须垫稳，使用管节时必须自上而下依次搬运。

一、管道连接形式

按照管道连接的结构形式和方式可分为：螺纹连接、承插连接、法兰连接、焊接连接和卡箍连接。

(一) 螺纹连接

螺纹连接用于低压流体输送用焊接钢管及外径可以攻螺纹的无缝钢管的连接，一般公称通径在 150mm 以下，工作压力 1.6MPa 以内。

连接管道的管螺纹有圆锥形管螺纹和圆柱形管螺纹两种。现场用绞板和套丝机加工的管螺纹都是圆锥形管螺纹；某些管配件，如通牙的管接头和一般阀门的内螺纹，则是圆柱形管螺纹。

管螺纹的连接有圆柱形内螺纹套入圆柱形外螺纹、圆柱形内螺纹套入圆锥形外螺纹和圆锥形内螺纹套入圆锥形外螺纹 3 种方式，其中后两种的连接较紧密，是常用的连接方式。

管螺纹连接时，应在管子的外螺纹与管件或阀门的内螺纹之间加适当的填料，填料应根据管道输送介质的温度和特性选用。

麻丝、聚四氟乙烯生料带等填料应按螺纹旋转方向薄而均匀地缠绕在丝扣上。上管件时，在开始用手拧上时就应该吃进螺纹间隙内，如果一开始就有把填料挤出的现象，应该重新缠绕后再上管件。

拧紧管螺纹应选择合适的管子钳，不能在管子钳的手柄上加套管，增长手柄来拧紧管子。关键拧紧时，应注意管件的连接方向并一次装紧，不得倒回，装紧后应露出 2~3 牙螺尾，清除剩余填料，管螺纹的露出部分应做防腐处理。

(二) 承插连接

在管道工程中，铸铁管、非金属管大量采用承插连接。作为一种传统的管道连接方式，承插连接的工艺在不断地发展、完善，得到广泛应用。这种连接形式主要用于承插式的管子、管件或现场制作的管道承插口的连接。

铸铁管的承插连接形式有机械式接口和非机械式接口两种。机械式接口利用压兰与管端上法兰的连接，将密封橡胶圈压紧在铸铁管承插口间隙内，使橡胶圈压缩而与管壁紧贴形成密封。非机械式接口根据填料的不同，分为石棉水泥接口、自应力水泥接口、青铅接口、橡胶圈接口等。

承插口内密封圈有油麻丝和橡胶圈两种。密封圈的主要作用是阻挡接口填料进入管内，并防止管里介质向外渗透。打密封圈前应清除承插口内的毛刺、沥青、黏砂及污物等，并烤去其沥青层。

硬聚氯乙烯管的承插连接是采用承插黏接的方式连接管子或管件，不需再对管口进行焊接。

聚丙烯管承插连接可采用热熔方法，热熔时使用专用的熔接工具，热熔连接后要求在接头处形成一圈完整均匀的凸缘。

（三）法兰连接

法兰连接是将垫片放入一对固定的两个管口上的法兰的中间，用螺栓拉紧使其紧密结合起来的一种可以拆卸的接头。主要用于管子与带法兰的配件或设备的连接，以及管子需经常拆卸的部件的连接。在管道工程中，大量应用的是钢法兰连接。

法兰按其与管子的固定方式来分，有螺纹法兰、焊接法兰和松套法兰。

法兰按其密封面形式可分成光滑式、凹凸式、透镜式和梯形槽式。

螺纹法兰主要用于镀锌水、煤气钢管的连接，其密封面为光滑式。

焊接法兰是管道连接法兰中应用最广的法兰，分为平焊法兰和对焊法兰两种。

法兰在安装前应对法兰的外形尺寸进行检查，包括外径、内径、螺栓孔径及数目、螺栓孔中心距、凸缘高度等是否符合技术标准的要求。法兰密封面应平整光洁，不得有毛刺及径向沟槽。螺纹法兰的螺纹部分应完整，无损伤。凹凸面法兰应能自然嵌合，凸面的高度不低于凹槽的深度。

法兰装配前，必须清除表面及密封面上的铁锈、油污等杂物，直至露出金属光泽，要将法兰面的密封线剔清楚。

法兰连接时应保持平行，其偏差不大于法兰外径的 1.5‰，且不大于 2mm。不得用强紧螺栓的方法消除歪斜。

法兰连接应保持同轴，其螺栓孔中心偏差一般不超过孔径的 5%，并保证螺栓能自由穿入。

法兰装配时，法兰面必须垂直于管中心，当公称通径不大于 300mm 时允许偏斜度为1mm，公称通径大于 300mm 时允许偏斜度为 2mm。

法兰垫片应符合标准，不得使用斜垫和双层垫片，垫片应安装在法兰中心位置。当大口径垫片需要拼接时，应采用斜口搭接或迷宫形式，不得平口对接。

（四）焊接连接

焊接连接是管道工程最重要且应用最广泛的连接方法。焊接的主要优点是：接口牢固耐久，不易渗漏，接头强度和严密性高，成本低，使用后不需要经常管理。焊接是管道工程中最重要、应用最广的连接方法。

钢管的焊接方法很多，有气焊、手工电弧焊、手工氩弧焊、埋弧自动焊、埋弧半自动焊、接触焊和气焊等。在施工现场焊接碳素钢管道，常用的是气焊和手工电弧焊。手工氩弧焊成本较高，用在工艺上必须采用的场合。埋弧自动焊、埋弧半自动焊、接触焊与气焊等方法，可在管道预制加工厂采用。

电焊焊缝强度比气焊高，并且比气焊经济，因此应优先采用电焊焊接。

对管内清洁要求较高且焊接后不易清理的管道，其焊缝底层宜用氩弧焊施焊。

（五）卡箍连接——沟槽式连接

沟槽式管接头是在管材、管件等管道接头部位加工成环形沟槽，用卡箍件、橡胶密封圈和紧固件等组成的套筒式快速接头。安装时，在相邻管端套上异型胶密封圈后，用拼合式卡箍件连接。卡箍件的内缘就位于沟槽内，并用紧固件紧固，保证了管道的密封性能。这种连接方式具有不破坏钢管镀锌层、施工快捷、密封性好、便于拆卸等优点。

沟槽式连接的钢管可采用镀锌焊接钢管和焊接钢管、镀锌无缝钢管和无缝钢管、不锈钢管、内壁涂塑或衬塑钢管等。

与焊接相比，它没有热熔作业，施工安装更快捷简便；由于没有热作工艺，使管内更清洁无渣；它能通过卡箍实现自动定心对中，比法兰盘连接省事；由于管端之间存在间隙，减少了噪音和振动的传递。但卡箍连接的造价远比螺纹连接要高，而且卡箍附件的重量增大了管道荷重，其连接刚性比法兰盘连接差，总的造价略高。

二、管道开槽敷管施工

开槽施工是常用的一种室外给水排水管道施工方法，包括测量与放线、沟槽开挖、沟槽地基处理、下管、稳管、接口、管道工程质量检查与验收、土方回填等工序。

（一）测量与放线

给水排水管道工程的施工测量是为了使给水排水管道的实际平面位置、标高和形状尺寸等符合设计图纸要求。施工测量后，进行管道放线，以确定给水排水管道沟槽开挖位置、形状和深度。

（二）下管

管子经过检验、修补后，运至沟槽边。按设计进行排管，核对管节、管件位置无误方可下管。

下管方法分人工下管和机械下管两类。可根据管材种类、单节管重及管长、机械设备、施工环境等因素来选择下管方法。无论采取哪一种下管法，一般采用沿沟槽分散下管，以减少在沟槽内的运输。当不便于沿沟槽下管且允许在沟槽内运管时，可以采用集中下管法。

1. 贯绳法

适用于管径小于 300mm 的混凝土管、缸瓦管。用一端带有铁钩的绳子勾住管子一端，绳子另一端由人工徐徐放松直至将管子放入槽底。

2. 压绳下管法

管子两端各套一根大绳，把管子下面的半段绳用脚踩住，上半段用手拉住，两组大绳用力一致，将管子徐徐下入沟槽。适用于管径为 400～800mm 的管道。

3. 搭架下管法

常用的有三脚架或四脚架法，其操作过程如下：首先在沟槽上搭设三脚架或四角架等塔架，在塔架上安设吊链，然后在沟槽上铺上方木或细钢管，将管子运至方木或细钢管上。吊链将管子吊起，撤出原铺方木或细钢管，操作吊链使管子徐徐放入槽底。

4. 溜管法

将由两块木板组成的三角木槽斜放在沟槽内，管子一端用带有铁钩的绳子钩住管子，绳子另一端由人工控制，将管子沿三角木槽缓慢溜入沟槽内。此法适用于管径小于 300mm 的混凝土管、缸瓦管等。

5. 机械下管

下管时，起重机沿沟槽开行。起重机的行走道路应平坦、畅通。当沟槽两侧堆土时，其一侧堆土与槽边应有足够的距离，以便起重机开行。起重机距沟边至少 1m，以免槽壁坍塌。起重机与架空输电线路的距离应符合电力管理部门的有关规定，并由专人看管。禁止起重机在斜坡地方吊着管子回转，轮胎式起重机作业前应将支腿垫好，轮胎不用承担起吊重量。在起吊作业区内，任何人不得在吊钩或被吊起的重物下面通过或站立。

机械下管不应一点起吊，采用两点起吊时吊绳应找好重心，平吊轻放。

（三）排管

排管方向一般采取承口迎着水流方向排列；在斜坡处，以承口朝上坡为宜。同时应考虑施工方便，如原干管上引接分支管线时，则采用分支管承口背着水流方向排列。若顾及排管方向要求，分支管配件连接应采用如图 5-18（a）所示为宜，但自闸门后面的插盘短管的插口与下游管段承口连接时，必须在下游管段插口处设置一根横木作后背，其后续每连接一根管子，均需设置一根横木，安装尤其麻烦。如果采用如图 5-18（b）所示分支管配件连接方式，其分支管承口背着水流方向排管。但其上承盘短管的承口与下游管段的插口连接，以及后续各节管子连接时均无须设置横木作后背，施工十分方便。

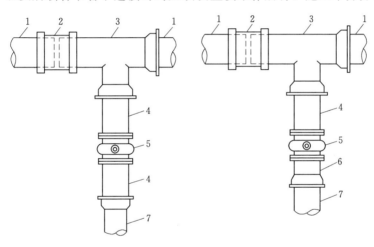

（a）分支管承口顺水流方向　　　　　　（b）分支管承口背水流方向

图 5-18　干管上引接分支管线节点详图

1—原建干管；2—套管；3—异径三通；4—插盘短管；5—闸门；6—承盘短管；7—新接支管

排管要求按设计的路线对准、不错口；在转弯处弯角大于 11°时采用各种标准弯头连接，小于 11°时采用管道自弯以防止内、外弧相差太大。钢管安装时弯管起弯点至接口的距离不得小于管径，且不得小于 100mm。

（四）稳管

稳管是将管子按设计的高程与平面位置稳定在地基或基础上的施工过程。稳管包括管子对中和对高程两个环节。

1. 对中作业

对中方法有中心线法和边线法。中心线法（图 5-19）是沿沟槽两边各打一龙门桩，桩上钉一块水平的木板；按沟槽前测定管道中心线所预留的隐蔽桩定出沟槽中心线，并在每个龙门板上钉一个中心钉，使各中心钉连线成一条与槽沟中心线在同一个垂直平面的直线，对中时，在下到沟内的管中用水平尺置于管中，使水平尺的水准泡居中。此时，若由中心钉连线垂下的垂直吊线上的重球通过水平尺的二等分点，即表明管子中心线与沟槽中心线在同一个垂直平面内。边线法（图5-20）将边线两端拴在槽壁的边桩上，对中时控制管子水平直径处外皮与边线间的距离为一常数，则表明管道处于中心位置。

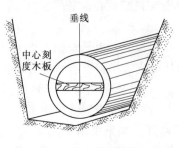
图5-19　中心线法

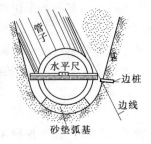
图5-20　边线法

2. 对高作业

一般对高作业（图5-21）与对中作业同时进行，在坡度板上标出高程钉，相邻两块坡度板的高程钉分别到管底标高的垂直距离相等，则两高程钉之间连线的坡度就等于管底坡度。该连线称作坡度线。坡度线上任意一点到管底的垂直距离为一个常数，称作对高数。进行对高作业时，使用"丁"字形对高尺，尺上刻有坡度线与管底之间距离的标记，即为对高读数。将对高线垂直置于管端内底，当尺上标记线与坡度线重合时，对高满足要求，否则须采用挖填沟底方法予以调整。水准仪进行高程测量示意如图5-22所示。垂球法测平面与高程示意如图5-23所示。

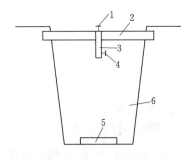
图5-21　对高作业
1—中心钉；2—坡度板；3—立板；4—高
程钉；5—管道基础；6—沟槽

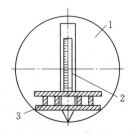
图5-22　水准仪测高程位置示意图
1—前端管子；2—高程尺；3—水准器

（五）管道基础浇筑

稳管时采用石块、土层、混凝土垫块，当高程满足要求应及时浇筑混凝土。管座平基混凝土抗压强度应大于5.0N/mm²，方可进行安管。

浇筑混凝土前应保证管道地基符合下列规定：采用天然地基时，地基不得受扰动；槽底为岩石或坚硬地基时，应按设计规定施工，设计无规定时，管身下方应铺设砂垫层（铺筑管道基础垫层前，应复核基础底的土基标高、宽度和平整度），其厚度应符合表5-4的规定；地基不稳定或有流沙现象等，应采取措施加固后才能铺筑碎石垫层。

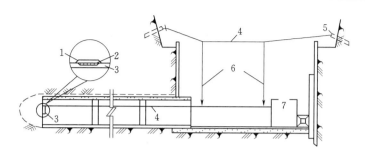

图 5-23 垂球法测平面与高程示意图

1—水准仪；2—刻度；3—中心尺；4—小线；5—中心桩；6—垂球；7—摇镐机

表 5-4	砂 垫 层 厚 度		单位：mm
管材种类	管 径		
	≤500	>500，且≤1000	>1000
金属管	≥100	≥150	≥200
非金属管	150～200		

注 非金属管指混凝土、钢筋混凝土管，预应力、自应力混凝土管及陶管。

槽深超过 2m，基础浇筑时，必须采用串筒或滑槽来倾倒混凝土，以防混凝土发生离析现象。倒卸浇筑材料时，不得碰撞支撑结构。车辆卸料时，应在沟槽边缘设置车轮限位木，防止翻车坠落伤人。管座分层浇筑时，应先将管座平基凿毛冲净，并将管座平基与管材相接触的三角部位，用同强度等级的混凝土砂浆填满、捣实后，再浇混凝土。采用垫块法一次浇筑管座时，必须先从一侧灌注混凝土，当对侧的混凝土与灌注一侧混凝土高度相同时，两侧再同时浇筑，并保持两侧混凝土高度一致。管座基础留变形缝时，缝的位置应与柔性接口相一致；浇筑混凝土管座时，应留混凝土抗压强度试块。

（六）接口

管道接口是管道敷设中的一个关键性工序，应严格控制接口质量，按管道材料（钢管、铸铁管、塑料管、混凝土管、钢筋混凝土管、陶土管）及设计的接口形式（法兰、螺纹、承插、焊接、卡箍）进行。

三、管道质量检查与验收

管道安装完毕后，应按设计要求对管道系统进行压力试验。按试验的目的可分为检查管道力学性能的强度试验、检查管道连接质量的严密性试验等。管道系统的强度试验与严密性试验一般采用水压试验，如因设计结构或其他原因不能采用水压试验时，可采用气压试验。

当管道工作压力大于或等于 0.1MPa 时，应进行压力管道的强度及严密性试验；当管道工作压力小于 0.1MPa 时，除设计另有规定外，应进行无压力管道严密性试验。管道水压、闭水试验前，应做好水源引接及排水疏导路线的设计。管道灌水应从下游缓慢灌入。灌入时，在试验管段的上游管顶及管段中的凸起点应设排气阀，将管道内的气体排出。冬期进行管道水压及闭水试验时，应采取防冻措施。试验完毕后应及时放水。

（一）压力管道的强度及严密性试验

1. 确定试验压力值

按管材种类、工作压力要求，根据图纸规定确定或按规范确定试验压力值，见表 5-5。

表 5-5　　　　　　　　　　　管道试压试验的试验压力　　　　　　　　单位：MPa

管材种类	工作压力 P	试验压力
钢管	P	P+0.5，且不应小于 0.9
铸铁及球墨铸铁管	≤0.5	2P
	>0.5	P+0.5
预应力、自应力混凝土管	≤0.6	1.5P
	>0.6	P+0.3
现浇钢筋混凝土管	≥0.1	1.5P

2. 试压前的准备工作

（1）分段。试压管段的长度不宜大于 1km，非金属管段不宜超过 500m。

试验管段应事先用管堵或管帽堵严，并加临时支撑，不得用闸阀代替，不得有消火栓、水锤消除器、安全阀等附件（这些附件应在试压前拆除、试压后再安装）。

（2）排气。水压试压前必须排气，排气孔通常设置在起伏的顶点处。升压过程中，当发现弹簧压力计表针摆动、不稳，且升压较慢时，应重新排气后再升压。

（3）泡管。试验管段灌满水后，宜在不大于工作压力条件下充分浸泡后再进行试压，浸泡时间应符合以下规定：铸铁管、球墨铸铁管、钢管无水泥砂浆衬里，不少于 24h；有水泥砂浆衬里，不少于 48h。预应力、自应力混凝土管及现浇钢筋混凝土管，管径不大于 1km，不少于 48h；管径大于 1km，不少于 72h。硬 PVC 管在无压情况下至少保持 12h。

（4）加压设备。加压设备按试压管段管径大小选用。当试压管管径小于 300mm 时，采用手摇泵加压；当试压管径不小于 300mm 时，采用电泵加压。当采用弹簧压力计时精度不应低于 1.5 级，最大量程宜为试验压力的 1.3～1.5 倍，表壳的公称直径不应小于 150mm，使用前应校正；水泵、压力计应安装在试验段下游的端部与管道轴线相垂直的支管上。

（5）支设后背。管道试压时应设试压后背，可用天然土壁做试压后背，也可用已安装好的管道做试压后背，试验压力较大时，会使土后背墙发生弹性压缩变形，从而破坏接口。为了解决这个问题，常用螺旋千斤顶，即对后背施加预压力，使后背产生一定的压缩变形。

3. 水压试验方法

（1）强度试验（又称落压试验）。强度试验的试验原理是漏水量与压力下降速度及数值成正比。落压试验设备布置如图 5-24 所示。

落压试验操作程序：用手摇泵或电泵向管内灌水（应从下游缓慢灌入）加压，让压力升高（应分级升压，每升一级应检查后背、支墩、管身及接口，当无异常现象时，再继续升压至试验压力值）；保持恒压 10min，检查接口、管身无破损及漏水现象时，管道强度试验为合格。

（2）严密性试验（又称渗水量试验）。试验原理是在同一管段内，压力降落相同，则其漏水总量也相同。

1）放水法试验操作程序。将管道加压到试验压力后即停止加压，记录降压 0.1MPa 所需时间 T_1（min）；再将压力重新加至试验压力后，打开连通管道的放水龙头，将水注入量筒，并记录第二次降压 0.1MPa 所需时间 T_2，与此同时，量取量筒内水量 W，则有

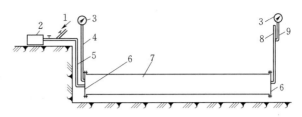

图 5-24 落压试验设备布置示意图
1—进水；2—手摇泵；3—压力表；4—压力表连接管；5—进水管；6—盖板；7—试验管段；8—放气管；9—连接管

$$q = \frac{W}{(T_1 - T_2)L} \qquad (5-1)$$

式中　q——实际渗水量，L/(min·m)；

　　　T_1——从试验压力降压 0.1MPa 所需时间，min；

　　　T_2——放水时，从试验压力降压 0.1MPa 所需时间，min；

　　　W——T_2 时间内放出的水量，L；

　　　L——试验管道的长度，m。

当求得的 q 值小于表 5-6 的规定值时，即认为试压合格。

表 5-6　　　　　　　　　压力管道严密性试验允许渗水量

管道内径 /mm	允许渗水量/[L/(min·km)]		
	钢管	铸铁管、球墨铸铁管	预（自）应力混凝土管
100	0.28	0.70	1.40
125	0.35	0.90	1.56
150	0.42	1.05	1.72
200	0.56	1.40	1.98
250	0.70	1.55	2.22
300	0.85	1.70	2.42
350	0.90	1.80	2.62
400	1.00	1.95	2.80
450	1.05	2.10	2.96
500	1.10	2.20	3.14
600	1.20	2.40	3.44
700	1.30	2.55	3.70
800	1.35	2.70	3.96
900	1.45	2.90	4.20
1000	1.50	3.00	4.42
1100	1.55	3.10	4.60
1200	1.65	3.30	4.70
1300	1.70	—	4.90
1400	1.75	—	5.00

2）注水法试验操作程序。将管道加压到试验压力后即停止加压，开始计时。每当压力下降，应及时向管道内补水，但降压不得大于 0.03MPa，使管道试验压力始终保持恒定，延续时间不得少于 2h，并计量恒压时间内补入试验管段内的水量 W。则有

$$q = \frac{W}{TL} \qquad (5-2)$$

式中　q——实际渗水量，L/(min・m)；

　　　T——从开始计时至保持恒定结束的时间，min；

　　　W——恒压时间内补入试验管段内的水量，L；

　　　L——试验管道的长度，m。

当求得的 q 值小于表（5-6）的规定值时，即认为试压合格。

管道内径不大于 400mm，且长度不大于 1km 的管道，在试验压力下，10min 降压不大于 0.05MPa 时，可认为严密性试验合格；非隐蔽性管道，在试验压力下，10min 压力降幅不大于 0.05MPa，且管道及附件无损坏，然后使试验压力降至工作压力，保持恒压 2h，进行外观检查，无漏水现象认为严密性试验合格。渗水量试验设备布置如图 5-25 所示。

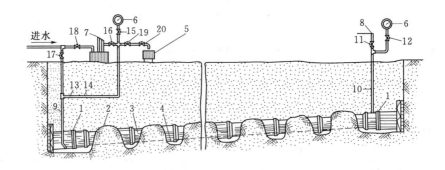

图 5-25　漏水量试验设备布置示意图

1—封闭端；2—回填土；3—试验管段；4—工作坑；5—水筒；6—压力表；7—手摇泵；8—放气口；
9—水管；10、13—压力表连接管；11、12、14、15、16、17、18、19—闸门；20—龙头

（二）无压力管道严密性试验

污水管道、雨污合流管道、倒虹吸管及设计要求闭水的其他排水管道，回填前应采用闭水法进行严密性试验。

闭水试验管段应符合下列规定：管道及检查井外观质量已验收合格；管道未回填，且沟槽内无积水；全部预留孔应封堵坚固，不得渗水；管道两端堵板承载力经核算应大于水压力的合力。

管道闭水试验应符合下列规定：当试验段上游设计水头不超过管顶内壁时，试验水头应以试验段上游管顶内壁加 2m 计；当试验段上游设计水头超过管顶内壁时，试验水头应以试验段上游设计水头加 2m 计；当计算出的试验水头小于 10m，但已超过上游检查井井口时，试验水头应以上游检查井井口高度为准；试验管段灌满水后浸泡时间不应小于 24h。当试验水头达到规定水头时开始计算，观测管道的渗水量，观测时间不少于 30min，

期间应不断向试验管段补水，以保持试验水头恒定。实测渗水量不大于表 5-7 规定的允许渗水量的规定时，管道严密性试验为合格。

表 5-7　　　　　　　　　　无压力管道严密性试验允许渗水量

管道内径 /mm	允许渗水量/[L/(min·km)]		
	钢管	铸铁管、球墨铸铁管	预（自）应力混凝土管
100	0.28	0.70	1.40
125	0.35	0.90	1.56
150	0.42	1.05	1.72
200	0.56	1.40	1.98
250	0.70	1.55	2.22
300	0.85	1.70	2.42
350	0.90	1.80	2.62
400	1.00	1.95	2.80
450	1.05	2.10	2.96
500	1.10	2.20	3.14
600	1.20	2.40	3.44
700	1.30	2.55	3.70
800	1.35	2.70	3.96
900	1.45	2.90	4.20
1000	1.50	3.00	4.42
1100	1.55	3.10	4.60
1200	1.65	3.30	4.70
1300	1.70	—	4.90
1400	1.75	—	5.00

（三）管道冲洗与消毒

给水管道水压试验后、竣工验收前应冲洗消毒。冲洗时应避开用水高峰，以流速不小于 1.0m/s 的冲洗水连续冲洗；管道第一次冲洗应用清洁水冲洗至出水口水样浊度小于 3NTU 为止；管道第二次冲洗应在第一次冲洗后，用有效氯离子含量不低于 20mg/L 的清洁水浸泡 24h 后，再用清洁水进行第二次冲洗，直至水质检测、管理部门取样化验合格为止。

四、管道的防护

施工中应按设计要求对管道及设备采取防振、防挤压、防外部荷载、防漏、防露和防冻等措施。同时金属管道与水或潮湿土壤接触后，会因化学作用或电化学作用产生腐蚀而遭到损坏，出现生锈、坑蚀、结瘤、开裂、穿孔或脆化等外腐蚀的情况。因此，应对管道内、外表面进行防腐处理。

（一）钢管道外防腐

钢管道外防腐常采用覆盖防腐法，即在管道外面涂防腐层。

1. 常用的钢管道外防腐材料及构造

石油沥青涂料和环氧煤沥青涂料外防腐层构造分别见表5-8和表5-9。

表5-8　　　　　　　　　　石油沥青涂料外防腐层构造

材料种类	三油二布		四油三布		五油四布	
	构　造	厚度/mm	构　造	厚度/mm	构　造	厚度/mm
石油沥青涂料	1. 底漆一层 2. 沥青 3. 玻璃布一层 4. 沥青 5. 玻璃布一层 6. 沥青 7. 聚氯乙烯工业薄膜一层	≥4.0	1. 底漆一层 2. 沥青 3. 玻璃布一层 4. 沥青 5. 玻璃布一层 6. 沥青 7. 玻璃布一层 8. 沥青 9. 聚氯乙烯工业薄膜一层	≥5.5	1. 底漆一层 2. 沥青 3. 玻璃布一层 4. 沥青 5. 玻璃布一层 6. 沥青 7. 玻璃布一层 8. 沥青 9. 玻璃布一层 10. 沥青 11. 聚氯乙烯工业薄膜一层	≥7.0

表5-9　　　　　　　　　　环氧煤沥青涂料外防腐层构造

材料种类	三油二布		四油三布		五油四布	
	构　造	厚度/mm	构　造	厚度/mm	构　造	厚度/mm
环氧煤沥青涂料	1. 底漆 2. 面漆 3. 面漆	≥0.2	1. 底漆 2. 面漆 3. 玻璃布 4. 面漆 5. 面漆	≥0.4	1. 底漆 2. 面漆 3. 玻璃布 4. 面漆 5. 玻璃布 6. 面漆 7. 面漆	≥0.6

2. 外防腐的施工工艺

沟槽内管道接口处施工，应在焊接、试压合格后进行，接茬处应黏结牢固、严密。

（1）石油沥青涂料外防腐。清除油垢、灰渣、铁锈，焊接表面应光滑无刺，无焊瘤、棱角。涂抹冷底子油两层，涂底漆时基面应干燥，基面除锈后与涂底漆的间隔时间不得超过8h；应涂刷均匀、饱满，不得有凝块、起泡现象，底漆厚度宜为0.1～0.2mm，管两端150～250mm范围内不得涂刷；待冷底子油干燥后浇涂180～220℃、层厚1.5mm的热沥青或沥青胶泥，常温下刷沥青涂料时，应在涂底漆后24h之内实施；立即缠绕玻璃纱布，玻璃纱布的压边宽度应为30～40mm；接头搭接长度不得小于100mm，各层搭接接头应相互错开，玻璃纱布的油浸透率应达到95％以上，不得出现大于50mm×50mm的空白；管端或施工中断处应留出长150～250mm的阶梯形搭茬，阶梯宽度应为50mm；趁热（当沥青涂料温度低于100℃时）用牛皮纸或聚氯乙烯工业薄膜包扎在沥青涂层上作外保护层，不得有褶皱、脱壳现象，压边宽度应为 30～40mm，搭接长度应为 100～150mm。

（2）环氧煤沥青涂料外防腐。清除油垢、灰渣、铁锈，焊接表面应光滑无刺，无焊瘤、棱角；按设计要求配置涂料；均匀涂刷底漆，底漆应在表面除锈后的 8h 之内涂刷，涂刷应均匀，不得漏涂；管道两端 150～250mm 范围内不得涂刷；刮腻子；涂面漆和缠绕玻璃纱布，应在底漆表干后进行，底漆与第一道面漆涂刷的间隔时间不得超过 24h。

（二）钢管道内防腐

管道内防腐对大口径管道采用水泥砂浆衬里，对小口径管道采用内壁刷环氧玻璃布做成玻璃钢。

1. 水泥砂浆内防腐层的材料质量要求

不得使用对钢管道及饮用水水质造成腐蚀或污染的材料；使用外加剂时，其掺量应经试验确定；砂应采用坚硬、洁净、级配良好的天然砂，除符合国家现行标准《普通混凝土用砂质量标准及检验方法》（JGJ 52—2006）外，其含泥量不应大于 2%，其最大粒径不应大于 1.2mm，级配应根据施工工艺、管径、现场施工条件，在砂浆配合比设计中选定；水泥宜采用 M42.5 以上的硅酸盐、普通硅酸盐水泥或矿渣硅酸盐水泥；拌和水应采用对水泥砂浆强度、耐久性无影响的洁净水。

2. 水泥砂浆内防腐层施工工艺

水泥砂浆内防腐层可采用机械喷涂、人工抹压、拖筒或离心预制法施工；采用预制法施工时，在运输、安装、回填土过程中，不得损坏水泥砂浆内防腐层；清除管道内壁的浮锈、氧化铁皮、焊渣、油污等；将配置好的涂层均匀抹在管内壁；水泥砂浆内防腐层成型后，应立即将管道封堵，终凝后进行潮湿养护；普通硅酸盐水泥养护时间不应少于 7d，矿渣硅酸盐水泥不应少于 14d；通水前应继续封堵，保持湿润。

五、附属构筑物

1. 阀门井

管网中的各种附件一般应安装在阀门井内。为了降低造价，配件和附件应布置紧凑。阀门井的平面尺寸取决于管道直径以及附件的种类和数量，应满足阀门操作及拆装管道阀门所需的最小尺寸；井深由管道埋深确定，但井底到管道承口或法兰盘底的距离不得小于 0.1m，法兰盘与井壁的距离宜大于 0.15m，从承口外缘到井壁的距离应在 0.3m 以上，便于接口施工。

位于地下水位较高处的井，井底和井壁应不透水，在水管穿越井壁处应保持足够的水密性。阀门井应有抗浮稳定性。

阀门井一般用砖砌，也可用石砌或钢筋混凝土建造。在井室砌筑时，应同时安装踏步、预留支管，预留支管的管径与高程应符合设计图纸的要求，管道与井壁衔接处应严密。阀门井砌筑或安装至规定高程后，应及时浇筑或安装井圈，盖好井盖。雨季砌筑阀门井，井身应一次砌起。为防止漂管，可在阀门井的井室侧墙底部预留进水孔，回填土前应封堵。冬期砌筑阀门井应采取防寒措施，并应在管端加设风挡。阀门井允许偏差应符合表5－10 的规定。

表 5-10　　　　　　　　　　　　阀门井允许偏差　　　　　　　　　　　单位：mm

项　目		允许偏差
井身尺寸	长度、宽度	±20
	直径	±20
井盖与路面高程差	非路面	±20
	路面	±25
井底高程	$D \leqslant 1000$	±10
	$D > 1000$	±15

注　表中 D 为管内径，mm。

2. 进、出水口构筑物

进、出水口构筑物宜在枯水期施工。进、出水口构筑物的基础应建在原状土上，当地基松软或被扰动时，应按设计要求处理；进、出水口构筑物的泄水孔应畅通，不得倒坡。管道出水口防潮闸门井的混凝土浇筑前，应将防潮闸门框架的预埋件固定，预埋件中心位置允许偏差应为 3mm。

3. 支墩

管道及管道附件的支墩和锚定结构应位置准确，锚定应牢固；钢制锚固件必须采取相应的防腐处理。支墩应在坚固的地基上修筑。当无原状土做后背墙时，应采取措施保证支墩在受力情况下，不致破坏管道接口。当采用砌筑支墩时，原状土与支墩间应采用砂浆填塞。

管道支墩应在管道接口做完、管道位置固定后修筑。支墩施工前，应将支墩部位的管节、管件表面清理干净。管道安装过程中的临时固定支架，应在支墩的砌筑砂浆或混凝土达到规定强度后拆除。管道及管件支墩施工完毕，并达到强度要求后方可进行水压试验。

第七节　管道的特殊施工

敷设地下给水排水管道，一般采用开槽方法，该法污染环境，占地面积大、断绝交通，给人们日常生活带来极大的不便。而不开槽施工可避免以上问题，主要的施工方法有顶管施工、架空管桥施工、倒虹管施工、围堰法施工等。

不开槽施工一般在下列情况时采用：

(1) 管道穿越铁路、公路、河流或建筑物时。

(2) 街道狭窄，两侧建筑物多时。

(3) 在交通量大的市区街道施工，管道既不能改线又不能阻断交通时。

(4) 现场条件复杂，与地面工程交叉作业，相互干扰，易发生危险时。

(5) 管道覆土较深，开槽土方量大，并需要支撑时。

用不开槽施工方法敷设的给排水管道有钢管、钢筋混凝土管及预制或现浇的钢筋混凝土管沟（渠、廊）等。采用最多的管材种类还是各种圆形钢管、钢筋混凝土管。

一、顶管施工

顶管施工就是在工作坑内借助于顶进设备产生的顶力，克服管道与周围土壤的摩擦力，将管道按设计的坡度顶入土中，并将土方运走。一节管子完成顶入土层之后，再下第二节管子继续顶进。

顶管的施工组织设计应包括以下主要内容：工程概况；施工方法的选择，施工图，施工现场布置及说明，工作坑施工及布置，基坑降水措施及方法；顶管机选型；后座墙的设计；起重机械及安装；顶进力的计算；测量、纠偏的方法；安全技术措施等。

（一）直接顶进法

直接顶进法又称为挤密土层法顶管，是利用自身管端安装锥形管尖或在管端装置管帽，依靠千斤顶的压力将管子直接挤入土层里，管子周围的土层被挤密实，如图 5-26 所示。直接顶进法仅适用于潮湿的黏土、砂土、粉质黏土，顶距较短的小口径钢管、铸铁管，且对地面变形要求不甚严格的地段。

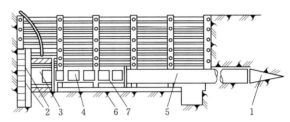

图 5-26　直接顶进法

1—顶尖；2—后背；3—顶管千斤顶；4—垫铁；
5—待顶管；6—基础；7—导轨

施工顺序如下：

（1）开挖工作坑，处理基础，支设后背、导轨与顶进设备。

（2）启动千斤顶，将管子徐徐顶进。

（3）复位千斤顶，在垫块空余部分再加塞垫块。

（4）再次启动千斤顶，继续将管子顶进，往复启动千斤顶，复位千斤顶，加塞垫块即将管子顶过铁路，进入对面工作坑中。

（二）套管人工顶进法

套管人工顶进法又称为普通顶管，是目前较普遍的顶管方法。管前用人工挖土，设备简单，能适应不同的土质，但工效低。顶管常用的管材为钢筋混凝土管，分为普通管和加厚管，管口形式有平口和企口两种。通常顶管使用加厚企口钢筋混凝土管为宜，特殊时也可用钢管作为顶管管材。此法施工顺序与直接顶进法基本相同，但由于顶进的是套管，套管至顶进位置后，在其内安装穿越管（图 5-27）。该法适于穿越Ⅰ级、Ⅱ级铁路，管径小，土质为黏性土及淤泥土地区。套管

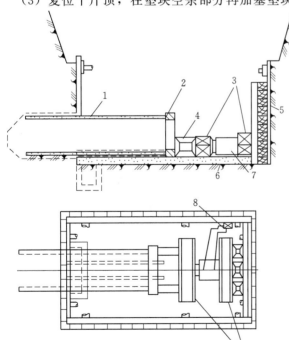

图 5-27　套管人工顶进法

1—混凝土管；2—环铁；3—横铁；4—顶铁；5—原状土后背；
6—基础；7—千斤顶；8—高压油泵；9—横顶铁

管径应较穿越管管径大 600mm，且不小于 1000mm。

（三）水平钻孔机械顶进法

水平钻孔机械顶进法又称为挤压式顶管法，是在工具管的前方装有由电动机驱动的刀盘钻进挖土，被挖下来的土体由皮带运输机运出，从而代替了人工操作。一般适用于无地下水干扰、土质稳定的黏性土或砂性土层。其结构形式如图 5-28 所示。

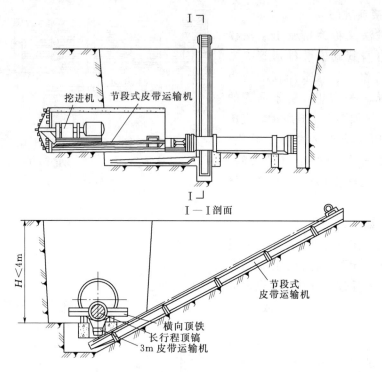

图 5-28　水平钻孔机械顶进法

（四）水冲顶管法

水冲顶管法又称为网格式水冲法，是利用高压水枪的射流将顶进前方的土冲成泥浆，再通过泥浆管道输送至地面储泥场。整个工作是由装在混凝土管前端的工具管来完成的，其前端为冲泥舱；掘进时先开动千斤顶，由刃脚将土切入冲泥舱，然后人工操纵水枪操作把，将土冲成泥浆；泥浆经过格栅进入真空室由泥浆管吸入工作坑，再由泥浆泵排至储泥场。冲泥舱是完全密封的，其上设有观察孔和小密封门，用于操作和维修。管道的掘进方向由中间部位的校正管控制。其结构形式如图 5-29 所示。

管道顶进方法的选择，应根据管道所处土层的性质、管径、地下水位、附近地上与地下建筑物和构筑物及各种设施等因素，经

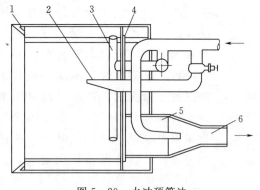

图 5-29　水冲顶管法

1—壳体；2—射水器；3—圆形喷嘴；4—盖板；
5—真空吸入室；6—缩接

技术经济比较后确定，并应符合下列规定：在黏性土或砂性土层，且无地下水影响时，宜采用手掘式或机械挖掘式顶管法；当土质为沙砾土时，可采用具有支撑的工具管或采取注浆加固土层的措施；在软土层且无障碍物的条件下，管顶以上土层较厚时，宜采用挤压式或网格式顶管法；在黏性土层中必须控制地面隆陷时，宜采用土压平衡顶管法；在粉砂土层中且需要控制地面隆陷时，宜采用加泥式土压平衡或泥水平衡顶管法；在顶进长度较短、管径小的金属管时，宜采用一次顶进的挤密土层顶管法。

二、倒虹管施工

倒虹管是指倒虹吸的管道，是一种地下输水建筑物或结构物，用于过河渠、道路等的输水。施工时先进行基础开挖，而后建中间的管道或暗式渠道，再建渠道两端的进出水竖井，就完成了。施工时注意管道间、管道与进出水竖井间的连接，要设止水防止漏水，进口略比出口高以形成压力使水流淌。水下给水管道倒虹管如图 5‐30 所示。

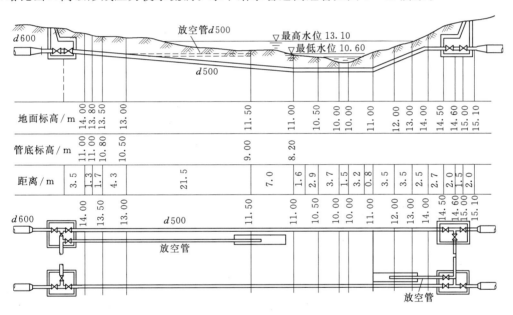

图 5‐30　水下给水管道倒虹管

倒虹管施工时，应合理布置施工场地，土方淤泥的堆弃不得影响过往行人通行，同时应采取保护措施。

倒虹管两端与其他管道连接处应砌筑检查井，管道安装结束后应进行闭水试验。

倒虹管的连接与开挖沟槽同期进行，亦可提前焊接组装，组装时应选择操作方便的场地，现场制作时可制作平台，平台的结构宜简易牢固，其高度宜在管道连接过程中不被水浸磨，并要求设有滑移装置。

三、架空管桥施工（管道架空敷设）

管道敷设于桥梁或建（构）筑物上，适用于地下水位较高、地下土质差、年降雨量大或地下管线较多以及采用地下敷设而需大量开挖土石方的地方。有吊环法、托架法（包括钢托架和桥墩等）和拱管过河等方法（图5-31）。

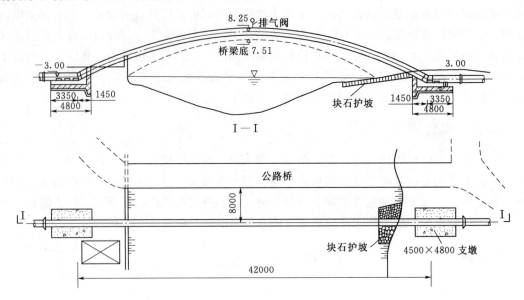

图5-31　拱管过河

拱管过河是利用钢管自身作为支承结构，起到了一管两用的作用。由于拱是受力结构，钢材强度较大，加上管壁较薄，造价经济。适用于跨度较大的河流。拱管过河关键控制参数为矢高比，一般为1/6～1/8，通常采用1/8。

拱管的弯制方法有：

（1）先弯后接法。管段为单数。弯成之后，在平地上预装合格后再焊接。焊毕应再行测量，以保证管段中心的轴线在一个平面上，不能出现扭曲现象。

（2）先接后弯法。先将长度大于拱管总长的几根钢管焊接起来，而后在现场操作平台上采用卷扬机予以弯管。

弯制可采用冷弯和热弯。在管道焊接之后，均须进行充氧试验或油渗试验，以检查管道渗漏的情况。拱管的安装可采用立杆法、履带式吊车进行安装。

四、引接分支管道的施工

供水工程建成之后，往后的供水管道工程主要是管道的维护、更换及自供水干管向用户接管。更换管子的方法示意图如图5-32所示。

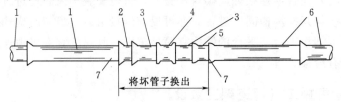

图5-32　更换管子方法示意图

1、6—预应力水泥管子；2—特制管件丁；3—铸铁短管；

4—铸铁套管；5—特制管件丙；7—胶圈接口

（一）停水状态下引接分支管

停水状态下引接分支管的施工又称为"开三通"作业，其工作坑尺寸见表5-11。

表5-11　　　　　　　　　　"开三通"作业工作坑尺寸　　　　　　　　单位：mm

项　目	DN						
	75	100	150	200	300	400	500
工作坑长	2600	2700	2800	3000	3300	3800	3900
承口前长	800	800	800	800	1000	1000	1000
工作坑宽	1500	1500	1600	1700	2000	2500	3000
承口下面沟底深	200	200	300	300	300	300	400

1. 丝扣接口钢管上引接分支管

（1）锯管套丝法（图5-33）。先将待引分支管的管段锯断一节长度，若两个端口离管段上管箍较远时，采用活动丝扣于沟槽中套丝，再安装相应管件。

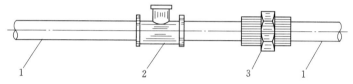

图5-33　锯管套丝法

1—原管；2—新接分支管；3—活接头

（2）安装柔性三通法（图5-34）。待接引支管的管段上锯断长度为L_0的短管节，再套上特制柔性接口三通，并采用胶垫密闭止水。

2. 铸铁管上引接分支管

（1）铸铁管上引接镀锌钢管——丝扣连接，如图5-35所示。施工过程与管上引接分支管相同，但由于铸铁管具有"脆""硬"的特点，锯断、攻丝应慢；采用钻头旋转钻进；攻丝机垂直压紧攻丝。铸铁管上钻孔攻丝的最大范围见表5-12。

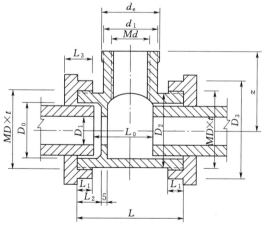

图5-34　安装柔性三通法

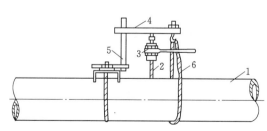

图5-35　铸铁管上引接镀锌钢管

1—管体；2—钻头；3—带螺旋千斤顶的棘轮

扳手；4—顶铁；5—钻架；6—固定链条

表 5-12　　　　　　　　　铸铁管上钻孔攻丝的最大范围　　　　　　　　单位：mm

DN	75	100	150	200	250	300	350	≥400
最大接管口径	20	25	32	40	40	40	40	50

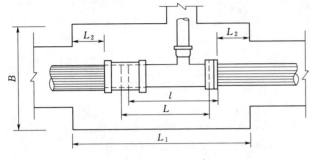

图 5-36　铸铁管上引接铸铁分支管

（2）铸铁管上引接铸铁分支管——承插连接，如图 5-36 所示。

将三通承口中心对准分支管管位中心线，量取待接三通长度，按管径大小在干管上预留相应长度（表 5-13）；然后剁管；抽吸干管断管后流入工作坑中的积水；再接三通；就位并套上套筒；将已连接好的分支管上插盘短管、闸门与承盘短管等连接配件吊入工作坑；与三通对口；然后及时对各接口灌注铅口或填塞膨胀水泥砂浆。

表 5-13　　　　　　　　铸铁管断管长度及三通预留尺寸　　　　　　　　单位：mm

项　目	DN						
	75	100	150	200	300	400	500
断管长度	610	680	760	735～815	810～900	940～1190	1020～1320
三通预留尺寸	10～12	10～12	15	15～20	35～40	40～50	60～70

3. 预应力钢筋混凝土管上引接分支管

（1）马鞍铁接头引接法，如图 5-37 所示。引管时先用人工錾切法打孔，其孔径较待接支管内径稍大；后使用 1:2 水泥砂浆或环氧树脂砂浆将孔口填补到支管内径大小；再将马鞍铁接头置于孔口处，用 U 形螺栓及密封垫圈卡固在预应力钢筋混凝土管上；最后引接分支管道。

（2）套管三通引接法，如图 5-38 所示。引管时在干管上先套上套管三通，采用人工錾切法开孔，并用 1:2 水泥砂浆或环氧树脂砂浆处理孔口，然后将套管三通移至孔口处，再用石棉水泥或膨胀水泥砂浆接口将套管三通固定，再在三通上接分支管。

图 5-37　马鞍铁接头引接法
1—镀锌钢管；2—阀门；3—密封胶垫；
4—管鞍；5—预应力管；6—U 形螺栓

4. 不停水状态下引接分支管

不停水状态下引接分支管时应做到施工快、开孔后不漏、钻后杂物不进干管。可采用干管上装密封胶垫、支管带阀门钻孔。当阀后压力表读数由零至水压压力值时，则表示干管已钻穿。

（1）采用马鞍配件引接铸铁支管。先将管鞍安装好，在管壁开孔的四周装置密封胶垫，再在管鞍侧装上阀门，阀杆应与地面垂直，阀底须安置支座，阀端安置堵板，随即做灌水水压试验（应在 1.5 倍工作压力状态下无渗滴），如图 5 - 39 所示。

钻头切削靠附有棘轮的扳手动作，钻头的进给靠带圆盘的丝杆操作，在丝杆与钻轴之间装上钢垫圈。钻孔时，中心钻头先钻穿管壁，起定位作用，以便空心钻头钻进。当压力表指针指到一定读数，即表明管壁钻穿。打开放水龙头将铁屑排除，钻脱的铁块由管内水压托住，不致掉入干管中。

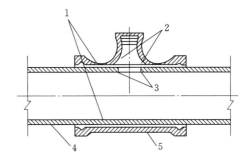

图 5 - 38　套管三通引接法
1—石棉水泥填料接口；2—1：1 水泥砂浆嵌缝；3—环氧树脂刷涂；4—预应力管；5—三承铸管套管三通

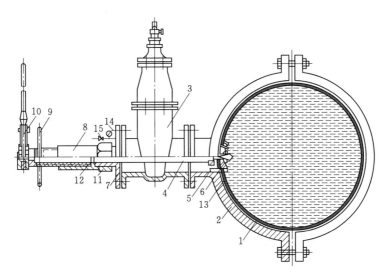

图 5 - 39　采用马鞍配件引接铸铁管示意图
1—干管；2—管鞍；3—闸阀；4—钻孔轴；5—空心钻头；6—中心钻头；7—钻架座板；8—钻架螺母；9—带圆盘丝杠；10—棘轮扳手；11—密封填料；12—平面轴承或垫圈；13—密封垫圈；14—压力表；15—放水旋塞

开孔达到要求后，退出钻头，关闭阀门，用钻架座板上附设的放水旋塞将余水排除，拆除打洞机。最后自闸门口引接铸铁分支管。

（2）采用特殊短节引接小支管。先将连接器固定在干管上，如图 5 - 40 所示。连接器与干管之间用橡胶圈或橡胶垫密封，胶圈内径比待引支管内径大 5mm 左右。再在连接器上安装闸板打开的阀门，然后装上钻孔机。

钻孔机一经安装完毕，旋转顶丝手轮顶紧钻头，边旋转手轮边用摇把使钻头向干管钻进，直至打眼机上的放水龙头出水，即表明干管已被钻透。

取出钻杆，立即将特制的铜短节（如图 5 - 41 所示，短节下端附外螺纹；上端既有外螺纹也有内螺纹，其端口拧上一小型带长柄的堵头）穿过隔离阀门拧在干管管壁内丝孔中。拆除钻架，则铜短节立于干管上。

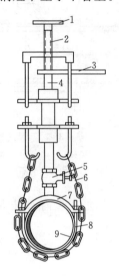

图 5-40　采用特殊短节引接
小支管示意图

1—顶丝手轮；2—顶丝；3—钻进扳手；4—钻
杆；5—钢板阀门；6—固定用铁链；7—连
接器；8—连接器螺栓；9—水管

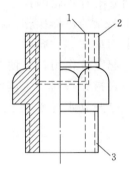

图 5-41　特制铜短节

1—接长柄塞头；2—配管箍；3—接干管

再用扳钳稳住铜短节，由长柄顶套入分流阀，并与铜短节连接牢固，然后用扳钳提出带长柄的小堵头，关闭分流阀，即可自分流阀口引接分支管。

（3）密闭式打眼机引接分支管。密闭式管道攻丝机属于一种新型的管道打眼机，是在打眼机全封闭的条件下，对于干管打眼、攻丝、装分流阀等项目实行一次性安装，全部操作可一人进行，作业时间不过 0.5h，劳动强度低，应用较广泛。

五、地下工程交叉施工

对于城镇而言，按照总体规划要求，街道下设置有各种地下工程，相互之间时常出现跨穿的交叉情况。应使交叉的管道与管道之间或管道与构筑物之间保持适宜的垂直净距及水平净距。各种地下工程在立面上重叠敷设是不允许的。

1. 管道与管道的交叉施工

给水管道从其他管道上方跨越时，若管间垂直净距不小于 0.25m，可不予处理；否则应在管间夯填黏土，或在管侧底部设置墩柱支承。

当其他管道从给水管道下部穿越时，若同时安装，除其他管道作局部加固于四周填砂外，管之间的沟槽可采用三七灰土夯填。若其他管道从原给水管道下方穿越时，给水管道管底设置 135°包角范围的支座，长度约为给水管管径加 0.3m。

当给水管与排水干管的过水断面交叉，若高程一致，给水管道无法跨越排水干管时，则降低排水干管高度（保证管底坡度及过水断面面积不变，将圆形改为沟渠）。给水管设置于盖板上，管底与盖板间所留 0.05m 间隙中填砂土，沟渠两侧填夯砂夹石，如图 5-42 所示。

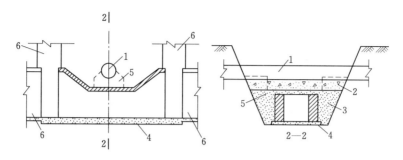

图 5-42　排水管扁沟法穿越

1—给水管；2—混凝土管座；3—砂夹石；4—排水沟渠；5—黏土层；6—检查井

2. 管道与构筑物交叉施工

（1）给水管道与构筑物交叉施工。地下构筑物埋深较大时，给水管道可从其上部跨越，如图 5-43 所示。施工中应保证给水管底与构筑物顶之间高差不小于 0.3m，且使给水管顶与地面之间的覆土深度不小于 0.7m（对于冰冻较深地区，应按冰冻深度来确定最小覆土厚度）。同时，在给水管道最高处应安装排气阀。

地下构筑物埋深较浅，给水管道可从构筑物下部穿越。施工中应在构筑物基础下面的给水管道上增设套管。当构筑物后施工时，须先将给水管及套管安装就绪之后再修筑构筑物。

（2）排水管道与构筑物交叉施工。由于排水管道基本都为重力流，其与构筑物交叉时，仅能采用倒虹管自构筑物底部穿越，如图 5-44 所示。

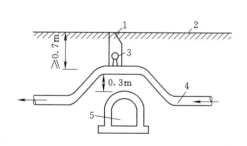 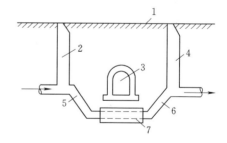

图 5-43　给水管道从上部跨越构筑物

1—排气阀井；2—地面；3—排气阀；
4—管道；5—构筑物

图 5-44　排水管道倒虹管穿越构筑物

1—地面；2—进水室；3—构筑物；4—出水室；
5—下行管；6—上行管；7—套管

施工中要求穿越部分的管道增设套管。在倒虹管上、下游分别砌筑进水室与出水室。

（3）建筑物建在管道上的施工。管道被压在建筑物下，原则上是不允许的。当建筑物实在无法避开地下管道时，则应当保证建筑物下沉时管道不受影响，且管道维修方便。

当建筑物基础未建在地下管道上时，可采用管道垂直基础处理（图5-45），在两外墙处设置基础梁，在建筑物内修建过人管沟；当建筑物基础建在管道上时，可采用管道在基础下与基础平行的处理方法作特殊的基础处理（图5-46）。

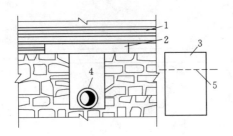

图5-45　与管道垂直的基础处理方法
1—墙身；2—梁；3—建筑物；4—管子；5—管道

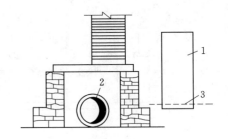

图5-46　与管道平行的基础处理方法
1—建筑物；2—管子；3—管道

第八节　蓄水池施工

蓄水池按建筑材料的不同可分为砖砌水池、浆砌石水池和混凝土水池；根据其地形和土质条件可以修建在地上或地下，即分为开敞式和封闭式两大类；按形状特点又可分为圆形和矩形两种。

一、蓄水池施工的一般要求

（1）水池底板位于地下水位以下时，施工前应验算施工阶段的抗浮稳定性。当不能满足抗浮要求时，必须采取抗浮措施。位于水池底板以下的管道，应经验收合格后再进行下一工序的施工。

（2）水泥砂浆防水层的水泥宜采用普通硅酸盐水泥、膨胀水泥或矿渣硅酸盐水泥；砂宜采用质地坚硬、级配良好的中砂，其含泥量不得超过3%。

（3）水泥砂浆防水层的施工应符合下列规定。

1）基层表面应清洁、平整、坚实、粗糙及充分湿润，但不得有积水。

2）水泥砂浆的稠度宜控制在7～8cm，当采用机械喷涂时，水泥砂浆的稠度应经试配确定。

3）掺外加剂的水泥砂浆防水层应分两层铺抹，其总厚度不宜小于20mm；刚性多层做法防水层每层宜连续操作，不留施工缝。

4）当必须留施工缝时，应留成阶梯茬，按层次顺序，层层搭接；接茬部位距阴阳角的距离不应小于20cm；水泥砂浆应随拌随用。

5）防水层的阴、阳角应做成圆弧形。水泥砂浆防水层宜在凝结后覆盖并洒水养护，外防水层在砌保护墙或回填土时，方可撤除养护。

6）冬期施工应采取防冻措施。

（4）水池的预埋管与外部管道连接时，跨越基坑的管下填土应压实，必要时可填灰土、砌砖或浇筑混凝土。

二、蓄水池的结构特点

1. 开敞式圆形蓄水池

开敞式蓄水池池体由池底和池墙两部分组成。它多是季节性蓄水池，不具备防冻、防蒸发的功效。圆形结构受力条件好，在相同蓄水量的条件下所用建筑材料较省，投资较少。开敞式圆形浆砌石水池地基承载力按 $10t/m^2$ 设计，池底板为 C15 混凝土，厚度 10cm，池壁为 M7.5 浆砌石，其厚度根据荷载条件按标准设计或有关规范确定。

2. 开敞式矩形蓄水池

矩形蓄水池的池体组成、附属设施、墙体结构与圆形蓄水池的基本相同，不同的只是根据地形条件将圆形变为矩形罢了。但矩形蓄水池的结构受力条件不如圆形池好，拐角处是薄弱环节，需采取防范加固措施。当蓄水量在 $60m^3$ 以内时，其形状近似正方形布设，当蓄水池长宽比超过 3h，在中间需布设隔墙，以防侧压力过大使边墙失去稳定性，这样将一池分二，在隔墙上部留水口，可有效地沉淀泥沙。

3. 封闭式圆形蓄水池

封闭式蓄水池池体大部分设在地面以下，它增加了防冻、保温的功效，保温防冻层厚度设计要根据当地气候情况和最大冻土层深度来确定，保证池水不发生结冰和冻胀破坏。封闭式蓄水池结构较复杂，投资加大，其池顶多采用薄壳型混凝土拱板或肋拱，以减轻荷载和节省投资。甘肃省封闭式圆柱形混凝土蓄水池池深径比取值范围为 1.2～1.8，其蓄水池底部为反拱，池底铺三七灰土厚 30cm，其上再浇筑混凝土厚 10cm，池壁为现浇混凝土厚 10cm，混凝土表面抹一层水泥砂浆加强防渗。盖板为铁丝网预制混凝土 C20，池颈为砌砖水泥砂浆抹面。

4. 封闭式矩形蓄水池

矩形蓄水池适应性强，可根据地形和蓄水量的要求采用不同的规格尺寸和结构形式，蓄水量变化幅度大。封闭式矩形蓄水池池底为 M7.5 水泥砂浆砌石，厚 40cm，其上浇筑 C20 混凝土，厚 15cm，池壁为混凝土，厚 15cm，顶盖采用混凝土空心板，上铺炉渣保温层，厚 1m，覆土层，厚 30cm，并设有爬梯及有关附属设施。

三、砖砌体水池施工

石料缺乏的平原地区，当水池容积较小、受经济条件限制时，可采用砖砌体水池。施工程序可分为池体开挖、池墙砌筑、池底浇筑、防渗处理、顶盖预制安装和附属设施安装施工等。

1. 池体开挖

根据当地土质条件确定开挖边墙坡度。垂直开挖，即使是特别密实的土体，也只允许挖深 2m 左右；当池体深度大于 2m 时，开挖时都要有坡度，以确保土体的稳定。

在确定池体开挖尺寸时，要根据土质、池深选定边坡坡度，然后根据池底尺寸确定开挖线。开挖过程要施工放线，严格掌握坡度，池深开挖要计算池底回填夯实部分和基础厚度，要求一次按设计要求挖够深度，并进行墙基开挖。

2. 池墙砌筑

按设计要求挖好池体后,首先对墙基和池基进行加固处理,然后砖砌池墙。砖砌矩形池受力条件不如圆形池、要加设钢筋混凝土柱和上下圈梁(圆形蓄水池可不设)。砖砌墙体时,砖要充分吸水。沿四周分层整体砌筑,坐浆要饱满,墙四周空隙处要及时分层填土夯实。墙角混凝土柱与边墙要做好接茬。先砌墙,后浇筑混凝土柱。圈梁和柱的混凝土要按设计要求施工。砖砌池壁时,砌体各砖层间应上下错缝,内外搭砌,灰缝均匀一致。水平灰缝厚度和竖向灰缝宽度宜为10mm,但不应小于8mm,并不应大于12mm。圆形池壁,里口灰缝宽度不应小于5mm。砖砌体水池的施工允许偏差应符合表5-14的规定。

表 5-14　　　　　　　　　　　砖砌水池施工的允许偏差

项　目		允许偏差/m
轴线位置(池壁、隔墙、柱)		10
高程(池壁、隔墙、柱的顶面)		±15
平面尺寸(池体长、宽或直径)	$L \leqslant 20m$	±20
	$20m < L \leqslant 50m$	$\pm L/1000$
垂直度(池壁、隔墙、柱)	$H \leqslant 5m$	8
	$H > 5m$	$1.5H/1000$
表面平整度(用2m直尺检查)	清水	5
	浑水	8
中心位置	预埋件、预埋管	5
	预留洞	10

注　L 为池体长、宽或直径;H 为池壁、隔墙或柱的高度。

3. 池底浇筑和防渗处理

在基础上浇筑混凝土,等级不低于C15,厚度不小于10cm,依次推进,形成整体,一次灌筑完成,并要及时收面3遍,表面要求密实、平整和光滑。池底混凝土浇筑好后,要用清水洗净并清除尘土后即可进行防渗处理。防渗措施多种多样,可采用425号水泥加防渗剂用水稀释成糊状刷面,也可喷射防渗乳胶。

4. 池盖混凝土预制安装

池盖混凝土可就地浇筑或预制板安装,矩形蓄水池因宽度较小,一般选用混凝土空心板预制板件安装,施工简便。板上铺保温、防冻材料,四周用24砖墙浆砌,池体外露部分和池盖保温层四周填土夯实,以增强上部结构的稳定性和提高保温防冻效果。

5. 附属设施安装施工

附属设施包括沉沙池、进水管、检查洞(室)及扒梯、出水管等。扒梯在安装出水管的侧墙上按设计要求布设,砌墙时将弯制好的钢筋砌于墙体内。顶盖预留孔口,四周砌墙,比保温层稍高,顶上设混凝土板,在顶盖混凝土板安装后即可进行扒梯施工。

四、浆砌石水池

在山区石料丰富的地区,可采用浆砌石水池。施工程序分为地基处理、池墙砌筑、池底建造、防渗处理以及附属设施安装施工等几部分。

1. 地基处理

施工前应首先了解地质资料和土壤的承载力，并在现场进行坑探试验。如土基承载力不够时，应根据设计提出对地基的要求，采取加固措施，如扩大基础、换基夯实等措施。

2. 池墙砌筑

（1）按图纸设计要求放线，严格掌握垂直度、坡度和高程。

（2）池墙砌筑时要沿周边分层整体砌石，不可分段、分块单独施工，以保证池墙的整体性。

（3）池墙采用的各种材料质量应满足有关规范要求，浆砌石应采用坐浆砌筑，不得先干砌再灌缝。砌筑应做到石料安砌平整、稳当，上下层砌石应错缝，砌缝应用砂浆填充密实。石料砌筑前，应先湿润表面。

（4）池墙砌筑时，要预埋（预留）进、出水管（孔），出水管处要做好防渗处理。防渗止水环要根据出水管材料或设计要求选用和施工。

（5）池墙内壁用 M10 水泥砂浆抹面 3cm 厚，砂浆中加入防渗剂（粉），其用量为水泥用量的 3%～5%。

3. 池底建造

池底施工程序分底土处理、浆砌块石和混凝土浇筑等环节。

（1）底土处理。凡是土质基础一般都要经过换基土，夯实碾压后才能进行建筑物施工。首先在池旁设高程基准点，根据设计尺寸开挖池底土体，并碾压夯实底部原状土。回填土可按设计施工要求采用 3:7 灰土、1:10 水泥土或原状土，采用分层填土碾压、夯实。原土翻夯应分层夯实，每层铺松土应不大于 20cm。夯实深度和密实度应达到设计要求。夯实后表面应整平。

人工夯实，每层铺土厚 0.15m，夯打时应重合 1/3。打夯时，各处遍数要相同，不能漏打和少打，边墙处更应夯打密实。干密度要求达到 1.5～1.6g/cm³。机械碾压时，铺土厚度 0.20～0.25m，碾压遍数根据压重和振动力确定。

（2）浆砌块石。地基经回填碾压夯实达到设计高度时，即可进行池底砌石，当砌石厚度在 30cm 以内时，一次砌筑完成，砌石厚度大于 30cm 时，可根据石料情况分层砌筑。浆砌石同样应采用坐浆砌筑，然后进行灌浆，用碎石填充石缝，务必灌浆密实，砌石稳固。砌筑块石池壁时，应分层卧砌，上下错缝，丁顺搭砌；水平缝宜采用坐灰法，竖向缝宜采用灌浆法。水平灰缝厚度宜为 10mm。竖向灰缝厚度为细料石、半细料石不宜大于 10mm；粗料石不宜大于 20mm。

纠正块石砌筑位置的偏移时，应将块石提起，刮除灰浆后再砌，并应防止碰动邻近块石，严禁用撬移或敲击纠偏。在块石砌体勾缝前，应将砌体表面上黏结的灰浆、泥污等清扫干净，并洒水湿润。块石砌体水池施工允许偏差应符合表 5-15 的规定。

（3）混凝土浇筑。在浆砌石基础上浇筑混凝土，等级不低于 C15，厚度不小于 10cm，依次推进，形成整体，一次灌筑完成，并要及时收面 3 遍，表面要求密实、平整和光滑。

表 5 – 15 块石砌体水池施工允许偏差

项　目		允许偏差/mm
轴线位置（池壁）		10
高程（池壁顶面）		±15
平面尺寸（池体长、宽或直径）	$L \leq 20m$	±20
	$20m < L \leq 50m$	$\pm L/1000$
砌体厚度		$-5 \sim +10$
垂直度（池壁、隔壁、柱）	$H \leq 5m$	10
	$H > 5m$	$H/1000$
表面平整度（用 2m 直尺检查）	清水	10
	浑水	15
中心位置	预埋件、预埋管	5
	预留洞	10

　　注　L 为池体长、宽或直径；H 为池壁高度。

　　4. 池墙、池底防渗

　　池底混凝土浇筑好后，要用清水洗净并清除尘土后即可进行防渗处理。防渗措施多种多样，可采用 425 号水泥加防渗剂用水稀释成糊状刷面，也可喷射防渗乳胶。

　　5. 附属设施安全施工

　　蓄水池的附属设施包括沉沙池、进水管、溢水管和出水管等。

五、现浇钢筋混凝土水池的施工

　　现浇混凝土工程的施工，是要将搅拌良好的混凝土拌和物，经过运输、浇筑入模、密实成型和养护等施工过程，最终成为符合设计要求的结构物。

（一）混凝土的运输

　　混凝土从搅拌机中卸出后，应及时运至浇筑地点，为保证混凝土的质量，对混凝土运输的基本要求是：

　　（1）混凝土宜采用内壁平整光滑、不吸水、不渗漏的运输设备进行运输。当长距离运输混凝土时，宜采用搅拌车运输；近距离运输混凝土时，宜采用混凝土泵、混凝土料斗或皮带运输。

　　（2）混凝土运输设备的运输能力应适应混凝土凝结速度和浇筑速度的需要，保证浇筑过程连续进行。运输过程中，应确保混凝土不发生离析、漏浆、严重泌水及坍落度损失过多等现象，运至浇筑地点的混凝土应仍保持均匀和规定的坍落度。当运至现场的混凝土发生离析现象时，应在浇筑前对混凝土进行二次搅拌，但不得再次加水。

　　（3）采用机动车运输混凝土时，运输道路、车道板或行车轨道等设备应平顺、牢固。

　　（4）用手推车运输混凝土时，道路或车道板的纵坡不宜大于 15%。用机动车运输混凝土时，混凝土的装载厚度不应小于 40cm。用轻轨斗车运输混凝土时，轻轨应铺设平整，以免混凝土拌和物因斗车振动而发生离析。

（5）用吊斗（罐）运输混凝土时，吊斗（罐）出口到承接面间的高度不得大于 2m。吊斗（罐）底部的卸料活门应开启方便，并不得漏浆。

（6）采用混凝土搅拌运输车运送已搅拌好的混凝土时，运输过程中宜以 2～4r/min 的转速搅动；当搅拌运输车到达浇灌现场时，应高速旋转 20～30s 后再将混凝土拌和物喂入泵车受料斗或混凝土料斗中。

（7）混凝土在倒装、分配或倾注时，应采用滑槽、串筒或漏斗等金属类器具辅助进行。当采用木制辅助器具时，应内衬铁皮。

（8）运输混凝土过程中，应尽量减少混凝土的转载次数和运输时间。混凝土从加水拌和到入模的最长时间，应由试验室根据水泥初凝时间及施工气温确定，并宜符合表 5-16 的规定。

（9）为了避免日晒、雨淋和寒冷气候对混凝土质量的影响，防止局部混凝土温度升高（夏季）或受冻（冬季），需要时应将运输混凝土的容器加上遮盖物或保温隔热材料。

表 5-16 混凝土的运输时间

混凝土强度等级	气温/℃	
	≤25	>25
≤C30	120min	90min
>C30	90min	60min

（二）混凝土的浇筑

混凝土成型过程包括浇筑与捣实，是混凝土工程施工的关键，将直接影响构件的质量和结构的整体性。混凝土经浇筑捣实后应内实外光、尺寸准确，表面平整，钢筋及预埋件位置符合设计要求，新旧混凝土结合良好。

1. 混凝土浇筑

（1）浇筑前的准备工作。混凝土的浇筑必须在对模板和支架、钢筋、预埋管、预埋件以及止水带等经检查符合设计要求后，方可进行。

1）制定浇筑工艺，明确结构分段分块的间隔浇筑顺序（尽量减少后浇带或连接缝）和钢筋的混凝土保护层厚度的控制措施。

2）根据结构截面尺寸大小研究确定必要的降温防裂措施。

3）将基础上松动的岩块及杂物、泥块清除干净，并采取防、排水措施，按有关规定填写检查记录。对干燥的非黏性土基面，应用水湿润；对未风化的岩石，应用水清洗，但其表面不得积水。

4）仔细检查模板、支架、钢筋、预埋件的紧固程度和保护层垫块的位置、数量等，以提高钢筋的混凝土保护层厚度尺寸的质量保证率。

（2）浇筑工作的一般要求。

1）在炎热气候条件下，混凝土入模时的温度不宜超过 30℃。应避免模板和新浇混凝土受阳光直射，控制混凝土入模前模板和钢筋的温度以及附近的局部气温不超过 40℃。宜尽可能安排在傍晚浇筑而避开炎热的白天，也不宜在早上浇筑，以免气温升到最高时加剧混凝土内部温升。

2）当昼夜平均气温低于 5℃或最低气温低于 -3℃时，应按冬季施工处理，混凝土的入模温度不应低于 5℃。

3）在相对湿度较小、风速较大的环境条件下，可采取场地洒水、喷雾、挡风等措施，或在此时避免浇筑有较大暴露面积的构件。

4）浇筑重要工程的混凝土时，应定时测定混凝土温度以及环境气温、相对湿度、风速等参数，并根据环境参数变化及时调整养护方式。

5）混凝土应分层进行浇筑，不得随意留置施工缝。其分层厚度（指捣实后厚度）应根据搅拌机的搅拌能力、运输条件、浇筑速度、振捣能力和结构要求等条件确定。

6）混凝土浇筑应连续进行。当因故间歇时，其间歇时间应小于前层混凝土的初凝时间或能重塑的时间。对不同混凝土的允许间歇时间应根据环境温度、水泥性能、水胶比和外加剂类型等条件通过试验确定，见表 5-17。

表 5-17　浇筑混凝土的间歇时间

混凝土强度等级	气温/℃	
	≤25	>25
≤C30	210min	180min
>C30	180min	150min

7）新浇混凝土与邻接的已硬化混凝土或岩土介质间的温差不得大于 20℃。

8）在浇筑混凝土过程中或浇筑完成时，如混凝土表面泌水较多，须在不扰动已浇筑混凝土的条件下，采取措施将水排除。继续浇筑混凝土时，应查明原因，采取措施，减少泌水。

9）浇筑混凝土期间，应设专人检查支架、模板、钢筋和预埋件等的稳固情况，当发现有松动、变形、移位时，应及时处理。

10）浇筑混凝土时，应填写混凝土施工记录。

2．混凝土的捣实

混凝土浇筑过程中，应随时对混凝土进行振捣并使其均匀密实。振捣宜采用插入式振捣器垂直点振，也可采用插入式振捣器和附着式振捣器联合振捣。混凝土较黏稠时（如采用斗送法浇筑的混凝土），应加密振点分布。

混凝土振捣过程中，应避免重复振捣，防止过振。应加强检查模板支撑的稳定性和接缝的密合情况，防止在振捣混凝土过程中产生漏浆。

采用机械振捣混凝土时，应符合下列规定：

1）采用插入式振捣器振捣混凝土时，插入式振捣器的移动间距不宜大于振捣器作用半径的 1.5 倍，且插入下层混凝土内的深度宜为 50～100mm，与侧模应保持 50～100mm 的距离。

当振动完毕需变换振捣棒在混凝土拌和物中的水平位置时，应边振动边竖向缓慢提出振动棒，不得将振捣棒放在拌和物内平拖，也不得用振捣棒驱赶混凝土。

2）表面振动器的移动距离应能覆盖已振动部分的边缘。

3）附着式振动器的设置间距和振动能量应通过试验确定，并应与模板紧密连接。

4）应避免碰撞模板、钢筋及其他预埋部件。

5）每一振点的振捣延续时间宜为 20～30s，以混凝土不再沉落，不出现气泡，表面呈现浮浆为度，防止过振、漏振。

混凝土振捣完成后，应及时修整、抹平混凝土裸露面，待定浆后再抹第二遍并压光或拉毛。抹面时严禁洒水，并应防止过度操作影响表层混凝土的质量。寒冷地区受冻融作用的混凝土和暴露于干旱地区的混凝土，尤其要注意施工抹面工序的质量保证。

（三）混凝土的养护

混凝土浇捣后，之所以能逐渐凝结硬化，主要是由于水泥水化作用的结果，而水化作用则需要适当的温度和湿度条件，因此为了保证混凝土有适宜的硬化条件，使其强度不断增长，必须对混凝土进行养护。

混凝土养护期间，应重点加强混凝土的湿度和温度控制，尽量减少表面混凝土的暴露时间，及时对混凝土暴露面进行紧密覆盖（可采用篷布、塑料布等进行覆盖），防止表面水分蒸发。暴露面保护层混凝土初凝前，应卷起覆盖物，用抹子搓压表面至少两遍，使之平整后再次覆盖，此时应注意覆盖物不要直接接触混凝土表面，直至混凝土终凝为止。

混凝土浇筑完毕后，应按施工技术方案及时采取有效的养护措施，并应符合下列规定：

（1）应在浇筑完毕后的 12h 以内，对混凝土加以覆盖并保湿养护。

（2）混凝土浇水养护的时间。对采用硅酸盐水泥、普通硅酸盐水泥或矿渣硅酸盐水泥拌制的混凝土，不得少于 7d；对掺用缓凝型外加剂或有抗渗要求的混凝土，不得少于 14d；水池等池外壁在回填土时，方可撤除养护。

（3）养护期间的温度控制。当温度低于 5℃时，水化作用是非常缓慢的，此时不得浇水。常温养护的温度范围是 5～35℃，包括施工环境温度、水泥水化反应时水化热的温度。当温度低于 5℃时，应采取加热保温养护，或延长养护时间。

（4）覆盖养护。用塑料布覆盖养护，是将混凝土构件敞露的全部表面用塑料布覆盖严密，并保持塑料布内的凝结水不会向外挥发。当混凝土构件形状表面不便浇水及不便用塑料布覆盖养护时，可在混凝土构件表面喷涂薄膜杨深夜作养护层，以防止混凝土内部的水分蒸发。

（5）大体积混凝土的养护。应根据气候条件及混凝土本身的温度采取控温措施，两者温差不宜超过 25℃。

（6）混凝土强度达到 1.2N/mm² 前，不得在其上踩踏或安装模板及支架。

（7）混凝土在冬季和炎热季节拆模后，若天气产生骤然变化时，应采取适当的保温（寒季）隔热（夏季）措施，防止混凝土产生过大的温差应力。

（四）混凝土质量检查

混凝土结构工程施工质量验收规范中，对混凝土质量检查检验有明确的规定。主要包括原材料、配合比设计、混凝土施工、外观质量、尺寸偏差等。施工中应建立严格的质量管理与检查制度，并结合现场条件预先编制施工设计。

1. 混凝土质量检查

（1）砂、石、水泥抽样复试结果。

（2）试验室混凝土配合比报告是否已出具，是否在搅拌机处设置混凝土配合比标牌。

（3）模板及其支架必须具有足够的强度、刚度和稳定性，模板接缝处应严密，模板内清洁，无杂物。

（4）钢筋做到顺直、间距均匀，按规范放置马凳，混凝土浇筑时，防止负弯矩筋踩扁、位移且注意保护层。

（5）混凝土浇筑过程中，不得随意留置施工缝，如遇特殊情况必须留置，严格按施工缝留置及处理办法施工。

2. 混凝土的外观检查

混凝土结构件拆模后，应从外观上检查其表面有无麻面、蜂窝、孔洞、露筋、贯穿裂缝、缺棱掉角、烂根、表面平整度等缺陷，外形尺寸是否超过允许偏差值，如有应及时加以修正。

3. 混凝土的强度及抗渗、抗冻检验

（1）混凝土的强度检验。混凝土强度是影响混凝土结构可靠性的重要因素，为保证结构的可靠性，必须进行混凝土的生产控制和合格性评定。混凝土强度检验主要是指立方体抗压强度的检验，它包括两个方面的目的：其一是作为评定结构或构件是否达到设计混凝土强度的依据，是混凝土质量的控制性指标，应采用标准试件的混凝土强度；其二是为结构拆模、出池、出厂、吊装、张拉、放张及施工期间临时负荷确定混凝土的实际强度，应采用与结构构件同条件养护的标准尺寸试件的混凝土强度。

结构混凝土的强度等级必须符合设计要求。用于检查结构构件混凝土强度的试件，应在混凝土的浇筑地点随机抽取。取样与试件留置应符合下列规定：①每拌制 100 盘，但不超过 100m³ 的同配合比的混凝土，取样不得少于一次；②每一工作班拌制的同一配合比的混凝土不足 100 盘时，取样次数不得少于一次（预拌混凝土应在预拌混凝土厂内按上述规定取样，混凝土运到施工现场后，尚应按本条的规定抽样检测）；③当一次连续浇筑同配合比混凝土超过 1000m³ 时，每 200m³ 取样不得少于一次；④对房屋建筑，每一楼层、同一配合比的混凝土，取样不得少于一次；⑤每次取样应至少制作一组标准养护试件。

（2）混凝土的抗渗、抗冻检验。有抗渗要求的混凝土结构，其混凝土试件应在浇筑地点随机取样。同一工程、同一配合比的混凝土，取样不应少于一次，留置组数可根据实际需要确定。由于影响试验结果的因素较多，需要时可多留置几组试件。

用于检查结构构件混凝土抗冻的试件，应根据设计要求的抗冻标号、按下列规定留置：对于冻融循环 25 次及 50 次，留置 3 组，每组 3 块；对于冻融循环 100 次及 100 次以上，留置 5 组，每组 3 块。

（3）冬期施工时的检验。混凝土冬期施工时应定期检测水、外掺料及骨料加入搅拌机时的温度，以及搅拌、浇筑时的环境温度，每一个工作班至少测量 4 次。冬期施工的混凝土除应按规定制作标准混凝土试件外，还应根据养护、拆模和承载的需要，增加与结构同条件养护的试件不少于 2 组。此种试件应在解冻后方可试压。

（五）缺陷补救

影响渗漏的原因很多，出现裂缝后先不要忙于补渗堵漏，找其主要原因，分析渗漏原因后再确定方案。

1. 渗漏较轻时补漏的方法

（1）水泥浆堵漏法。采用空压机或活塞泵压浆，使水泥浆自压浆管进入裂缝，水泥浆水灰比为 0.6～2.0。开始注浆时，水灰比较大，而后逐渐减小。水泥浆稠度较大，流动性尚差；但结石率高，注浆效果好。压浆必须一次完成，发现水泥浆压力急剧增加，表明混凝土孔隙填满，即停止压浆，遇有地下水时，可采用快硬水泥砂浆或水泥浆，硬化时收缩会招致裂缝重现。因此，此法适用于裂缝大于 0.3mm 的水泥浆堵漏。

（2）环氧浆液补缝法。当裂缝宽度在 0.1mm 以上时，在混凝土裂缝处紧贴压嘴，采用压缩空气将环氧浆液由输浆管及压嘴压入裂缝中。

（3）甲凝与丙凝补缝法。甲凝与丙凝均为固结性高分子化学灌浆材料，在注入之前，应在裂缝处设置灌注口孔板，间距采用 0.1～0.2m，孔板可用环氧树脂粘贴在混凝土表面，而后封闭裂缝表面，试气。

2. 渗漏严重时修补的方法

（1）四矾闭水浆补漏法。将松软部分凿净，用水冲洗干净，涂上四矾闭水浆即可。

（2）凿槽嵌铅修补法。在池内贮水条件下，于池外壁渗漏处沿着裂缝凿槽，剔去混凝土表面毛刺，修理平整，槽内用清水洗净，然后用錾子及榔头锤打填入槽内的铅块，使铅块紧密嵌实于槽内。

六、水池渗漏检验

水池施工完毕后，投入使用前，应进行满水试验。满水试验中应进行外观检查，不得有漏水现象。水池渗水量按池壁和池底的浸湿总面积计算，钢筋混凝土水池不得超过 $2L/(m^2 \cdot d)$；砖石砌体水池不得超过 $3L/(m^3 \cdot d)$。

（一）水池满水试验条件

池体的混凝土或砖、石砌体的砂浆已达到设计强度；池内清理洁净，池内外缺陷修补完毕；现浇钢筋混凝土水池的防水层、防腐层施工之前；装配式预应力混凝土水池施加预应力且锚固端封锚以后，保护层喷涂以前；砖砌水池防水层施工以后，石砌水池勾缝以后；设计预留孔洞、预埋管口及进出水口等已做临时封堵，且经验算能安全承受试验压力；池体抗浮稳定性满足设计要求；试验用的充水、充气和排水系统已准备就绪，经检查充水、充气及排水闸门不得渗漏；有盖池体顶部的通气孔、人孔盖已安装完毕，必要的防护设施和照明等标志已配备齐全；安装水位观测标尺，标定水位测针。

（二）水池满水试验要求

（1）向水池内充水宜分 3 次进行，每次充水为设计水深的 1/3。对大、中型水池，可先充水至池壁底部的施工缝以上，检查底板的抗渗质量，当无明显渗漏时，再继续充水至第 1 次充水深度。

（2）每次充水宜测读 24h 的水位下降值，计算渗水量，在充水过程中和充水后，应对水池进行外观检查。当发现渗水量过大时，应停止充水，做出处理后方可继续充水。

（3）注水至设计水深 24h 后，开始测读水位测针的初读数。

（4）测读水位的初读数与末读数之间的间隔时间，应不少于 24h。

（5）测定时间必须连续。测定的渗水量符合标准时，需连续测定两次以上；测定的渗水量超过允许标准，而以后的渗水量逐渐减少时，可继续延长观测。延长观测的时间应在渗水量符合标准时止。

第九节　水 窖 施 工

一、水窖的施工方法及步骤

水窖的施工有两种方法，即掏挖和大开挖（岩石区内开挖要爆破施工）。其中掏挖的方法适用于瓶状、窖状、盖碗式和茶杯式水窖；大开挖的方法适用于圆柱形、球形水窖。

水窖施工的步骤一般包括放线、掏挖、防渗、窖口处理以及加设顶盖。

1. 窖体开挖

窖址和窖型尺寸选定后，先开挖水窖部分，确定中心点，在地面上画出窖口尺寸，然后从窖口开始，按照各部分设计尺寸垂直向下挖，并在窖口处吊一中心线（人工开挖）或在开挖边缘外侧设定位桩（机械开挖），每挖深 1m，校核一次，以防挖偏。机械开挖时，在开挖界与成型界之间应留有限线，坯体挖好后，用人工修整至成型设计尺寸。当开挖达到水窖深度，中径要达到设计直径，并用铅垂线从窖口中心向下坠，严格检查尺寸，防止窖体偏斜，窖体开挖尺寸应包括窖体防渗层厚度。

2. 窖体防渗

不同结构形式的水窖，防渗处理的方法不同，瓶形、球形等薄壁衬砌水窖防渗方法可采用胶泥防渗和水泥砂浆防渗两种方法；盖碗式、茶杯式、圆柱形、窖式水窖可采用浇筑混凝土和砌筑浆砌石防渗。

（1）胶泥防渗。窖体防渗处理前要清除窖壁浮土，并晒水湿润。将胶泥打碎、过筛、浸泡、翻拌、铡剁成面团状后，制成长约 18cm，直径 5～8cm 的胶泥钉和直径约 20cm、厚 5cm 的胶泥饼，将胶泥钉钉入码眼，外留 3cm，然后将胶泥饼用力摔到胶泥钉上，使之连成一层，保证胶泥厚度达到 3cm，再用木槌锤打密实，使之与窖壁紧密结合。并逐步压成窖体形状，直到表面坚实光滑为止。窖底防渗是最重要的一环，要严格施工质量。

（2）水泥砂浆防渗。砂浆厚度 3cm，分 3 次（或 2 次）漫壁，砂浆比例分别为 1:3.5、1:3、1:2.5。在抹第一遍水泥砂浆时把水泥砂浆用力压入码眼，经 24h 后，再进行下一遍水泥砂浆抹面。工序结束一天后，用 425 号水泥加水稀释成防渗浆，从上而下刷两遍，完成刷浆防渗。窖底在铺筑 30cm 胶泥夯平整实后，完成水泥砂浆防渗。全遍工序完成后封闭窖口过 24h，洒水养护 14d 左右即可蓄水。

（3）浇筑混凝土防渗。水窖采用轻型混凝土墙时，水窖的侧墙混凝土和底部混凝土应浇筑成一整体，以保证接缝处的防渗效果。

（4）砌筑浆砌石防渗。采用浆砌石防渗时，浆砌石的施工要采取坐浆砌筑的方法。在砌筑时应按水池砌筑的要求进行，做到"平、稳、紧、满"。

3. 地面部分的施工

窖口处用砖或块石砌筑，用水泥砂浆抹面，高出地面 300mm。水窖顶盖一般采用平顶 150mm 的钢筋混凝土构件，顶盖大小与窖口直径相适应。在顶盖上覆盖土或堆放开挖出来的石渣做隔热层，使夏季的水温不至于太高。

4. 附属设施

窖体工程完工后，应因地制宜开挖截流槽，截流槽应与窖口保持一定高度以便于导流，对利用沟导水的工程，要设置截流墙、埋设导流管，在距窖口附近 4～6cm 处要设沉沙池，沉沙池与进水管连接处设置铅丝网拦污栅，防止杂物流入窖内。

二、不同形式水窖的施工

1. 瓶形水窖

掏挖时沿着窖口外缘线垂直向下掏挖，开挖时注意由上而下按窖体尺寸逐渐扩大开挖直径，不能超挖，同时始终保持中心线的准确。开挖出来的圆周直径要比设计的尺寸小 60～80mm，欠挖部分要用木槌把周边的土砸实，达到设计尺寸后再进行砂浆或胶泥的衬砌。

2. 圆柱形、球形水窖

水窖开挖出基坑后，在基坑内筑窖底和侧墙，再砌筑拱形顶盖，然后在顶盖上回填土。其施工步骤包括放线、垂直向下挖基坑、防渗、安装预制梁板系统的顶盖或砌筑石拱或砖拱的顶盖、安装或砌筑窖颈和窖台并覆土回填等 5 个步骤。放线时，按水窖边墙外沿最大轮廓线（包括混凝土或砌石挡土墙的最大厚度）在地面上放样。挖基坑时，基坑的开口大小要根据开挖的深度和边坡预先计算好，在黏土、壤土或砂壤土上开挖深度超过 3～5m 后，基坑应有坡度 1∶0.5，在坡度变化处应修建 0.4m 的马道；在砂土上，不能直接开挖，从开始时坡度就应为 1∶0.5 或 1∶0.75 或更缓；挖到设计深度后对基坑底部土壤进行翻夯或铺设 300mm 厚的灰土层。

3. 盖碗式、茶杯式水窖

盖碗式窖体开挖时从窖口处挖去土模，向下开挖窖体至设计深度（一般为 4～6m），窖体呈上大下小的圆柱体，上口直径 3.5～4.5m，上缘深入窖盖圈梁内缘 40mm 即可，底部直径 2.5～3.5m。钢筋混凝土拱窖盖的施工在窖址处向下开挖直径 3.5～4.5m 的球冠形状的土模（顶部成直径 800mm、高 60mm 的土盘），矢跨比 1∶3，在土模下部向外沿做梁土模槽；将土模拍实抹光，抹一层水泥砂浆，砂浆凝固后布钢筋或铅丝网；从圈梁开始，用 C20 混凝土连续浇筑好圈梁和厚 60mm 的窖盖，洒水养护 3 周后，回填湿土并夯实。素混凝土肋拱窖盖的施工土模同上；在土模表面按米字形由窖口向圈梁均匀开挖 8 条宽 100mm、深 60～80mm 的模槽；在窖口外沿圈梁之间的中下部处开挖一条同样尺寸的环形槽，即为肋模；用混凝土肋替代钢筋或铅丝网，浇筑、养护同上。茶杯式水窖用于土质较差的地方，窖盖由钢筋混凝土梁或盖板组成，在窖址处平整好场地，开挖好梁槽土模，用 C20 混凝土一次浇筑完成。窖体施工同盖碗式水窖。

4. 窖式水窖

窖式水窖在窖址处先从下坡角处向下开挖出一条巷道，或利用天然陡崖，也可像瓶式水窖直接在窖顶处按 800mm 直径向下开挖。以挖窖的方式，修成深长数米的土窖，窖拱矢跨比 1∶3，跨度视土质而定，窖拱高度 1.5m 左右，拱顶距地面深度一般大于 3m。窖拱分为刚性材料和土拱两种。如用混凝土，先用混凝土或砖制作拱底座，按 1～1.5m 等距制作截面尺寸为 150mm×150mm 的混凝土拱肋，用草泥抹面 10mm 后，用 M10 水泥砂浆抹面 30mm。如用砖，先制作 200mm×300mm 的底座，用 75 号水泥砂浆砌筑砖拱，采用水泥砂浆或灰土草泥抹面。自然土拱采用会土草泥或水泥砂浆抹面，以防止土层剥落。窑拱的处理视土质和农户的经济能力而定。窑拱修好后再向下开挖窑池。窑池上边缘应距窑拱底部 50mm。窑池呈梯形，上口宽约 4m，深约 3m，底宽 3m 左右，长 6～10m 为宜。防渗处理完工后，将巷道内窑拱部取土口用砖封闭。取水口宜选在开挖的巷道内，这样取水高度最小，并有效地保护了窑拱。如从顶部取水时，做好封闭式窑口井台，窑口壁用 M10 水泥砂浆抹面，并与窑拱顶部密实连接。

三、水窑施工质量的检查

水窑混凝土养护到期后，可采用以下方法进行质量检查。

1. 直观检查法

直观检查法适用于干旱缺水地区。肉眼观察窑内，内表面如无蜂窝、麻面、裂缝、砂眼和孔隙，可用清水将内壁慢速刷一遍，让窑壁渗足水。过一段时间再次观察，若有湿疤片出现，则需局部补救。该方法误差较大，对有一定压力的渗漏不易查出。

2. 水试法

如附近有水源，可向窑内加水，至窑颈下沿时停止加水，待窑体湿透后画上水位线，观察 24h，当水位无明显变化时，表明该水窑不漏水；反之，将水抽至其他窑内进行防渗处理。

第十节 村镇供水工程验收

验收是指在施工单位自行质量检查评定的基础上，参与建设活动的有关单位共同对分部、单位工程的质量进行抽样复验，根据相关标准以书面形式对工程质量是否合格作出确认。

竣工验收是指在工程全部施工完毕后，经过试运行投入使用前，对工程质量是否合格作出确认。

一、工程验收有关规定

集中式供水工程应通过竣工验收后，取得卫生许可证后方可投入运行。

竣工验收应由建设单位（业主）组织设计单位、施工单位、监理、卫生监督、建设主管部门及有关单位共同参与；验收应在分项、部分工程符合设计要求并验收合格基础上进行；竣工验收时，建设单位应提供全过程的技术资料。

供水工程竣工验收应核实分项工程资料是否齐全。工程建设报告、隐蔽工程验收单、试运行报告、竣工决算报告、竣工图纸、设计变更文件和各种有关技术资料；整体工程验收应对构（建）筑物的位置、高程、坡度、平面尺寸、工艺管道及其附件等的安装位置和数量，进行复验和外观检查；验收时应对供水系统的安全状况和运行现场查看分析，并检测其供水能力。净水构筑物或净水设备对特殊水质处理的控制指标。供水能力、供水水质均应达到设计要求，工程质量应无安全隐患；竣工验收合格后，建设单位应将有关项目前期、勘测、设计、施工及验收的文件和技术资料归档。

二、竣工验收准备

1. 竣工验收目的和要求

供水工程的竣工验收是建设全过程的最后一道工序，是全面考核设计和工程质量的主要环节，是全面反映工程生产能力、质量、成本等情况的过程。

竣工验收应在单元工程、分部工程符合设计要求并验收合格基础上进行。其划分可分为地表水源工程、水源井、泵房、水池、管道工程、机电设备安装、自动控制和监视系统。

2. 竣工验收范围和依据

水厂内所有的工程设计内容，管道及附属构筑物，构（建）筑物土建及其设备安装、土建、结构等，凡是图纸设计内容都是验收范围。竣工验收主要依据可行性研究报告、初步设计、施工图设计、变更设计单位及施工验收规范，小工程初步设计与施工图合并为扩大初步设计。

3. 竣工验收应提供的技术资料

验收资料制备由项目法人负责统一组织，有关单位应按项目法人的要求及时完成。项目法人应集中保存全套所有工程的档案资料，运行管理单位应保存本工程的档案资料。

（1）工作报告。参建各方工作报告，包括建设管理工作报告、设计工作报告、监理工作报告、施工工作报告、质量监督工作报告、工程运行管理准备工作报告、工程试运行总结等，县级对每项工程的验收报告（备查）和市级验收报告。

（2）项目可行性研究报告及其审查批复意见，设计文件和施工图，设计变更资料，施工组织设计，招投标文件。

（3）施工工程主要试验资料有监理记录、施工记录、中间验收报告（含中间隐蔽工程记录）、施工洽商记录以及事故处理记录。

（4）水源水、出厂水、管网末梢水水质检验报告。高氟水、苦咸水地区的工程应对水质的含氟量、溶解性固体含量进行检验，并出具检测报告、管网水压试验报告、试运行报告。工程总体分布图及工程竣工图纸，竣工有关文件等。资金拨付文件、财务账目、竣工决算报表、自筹资金账目及投工投劳统计表，资金使用和管理的规章制度。单项工程或年度项目审计报告，或县级审计部门对全县饮水安全工程建设的审计报告。验收工程解决范围登记表。集中工程解决范围登记表每行政村应有不少于3名用水户代表签字。

4. 竣工验收分内业、外业

内业就是查看资料、记录、图纸档案资料；外业就是现场应该逐一对各种构筑物的工程质量、工艺要求、管道设备等进行现场检测，查看是否漏项等。

5. 整理工程资料

技术资料、分类立卷；分项工程、分部工程、试运行、单位工程的验收报告；工程试投产或工程使用前的准备工作；编写竣工决算分析。

6. 水质检验和卫生学评价

竣工验收前应请当地疾病预防控制中心抽取农村饮水安全工程的进厂水、出厂水、末梢水进行检验，供水量大于 3000m³/d 的还应经省级卫生行政部门的卫生学评价。

三、验收依据

(1)《水利工程建设项目验收管理规定》(水利部令第 30 号令)、《村镇供水工程设计规范》(SL 687—2014)、《镇(乡)村给水工程技术规程》(CJJ 123—2008)、《水利水电工程施工质量检验与评定规程》(SL 176—2007) 等现行有关规范和规程。

(2)《农村饮水安全项目建设管理办法》和当地政府颁发有关规定。

(3) 经批准的工程规划、可行性研究报告、初步设计(或实施方案)，年度投资计划文件。

(4) 经批准的设计文件及相应的工程变更文件。

(5) 施工图纸及主要设备技术说明书等。

四、验收标准

供水能力、水质、水压均应达到设计要求，工程质量应无安全隐患，否则为不合格工程。

机井符合《供水管井技术规范》(GB 50296—99) 的规定；构(建)筑物应符合《给水排水构筑物施工及验收规范》(GBJ 141—90) 的规定；混凝土结构工程应符合《混凝土结构工程施工质量验收规范》(GB 50204—2015) 与《泵站安装及验收规范》(SL 317—2004) 的规定。砌体结构工程应符合《砌体工程施工质量验收规范》(GB 50203—2011) 的规定；机电设备应符合《泵站施工规范》(SL 234—199)、《泵站安装及验收规范》(SL 317—2004)、《电气装置安装工程电器设备交接试验标准》(GB 50150—2006) 与《自动化仪表工程施工及验收规范》(GB 50093—2002) 的规定。

五、分项工程验收

根据《建筑工程施工质量验收统一标准》(GB 50300—2001)，检验批的定义为："按同一生产条件或按规定的方式汇总起来供检验用的，由一定数量样本组成的检验体"；"分项工程可由一个或若干个检验批组成，应按主要工种、材料、施工工艺、设备类别等进行划分"，主控项目为："建筑工程中的对安全、卫生、环境保护和公众利益起决定性作用的检验项目"，一般项目为："除主控项目以外的检验项目"。引入"主控项目"和"一般项目"的好处是可以真正做到控制水安全工程的关键部位和工序的质量。

申报分项工程验收，施工单位应提前 1 个工作日向监理单位书面提出。分项工程验收记录表应符合《建筑工程施工质量验收统一标准》(GB 50300—2001) 附录 E 的规定。分项工程验收应由监理工程师组织项目专业技术负责人进行验收。分项工程中的主控项目应进行全检，一般项目可进行抽检，抽检数量应由建设和监理单位共同确定。

分项工程对质量控制包括两个方面：

(1) 对材料与设备的质量控制。

（2）对施工质量的控制。施工质量控制分 3 个阶段：施工准备阶段、施工作业阶段与施工验收阶段。显然，施工作业阶段的质量控制是最基本的质量控制，它决定了分项工程的质量，从而决定了分部与单位工程的质量。

六、分部工程验收

饮水安全工程建设进行到一定时期后，工程施工中某一个或几个部分工程中的所有分项工程已经施工完毕，且质量全部合格，施工单位对分部工程资料整理完备后，应提前 3 个工作日向监理或建设单位书面提出申报。为保证分部工程验收资料的完整程度和整理质量，施工单位应在施工准备工作和施工过程中，从组织结构到原材料，从仪器检测到施工过程进行全面的质量控制，并保留可以追溯的质量资料。

分部工程验收由验收工作负责；验收工作组由项目法人或监理主持，设计、施工与运行管理单位有关专业技术人员参加。部分工程验收的主要工作是：检查工程是否按批准设计完成；检查工程质量，对工程缺陷提出处理要求；对验收遗留问题提出处理意见。分部工程验收签证应符合《水利水电建设工程验收规程》（SL 223—1999）附录 A 的规定。

七、单位工程验收

根据《建设工程施工质量验收统一标准》（GB 50300—2001）条文说明中的第 5.0.4 条，"单位工程质量验收也称质量竣工验收，是建筑工程投入使用前的最后一次验收"。农村饮用水工程单位规程验收也可按《水利水电建设工程验收规程》（SL 223—1999）中规定的"竣工验收"。单位规程验收实际上是将竣工验收的一些内容提前进行了验收，减少竣工验收的工作量和繁琐程度。

申报单位工程验收，施工单位应提前 5 个工作日向监理或建设单位书面提出。单位工程验收的条件是该单位工程的所有分部工程已施工完毕。单位工程验收的主要工作是：检查工程是否按批准设计完成；检查工程质量，对工程缺陷提出处理要求；检查工程是否具备安全允许条件；对验收遗留问题提出处理意见；主持单位工程移交。

单位工程完工后，施工单位应自行组织有关人员进行检查，并向建设单位提交工程验收报告，建设单位收到工程验收报告后，由项目法人主持，组建验收委员会，由监理、设计、施工、运行管理等单位专业技术人员组成，每个单位一般以 2～3 人为宜。单位工程验收鉴定书应符合《水利水电建设工程验收规程》（SL 223—1999）附录 C 的规定。

在单位工程验收以后，应进行工程试运行。试运行合格后，方可进行竣工验收。

八、竣工验收

农村饮水安全工程竣工验收是工程建设的重要程序，它是在施工单位已完成整体工程的前提下，并在试运行合格后，工程投入使用前，对饮水安全工程质量达到合格与否作出确认，竣工验收是最重要的一次验收。验收前，应完成管理单位组建、管理制度制定与管理人员的技术培训。

1. 竣工验收组织

申报工程竣工验收，施工单位应提前 10 个工作日向监理或建设单位书面提出。竣工验收主持单位组成应符合《水利水电建设工程验收规程》（SL 223—1999）中第5.2.4条的规定。竣工验收工作由竣工验收委员会负责，其组成应符合《水利水电建设工程验收规程》（SL 223—1999）第5.2.5条规定："竣工验收工作由竣工验收委员会负责。竣工验收委员会由主持单位、地方政府、水行政主管部门、银行（贷款项目）、环境保护、质量监督、投资方等单位代表和有关专家组成"，第5.2.6条规定："工程项目法人、设计、施工、监理、运行管理单位作为被验收单位不参加验收委员会，但应列席验收委员会会议，负责解答验收委员的质疑"。竣工验收应请当地卫生行政部门参加。

竣工验收鉴定书应符合《水利水电建设工程验收规程》（SL 223—1999）附录 D 的规定，竣工验收主要报告编制大纲可参照《水利水电建设工程验收规程》（SL 223—1999）附录 E 的规定。

2. 竣工验收单位

应由建设单位、监理单位、设计单位、施工单位、管理单位、卫生部门以及用户代表参加。

3. 验收过程

验收时，首先听取并讨论预验收报告，核验各项工程技术档案资料，然后进行工程实体的现场复查，最后讨论竣工验收报告和竣工鉴定书，合格后在工程竣工验收书上签字盖章。

验收时，应对供水系统的安全状况和运行状况进行现场查看分析，并实测其供水能力、各净水构筑物和净水设备的出水浊度、出厂水余氯以及特殊水处理的控制性指标。

验收过程中若发生意见分歧，应通过深入调查研究，充分协商解决，验收委员会有裁决权。如某些问题被认为不宜在现场裁决，则应报请主管部门决定。对工程遗留问题，验收委员会应提出处理意见，责成有关单位落实处理、限期完成，并补行验收。

验收时应提供工程建设全过程的技术资料，应对供水系统的安全状况和运行状况进行现场查看分析，并实测其供水能力、各净水构筑物和净水设备的出水浊度、出厂水余氯以及特殊水处理的控制性指标均应符合《生活饮用水卫生标准》（GB 5749—2006）的要求。供水能力、供水水质应达到设计要求，工程质量无安全隐患。验收合格后，有关单位应向管理单位办理好技术交接，提供完整的技术资料。

第六章　供水系统的运行与管理

目前，村镇供水工程在运行管理过程中存在着诸多问题。归纳起来主要包括：部分净水设施工艺不合理、设备不配套、管理粗放、设备损坏率高、维修不及时，投加混凝剂、消毒剂不计量，甚至不加混凝剂、不消毒，也没有基本的水质检验，未按要求反冲洗，导致滤料板结使过滤机能降低，出厂水浊度和微生物指标超标，供水水质没有安全保障。

将村镇供水工程与城市供水工程进行比较，村镇供水工程规模小，用户分散，两者在建设条件、管理条件、供水方式、用水条件以及用水习惯等方面都有较大的差异。村镇供水工程由于自身规模差异大、形式多样，其运行与管理的条件不同，要求不同，应分类进行运行与管理。在工程运行管理中，要明确水行政主管部门的主导地位，强化用水户参与管理和监督管理，明晰产权归属，落实管理主体，做到工程建管并重，即"有人建、有人用、有人管、有人监督"；强化集中式供水工程运行全过程的管理，确保供水过程的水压和水质等符合要求。

第一节　取水系统的运行与管理

村镇取水构筑物有地下水取水和地表水取水构筑物两大部分。地下水取水构筑物包括管井、大口井、辐射井、复合井、渗渠和泉室等取水构筑物；地表水取水构筑物包括雨水、池塘、湖泊水、河水和海水等取水构筑物。

一、地下水取水构筑物的运行与管理

（一）管井

管井是地下水取水构筑物中应用最广泛的一种，主要由井室、井壁管、过滤器及沉沙管构成。管井可以不受地层岩性限制开采深层地下水。农村供水工程中管井井深通常在100m以内，直径为50～200mm。管井的设计应符合《供水管井技术规范》（GB 50296—2014）。

1. 管井技术档案管理

（1）管井日志。对打井全过程的记录内容，对今后的工作具有重要的参考价值，同时也对当地新建井的设计具有重要指导意义。

（2）建立技术档案。管井验收交付使用后，要以打井日志和施工文件等为基础资料建立技术档案，这是管井管理的重要依据。技术档案包括的资料主要有：

1）打井日志。应记录详细的打井日期、人员、方法、试验数据等资料。

2）管井施工说明书。主要包括管井的地质柱状图，井的结构，过滤器和填砾规格，井位坐标及井口绝对标高，抽水试验记录，水的化学及细菌分析资料，过滤器安装、填砾、封闭时的记录资料等。

3）管井使用说明书。主要包括管井最大开采量，选用的抽水设备规格和类型，管井在使用过程中可能发生的问题，防止水质恶化的建议，以及管井维护方面的建议。

4）管井运行记录。主要包括填写观测卡，记录抽水起始时间、静水位、动水位、出水量、出水压力及水质的变化情况。

5）潜水泵与电机运行记录。主要包括详细的电机电压、耗电量、温度、润滑油料的消耗以及潜水泵的运转情况等的记录。

2. 管井的日常维护措施

（1）抽水设备维护。

1）手动泵。利用杠杆提水，通过真空、活塞或者两者组合来提水，这是在农村供水中最常见的手动泵，可分为浅井泵（最大抽水深度为 7m）和深井泵（最大抽水深度大于 7m）。这类泵易于生产制造，成本低，但效率低、寿命短，比较适用于家用。

2）潜水泵。潜水泵根据不同功率，可以用于家庭供水，也可以用于集中供水。其优点是可以用于不太垂直的井，也可以用于较深的井中；缺点是其电机在水泵的下方，维修时要把整个泵都拉上来。相比较而言，潜水泵的安装、操作和维修比较容易。

3）轴线涡轮泵。轴线涡轮泵的电机在地面上，需要驱动轴将电机和水泵连接起来。所以井越深，驱动轴越长，出现事故频率越高，同时对泵轴要求直，对管井垂直度要求高，进而限制其实用性。在集中供水的村镇中，对设备的易损易磨零件，需要有足够的备用件，以便在发生故障时及时更换，将供水损失减少到最低。

（2）管井填塞清理方法。当井内有杂物填塞时，根据具体情况，采用以下相应方法进行清理：

1）采用不同规格的抽筒将杂物抽出。操作时应尽量慢抽慢进，缩短抽筒上下冲程，避免抽筒碰撞井管。

2）如果井内填塞物卡于井管之中，先用钻杆将填塞物冲下，使杂物落于井底后再进行打捞。

3）如果填塞物较大，直接用抓石器将填塞物抓上来。

4）如果经上述处理，井内仍存有残留填塞物，可用空气压缩机抽水的方法将填塞物去除干净。

（3）维护性抽水。对季节性供水的管井或备用井，在停泵期间，每隔 10 天或半个月进行一次抽水，抽水时间为 24～36h。地下水矿化度较高且含铁量过多时，除定期抽水外，还可向井内投入少量稀盐酸，以减缓滤水管的锈结。

（4）管井的卫生管理。管井的卫生管理是保障管井出水水质的重要措施。管井启用前，第一次投产和每次检修之后都要进行消毒。

漂白粉是常用的消毒药剂，消毒方法是首先将漂白粉调成糊糊状，然后加水配制成 2‰～5‰ 的溶液，消毒时井内浓度控制在 1‰～5‰。管井消毒分两步进行：第一步，将配好的药液倒入井内，使其与井水充分混合，开动水泵，当出水带有氯气味时停泵；第二步，将配好的溶液倒入井内与水充分混合，静置 24h 后再次启动水泵，直至氯气味消失为止。

（5）管井出水量减少原因及其恢复措施。管井在使用过程中，出水量会减少，主要是水源和管井本身的原因。水源方面的原因：一是地下水位区域性下降；二是含水层中地下水流失。管井本身的原因，主要是过滤器或其周围填砾、含水层被堵塞。

针对不同的出水量减少原因，可采用以下措施：

1）换过滤器、修补封闭漏沙部位、修理折断的井壁管。

2）清除过滤器表面上的泥沙，或采用活塞洗井、压缩空气洗井。

3）化学性堵塞。地下水含有天然的电解质，金属过滤器浸在其中产生程度不同的电化学腐蚀，尤其当地下水水位升降或与空气接触曝气而含有溶解氧时，会加速电化学腐蚀，电化学腐蚀产物在管壁上结垢，发生过滤器堵塞发生时，可用酸洗法清除；采用浓度18%～35%的盐酸清洗完毕后，应立即抽水，防止酸洗剂扩散，保证出水水质。酸洗井过程中严格按操作规程进行清洗，以保证安全。

4）细菌繁殖造成的堵塞，可采用氯化法或酸洗法进行缓解。

（二）大口井

大口井是开采浅层地下水的一种主要取水构筑物，口径2～10m，井深小于30m，主要由井口、井筒及进水部分组成。大口井井口应高出地表0.5m以上，并在井口周边修建宽度为1.5m的排水坡，从而避免地表污水从井口或沿井壁侵入、污染地下水；如果覆盖层系透水层，排水坡下面还应用厚度不小于1.5m的黏土层进行夯实。

井口以上部分可与泵站合建，工艺布置要求与一般泵站相同；也可与泵站分建，只设井盖，井盖上部设有人孔和通风管。

1. 大口井的运行和管理

（1）建立健全大口井技术档案。包括管井地质结构图，抽水试验和水质化验等技术资料，管井发生事故时做到有据可查。

（2）做好大口井运行记录。包括静动水位、出水量、含沙量和水质变化情况等内容；发现异常情况，应立刻查明原因，及时进行处理。

（3）井周围是否发生沉陷。如果发生沉陷现象，应及时处理，防止出现井管折断、水泵损坏或井报废等事故的发生。

（4）定期进行维护性抽水。如果大口井停止使用时间过长，容易出现出水量减少的问题，特别是在含水层颗粒较细的地区，管井滤水管通常会被堵塞。因此，在停灌期间应定期进行维护性抽水（1～2个月一次），每次抽水时间不小于4h。

（5）定期进行维护性清淤。大口井在使用过程中，会出现井底淤积现象，当发现井内泥沙淤积过多时，应立即进行清淤。井底淤积的原因如下：

1）滤料不合格，拦不住泥沙，造成淤积。

2）井筒接口包扎不严，抽水时泥沙从接缝中流入井内。

3）抽水洗井不及时、不彻底，井内泥沙过多。

4）管理不善，不盖井口，有砖石投入或因泥沙雨冲风刮等。

大口井的运行和管理与管井基本上相同，但大口井在运行与管理中还应注意以下几点：

1）要严格控制大口井的开采水量。

2）大口井在运行中应均匀取水，最高时开采水量不应大于设计允许的开采水量，在使用的过程中应严格控制出水量。

3）防治大口井水质污染。

大口井的维护有以下几项内容：

1）大口井一般汇集浅层地下水，为防止周围地表水尤其是受污染的地表水汇入，要对井口、井筒的防护构造进行定期维护。

2）在地下水影响半径范围内，还要注意检测地表水水质情况。

3）严格按照水源卫生防护的规定制定大口井的卫生管理制度。

4）保持井内良好的卫生环境，经常换气以防止井壁微生物的滋长。

2. 增加大口井出水量的措施

（1）更换井底反滤层。运行一段时期后井底将会严重淤积，应更换反滤层，加大出水量。更换时要先将地下水位降低，将原有反滤层全部清出并清洗补充滤料；在此过程中要严格控制粒径规格和层次排列，保证施工质量。

（2）定期清理井壁进水孔。一般在井壁外堆填砾石，粒径为 80～150mm；外面填 3 层反滤料：最外层粒径为 2～4mm，中间层为 10～20mm，内层为 50～80mm。由于淤积可能堵塞进水孔，要定期利用中压水冲洗进水孔，增加其出水流量。

（三）渗渠

渗渠主要用于集取浅层地下水，可铺设在河流、水库等地表水体之下或旁边，集取河床地下水或地表渗透水。渗渠主要由集水管（或河渠）进水孔、人工滤层、集水井和检查井组成，宽度一般为 0.45～1.5m，渠深通常在 4～6m，很少超过 10m。以集取地下水为主的渗渠，一般水质较好，水量比较稳定，效果较好，使用年限长，因而采用的也较多。以集取地表水为主的渗渠，产水量虽然很大，但受河水水质的变化影响甚为明显，如当河水较浑浊时，渗渠出水水质往往很差，而且容易淤塞，检修管理麻烦，使用年限也较短。

1. 渗渠的运行和管理

渗渠的管理与管井、大口井的管理大体相同，不同之处有以下几点：

（1）记录渗渠在不同时期出水量的变化。渗渠的出水量与河流流量的变化关系密切。当河流处于丰水期时渗渠出水量大，枯水期时出水量小。每隔 5～7d 观测并记录井或孔中的水位，以及相应的河水水位与水泵的出水量，连续观测 2～3a，则可基本掌握渗渠出水量的变化规律。

（2）加强水质管理。在村镇供水中，渗渠出水后经简单消毒后即送至用户，水质的缓冲能力较差，因此要做好渗渠的水质检测和水源卫生防护工作。

（3）做好渗渠的防洪。河床中的渗渠、检查井、集水井等，要严格防止被洪水冲刷和被洪水灌入集水管以致发生整个渗渠淤积的现象。每年洪水期前要做好防洪准备，如详细检查井盖封闭是否牢靠，护坡、丁坝等有无问题等。洪水过后再次检查并及时清淤、修补被损坏的部分。

（4）加强渗渠防冻防冰凌。在冰冻期，要防止河床中的渗渠、检查井、集水井冰冻或者受到冰凌挤压，并防止地表水侵入渗渠，影响水质和供水安全。

（5）增加渗渠出水量的措施。

1）修建拦河闸。修建拦河闸尽量选择造价低廉、管理方便的闸型，修建时还要考虑河水水位抬高后，不会导致上游农田和房屋受淹的问题。

2）修建地下潜水坝。当含水层较薄、河流断面较窄时，两岸为基岩或弱透水层，在渗渠所在河床下游 10～30m 范围内修建截水潜坝，可以截取全部地下水水量，有效提高渗渠出水量。

2. 常见的渗渠维修方法

（1）渗渠淤塞的处理。

1）水冲洗清淤。在集水井地面附近安装两台水泵，一台为高扬程水泵，水泵压水管末端与水枪相连，将水枪放在集水井内，利用水枪形成的高压水柱的冲力使淤积的泥沙变成浑水；另一台为低扬程水泵，将浑水从集水井中排出，直至浑水排完。

2）修理和加厚反滤层。由于反滤层太薄使浑水进入集水管，应翻修反滤层并适当加厚，翻修时要严格掌握反滤层的级配及厚度要求。

3）加大渗渠与集水管的流速。由于集水管流速太小造成淤积，可将集水井内水位下降，加大集水管与渗渠的水力坡降，减少淤积。

（2）集水管的漏水处理。当渗渠或集水管基础发生不均匀沉陷，或集水管衔接损坏，造成集水管向外漏水时，应把集水管内的水抽干净，查明漏水部位，针对漏水原因进行补漏或局部翻修。

由于渗渠的出水量减少后翻修工作量非常大，同时河床内流量减少和水质恶化等原因，渗渠的使用受到很大的限制，现已经极少使用。

（四）泉室构筑物的维护

泉室是集取泉水的构筑物。对于上升泉可用底部进水的泉室，下降泉可用侧向进水的泉室。在泉室构筑物的维护中，应做好以下几个方面的检查与维护：

（1）检查泉水周边的排水沟是否运行正常，将周边的地表径流引走。如果排水沟运行不正常，对排水沟进行改造。用砾石或石头衬砌排水沟，加速排水速度，防止边坡的侵蚀。

（2）如果泉室周围围建篱笆，检查篱笆是否能有效防止动物进入泉水区。

（3）检查水质。如果暴雨后泉水浊度增加了，则表明地表径流进入并污染了泉水。查清径流如何进入泉水，改进对泉水的保护措施。

（4）检查泉水盖板是否漏水。

（5）检查所有的泉水是否都进入泉水室。仔细观察泉水室周边是否有水渗出。如果有渗出，用黏土或者混凝土密封渗出处，保证所有的水都引入泉水室。

（6）清洁泉水系统。每年对泉水系统进行消毒一次，清除泉水室中的沉淀物。具体清洁步骤为打开盖子，打开出水阀，排空泉室中的水，如果泉室只有一条出水管和溢流管，用水泵或者桶把水排出，然后用小铲将室底的沉淀物铲掉。

（7）清洁完泉室后，用氯溶液对有的墙壁进行清洗，氯应直接加入水中，并保持 24h。如果氯不能保持那么久，每隔 12h 加氯一次，共两次，以保证完全消毒。

（8）检查管道上的滤网是否需要清洗。如果滤网被阻塞或者非常脏，对它们进行清洁或者更换。

（9）泉室防山洪设置于山区的泉室要严防洪水冲刷和洪水灌入集水管造成整个泉室的淤积。应在每年洪水期前，做好一切防洪准备，如详细检查泉室封闭是否牢靠，护坡、丁坝等有无问题等，洪水过后应再次检查并及时清淤、修补被损坏的部分。

（10）定期维护供水管道。如果山泉水处于地势高处，采用重力供水的管道需要定期进行检查，以防管道淤积泥沙。供水管道小于 1000m 时，可不设检查井；不小于 1000m 时，在管道上每间隔 500～600m 需设检查井，井内设有闸阀、排污阀和自动排气阀。

二、地表水取水构筑物的运行与管理

村镇地表水取水构筑物主要有雨水取水构筑物和池塘、湖泊、水库、河水取水构筑物。

（一）雨水收集构筑物的维护

1. 旱井或水窖

在农村，旱井或水窖是主要的集雨设施，主要有小型坛形黏土水窖（30～50m³），大型方形水窖（1000～5000m³）、圆形混凝土水窖及浆砌石水窖等。按照《雨水集蓄利用工程技术规范》（GB 50596—2010）和《水土保持综合治理技术规范》（GB/T 16453.1～16453.6—2008）要求，并根据已建工程经验进行水窖设计。集雨工程蓄水量为 30～5000m³，设计洪水标准为 2 年一遇。

供人畜饮用的旱井、水窖，一般建在房前屋后，如果集流面处理得好，集流效率高，旱井、水窖密度可达到每 100m³ 1 眼。野外坡顶的旱井、水窖，利用天然坡面集流，可兴建 1000～5000m³ 为主的大型水窖。利用公路路面集流的水窖，集流效果好，一般 500m³ 集流面可建 1 眼，辅以适当引水设施，平水年可保证蓄满水。

2. 雨水收集工程分类

雨水收集工程依据雨水收集场地的不同，分为屋顶集水式与地面集水式两类。

（1）屋顶集水式雨水收集工程由屋顶集水场、地面混凝土集水场、集水槽、落水管、输水管、简易净化装置（粗滤池）、贮水池（水窖）、取水设备组成，多为一家一户使用。

屋顶集水场是收集降落在屋顶的雨水，对屋顶建筑材料有一定的要求，宜收集黏土瓦、石板、水泥瓦、镀锌铁皮等材质屋顶的水，不宜收集草质、石棉瓦或油漆涂料屋顶的水，因为草质屋顶中会积存微生物和有机物，石棉瓦板在水冲刷浸泡下会分解出对人体有害的石棉纤维，油漆不仅会使水中有异味，还会产生有害物质。

（2）地面集水式雨水收集由地面集水场、汇水渠、简易净化装置（粗滤池）、贮水池（水窖）、取水设备组成，可供几户、几十户或整个小村庄使用。

3. 雨水收集构筑物管理与维护

（1）应经常清扫树叶等杂物，保持集水场与集水槽（或汇水渠）的清洁卫生。

（2）定期对地面集水场进行场地的防渗保养和维修工作。

（3）地面集水场应用栅栏或篱笆围起来，防止闲人或牲畜进入使其损坏；周围宜建截流沟，防止受污染的地表水流入；集水场周围种树绿化可防止风沙。

（4）采用屋顶集水场时，为保证水质，应在每次降雨时，排弃初期降雨后，再将水引入简易的净化设施。

（5）在储水池的使用过程中，每年雨季前应掏淤一次，以保持正常的储水容积，保证水质良好。掏淤时，应检查窖壁，如有损坏，要及时修补，当窖内水深仅有 0.3m 时，应封窖停止使用，防止窖壁干裂。

（6）为防止污染，窖边严禁洗澡、洗衣服。

（7）如窖内滋生水生物，应及时打捞，并投加漂白粉。

（8）如水窖发生浑水现象，应及时投加明矾溶液，使水凝聚沉淀澄清。严重时，应抽出全部窖水，查明原因，采取清淤、修补窖壁等措施。

（9）如果采用滤料过滤雨水时，当发现出水变浑浊或出水管出水不畅时，水自溢流管溢出时，应清洗滤料。清洗时尽可能分层将滤料挖出来，分别清洗，清洗后再依粒径先大后小的顺序，放入池内，每层均应铺平。

（二）池塘、湖泊、水库及河水取水构筑物的维护

1. 进水间及其附属物的运行维护

（1）进水间运行管理中最大的问题是泥沙沉积。常用的排泥设备有排沙泵、排泥泵、射流泵、压缩空气提升器等；对于村镇水厂进水间或者泥沙沉积不严重时，可采用高压水带动射流泵进行排泥。

（2）进水间附属物主要是格栅和网格。格栅和网格的管理与维护影响取水量，因此格栅和网格堵塞时要及时清洗，尤其是网格堵塞时前后水位差过大，这会导致网格破裂，应设置能够监测网格两侧水位的水位标尺或继电器，以便及时冲洗。

冲洗网格时，一般采用 $196 \sim 490$kPa（$2 \sim 5$kg/cm^2）的高压水，通过穿孔管或者喷嘴冲洗网格。

2. 进水管运行维护

取水构筑物的进水管主要有自流管、进水暗渠、虹吸管和明渠（引水廊道）。自流管一般采用钢管、铸铁管和钢筋混凝土管。虹吸管要求严密不漏气，通常采用钢管，当埋在地下时，也可采用铸铁管。进水暗渠可采用钢筋混凝土，也可用岩石开凿衬砌。

进水管一般不应少于两条，根据正常供水时的设计水量和流速来确定进水管的管径，为防止泥沙沉积淤积进水管，进水管的设计流速一般不小于 0.6m/s，即大于泥沙颗粒的不淤流速；当水量和含沙量较大、进水管短时，可适当增大管内流速，管线冲洗或检修时管中流速允许达到 1.5～2.0m/s。

（1）自流管运行维护。

1）自流管一般埋设在河床下 0.5～1.0m，目的是减少对江河水流的影响以及免受冲击。

2）自流管如果敷设在河床上，应用块石或支墩固定。自流管坡度坡向河心、集水间或水平敷设，坡度应视具体条件确定。

3）自流管有泥沙淤积时，通常采取顺冲和反冲两种方法进行冲洗。

a. 顺冲法。是指关闭一部分进水管，使全部水量通过待冲洗的进水管，加大流速以实现泥沙冲洗；或在河流高水位时，先关闭进水管上的阀门，从该格集水间抽水至最低水位，然后迅速开启进水管阀门，利用河流与集水间的水位差来冲洗进水管。顺冲法比较简单，不需另设冲洗管道，缺点是附在管壁上的泥沙难于冲掉，冲洗效果较差。

b. 反冲法。是指将泵房内出水管与引水管连接，利用水泵压力水或高位水池水进行反冲洗，冲洗时间一般约需 30min。

（2）虹吸进水管的维护。虹吸引水管的维护要求是严密不漏气，漏气可导致虹吸管投入运行时减少引水量，严重时会停止引水，因此虹吸引水管即使轻微漏气也要及时维护。

1）日常运行时，虹吸引水管应避免在较大振动情况下进行工作。

2）定期检查引水管的各个部件、接口及焊缝有无渗漏现象。

3）定期检查引水管外壁保护涂料有无剥落和锈蚀情况，发现问题及时检修。

（3）引水廊道的维护。

1）引水廊道一般按无压流考虑，因此廊道内水面以上应留有 0.2～0.3m 的保护高度。

2）廊道起端流速应不小于 1.2m/s，末端流速不小于 2m/s，以避免泥沙淤积；廊道内的流速从起端到末端应逐渐增大，并大于泥沙的不淤流速。

3）引水廊道内淤积的泥沙采用 196～490kPa（2～4kg/cm²）的高压水进行冲洗。

（三）低坝式取水的运行维护

（1）水坝的维护主要是防止溢流时河床受到冲刷，在坝的下游一定范围内用混凝土或浆砌块石铺筑护滩，并设齿栏进行消能。

（2）上下游水位差会导致上游水经过坝基土壤向下游渗透，因此上游河床应用黏土或者混凝土做防渗铺盖。黏土铺盖用厚度 30～50cm 的砌石层加以保护，有时还需要在坝基打入板桩或砌筑齿墙防渗。

（四）防漂浮物措施

对于河水取水构筑物，在山区多是树枝、树叶、水草、青苔、木材，在平原及河网地区还会有稻草、鱼、虾等漂浮物聚集在进水孔的格栅和格网上，严重时会把进水孔和取水首部堵死，造成断流事故，防漂浮物是江河取水构筑物日常维护管理的重点。

（1）改进格栅。在取水首部或进水间的进水孔上设置格栅，以拦截水中粗大漂浮物和鱼类。当格栅不能有效拦截时，可采用增加栅条数量和在栅条上增设横向钢筋等措施。

（2）防草措施。在河网地区、取水口附近的河面上，常设置防草浮堰、挡草木排等，以阻止漂浮在水面上的杂物靠近取水首部和进入水泵。防草浮堰、挡草木排的顶部标高要高于 20 年一遇洪水位 30cm，挡草木排间距为 1～5cm。

（3）加强管理。建立巡回检查制度，一般每天检查一次。在汛期，应增加检查次数，发现有堵塞现象要及时采取措施，以免延误。

（五）抗洪、防汛措施

取水泵房紧靠河道的，每年的防汛工作至关重要。主要采取以下防汛措施：

1. 物质准备

在汛前应根据实际需要，备全备足防汛物资。常用的防汛物资有土、砂、碎石、块石、水泥、木材、毛竹、草袋、铅丝、绳索、圆钉和照明和挖掘工具等。

2. 防汛前的检查

在防汛前要对取水头部、进水管、闸门、渠道、堤防以及河道内阻水障碍物等所有工程设施做一次全面、细致的检查，发现隐患应及时消除。

3. 堤防的巡查

取水头部与进水泵房附近的堤防，直接关系到水源的安全。在汛期，特别是水情达到警戒水位时要组织巡查队伍，建立巡查、联络及报警制度。查堤要周密细致，在雨夜和风浪大时更要加强对堤面、堤坡出现的裂缝、漏水、涌水现象的观察。

4. 防漫顶的措施

当水位越过警戒水位，堤防有可能出现漫顶前，要抓紧修筑子堤，即在堤防上加高，一般采用草袋铺筑。草袋装土七成左右，将袋口缝紧铺于子堤的迎水面。铺筑时，袋口应向背水侧互相搭接、用脚踩实，要求上下层缝必须错开，待铺叠至可能出现的水面所要求的高度后，再在土袋背水面填土夯实。填土的背水坡度不得陡于 1:1。

5. 防风浪冲击

堤防迎水面护坡受风浪冲击严重时，可采用草袋防浪措施。方法是用草袋或麻袋装土（或砂）七成左右，放置在波浪上下波动的位置。袋口用绳缝合并互相叠压成鱼鳞状。也可采用挂树防浪，即将砍下的树叶繁茂的灌木树梢向下放入水中，并用块石或砂袋压住，其树干用铅丝或竹签连接在堤顶的桩上。木桩直径 0.1~0.15m，长 1.0~1.5m，布置成单桩、双桩或梅花桩。

第二节　供水管网的运行与管理

村镇供水管道漏水将影响正常供水并造成经济损失，为了保证管网的正常运行，应做好管网的日常管理工作，包括基础资料管理、阀门管理、管网检漏、管网运行期间水质管理、测压与测流管理和调度管理。

一、基础资料管理

（1）给水管网平面图。图上标明泵站、管线、阀门、消火栓等的位置和尺寸，并列卷归档。管网养护时所需的技术资料有管线图，表明管线的直径、位置、埋深以及阀门、消火栓等的布置，用户接管的直径和位置等，是管网养护检修的基本资料。

（2）管线过河、过铁路和公路的构造详图。

（3）阀门和消火栓记录卡，包括安装年月、地点、口径、型号、检修记录等。

（4）竣工记录和竣工图。竣工图应在沟管回填土以前绘制，图中标明给水管线位置、管径、埋管深度、承插口方向、配件形式和尺寸、阀门形式和位置、其他有关管线（如排水管线）的直径和埋深等。

为适应快速发展的城市建设需要，现在逐渐开始采用供水管网图形与信息的计算机存储管理，以代替传统的手工方式。

二、阀门管理

（1）建立有效的制度，包括检查、操作等。

（2）建立阀门卡，实行阀门卡管理，并做到卡、实物、图三者相符。

（3）有条件的自来水公司，应积极运用供水管网地理信息系统做好阀门管理工作，应及时将阀门相关属性信息输入供水管网地理信息系统。

（4）建立阀门动态检查制度，实行动态检查。阀门动态检查包括如下内容：

1）阀门动态检查应落实到人，责任到人，应做好检查台账记录，并将检查结果登录至阀门卡。

2）阀门口径不小于 DN300 时，建议每半年至少完成一次动态检查。阀门口径大于 DN50 且小于 DN300 时，每年至少完成一次动态检查。阀门口径不大于 DN50，根据使用情况进行检查。

注意：阀门下井作业要确保安全，严防有毒气体中毒、缺氧而引起窒息等人身事故。

三、管网检漏

（一）检漏作用

检漏是管线管理部门的一项日常工作。减少漏水量既可降低给水成本，也等于新辟水源，有很大的经济意义。位于大孔性土壤地区的一些城市管道，如有漏水，不但浪费水量，而且影响建筑物基础的稳固，更应严格防止漏水。

（二）管网漏水原因

水管损坏引起漏水的原因很多，主要有以下几种：

（1）因水管质量差或使用期长而破损。

（2）由于管线接头不密实或基础不平整引起的损坏。

（3）因使用不当例如阀门关闭过快产生水锤以致管线破坏。

（4）因阀门绣蚀、阀门磨损或污物嵌住无法关紧等。

（三）检漏作业

1. 检漏周期

（1）水泥管、灰铸管，重要地段管线，穿越铁路、河道、高速公路、深基坑周边等重要部位管线，检漏周期应短。

（2）钢管、球墨、PE 等管材管线，检漏周期可适当放长。

（3）新建供水管线通水后，尽快完成首次检漏工作。防止交叉施工对管道的损害。

2. 检漏作业时间

（1）应选择寂静时段。涉及城市道路的管线原则上安排在夜间寂静时段进行。

（2）居住小区及部分环境条件较好的区域，可安排在白天进行。

3. 检漏方法

（1）被动检漏法。如居民报漏、巡查查漏。

（2）音听法检漏。常用检漏仪器有电子音听仪、听漏棒。

（3）区域测漏法。常采用最小流量法、装表水平衡测试进行区域检漏。

4. 检漏实施

（1）配置必要的检漏人员和设备。

（2）作业人员在检漏前应对检漏区域管线进行详细查询，掌握管道及设施位置、口径、材质等基本情况。

（3）作业人员应严格按照计划，在规定时间内开展并完成检漏工作。

（4）检漏人员以音听法为主，在沿管线方向的路面上，用音听式听漏仪进行听音检查，每次听音检查间隔的距离不得大于 1m。

（5）检漏作业时，作业人员必须做好安全防护工作，穿戴必要的反光背心和防护用具。在城市道路等机动车辆通行区域，必须设置安全警示器具，实行专人监护。严禁单人在城市机动车辆通行道路开展检漏作业，严禁在无安全措施防护下开展检漏作业。

（6）做好必要的检漏作业记录，填报检漏日报表。

5. 控制供水管网漏失的措施

（1）管材的选用。

1）球墨铸铁管是广泛推广的优质管材，有强度高、延伸率大、抗腐蚀、抗老化等优点，使用寿命可达 50 年以上，其接口采用柔性橡胶圈接口，安装方便，应力释放能力强。

2）新型管材，如 PVC、PPR、PE 等，该类型管材具有重量轻，运输、安装方便，造价低，流体阻力小，耐腐蚀性强，不影响水质等优点，受到广大用户喜爱。

（2）向柔性接口发展。过去采用的刚性接口，在管道受压后，极易引起开裂、断裂，特别是在气温变化较大而产生热胀冷缩现象后，管道更易发生开裂、断裂。采用柔性接口的管材，能克服刚性接口的缺点，减少这方面因素造成的漏水。

（3）加快城市供水管网改造。根据城市建设发展制定供水管网改造，对于常发生爆管漏水的薄弱管段和使用时间长久的老化管网，尽快实施改造。

（4）加强供水管网技术档案管理。导致检漏工作无法有效开展的一个重要原因是没有详细的管网资料或未对资料进行妥善的归档管理。因此，应加强对供水管网技术资料（包括管道施工图、竣工图、管径、管材、位置、敷设年代、水压、阀栓、漏点检修记录资料、管网改造结果等）进行归档管理，以便有效利用供水管网技术资料。

（5）加强管网巡视队伍的建设。城市道路拓宽、新建、开发拆迁等造成管道损坏的情况屡见不鲜。对于施工带来的给水管网损坏隐患和维护不便等情况应即时予以制止，通知施工方进行整改。积极组织巡视人员，对管线进行检查，有利于保护管网安全，降低管道损坏次数和隐患。

（6）加强探漏队伍的建设。由于各种原因产生爆管（即明漏），通过即时抢修得以恢复，而另一部分由于地面结构原因，漏水从地下流失（即暗漏）。暗漏，隐藏性强，流水量大，危险性高，地下结构复杂给探漏工作带来很大的难度，为此，应配备相关探漏设备，培养专业的探漏人员，以提高检漏率，达到有效控制暗漏之目的，探漏工作应持之以恒。

（7）合理设置监控点。通过观察监控点的异常变化，可推断事故发生情况，从而了解非正常的压力分布情况及由此造成的影响。在管网上的必要位置设置测压点、测流点及自动控制阀，通过检测设备采集的流量、压力、自动控制阀开启度等信息推求出其余状态变量，进而确定管网运行情况，为优化调度提供数据基础。

（8）施工质量应满足规范要求。施工质量的好坏直接影响到正常使用，在满足《给水排水管道工程及验收规范》下，应注意管道基础是否坚实、接口材料是否到位、水压试验是否符合要求。

（9）分区检漏。分区检漏的方法如图 6-1 所示，具体步骤为：①该区域停止用水；②将与该区域相连的所有管道全部关闭（将图中的阀门 3 全部关闭）；③打开旁通管道阀门 2（一般直径为 15～20mm）；④观察水表 1 是否转动，并记录时间和通过水表的水量；⑤如漏水，用同样的方法缩小检漏区的范围；⑥结合听漏法查找漏水地点。

分区检漏法存在的问题是分区和用户进水阀门是否齐全、是否能关闭严密。根据目前使用单位反馈的信息，阀门关闭不严是该方法应用的主要障碍。

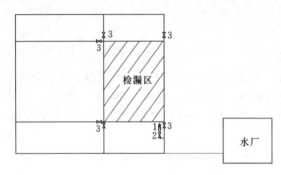

图 6-1　分区检漏
1—水表；2、3—阀门

（10）加强科学管理。当前，我国许多城市的供水企业都相继开展了管线信息系统的建设，供水管网的各类信息实现了计算机管理，建立了科学严密的规章制度和管理办法，城市管网得到优化和科学的调度，有效降低了管网漏失率。

四、管网运行期间的水质管理

管网水质也是供水管网运行与管理工作的任务之一。有些地区管网中出现红水、黄水和浑水，水发臭，色度增高等，其原因，除了出厂水水质不合格外，还由于水管中的积垢在水流冲击下脱落，管线末端的水流停滞，或管网边远地区的余氯不足而致细菌繁殖等。

为保持管网的正常水量和水质，除了提高出厂水水质外，还可采取以下措施：

（1）通过给水栓、消火栓和放水管，定期放去管网中的部分"死水"，并借此冲洗水管。

（2）长期未用的管线或管线末端，在恢复使用时必须冲洗干净。

（3）管线延伸过长时，应在管网中途加氯，以提高管网边远地区的剩余氯量，防止细菌繁殖。

（4）尽量采用非金属管道。定期对金属管道清垢、刮管和衬涂水管内壁，以保证管线输水能力不至于明显下降。

（5）无论在新敷管线竣工后，还是在旧管线检修后，均应冲洗消毒。消毒之前先用高速水流冲洗水管，然后用浓度为 20～30mg/L 的漂白粉溶液浸泡一昼夜以上，再用清水冲洗，同时连续测定排出水的浊度和细菌浓度，直到合格为止。

（6）定期清洗水塔、水池和屋顶高位水箱。

五、测压与测流管理

（一）管网测压、测流的作用

通过对管网流量、压力的系统观察，发现管网布局或运行中存在的问题，为管网优化、水力模型建立或平差计算提供实际依据，及时发现故障（如大口径管道漏水监控）。

目前许多大中自来水公司安装了大量的压力监测点、流量监测点来监控管网运行压力及流量状态。

（二）管网压力及流量的测定

常用测压和测流仪器为压力表和流量仪。测压点一般设在输配水干管交叉点附近、大型用水户的分支点附近、水厂、加压点及管网末端等处。

在城市供水系统中，目前管网压力采集主要有以下几种方式：

（1）使用无线远传 GPRS 技术传输数据。例如全市区域间流量计的数据就是依靠 GPRS 技术（General Packet Radio Service，通用分组无线服务技术）实现即时数据采集的，其最大的优点是即时性。

（2）人工集中计划测压。测压时，应测定高峰用水时段及一般时段的压力，按全网同日内进行测试，分早、中、晚 3 个时段，每个时段取 1 个小时，每个小时测两次，故每个测压点测 6 个数据。

（3）管道的测流。管道的测流需测定管段中水的流向、流速和流量，具体测定也需测定不同用水时段数据。流量测定的设备有压差流量计、电磁流量计、便携式超声波流量计等。

六、调度管理

城市供水管网运行调度的重要任务是在保证城市供水水质和水量安全可靠的前提下，使单位供水量的能耗降低到最低限度；并当供水管网服务区内出现异常情况，如发生火灾、管网破裂、水质突发性被污染、控制设备失控等时，调度装置运行相应的程序，以便将损失降低到最低限度。

（一）城市供水调度的发展阶段

根据技术应用的深度和系统完善程度，可以将城市供水的调度分为如下 3 个发展阶段：即人工经验调度、计算机辅助调度和全自动化调度与控制。其中全自动化调度与控制是当今城市供水管网运行调度的发展方向，它主要通过对供水管网运行状态的遥测遥控系统（SCADA），实现城市供水管网调度与控制的最优化、自动化和智能化，实现与水厂制水过程控制系统、供水企业管理系统的一体化进程。

SCADA（Supervisory Control and Data Acquisition）系统也就是监控和数据采集系统，又称计算机四遥系统，指遥测（telemetering）、遥控（telecontrol）、遥讯（telesingal）和遥调（teleadjusting）技术。

（二）给水管网调度的主要内容

（1）生产运行调度。主要是根据不同的供水条件和环境制定相应的供水调度方案，平衡水厂及管网供水，确保水压力及流量。

（2）管网设施的调度。主要是对主干管的阀门等设备的调度，核批设备检修计划，合理安排停水检修时间，以保证在任何时候都有足够的完好设备用于供水。

（3）对突发事故的应急调度。当管网发生爆管等紧急情况而影响正常供水时，以影响范围最小、影响时间最短为原则进行供水调度。

（三）供水调度系统的组成

现代给水管网调度系统主要由中央调度控制系统、远程 RTU（数据采集终端）、通信信道 3 部分组成。

第三节　取水口及水泵的运行与管理

一、取水口的运行与管理

取水口的运行管理主要是对取水点附近进行巡查，发现污染水质和水量变化情况及时报告与处理。取水口应无任何排污口、无固定停泊船只、取水口两侧无垃圾、水面无漂浮物、无畜禽水产养殖；有保护区的长效管理制度、有专业的管理人员、有保护标志牌。

（一）地表水取水口的防护

地表水取水口的防护应符合下列规定：

（1）在水源一级保护区或取水口上游 1000m 至下游 100m 段（有潮汐的河道可适当扩大），定期进行巡视。

（2）汛期应组织专业人员了解上游汛情，检查取水构筑物的完好情况，防止洪水或泥石流的危害和污染。冬季结冰的取水口，应有防结冰的措施及解冻时防冰凌冲撞的措施。

（二）固定式取水口的运行

固定式取水口的运行应符合下列规定：

（1）取水口应设有格栅，并应设专人专职定时检查。有杂物时，应及时进行清除处理。

（2）清除格栅污物时，应有充分的安全防护措施。原则上操作人员不得少于两人。

（3）藻类、杂草较多的地区应保证格栅前后的水位差不超过 0.3m。在杂草旺盛的季节，应设专人清理取水口，及时清除杂草。

（4）应 1~2d 巡视一次，对预沉池和水库等的巡视至少每 2d 一次。

（5）上游至下游适当地段应装设明显的标志牌，防止人畜进入，在有船只来往的河道，还应在取水口上装设信号灯。

（6）移动式取水口应加设防护桩并应装设信号灯或以其他形式表示的具有明显标志的防撞措施。

（三）自然预沉运行

自然预沉运行应符合下列规定：

（1）正常水位控制应保证经济运行。

（2）高寒地区在冰冻期间应根据本地区的具体情况制定水位控制标准和防冻措施。

（3）根据原水水质、预沉池的容积及沉淀情况确定适宜的挖泥频率。

（4）沉砂池应设挖泥、排砂设施。根据地区和季节的不同，可调整排砂、挖泥的频率，运行中的排砂宜为 8~24h 一次，挖泥宜为每年 1~2 次。

（四）地下取水系统的操作规程

取水设施应符合下列规定：

（1）取水水源地应根据所在地区的状况，确定卫生防护地带。

（2）取水设施应设置取样和观测点。

（3）每天必须对水源井进行巡视检查，包括水质、水泵机组的电压、声音、振动等。

（4）水源井应设置测量水位的装置，水位观测管宜加设防护装置。水源井动、静水位测定，每月宜进行两次。

（5）取水设施取水量不得超过水源井的允许开采量。

（五）水源保护区的保护措施和标志

1. 水源保护区保护规定

（1）一级保护区。区内禁止新建、扩建与供水设施和保护水源无关的建设项目；禁止向水域排放污水，已设置的排污口必须拆除；不得设置与供水需要无关的码头，禁止停靠船舶；禁止堆置和存放工业废渣、城市垃圾、粪便和其他废弃物；禁止设置油库；禁止从事种植、放养禽畜，严格控制网箱养殖活动；禁止可能污染水源的旅游活动和其他活动。

（2）二级保护区。区内不准新建、扩建向水体排放污染物的建设项目。改建项目必须削减污染物排放量；原有排污口必须削减污水排放量，保证保护区内水质满足规定的水质标准；禁止设立装卸垃圾、粪便、油类和有毒物品的码头。

（3）准保护区。直接或间接向水域排放废水，必须符合国家及地方规定的废水排放标准。当排放总量不能保证保护区内水质满足规定的标准时，必须削减排污负荷。

2. 水源保护区标志

水源保护区应按环境保护局颁布的《饮用水水源保护区标志技术要求》（HJ/T 433—2008）的要求，设置饮用水水源保护区的标志、内容、位置，并按相应的要求进行管理与维护。一般情况下，各级环境保护行政主管部门负责饮用水源保护区的管理工作，饮用水水源保护区标志由国家环境保护行政主管部门统一监制，饮用水水源保护区标志应相应由各级环境保护行政主管部门进行管理和维护。

二、水泵操作规程

（一）水泵启闭机的操作

水泵房的操作方式一般由泵房控制箱操作，在泵房就地操作。机组的开停机操作应根据值班长的命令进行，同时操作完毕后应做好各项记录。在机组投入运行之前，应按照电机、水泵、阀门的运行规程进行全面检查，确认无误后方可启动机组。

（二）水泵运行的操作规程

（1）水泵工况点长期在低效区工作时，应对水泵进行更新或改造，使水泵在高效区范围内工作。

（2）水泵运行中，进水水位不应低于规定的最低水位。

（3）在水泵出水阀关闭的情况下，电机功率小于或等于110kW时，离心泵和混流泵连续工作时间不应超过3min；大于110kW时，不宜超过5min。

（4）泵的振动不应超过现行国家标准《泵的振动测量与评价方法》（GB/T 29531—

2013）振动烈度 C 级的规定。

（5）轴承温升不应超过 35℃，滚动轴承内极限温度不得超过 75℃，滑动轴承内温度不得超过 70℃。

（6）除机械密封及其他无泄漏密封外，填料室应有水滴出，宜为每分钟 30～60 滴。

（7）轴承冷却水水温不应超过 28℃。

（8）对停止运转 7 天以上的水泵，在启动前应检查联轴器（即盘车）转动是否灵活。

（9）水泵机组启动时，应关闭出水阀，当泵以正常转速运转、压力表显示适当压力时，亦可缓慢开启出水阀。

（10）停泵时，宜先关闭出水阀，然后关停电机。

（11）水泵常见故障及其解决方法见表 6-1。

表 6-1　　　　　　　　　　　　　水泵常见故障及其解决方法

序号	故　障	原　因	解　决　方　法
1	水泵不吸水，压力表及真空表的指针剧烈跳动	注入水泵的水不够，水管与仪表漏气	再往水泵内注水，拧紧或堵塞漏气处
2	水泵不吸水，真空表指示高度真空	底阀没有打开或已污塞；吸水管阻力太大，吸水高度太大	校正或更换底阀，清洗或更改吸水管，降低吸水高度
3	水泵出水处压力表有压力，然而水泵仍不出水	出水管阻力太大，旋转方向不对；叶轮污塞；水泵转速不够	检查或缩短出水管及检查电机转向；清洗叶轮，增加水泵的转速
4	流量低于预计	水泵堵塞，或是密封环磨损过多；转速不够	清洗水泵及管道；更换新的密封环；增加水泵的转速
5	水泵消耗的功率过大	填料压盖太紧；填料函发热；叶轮损坏；水泵供水量增加	拧松填料压盖或将填料取出来打方一些；更换叶轮
6	水泵内部声音反常，水泵不上水	闸门开得太大；吸水管内阻力过大；吸水高度过大；在吸水处有空气渗入	关小闸阀以减少流量；检查泵吸水管；检查底阀；减少吸水高度；拧紧或堵塞漏气处
7	水泵振动	泵轴与电机轴不在同一条中心线上	把水泵和电机的轴心线对准
8	轴承过热	没有油；水泵轴与电机轴不在一条中心线上	加油；把轴中心线对准；检查或清洗轴承体

（三）水泵电机运行操作规程

（1）电动机应在额定频率及额定电压条件下运行：额定电压在 ±5% 范围内变动；或电压在额定电压时，频率在 ±5% 范围内变动，其输出功率不变。

（2）运行中有下列情况之一者，应立即停机：

1）电动机及控制系统发生打火或冒烟。

2）电动机剧烈振动或撞击、扫膛以及电动机所拖动的机械设备发生故障。

3）电动机温度或轴承温度超过允许温度。

4）缺相运行。

5）同步电动机出现异步运行。

6）滑环严重灼伤。

7）滑环与电刷产生严重火花及电刷剧烈振动。

8）运行中发生人身事故。

（四）水泵变压器运行操作规程

（1）变压器允许正常和事故过负荷情况下运行，变压器过负荷运行时应密切关注运行温度，当变压器过负荷或顶层油温达到报警温度时，应降低负荷，并做记录。

（2）变压器负荷达到额定容量的130％时，即便运行温度未达到最高油温限值时，也应立即减负荷。

（3）变压器运行中出现下列情况之一时，应立即停运：

1）变压器内部有强烈的、不均匀的声响和爆裂声。

2）在正常负荷和正常冷却条件下，变压器温度不正常并不断上升。

3）油枕向外喷油或防爆管喷油。

4）变压器严重漏油。

5）套管上出现大量碎块和裂纹、滑动放电或套管有闪络痕迹。

6）变压器冒烟着火。

7）变压器其他保护装置动作跳闸后，在未查明原因并消除故障前不得重新投入运行。

第四节　常规水处理系统的运行与管理

由于各水厂原水质量差异较大，净化设施或设备多种多样，制水工艺运行的技术参数也差异较大，因此各供水厂应结合具体水处理工艺和水源情况制定各工艺控制参数，从而制订混凝剂投加、絮凝、沉淀、过滤、消毒和清水池各工序的技术运行参数。

村镇供水水处理的主要去除对象是水源水中的悬浮物、胶体和病原微生物等。村镇供水构筑物主要有反应池、沉淀池、滤池和消毒设施。

一、混凝反应

混凝是在原水中投加混凝药剂使水中胶体粒子以及微小悬浮物聚集的水处理过程，在反应池内完成。反应池有隔板反应池、折板反应池、网格（栅条）反应池、机械反应池等。

（一）混凝剂投加控制及其管理

应用于饮用水处理的混凝剂应符合混凝效果好、对人体健康无害、使用方便、货源充足、价格低廉的基本要求。混凝剂种类很多，按化学成分可分为无机和有机两大类，目前主要是铁盐和铝盐及其聚合物，在供水水处理中应用较为广泛。混凝效果是否良好，取决于混凝剂投加量是否合适。

1. 烧杯试验法确定最佳混凝剂量

混凝剂最佳投加量是指达到既定水质目标的最小混凝剂投加量，与原水水质条件、混凝剂品种、混凝条件等因素有关。

在1.5L圆形玻璃烧杯内装入1L原水，置于六联搅拌机上，启动六联搅拌机并加入混凝剂后，在转速 250r/min 的条件下，快速混合 1min。再在转速 50r/min 的条件下，慢速絮凝 14min。停止搅拌，静止沉降 15min 后，从玻璃圆筒侧壁距离液面 50mm 处的取样口取样，并进行相关的水质分析，从而确定最佳混凝剂用量。

2．混凝剂投加操作规程

（1）工作要求：

1）按规定的浓度和时间配制混凝剂溶液。

2）根据原水水质变化、进水量大小和沉淀池出水水质的要求，正常调整和控制好投加量。

3）提出混凝剂的使用计划，保管好库中混凝剂。

4）维护管理各种投加设备，及时保养、检修，保持设备完好。

5）做好各项原始记录，准确填写各项日报表。

6）保持加药间的设备、仪器仪表清洁，环境卫生整洁。

（2）巡回检查。应按规定的路线每 1～2h 进行一次，检查的内容有以下几项：

1）液池的液位是否正常。

2）加药设备、管线是否有漏液现象。

3）沉淀池进水区絮体是否正常。

4）其他和生产有关的情况。

（3）混凝剂配制。混凝剂配制应符合下列规定：

1）固体混凝剂的配制。固体混凝剂溶解时应在溶药池内经机械或空气搅拌，使其充分混合、稀释，严格控制溶液的配比。药液配好后，继续搅拌 15min，并静置 30min 以上方能使用。溶液池需有备用，药剂的质量浓度宜控制在 1％～5％范围内。溶解次数应根据混凝剂投加量和配制条件等因素确定，每日不宜超过 3 次。混凝剂投加量较大时，宜设机械运输设备或将固体溶解池设在地下。混凝剂投加量较小时，溶解池可兼作投药池。

2）液体混凝剂的配制。原液可直接投加或按一定的比例稀释后投加。

（4）混凝剂投加。混凝剂投加设备包括计量设备、药液提升设备、投药箱等。

1）泵前投加。将药液靠重力投加在水泵吸水管或吸水井中的吸水喇叭口处，但距离泵的叶轮不得小于 0.5m。（利用水泵叶轮混合）适用取水泵站离水厂较近。水封箱防止空气进入。

2）高位溶液池重力投加。取水泵站距水厂较远，建高位溶液池，将药液投入水泵压水管或混合池入口处。

3）水射器投加。利用水射器抽吸作用将药液吸入投加到压水管中。效率低，应设计量设备。

4）泵投加。计量泵投加或耐酸泵加转子流量计。计量控制混凝剂的定量投加，并能随时进行调节，计量泵的开停机操作严格按相应说明书进行。

（二）混凝反应设施的运行与管理

1．日常维护

每日检查投药设施的运行是否正常；储存、配制和传输设备有否堵漏；设备的润滑、加注和计量是否正常；每日检查机械混合装置的运行状况，加注润滑油；保持环境和设备的清洁。按混凝要求，注意池内和出口处絮体的情况，在原水水质发生变化时，要及时调整加药量。

2. 定期维护与大修

每月检查维修投加设施与机械搅拌，做到不渗漏、运行正常；每年对混合池、絮凝池、机械和电气设施进行一次解体修理或更换部件，金属部件应油漆一次。加药间和药库应 5a 大修一次，混合设施及机械传动设备应 1～3a 进行修理或更换。

3. 运行控制参数的技术测定

一般要求 2～4h 测定一次原水的浊度、pH 值、水温、碱度。在水质频繁变化的季节，要求 1～2h 进行一次测定，以了解进水泵房的开停状况，根据水质水量的变化及时调整投药量。

（三）反应池的运行与管理

1. 隔板反应池

（1）隔板反应池对原水的缓冲能力差，每隔 1h 检测原水的浊度、流量等指标，及时调整混凝剂的投加量。定期监测积泥情况，避免絮粒在絮凝池中沉淀。如难以避免时，应采取相应的排泥措施。

（2）隔板絮凝反应池在转变处胶体颗粒易破碎，要每隔 2h 观察水中胶体的情况，并记录。

（3）当原水属于低浊、多藻微污染水时，水中的藻类多、有机物多、浊度低、颗粒少而导致相互碰撞的机会少、絮凝效果差，宜采取预加氯措施。

（4）当原水中藻微密度较大时，应定期清洗板壁上的藻类代谢物。

（5）初次运行隔板反应池时进水速度不宜过大，防止隔板倒塌、变形。

2. 折板反应池

折板反应池将隔板反应池的平板隔板改成一定角度的折板。折板波峰对波谷的平行安装称为"同波折板"，对波峰相对安装称为"异波折板"。与隔板式相比，水流条件得到了很大改善，有效能量消耗比例提高，但安装维修较困难，折板费用较高。

（1）折板反应池的日常维护。每隔 1h 检测原水的浊度等指标，及时调整混凝剂的投加量；每隔 4h 检测原水的碱度等指标，及时调整原水的 pH 值；每隔 2h 观察水中胶体情况，并记录；正常情况排泥周期为 72h，当原水碱度低需要投加石灰等时，排泥周期易为 36h。

（2）当原水属于低浊、多藻微污染水时，水中的藻类多、有机物多、浊度低、颗粒少而导致相互碰撞机会少、絮凝效果差，易采取预加氯措施。

（3）当原水中藻微密度较大时，应定期清洗板壁上的藻类代谢物。

3. 网格（栅条）反应池

网格、栅条反应池设计成多格竖井回流式。每个竖井安装若干层网格或栅条，各竖井间的隔墙上、下交错开孔，进水端至出水端逐渐减少，一般分 3 段控制。前段为密网或密栅，中段为疏网或疏栅，末段不安装网、栅。

（1）网格（栅条）反应池的日常维护。每隔 1h 检测原水的浊度等指标，及时调整混凝剂的投加量；每隔 4h 检测原水的碱度等指标，及时调整原水 pH 值；每隔 2h 观察水中胶体情况，并记录。

（2）末段清洗。网格（栅条）反应池末端流速较低，易造成池底积泥现象。每隔半年要进行清洗除淤。

（3）当原水属于低浊、多藻微污染水时，网格上易滋生藻类，甚至堵塞网眼，要进行预氯处理，并定期进行冲洗网格。

二、沉淀池与澄清池

沉淀池的主要作用是使絮凝的矾花即水中的杂质依靠重力作用从水中分离出来，从而使浑水变清。目前村镇水厂常用的沉淀池有平流式沉淀池、斜板（管）沉淀池和自然沉淀池。

澄清池是利用池中积聚的活性泥渣与原水中的杂质颗粒相互接触、吸附，使杂质从水中分离出来，从而达到使水变清的构筑物。澄清池的特点是在一个构筑物中完成混合、絮凝、沉淀3个过程。澄清池具有絮凝效率高、处理效果好、运行稳定、产水率高等优点。

（一）沉淀池的运行与管理

1. 斜管沉淀池

（1）斜管沉淀池的运行。

1）开启设备进水阀，开启进水隔膜泵，待水位到池中位时即可开动搅拌机并开始加入PAC（混凝剂）和PAM（絮凝剂）。每个调节池中都有两个浮球，一个高液位，一个低液位。泵的启停根据调节池液位决定，高开低停。

2）鼓风机对两个调节池池分别进行曝气，曝气可以使调节池中的沉淀物不容易堆积起来。进水开启，曝气就不停，调节池到达低水位时，曝气关闭；也可以通过手动控制，根据污泥沉淀情况选择开启风机曝气。

3）配药配置：PAC浓度为10%，PAM浓度为0.05%较为合理（PAC和PAM的加药箱均为250L，一箱水配25kg的PAC，0.125kg的PAM）。

4）加药计量泵的大小根据进水的流量确定（计量泵的具体操作可参考计量泵操作说明书）。

5）出水：沉淀物通过斜管沉降下去，堆积在沉淀池底部的集泥斗，清水则漫过出水堰板通过溢流口排放出去。

6）排泥压泥：根据沉淀情况，定时开启污泥排泥阀，并启动排泥隔膜泵，将沉积在沉淀池下面的污泥排出池外，打入压滤机，待压滤机压力上升至隔膜泵打泥困难时关闭隔膜泵，关闭排泥阀，停止排泥；然后松掉压滤机压板，将压板上面的泥饼清理干净，并将泥饼运走。

（2）斜管沉淀池运行管理注意事项。

1）应定期检查、观察斜管沉淀效果，使出水水质达到排放要求。

2）应经常检查调节池污物，防止杂物进入，以保证气动隔膜泵正常工作。

3）排泥时间、间隔时间应根据沉淀池所处理污泥的悬浮物含量高低而定，但每班至少排泥一次。

4）所有机械润滑和维护参见厂家说明书。

5）斜管沉淀池的缓冲能力及稳定性较差，对前置的混凝处理运行稳定性要求较高，对絮凝水样的目测，每小时不应少于一次。

（3）斜管沉淀池的排泥。斜管内易产生积泥，需及时排泥。穿孔管式排泥装置必须保持快开阀完好、灵活和排泥管畅通，排泥频率应每 8h 不少于一次。

斜管沉淀池斜管常见积泥原因如下：

1）源水低浊、多藻微污染时，水中的藻类多、有机物多、浊度低、颗粒少而导致相互碰撞机会少、絮凝效果差，故在絮凝池末端出现矾花少、矾花粒径小、松散和絮体质量小的现象，易造成矾花聚积在斜管表面。

2）沉淀池进水沿着池宽配水，如果配水方式不理想，会导致沉淀效率低。

3）沉淀池进水口处如果缺乏稳流措施，会影响沉淀效果。

4）沉淀池中的穿孔排泥管排泥不彻底，特别是在管的末端淤积的污泥较多，对沉淀效果存在一定影响。

斜管沉淀池斜管常见积泥的解决措施如下：

1）增加预处理。

2）改进后沉淀池进水端水流状态要稳定，消除大块积泥上浮现象。

3）增投助凝剂，适当延缓斜管上部积泥的时间，改善沉淀池出水水质。

4）在斜管上部增设机械刮泥桁车可除去斜管上部的积泥，但此法治标不治本。

2. 平流沉淀池

平流沉淀池具有构造简单、池深浅、造价低、操作维护方便、对原水水质水量变化适应能力强、药耗和能耗低、便于排泥等优点，在大型、中型水厂得到广泛应用。

（1）平流沉淀池的运行。

1）平流式沉淀池必须严格控制运行水位，防止沉淀池出水淹没出水槽现象的发生。

2）平流式沉淀池必须做好排泥工作。采用排泥车泵排泥时，排泥周期根据原水浊度和排泥水浊度确定。采用其他形式排泥的，可依具体情况确定。

3）平流式沉淀池的出口应设质量控制点，浊度指标一般宜控制在 5NTU 以下。

4）平流式沉淀池的停止和启用操作应尽可能减少滤前水浊度的波动。

5）藻类繁殖旺盛时期，应采取投氯或其他有效除藻措施，防止滤池阻塞，提高混凝效果。

（2）平流沉淀池的管理。平流沉淀池的主要工艺控制参数有截留速度、停留时间、水平流速、单位堰宽出水负荷等。通过对各参数同时进行有效控制，才能保证沉淀设施的有效运行和沉淀出水的水质合格，具体要求如下：

1）对截留速度和停留时间的控制。通过对单体沉淀池的水量负荷（截流速度）的调节，可调整平流沉淀池的截流速度和停留时间。

2）对水平流速及其分布的控制。水平流速决定了平流沉淀池中水的流态，进而影响其处理效果。水平流速的高低主要取决于其负荷量。平流沉淀池的水平流速一般采用 10～25mm/s。

3）对单位堰宽出水负荷的控制。单位堰宽的出水负荷过大时，高负荷出水水流会将靠近出水端的已沉絮体卷带出沉淀池。解决的办法是在池宽方向均匀增设若干条出水槽，以增加出水堰长度，减小单位堰宽的出水负荷。需要注意出水槽之间的过水断面面积之和不能太小，否则此处流速过大，会形成絮体上浮。出水堰负荷要求小于 $20m^3/(h \cdot m)$。

4) 积泥的测定与排泥。一是要根据运行经验找出各种条件下的允许积泥厚度，二是要在有代表性的位置设置泥位测定装置，做到随时监控、及时排泥。

（二）澄清池的运行与管理

（1）水力循环澄清池的运行与维护。水力循环澄清池是一种泥渣循环型澄清池，它是靠水流条件来完成矾花的悬浮、均匀混合和工作的稳定性，以保证接触凝聚区的工作要求，达到泥水分离的目的。

1) 注意泥渣回流量的控制。水力循环澄清池在运行过程中，排泥为人工控制，如果人为控制不善经常造成活性泥渣不足，或是旧泥渣过剩，使水力分布不均，失去原有平衡，形成不良的水力循环，既浪费了人力物力，又增大了维护检修的费用。

2) 注意原水水质的变化。原水浊度低或短时间内水量、水质和水温变化较大时，运行效果不够稳定，适应性较差，在一定程度上抑制了水力循环功能的发挥。当原水水质变化时注意调节混凝剂的投量、排泥周期，有条件的适当投加石灰和助凝剂。

3) 安装自动排泥装置。取消澄清池内壁的两只泥渣浓缩斗，设置池底泥渣浓缩室，安装自动排泥装置。该装置根据池内运行工况的要求，自动采集池底泥渣浓缩室泥渣层界面的浊度指数，在确保活性泥渣能正常发挥作用的前提下，实行全自动排泥控制。有效地克制因人为控制因素造成的活性泥渣不足或是旧泥渣过剩，从而产生水力分布不平衡，形成不良的水力循环，影响净水效果。

（2）机械搅拌澄清池的运行管理与维护。

1) 初次运行与正常运行。进水流量控制在设计流量的 $1/2 \sim 2/3$，投药量应为正常投加量的 $1 \sim 2$ 倍；当澄清池开始出水时，观察分离区与絮凝室水质的变化情况，以判断并调整投药量与（低浊度时）投泥量；第二絮凝室泥渣沉降比达标后，方可减少药量，间隔增加水量；采用较大的搅拌强度和提升量，以促进泥渣层的形成；初次运行出水水质不好时，应排入下水道，而不能进入滤池。

正常运行后，每隔 $1 \sim 2h$ 测定一次出水浊度、水温和 pH 值，水质变化频繁时，应增加测定次数；在掌握沉降比与原水水质、药剂投加量、泥渣回流量及排泥时间之间关系的基础上，确定沉降比控制值与排泥间隔时间。

在不得不停池的情况下，停止运转时间不宜太长，以免泥渣积存池底被压实与腐化；重新运行时，应先排除池底积存泥渣，以较大水量进水；适当增加药剂的投加量，使底部泥渣有所松动并产生活性后，再减少进水量；待出水水质稳定后，方可逐渐恢复到正常药剂投加量和进水量。

2) 特殊注意事项。起始运行时按机电维护管理和操作的要求，对搅拌器及其动力设备进行检查。启动搅拌电机应从最低转速开始，待电机运转正常后再调整到所需的转速。开始运行时的搅拌机转速控制在 $5 \sim 7r/min$，叶轮开启度适当下降。调节转速时要缓慢，叶轮提升可在运转中进行，叶轮下降必须要停车后操作。当池子短期停水，搅拌机不可停顿，否则泥渣将沉积、压实并使泥渣活性消失。

3）保养、维护与大修。电机与齿轮箱应按规定的时间进行保养和维修，齿轮油每星期检查一次，不足时应及时添加；要经常检查搅拌设备的运转情况，注意声音是否正常、电机是否发热，并做好设备的擦拭清洁工作。

三、滤池

过滤是指用石英砂等粒状滤料层截留水中悬浮杂质，从而使水获得澄清的工艺过程。村镇集中供水常常省略沉淀池或澄清池，但过滤是不可缺少的，它是保证饮用水卫生安全的重要措施。常用的滤池形式有普通快滤池、虹吸滤池、无阀滤池、压力滤罐和 V 形滤池。滤池运行的主要指标有滤速、滤池水头损失、滤层含污能力、冲洗强度和滤层膨胀率等。

（一）过滤的主要影响因素

1. 滤料的粒径和滤层的厚度

在过滤设备的运行中，悬浮颗粒穿透滤层的深度，主要取决于滤料的粒径，在同样的运行工况下，粒径越大，穿透滤层的深度也越大，滤层的截污能力也越大，也利于延长过滤周期。增加滤层的高度，同样有利于增大滤层的截污能力。但是，应当指出的是，截污能力越大，反洗的困难也同样增大。

2. 滤料的形状和滤层的空隙率

滤料的形状会影响滤料的表面积。滤料的表面积越大，滤层的截污能力也越大，过滤效率也越高。如采用多棱角的破碎粒滤料，由于其表面积较大，因而可提高滤层的过滤效率。一般说，滤料的表面积与滤层的空隙率成反比，孔隙大，滤层的截污能力大，但过滤效率较低。

3. 沉淀池出水浊度

沉后水浊度即滤池进水浊度，直接影响滤池的过滤周期和滤池出水水质。沉后水浊度较小，即便以较高的滤速运行，也可获得满意的过滤效果。相反，如果沉后水浊度较高，滤池内水头损失很快就会增大，工作周期明显缩短，使滤后水水质难以保证，同时使反冲洗水量增加。为确保滤池出水水质，且按滤池设计工作周期运行，则控制沉后水浊度在 3 度以下为宜。

4. 滤速和工作周期

过滤设备的滤速不宜过慢或过快。滤速慢意味着单位过滤面积的出力小，因此，为了达到一定的出力，必须增大过滤面积，这样将大大增加投资。滤速太快会使出水水质下降，而且因水头损失较大，过滤周期会缩短。在过滤经过混凝澄清处理的水时，滤速一般取 8～12m/h。如果产水量增加，需要滤速已经超出正常范围，宜将单层滤料改为双层或多层滤料，相应的滤速可提高到 10～14m/h 或 18～20m/h。

滤池工作周期的长短涉及滤池实际工作时间和冲洗水量的消耗，故滤池工作周期也直接影响滤池的产水量。一般工作周期为 12～24h。

5. 配水与冲洗条件

配水系统的功能是收集滤后清水和分布反冲洗水。经过一个过滤周期，滤层内截留了大量杂质，如果反冲洗水分布不均匀，会使部分滤层长期冲洗不足而在滤料层中形成泥球、泥毯等，进而影响正常过滤。因此，将滤料层冲洗干净并恢复到过滤前的状态是非常重要的。冲洗质量直接影响滤后水质、工作周期和滤池的使用寿命。过滤设备在过滤或反洗过程中，要求沿过滤截面水流分布均匀，否则就会造成偏流，影响过滤和反洗效果。在过滤设备中，对水流均匀性影响最大的是配水系统，为了使水流均匀，一般都采用低阻力配水系统。

（二）滤池的运行

1. 普通快滤池的运行

普通快滤池是最普遍应用的滤池，其运行由 4 个闸阀控制，冲洗水由专设的水塔或水泵供给。

（1）投产前的准备。检查所有管道和闸阀是否完好，排水槽上缘是否水平；初次铺设滤料应比设计厚度增加 5cm 左右，保持滤料面平整，并清除滤池内的杂物；进水检查，较慢流速进水，排除滤料内空气；新装滤料应在含氯量 0.3mg/L 以上的溶液中浸泡 24h，经检验滤后水合格后，冲洗两次以上方能投入使用。

（2）运行操作。徐徐开启进水阀，当水位上升到排水槽上缘时，徐徐开启出水阀，过滤开始。此时，应注意滤池的出水浊度，待出水浊度达到要求时，再将阀门全部开启。按要求控制滤速，记录过滤时间、出口浊度和水头损失等。当滤池滤层内水头损失达到额定值或出水浊度超过规定的指标或滤后水浊度大于 1NTU 时，即应停止过滤，进行冲洗。冲洗首先降低池水位至距滤层砂面 20cm 左右，关闭过滤水阀。开启冲洗管上的放气阀释放残气后，逐渐开启冲洗阀至最大进行冲洗。冲洗时，排水槽和排水管应畅通，无塞水现象，按要求控制冲洗强度和滤层膨胀率。采用气水冲洗方式时，应防止空气过量造成跑砂。冲洗结束时，排水的浊度不应大于 15NTU。

2. 无阀滤池的运行

无阀滤池分重力式或压力式两种。与快滤池相比，无阀滤池不用闸阀控制运行，其过滤与冲洗过程全部靠水力自动控制完成。无阀滤池自动运行，正常运行时只要每 1～2h 记录无阀滤池的进、出水浊度，虹吸管上透明水位管的水位、冲洗开始时间、冲洗历时等。在滤层水头损失还未达到最大允许值，发现滤池出水水质变坏而虹吸又未形成时，应即刻采用人工强制冲洗。

滤池运行后每半年应打开人孔，对滤池全面检查，检查滤料是否平整、有无泥球或裂缝，池顶有无积泥并分析原因，采取相应措施。

（1）重力式无阀滤池日常运行维护应注意的问题。

1）滤料应严格筛选。在试冲洗时会带走一定量的细颗粒滤砂，因此在装料时应比要求厚度多装 50mm。

2）虹吸管、虹吸辅助管、抽气管、虹吸破坏管等应严格保证不漏气。虹吸辅助管一定要进行水封。虹吸破坏管要保证畅通。

3）应定期检查滤料是否平整，有无泥球或裂缝等情况，并对滤池的过滤效果进行监测。

4）进水量应保持平稳，不宜波动太大，更不应超过滤池的设计能力。

5）因水中带气而无法实现自动反洗时，应关掉进水，及时进行强制反冲洗，必要时增加强制反洗次数，以保证滤砂的清洁。

（2）防止重力式无阀滤池滤层表面积泥的对策。

1）在重力式无阀滤池的施工及管件安装的过程中，水厂负责土建、工艺的技术人员要严格把关、分段验收，反复测量重点高程数据，如发现问题就要提出，主动配合，及时补救。

2）对购进的滤料需层层把关，逐项验收。此外，从滤板的铺设到尼龙网的缝制、压板条的打孔、螺栓的拧固，从承托层的分层分级到滤料的每次装填厚度也都要道道把关，一丝不能马虎。

3）初次投入运行的滤池须多加 8～15cm 厚的滤料，并放清水浸泡 24h，以利滤料中空气的排出。然后反冲洗 3～5 次，并刮去细滤料或粉末。

4）初次投入运行的滤池要注意调整好反冲洗强度调节器和虹吸破坏的高程，以满足初始的反冲洗强度和反冲洗时间的要求。

5）根据进水量和沉淀水浊度适时调整滤速，沉淀水浊度宜控制为 3～5NTU。每年对滤池停池检查并进行含泥量分析，以确定是否要加料、换料等。

6）当源水水质发生突变时，要及时分析原因并采取措施，如滤前加氯、投加助凝剂以及缩短滤池工作周期和调整反冲洗强度等，确保滤池运行良好。

3. 虹吸滤池运行操作的注意事项

生产运行中，正常情况是看不到滤料层的，应认真操作管理，虹吸滤池的运行特点是高工作水位正水头过滤。

（1）应始终保持前道工序有良好的净化效果，使进入滤池的水的浊度符合内控指标。一般水厂要求进入滤池的水浊度小于 3NTU。

（2）保证进水、排水虹吸系统的正常使用，到时能自动形成或定时手动反冲洗，反冲洗效果应符合规定。要观察冲洗均匀的情况，须记录初始排出水的浊度和终止时水的浊度，冲洗时间约为 4～7min。

（3）每年在夏季用水高峰前后，对滤池放干检查，观察砂层表面洁净平整情况，铲除部分表层脏砂，新增部分洁净砂。当砂层表面出现凹凸不平、缝裂，或砂层含泥量大于3%～5%时，应更换砂层。正常情况下，应每 8～9a 翻砂 1 次。

（4）做好日常运行记录。应填写运行日报表，特别是手动操作的虹吸滤池应有每日运行、停用累计小时数等原始记录。

（三）滤池的管理与维护

1. 滤料和承托料的质量检验、保管与存放

（1）滤料的质量检验。滤料的质量直接影响过滤效果、出水水质、工作周期和冲洗水量。滤料的质量检验程序复杂，村镇集中供水一般需要委托大型水厂进行检验。

（2）保管与存放。滤料和承托料一般都包装在织物袋中，并有颜色标志，滤料在运输及存放期间应防止包装袋破损，使滤料漏失、相互混杂或混入杂物。不同种类和不同规格的承托层和滤料应分别堆放。

2. 过滤设施的维护与检修

（1）日常保养。每日检查阀门、冲洗设备和电气仪表等的运行情况，进行相应的加注润滑油和清洁卫生的保护。

（2）定期保养。对阀门、冲洗设备和电气仪表等，每月检查维修一次，每年解体修理一次或部分更换，金属件油漆一次。

（3）滤池检修及其质量。滤池、土建构筑物、机械不应超过 5a 进行一次大修。翻换全部滤料；根据集水管、滤砖、滤板、滤头和尼龙网等的损坏情况进行更换；阀门、管道系统、土建构筑物的恢复性修理；滤料应分层铺填平整，每层厚度偏差不得大于 10mm，滤料经冲洗后，表层抽样检验，不均匀系数应符合设计要求，滤料应平整，并无裂缝和与池壁分离的现象。

四、清水池运行管理与维护

清水池是给水系统中调节流量的构筑物，并储存水厂的生产用水和消防用水。

（1）清水池的运行管理。

1）水位控制。必须设水位计，并应连续检测，或每小时检测一次；严禁超上限或下限水位运行。

2）卫生控制。清水池顶不得堆放污染水质的物品和杂物，池顶种植植物时，严禁施肥；检测孔、通气孔和人孔应有防护措施，以防污染水质。

3）排水控制。清水池清刷时的排水应排至污水管道，并应防止泥沙堵塞管道；汛期应保证清水池四周的排水通畅，防止污水倒流和渗漏。

（2）清水池的维护。

1）日常保养。检查水位尺，清扫场地。

2）定期维护。每 1～3a 清刷一次，且在恢复运行前消毒；每月检修阀门一次，对长期开或关的阀门，每季操作一次；机械传动水位计或电传水位计定期校对和检修；对池体、通气孔和伸缩缝等 1～3a 检修一次，并解体修理阀门，油漆铁件一次。

3）大修维护。每 5a 对池体及阀门等全面检修，更换易损部件；大修后必须进行满水试验检查渗水。

第五节　消毒的运行与管理

为了保障人民的身体健康，防止水致疾病的传播，生活饮用水中不应含有致病微生物，即常见的传染性肝炎病毒、眼结膜炎病毒、脑膜炎病毒等，消毒就是杀灭水中对人体健康有害的致病微生物以保证水质的一种措施。我国《生活饮用水卫生标准》（GB 5749—2006）中规定，细菌总数不超过 100 个/mL，总大肠菌群不得检出。

江河中的水经过雨水的冲刷汇流，受到各种杂质的污染，经过混凝、沉淀和过滤等净化过程，水中大部分悬浮物质被去除，同时黏附在悬浮物颗粒上的大部分细菌、大肠杆菌、病原菌和其他微生物也被去除，但是还有一定数量的微生物，包括对人体有害的病原菌和病毒，要用消毒的方法来去除，才能供应给用户。集中供水消毒方法主要有次氯酸钠、液氯、二氧化氯和漂白粉消毒等。

一、氯消毒的运行与管理

氯是一种有强烈刺激性的黄绿色气体。消毒时水中的加氯量可以分为两部分，即需氯量和余氯。加氯量一般根据上述两部分的需要，按各水厂的水源、水质、净化设备的条件和管网的长短，经过生产实践来确定的。一般水厂的加氯量都是采取事先确定的出厂水余氯的最高值与最低值，由净化操作工来控制和调整的。最低值是根据出厂水余氯不低于0.3mg/L，管网末梢水能确保达到 0.05～0.1mg/L，并使水中细菌及大肠杆菌值达到规定来加以确定；最高值是以不过多浪费氯气和水中不产生氯臭味来确定。

（一）加氯机的运行与管理

加氯机用来将氯气均匀地加到水中，加氯机的形式有许多种。应用较多的有转子加氯机和转子真空加氯机。前者构造及计量简单、体积较小，可自动调节真空度，防止压力水倒入氯瓶。后者加氯量稳定，控制较准确，水源中断时能自动破坏真空，防止压力水倒流入氯瓶。

1. 使用前的准备工作

氯属于Ⅱ级（高度危害）物质，操作者必须经专业培训、考试合格并取得特种作业合格证后方能上岗；检查加氯间内检修工具、材料、防毒面具、备有氨水、水射器、氯气导管、加氯管及压力水源、加氯机各部件、氯瓶放置位置等。

2. 运行与检查

严格按照《加氯机使用手册》控制运行操作与调换氯瓶，记录投入运行的时间和转子流量计显示的加氯量及氯瓶的重量。检查转子流量计的转子位置是否移动，如有移动及时调整，是否有漏氯现象出现；检查水射器的工作头部，发现问题立即采取措施。进行漏氯检验，氯与氨接触会很快生成氯化镀（NH_4Cl）晶体微粒，形成白色烟雾。漏氯检验的方法即用10％氨水，对准可能漏氯的部位，如果出现烟雾，就表示该处漏氯。

（二）氯瓶的安全使用

用作储存和运输液氯的钢瓶叫做氯瓶，液氯钢瓶的使用必须严格按照《氯气安全规程》（GB 11984—2008）执行。

（1）氯瓶外表应涂有草绿颜色，在瓶体两端套有防震圈，瓶体上标有白色"氯"字。

（2）氯瓶装有两只出氯总阀，使用时应一个在上，一个在下。上面一只阀门接到加氯机，氯瓶的出氯总阀都和一根弯管连接，只要氯瓶放置位置正确，上面一根弯管总是伸到液氯面以上，所以出来的总是氯气。如果氯瓶内装氯过满，或弯管位置移动，出来的是液氯而不是氯气时，可以转动氯瓶，将下面一只总阀转到上面来，如果出来的仍然是液氯，就需要将氯瓶在出氯总阀一头垫高。

（3）氯瓶上最重要的部件是出氯总阀，阀体用铸钢或精黄铜，阀杆用镍钢，阀杆外圈有填料压盖和压盖帽，总阀下面装有低熔点安全塞，温度到70℃时就会自动熔化，氯气就从钢瓶中逸出，不致引起钢瓶爆炸。出氯总阀外面有保护帽，防止运输和使用时碰坏。氯瓶上的螺纹全部都是右旋螺纹，使用时应注意开关的方向。

（三）氯瓶的运输与储存

1. 氯瓶运输的规定

（1）运输氯瓶时要旋紧保护帽，轻装轻卸。

（2）氯瓶装在车上应妥善加以固定，汽车装运时，一般应横向放置，头部朝向一方，装车高度不得超过车厢高度。

（3）夏季运输氯瓶在车上要有遮阳设备，防止曝晒。

（4）车上禁止烟火，装卸人员要备有抢修工具、防毒面具并不能离开。

（5）装卸时要有起吊设备，也可利用地形采用滚动法装卸，但严禁剧烈碰撞。

2. 氯瓶储存的规定

（1）入库前要对氯瓶进行仔细检查，发现有漏氯可疑部位，要妥善处理后方可入库。

（2）入库的氯瓶必须头部朝向一方放置整齐，留有通道，妥善固定，最好不要堆放。

（3）不同日期到货的氯瓶，应放置在不同的地方，并正确记录入库时间，应做到先入库先使用。

（4）对储存时间过长的氯瓶，要定期移至室外，检验出氯总阀是否正常。

（四）氯瓶的使用方法

1. 氯瓶的开启

（1）氯瓶在开启前，应先检查氯瓶的放置位置是否正确，然后试开出氯总阀。

（2）出氯总阀的试开方法是先去掉出氯口保护帽，清除出氯口赃物，操作人员应站在上风口，用两把 25cm 长的活络扳手或专用扳手开启，一把卡住总阀阀体，另一把卡住阀杠方顶，两把扳手交叉角度约为 30°，然后均匀地从相反方向轻轻扳动，当开始发出咝咝声，表示已经出氯，可以投入使用，然后关闭出氯总阀，表示试开完毕。

（3）氯瓶正式使用时，用铅皮或软塑料垫圈与加氯机的输氯管连接，旋紧压盖帽，按加氯机操作方法，开启出氯总阀（一转即可）。

（4）氯瓶投入使用后要进行漏氯检验，如周围已发现氯味，操作人员应迅速关闭出氯总阀，暂时撤离现场，待氯气味道消失后，再检查漏氯部位。

2. 氯瓶的供热

氯瓶中每千克液氯挥发成氯气时需吸收约 67kCal（约 280kJ）的热量，氯瓶周围空气中热量被吸收后，就会在瓶壳上产生露冰，继而结霜，这样就会阻碍液氯的进一步挥发，用自来水浇洒于氯瓶的外壳就可以解决这个问题。

3. 氯瓶的降温

夏季气温升高，氯瓶内压力会迅速提高，如果液氯气化不完善，加氯机会产生喷雾现象（即氯气和液氯的混合），输氯管还会结霜，同样会影响加氯机的正常使用，因此这个时候也需要用自来水冲淋的方法降低液氯的温度，减低氯瓶内压力，消除喷雾现象。

4. 氯瓶的保温

冬天在水的温度较低时加氯，氯在水中会生成黄色晶体状水化物叫氯冰，产生这种现象也会阻碍加氯，这时就要求加氯间有防冻保暖措施。为了保证液氯充分气化，在使用时，氯瓶的温度要比输氯管低，输氯管的温度要比加氯机低。加氯机的保暖不能采用明火取暖，氯瓶不能靠近热源。

5. 氯瓶使用中的安全规定

（1）使用中的氯瓶应挂上"正在使用"的标记，用完的氯瓶应摆放在空瓶区，未使用的氯瓶应摆放在实瓶区，以便识别。

（2）禁止敲击、碰撞氯瓶。

（3）夏季氯瓶应防止日光曝晒。

（4）瓶阀冻结时，不能用火烘烤。

（5）用水喷淋的氯瓶，应严格防止出氯总阀淋水受到腐蚀。

（6）确保瓶内气体不能全部用尽，一般要求使用后必须留有 0.05～0.1MPa 的余压，以免遇水受潮后腐蚀钢瓶。

（7）每两年对氯瓶进行一次技术检查，主要内容是内外表面、壁厚、容积残余变形测定；有无严重腐蚀和强度缺陷；有无裂缝和渗漏或明显的变形。经技术检查后认为不宜继续使用的氯瓶要予以更换。

（五）防止和处理氯中毒的措施

（1）氯对人体的危害。在空气中不同浓度的氯气会使人出现眼及呼吸道刺激反应以及轻度至重度中毒症状，抢救不当可能会死亡。

（2）对氯中毒的急救和治疗。

1）一般在处理漏氯时如遇到咳嗽等，就要马上关闭出氯阀，然后离开现场，用糖开水解除咽喉刺激。

2）对中毒严重者要设法迅速将其移至空气新鲜处。

3）对呼吸困难的中毒者禁止进行人工呼吸，应使其吸入氧气。

4）雾化吸入 5％碳酸氢钠溶液。

5）用 2％碳酸氢钠溶液或生理盐水洗眼、鼻和口。

（3）漏氯事故的处理。

1）加氯间必须备有防化服、防毒面具，开启针形阀的工具，铅垫子、氨水、竹签等足够的抢险工具和材料。所有的工具和材料必须放置在固定地点。

2）如遇到出氯总阀的压盖帽没有旋紧，出氯口与输氯管没有扎紧或者输氯系统、加氯机各个接头处因天长日久腐蚀发生微量漏氯时，应用氨水查出漏气部位，再关闭氯瓶出氯总阀，针对漏气部位进行修理。

3）如遇漏氯量较大，一时判断不出漏氯部位，应首先将出氯总阀关闭，在确定漏氯吸控装置已开启的情况下，将出氯总阀少许开启，查出漏氯部位和原因，再关闭出氯总阀加以修理。

4）如遇到氯瓶大量漏气的特殊情况，而又无法制止时（如出氯总阀阀颈断裂、安全塞熔化、砂眼喷氯等），首先要保持镇静，人居上风，并立即穿戴好防化服或防毒面具，将氯瓶推至碱液池中。

（六）加氯间管理制度

氯气属剧毒危险化学品，本着"预防为主，管理从严，服务生产，保障安全"的原则，制定管理制度。

（1）严格用人制度，加氯间工作人员必须持有特种行业操作证，方可从事本岗位工作，并定期进行培训。

（2）当班人员一律按照岗位要求着装上岗，非当班人员或与生产无关的人员不得随意进入，若需进入，一定要有相关人员陪同。

（3）平时应将门上锁，窗户关好，以防意外发生。

（4）工作人员应严格遵守和执行各项制度及操作规程。

（5）防护器材、消防器材、抢修专用器具等应放在指定地点。

（6）保持室内整洁卫生。

（7）工作人员应掌握防护器材、消防器材、抢险专用工具等使用方法，并按操作要求执行。

（8）工作人员应熟悉加氯间的工艺流程，熟悉相关的仪器仪表的位置、用途，掌握其操作规程和相关要求。

二、二氧化氯消毒的运行与管理

二氧化氯在常温常压下是黄绿色气体，沸点11℃，凝固点−59℃，极不稳定，气态和液态均易爆炸。因此，使用时必须以水溶液的形式现场制取，即时使用。

二氧化氯易溶于水，在水中以溶解气体存在，不发生水解反应，浓度在10g/L以下时没有爆炸危险。水处理所用二氧化氯溶液的质量浓度远低于此值。

1. 二氧化氯消毒与氯消毒比较

二氧化氯的消毒能力高于氯，对细菌和病毒的消毒效果好。因二氧化氯不水解，消毒效果不受水的pH值的影响。二氧化氯的分解速度比氯还慢，能在管网中保存很长的时间，有剩余保护作用。二氧化氯既是消毒剂，又是强氧化剂，对水中多种有机物都有氧化分解作用。

二氧化氯消毒的费用很高，在很大程度上限制了该法的使用。在消毒过程中，二氧化氯还原产生的中间产物亚氯酸盐对人体健康有一定危害。

2. 二氧化氯消毒的规定

（1）二氧化氯消毒系统应采用包括原料调制供应、二氧化氯发生、投加的成套设备，并必须有相应有效的各种安全设施。

（2）二氧化氯与水应充分混合，有效接触时间不少于30min。

（3）制备二氧化氯的原材料氯酸钠、亚氯酸钠和盐酸、氯气等严禁相互接触，必须分别储存在分类的库房内，储放槽需设置隔离墙。盐酸库房内应设置酸泄漏的收集槽。氯酸钠及亚氯酸钠库房室内应备有快速冲洗设施。

（4）二氧化氯制备、储备、投加设备及管道、管配件必须有良好的密封性和耐腐蚀性，操作台、操作梯及地面均应做耐腐蚀表层处理。设备间内应有每小时换气8～12次的通风设施，并应配备二氧化氯泄漏的检测仪和报警设施及稀释泄漏溶液的快速水冲洗设施。设备间应与储存库房毗邻。

（5）二氧化氯储存量一般控制在5～7天的用量。

（6）二氧化氯消毒系统应防毒、防火、防爆。

3. 设备选型

二氧化氯消毒设备的型号选择，应根据水厂的最大小时处理量和水源水质的单位投加药量来确定。村镇供水量小、水质相对较好，二氧化氯消毒液的消耗量非常少，一般地下水的投加药量为 $0.5\sim 1g/m^3$，地表水的投加药量为 $1\sim 2g/m^3$；简易自来水厂的水一般直接抽取地下水进行供水，水质纯净，杂质较少，可根据水质实际情况确定投加药量。

三、其他消毒

1. 漂白粉

漂白粉由氯气和石灰加工而成，是一个主要由次氯酸钙、氯化钙组成的混合物，通常用式子 $Ca(ClO)_2$ 简单地表示其组成，有效氯含量约 30%。漂白精是对漂白粉进行提纯、去除没有消毒作用的杂质、只留有效成分次氯酸钙所制得的产品，其分子式为 $Ca(ClO)_2$，有效氯含量约 60%。

漂白粉需配成溶液投加，溶解时先调成糊状物，然后再加水配成浓度为 $1.0\%\sim 2.0\%$（以有效氯计）的溶液。如果漂白粉投加在滤后水中，则水溶液必须经过约 $4\sim 24h$ 澄清，以免杂质带进清水中；如果是投加到浑水中，则配制后可立即使用。漂白粉消毒一般用于小水厂或临时性使用。

2. 臭氧消毒

臭氧不稳定，用它消毒，在水中很容易消失，不能保持持久的杀菌能力。故在臭氧消毒后，往往需要投加少量氯，以维持水中一定的余氯量。另外，臭氧消毒法的设备投资大，电耗大，成本高，设备管理较复杂，因此一般主要用于对出水水质要求较高的水处理场合。

当臭氧用于消毒过滤水时，其投加量一般不大于 $1mg/L$，如用于去色和除臭味，则可增加至 $4\sim 5mg/L$。一般说，如维持剩余臭氧量为 $0.4mg/L$，接触时间为 $15min$ 可得到良好的消毒效果，包括杀灭病毒。

第六节 特殊水处理的运行与管理

一、除铁锰运行管理操作规程

（1）自然氧化法除铁锰和接触氧化除铁锰，在生产运行过程中必须要保证曝气量。

（2）氧化法直接过滤除铁锰，氧化剂投加量直接关系到处理效果，具体投加量需要进行实验室试验。液氯、次氯酸钠作为氧化剂，要考虑消毒副产物和剩余氯量，避免出厂水余氯变化太大，影响用户使用；高锰酸钾作为氧化剂，需控制投加量，避免过量投加造成出水色度、锰指标的超标；臭氧作为氧化剂，需考虑氧化后水中余臭氧问题。

（3）锰砂滤料的运行管理。

1）用锰砂除铁锰的方法适应性强，能适应水质的范围大，对水质、水量突变的冲击负荷的忍耐力强，具有维持稳定的效果。因此，锰砂滤料滤池应科学地运行管理，定期冲洗排污，防止引起堵塞。

2）复合锰砂密度较低（其密度一般为 $1.55\sim1.60g/cm^3$），特别适用于中小型水厂的虹吸除铁锰滤池和各型除铁锰滤罐。虹吸滤池由于反冲洗水头较低，一般使用密度为 $2.2\sim2.4g/cm^3$ 的天然锰砂滤料。

二、除氟活性氧化铝法运行管理操作规程

1. 吸附

（1）原水进入吸附滤池前，可投加硫酸、盐酸或二氧化碳气体，使 pH 值调整至 $6.0\sim7.0$。如果原水浊度大于 5NTU 或含沙量较高，应在吸附滤池前进行预处理。

（2）当吸附滤池进水 pH 值小于 7.0 时，宜采用连续运行方式，其空床流速宜为 $6\sim8m/h$。流向宜采用自上而下的形式。

（3）当原水含氟量小于 4mg/L 时，吸附滤池的氧化铝厚度宜大于 5m；当原水含氟量大于 4mg/L 时，厚度宜大于 8m。也可采用两个吸附滤池串联运行。单个滤池除氟周期终点出水的含氟量可稍高于 1g/L，并应根据混合调节能力确定终点含氟量值，但混合处理后的水含氟量应不大于 1.0mg/L。滤池的滤速和滤料的周期吸附容量可按《饮用水除氟设计规程》（CECS 46—93）确定。

2. 再生

（1）当滤池出水含氟量达到终点含氟量值时，滤料应进行再生处理。再生液宜采用 NaOH 溶液，也可采用 $Al_2(SO_4)_3$ 溶液。

（2）当采用 NaOH 再生时，再生过程可分为首次反冲、再生、二次反冲（或淋洗）及中和 4 个阶段。当采用 $Al_2(SO_4)_3$ 再生时，上述中和阶段可以省去。

（3）首次反冲洗滤层膨胀率可采用 $30\%\sim50\%$，反冲时间可采用 $10\sim15min$，冲洗强度视滤料粒径大小，一般可采用 $12\sim16L/(m^2\cdot s)$。

（4）再生溶液宜自上而下通过滤层；再生液流速、浓度和用量可按下列规定采用：

1）NaOH 再生。可采用浓度为 $0.75\%\sim1\%$ 的 NaOH 溶液，NaOH 的消耗量可按每去除 1g 氟化物需要 $8\sim10g$ 固体 NaOH 来计算。再生液用量容积为滤粒体积的 $3\sim6$ 倍，再生时间为 $1\sim2h$，再生液流速为 $3\sim10m/h$。

2）$Al_2(SO_4)_3$ 再生。可采用浓度为 $2\%\sim3\%$ 的 $Al_2(SO_4)_3$ 溶液，$Al_2(SO_4)_3$ 的消耗量可按每去除 1g 氟化物需要 $60\sim80g$ 固体硫酸铝 $[Al_2(SO_4)_3\cdot18H_2O]$ 来计算。再生时间可选用 $2\sim3h$，流速可选用 $1\sim2.5m/h$。再生后滤池内的再生溶液必须排空。

（5）二次反冲强度可采用 $3\sim5L/(m^2\cdot s)$，流向自下而上通过滤层，反冲时间可采用 $1\sim3h$。淋洗采用原水以 1/2 正常过滤流量，从上部对滤粒进行淋洗，淋洗时间为 0.5h。

（6）采用 $Al_2(SO_4)_3$ 作为再生剂，二次反冲终点出水 pH 值应大于 6.5，含氟量应小于 1mg/L。

（7）采用 NaOH 作为再生剂，二次反冲（或淋洗）后应进行中和。中和可采用 1% 的硫酸溶液调节进水 pH 值至 3.0 左右，进水流速与正常除氟过程相同，中和时间为 $1\sim2h$，直至出水 pH 值降至 $8\sim9$ 时为止。

（8）首次反冲、二次反冲、淋洗以及配制再生溶液均可利用原水。

（9）首次反冲、二次反冲、淋洗及中和的出水均严禁饮用，必须废弃。

三、慢滤池的运行管理

慢滤池的运行管理应符合以下要求：

（1）宜 24h 连续运行，滤速不应超过 0.3m/h。

（2）初期应半负荷、低滤速运行，15d 后可逐渐增大到设计值。

（3）应定时观测水位和出水流量，及时调整出水堰高度或阀开度，满足设计出水量和滤速要求；不能满足设计出水量要求时，应刮去表面 20～50mm 的砂层，并把堰口高度恢复到最高点或调整阀开度到原位。

（4）每年应补砂一次。补砂时，应先刮去表面 50～100mm 的砂层，补新滤料至设计厚度。每隔 5a 左右，应对滤料和承托层全部翻洗一次。

四、高浊度水处理

（1）高浊度水预处理采用高分子絮凝剂时，混合不宜过分急剧。

（2）高浊度水预沉淀，当原水浊度较高时，预沉淀应使浊度降到常规工艺可接受的标准。一般以不超过 500NTU 为宜。

（3）处理高浊度水时，应投加水解的聚丙烯酰胺。为获得相同的浑液面沉速，未水解的聚丙烯酰胺的投加量为水解的聚丙烯酰胺投加量的 5～6 倍。

（4）处理生活饮用水，聚丙烯酰胺的投加量应符合下列规定：

1）生活饮用水中，聚丙烯酰胺纯量最大浓度在非经常使用的情况下（每年使用时间少于 1 个月）小于 2mg/L，在经常使用情况下小于 1mg/L。

2）生活饮用水中，单体丙烯酰胺纯量最大浓度在非经常使用情况下（每年使用时间少于 1 个月）小于 0.1mg/L，在经常使用的情况下小于 0.01mg/L。

第七节　一体化净水设备的运行管理与维护

一体化净水设备集混凝、沉淀、过滤、加药、消毒于一体，将混浊的原水净化成清水，相当于一个具有全套净化处理功能的净水站。能降低水中浊度、耗氧量和微生物等，适合于供水分散、规模较小、管理水平较低的农村饮用水工程，具有投资省、管理方便、运行费用低、效果稳定等优点。由于各企业生产的一体化净化设备结构、形式、工艺流程不同，原水水质也存在差异，因此，各地应结合一体化净水设备的说明书和技术参数制订相应的操作技术规程。

一、一体化净水设备的运行管理

一体化净水设备的工艺流程和技术参数是固定的，使用单位应根据水源水质调整混凝剂和消毒剂的投加量。

（一）混凝剂投加的操作规程

一体化净水设备的净水过程与常规水厂基本相同，也就是经过混合絮凝、沉淀、过滤和消毒等过程。因此，在净水工艺基本固定的情况下，净水效果的好坏与混凝效果密切相关。混凝剂投加过程可根据混凝效果试验和投加药剂的操作规程进行。

1. 投加混凝剂

根据水源水质和当地水厂条件，确定投加混凝剂的种类，有固体聚合氯化铝、液体聚合氯化铝、聚合氯化铝铁、液体硫酸铝等，并根据实际情况确定溶解过程。

（1）按规定的浓度将固体混凝剂称重，投入溶药箱内，加清水到应有的水位后，启动搅拌机搅拌到药剂完全溶解为止。药剂存放时间一般不要超过 8h，所以要根据最佳投药量，计算出一次溶药的重量和投水量。聚合氯化铝搅拌较容易，一般几分钟就行，而聚丙烯酰胺一般要搅拌 45min 以上，有的要用热水搅拌。

（2）药液配制浓度混凝剂主要的投药剂一般为聚合氯化铝，在水质浊度较高时还需投加聚丙烯酰胺助凝。一般情况下，主投药剂浓度为 1%～5%，聚丙烯酰胺浓度为 1‰，此浓度便于投加时调整流量与计算。

2. 计量泵调节混凝剂投加量

（1）根据制水量多少，水源水质的浊度确定投加混凝剂的量（一般以 AlO_3 来计算药剂的投加量），通过混凝剂溶液浓度和计量泵量程来调整加药量的大小。

【例 6-1】　制水量 30m³/h，AlO_3 投加量为 1～15mg/L，则 AlO_3 的总投加量为 30～450g。采用 15.75L/h 的计量泵，则每一个档位（10%）投加量为 1.575L/h，投加 5% 的聚合氯化铝溶液时，对应每档氧化铝的投加量为 78.75g，即投加浓度每档为 2.63mg/L（见表 6-2）。

表 6-2　制水量 30m³/h 投加 5%（50g/L）的聚合氧化铝的投加量（15.75L/h 的计量泵）

档位/%	对应投加溶液量/(L/h)	对应投加氧化铝量/(g/h)	对应的投加浓度/(mg/L)
5	0.79	39.38	1.31
10	1.58	78.75	2.63
20	3.15	157.50	5.25
30	4.73	236.25	7.88
40	6.30	315.00	10.50
50	7.88	393.75	13.13
60	9.45	472.50	15.75
70	11.03	551.25	18.38
80	12.60	630.00	21.00
90	14.18	708.75	23.63
100	15.75	787.50	26.25

（2）烧杯试验。用 6 个 300mL 的烧杯，分别装 300mL 的水源水，分别加入 1% 的稀释液 0.1mL、0.2mL、0.3mL、0.5mL、0.8mL、1mL（1mg/300mL、2mg/300mL、3mg/300mL、5mg/300mL、8mg/300mL、10mg/300mL）。搅拌 10min（在搅拌器的搅拌下或用玻璃棒快速搅拌 1min，逐渐减慢搅拌速度 5min，低速搅拌 5min，提起玻璃棒），观察矾花，沉淀 10min，取上清液测浊度，检查最低浊度，即为最恰当的投加浓度。

优选法重复试验，选出最佳混凝沉淀效果的混凝剂量。认真确定最佳投药量是保证出水水质和节省药剂、降低运行成本的关键。

（二）消毒投加的操作规程

在经过一体化净水设备的净水水质，还需经过消毒处理，水质才能达到卫生要求，这是《生活饮用水卫生标准》（GB 5749—2006）规定的生活饮用水的基本要求，消毒措施不当可导致微生物指标超标。因此，在净水工艺基本固定的情况下，消毒效果的好坏直接影响着供水安全，此投加过程可参照常规水厂消毒的操作规程。

（1）根据水源水质和当地水厂条件，确定投加消毒剂的种类。常用的有次氯酸钠溶液、二氧化氯、液氯等。

（2）根据设备产水量（m³/h）计算消毒剂的投加量，一般以消毒剂残余量确定消毒效果。

（3）进行出水厂的消毒剂残余量、细菌总数、总大肠菌群等指标检测，根据需要及时调整投加量。

（三）制水的操作规程

一体化净水设备的制水过程中，在控制加混凝剂和消毒剂之外，主要是观察制水过程中沉淀和过滤是否正常，其中部分一体化净水设备是全密封的设备，不能直接观测到是否正常，则可在沉淀水出口取待滤水进行检验，检验其浊度，是否达到 5NTU 以下，观察反应、沉淀的污泥是否正常排放。

（四）进水量与滤速的控制

由于净水器不能超负荷运行，一般要求在净水器的出水口安装流量计。但为节省投资不安装流量计时，应选用相同流量的水泵，或在运行管理中根据进入净水器水位的变化，计算单位时间的进水量，形成经验后，即可按照阀门的开启度。

（1）进水量的调整主要是调整进水阀的开度，开度大、流量大。

（2）滤速的调整。一般滤速可控制为 6～12m/h，要确定工作滤速，主要是调整进水阀门的开度，开度大、滤速大、制水量大；开度小、滤速小、制水量小。因此，工作时可根据水源水质调整进水阀门，可调整制水量和滤速，若水源水质浊度较大时，可以减小滤速的方式来提高出水水质。

（五）反冲洗的操作规程

一体化净水设备的过滤多数采用石英砂过滤，过滤一段时间后需进行反冲选。滤池是一体化净水设备的最后一道工序，滤池运行的好坏直接影响到水厂的出水水质。但是很多快滤池在运行一段时间后，就会出现过滤层含泥量增大，在反冲洗强度设计值范围内不能达到预期的反冲洗效果，并且冲洗历时延长，产水量下降，严重阻碍了快滤池的正常运行。滤池反冲洗对滤池工作效果影响甚大。各种一体化净水设备都已设计了相应的反冲洗方式，应按相应说明书制定有关反冲洗的操作规程。

二、几种常见一体化净水机的运行管理

（一）重力式虹吸无阀一体化净水设备（YK－CPF－B 型）

1. 重力式投加混凝剂和消毒剂

混凝剂和消毒剂的投加要确保均匀，便于罐内与外界气压一致，罐内液体下降过程中

重力投加量均匀一致，药剂投加中用注射用调节阀，慢慢调整流量，计算每分钟多少滴，每滴多少毫升，从而计算出恰当的投加量。

2. 工作过程

工作时打开进水阀，水源水经过管道混合器混凝后，到达罐体反应区反应，进入斜管沉淀区，待滤水从连通水管进入虹吸上升管三通处，从待滤水入口进入罐体内过滤区，分布在滤料层上进行过滤，进入清水收集区，经连通管上升到冲洗水箱，当水位达到出水堰时水溢入清水池。

（二）全水力一体化净水设备（YK－CPF－C型）

1. 投加混凝剂和消毒剂

混凝剂和消毒剂投加要求遵照上述有关要求进行。当水源离设备房较远，不能将混凝剂加药箱放在水源上方时，采用手压泵将混凝剂泵入压力罐，通过压力罐将混凝剂压入管道，使用注射用调节器调节混凝剂投加量，达到无电加药计量的目的。

2. 运行操作规程

（1）检查水源水连接管是否连接良好，水源水量是否达到开机工作要求。

（2）启动进水阀和出水阀，调整阀门大小，调整到恰当的流量、滤速、制水量，关闭反冲阀。

（3）水源水经过管道混合器混凝后，到达罐体反应区完成反应，进入斜管沉淀区，待滤水从连通水管到待滤水分配管，再进入罐体内过滤区，分布在滤料层上进行过滤，进入清水收集区，经连通管上升到冲洗水箱，当水位达到出水渠则水溢入清水池。

3. 反冲洗操作规程

（1）利用流速较大的反向水流冲洗滤料层，使整个滤层达到流态化状态，且具有一定的膨胀度。截留于滤层中的污物，在水流剪力和滤料颗粒碰撞摩擦双重作用下，从滤料表面脱落下来，然后被冲洗水带出滤池。

（2）反冲洗时间一般为 $4\sim10min$，反冲洗强度为 $12\sim15L/(m^2 \cdot s)$。反冲洗水箱和生活水箱置于高出设备房基础 3m 左右的位置。

（3）YK－CPF－1400－C 型一体化净水设备有两个阀门，一个是进水阀；另一个是反冲洗排污阀。过滤开始时，随着过滤的进行，滤层不断截留悬浮物，过滤水头损失逐渐增加，滤后水减少；进出水压差大于 0.02MPa 时，关闭水源进水阀和出水阀，打开反冲洗阀，此时，促进冲洗水箱内的水循着过滤水的相反方向进入砂滤区、斜管沉淀区，从反洗管和反冲洗阀流出，滤料因而受到反冲洗，冲洗废水流到下水道。冲洗过程中，水箱内水位逐渐下降，当水位下降到反冲水箱底部（无水流出）或观察反冲水已较干净时，打开进水阀，关闭反冲洗阀，反冲洗结束，过滤重新开始。应用冲洗水箱还可以控制消毒剂接触时间，可根据水源水质和过滤效果调整反冲洗时间和冲洗周期。

（三）微絮凝 YK－C2F 型一体化净水设备

微絮凝 YK－C2F 型一体化净水设备为全自动电动蝶阀控制的过滤装置，设计为每运行 24h，反冲洗一次。

砂滤过滤系统能有效地截留水中悬浮物，降低浊度（NTU）、铁等，并使出水水质符合要求；砂滤过滤器在工作时，随着原水中的悬浮物等杂质被石英砂截留，其水流阻力逐渐增大，进出水压差也逐渐增大，当压差超过 0.07MPa（或工作 24h），需进行反冲洗，以清除被截留的杂质，恢复过滤能力。

1. 投加混凝剂

混凝剂投加量取决于水源水，氧化铝投加量为 15～25mg/L。

2. 运行操作注意事项

（1）第一个滤罐反洗完毕，进行第二个滤罐反洗冲。

（2）制水时应及时将进水阀打开，调节进水压力，（0.25～0.35MPa）。

（3）每天观察出水水质，发现出水水质不正常即应及时检查原因，包括投加的混凝剂是否恰当，水源水质是否太差。

（4）过滤器反冲洗是否正常，电磁阀是否正常工作；砂滤层是否减少 10％。

三、一体化净水设备的维护

一体化净水设备是将混凝、沉淀、过滤有机地结合在一个罐体中，维护保养工作主要是定期检查斜板和砂滤层，以及外围的加药装置。

1. 混凝剂投加装置的维护

（1）每日检查投药设施运行是否正常，储存、配制、传输管有否堵塞、泄漏。

（2）每日检查设备的润滑、加注和计量是否正常，并应进行清洁保养及场地清扫。

（3）每年检查储存、配制、传输和加注计量设备一次，做好清洗、修漏、检修工作。

2. 次氯酸钠加注设备的维护保养

（1）应每日检查加注系统设备是否正常，检查储存输送管道、阀门是否泄漏，并检修、清洁，检查相关计量仪器、电气设备是否正常并清洁检修。

（2）加注设备应每年解体检修一次，更换磨损部件、润滑脂、密封件。

3. 斜管（板）沉淀池的维护

斜管（板）沉淀池的维护应符合下列规定：

（1）每日检查排泥阀（反冲阀）的运行状况并进行保养，适时加注润滑油。

（2）每年排空一次，检查斜管（板）、支托架、池底和池壁等，并进行检修和油漆等。

（3）斜管（板）沉淀池 3～5a 应进行检修，发现支承框架、斜管（板）有问题时及时更换。

4. 过滤设施的维护

（1）每日检查滤池冲洗设备的运行状况，并做好设备、环境的清洁和保养工作。

（2）每半年测量一次砂层厚度，砂层厚度下降 10％时，必须补砂（一年内最多补一次）。

（3）滤池大修内容应包括下列各项。

1）检查滤料、承托层，按情况进行更换。

2）滤池壁与砂层接触面的部位凿毛。

3）滤料经冲洗后，表层抽样检验，不均匀系数应符合设计的工艺要求。

5. 一体化净水设备罐体的维护

（1）每日检查罐体连接的管件阀门有无渗漏，发现问题及时检修。

（2）每年对阀门、铁件进行油漆一次。

第七章　村镇供水饮水安全

所谓饮水安全，就是让我国居民能够及时、方便地获得足量、卫生、负担得起的生活饮用水。我国饮用水安全卫生评价指标体系分安全和基本安全两个档次，由水质、水量、方便程度和保证率4项指标组成。

饮水安全问题是全面建设小康社会的一个重大问题，涉及我国人民群众的生命健康，也涉及经济社会的可持续发展，是国家发展水平和发展质量的一个重要标志。解决饮水困难、保障饮水安全，关系到人民群众的生命健康和安全。

《生活饮用水卫生标准》（GB 5749—2006）的实施使我国饮用水卫生标准大幅提高，由原来的35项增至106项，其中包括42项常规指标和64项非常规指标。常规指标是各地统一要求必须检定的项目，非常规指标的实施项目和日期则由各省级人民政府根据实际情况确定，但必须报国家标准委、建设部和卫生部备案。

《生活饮用水卫生标准》（GB 5749—2006）要求生活饮用水中不得含有病原微生物，其中的化学物质和放射性物质不得危害人体健康，做到感官性状良好，且必须经过消毒处理等。规定生活饮用水中，应含有绝大多数农药、环境激素和持久性化合物等有机化合物等指标，它们是评价饮水与健康关系的重点，同时增加检测甲醛、苯、甲苯和二甲苯的含量。因此，改善村镇饮水水质，保障饮水安全，加强村镇供水工程管理，保证工程的正常运行和持续发挥效益，是当前村镇供水工作的一项重要而紧迫的任务。

第一节　水源保护区的划分

地表水源和地下水源应按照不同的水质标准和防护要求划分饮用水水源保护区。饮用水水源保护区一般划分为一级保护区和二级保护区，必要时可增设准保护区，各级保护区应有明确的地理界限。

保护区的划分模式一般有两种：

（1）以取水所在地为中心，进行同心圆式保护区划分。越靠近水源区，保护区的等级越高，这种保护模式常用于湖泊、水库等地表水源区，也适用于第四系孔隙潜水。

（2）以流域的源头为核心，采用梯级带状进行保护区划分，这种保护模式适用于河流水源区或岩溶水源区，按照地下水的补给区、运动区和排泄区进行划分防护，一般将补给区和运动区划分为一级、二级保护区，排泄区划分为准保护区。

一、地表水源保护区的划分

地表水源保护区包括一定的水域和陆域，其范围应按照不同水域特点进行水质定量预测并考虑当地具体条件加以确定，保证在规划设计条件下和污染负荷下，保护区的水质能满足相应的标准。地表水源各级保护区和准保护区内必须遵守下列规定：①禁止一切破坏水环境生态平衡的活动以及破坏水源林、护岸林与水源保护相关植被活动；②禁止向水域倾倒工业废渣、城市垃圾、粪便及其他废弃物；③运输有毒有害物质、油类、粪便的船舶和车辆一般不准进入保护区，必须进入者应事先申请并批准，并设置防渗、防溢和防漏设施；④禁止使用剧毒和高残留农药，不得滥用化肥等。具体划分如下：

1. 一级保护区

在饮用水地表水源取水口附近划定一定的水域和陆域作为一级保护区。一级保护区的水质标准不得低于国家规定的《地表水环境质量标准》（GB 3838—2002）Ⅱ类标准，并符合《生活饮用水水质卫生规范》（GB 5749—2006）的要求。在一级保护区内禁止新建、扩建与取水设施和保护水源无关的建设项目；禁止向水域排放污水，已设立的排污口必须拆除；禁止倾倒、堆放工业垃圾、粪便和其他有害废弃物；禁止设置油库；禁止从事种植、放养禽畜，严格控制网箱养殖；禁止可能污染水源的旅游活动和其他活动。

2. 二级保护区

在饮用水地表水源一级保护区外划定一定的水域和陆域作为二级保护区。二级保护区的水质标准不得低于国家规定的《地表水环境质量标准》（GB 3838—2002）Ⅲ类标准，应保证一级保护区的水质满足要求。在二级保护区内不准新建、扩建向水体排放污染物的建设项目。改建项目必须削减污染物的排放量；原有的排污口必须削减排放量，保证保护区内水质满足规定的水质标准；禁止设立装卸码头、粪便、油类和有毒物品的码头。

3. 准保护区

根据需要可在二级保护区以外划定一定的水域和陆域作为饮用水地表水源准保护区。直接或间接向水域排放废水，必须符合国家或地方规定的废水排放标准，当排放总量不能保证保护区内水质的要求时，必须削减排污负荷。准保护区的水质标准应保证二级保护区的水质能满足要求。

二、地下水源保护区的划分

地下水源保护区应根据饮用水源所处的地理位置、水文地质条件、供水量大小、开采方式和污染物的分布划分。地下水源各级保护区和准保护区内必须遵守下列规定：①禁止利用渗坑、渗井、裂隙、溶洞等排放污水和其他有害废弃物；②禁止利用透水层孔隙、裂隙、溶洞及废弃矿坑储存石油、天然气、放射性物质、有害有毒化工原料以及农药等；③对半咸水层、咸水层、卤水层及受到污染的含水层，必须采用分层开采，不得混合开采；④实行人工回灌地下水时不得污染当地地下水源，具体划分如下：

1. 一级保护区

地下水源一级保护区位于开采井的周围，其作用是保证集水有一定的滞后时间，防止一般病原菌的污染。对于岩溶水源区，一般将地下水的补给区划分为一级保护区。在一级保护区内禁止建设与取水设施无关的建筑物；禁止从事农牧业活动；禁止倾倒、堆放工业垃圾、粪便和其他有害废弃物；禁止输送污水的管道、渠道及输油管道通过本区；禁止建设油库和墓地。

2. 二级保护区

地下水源二级保护区位于一级保护区外，其作用是保证集水有一定的滞后时间，以防止病原菌以外的其他污染。对于岩溶水源区，一般将地下水的运动区和部分排泄区划分为二级保护区。

（1）对于潜水含水层地下水源地，禁止建设化工、电镀、皮革、造纸、冶炼、放射性、印染、炼焦、炼油及其他有严重污染的企业，已建成的要限期治理，转产或搬迁；禁止设置城市垃圾、粪便和易溶、有毒有害废弃物堆放场和转运站；禁止利用未净化的污水灌溉农田，已有的灌溉农田要限期改用清水灌溉；化工原料、矿物油类及有毒有害产品的堆放场所必须有防雨、防渗措施。

（2）对于承压含水层地下水源地，禁止承压水和潜水混合开采，并做好潜水的止水措施；对于揭露和穿透含水层的勘探工程，必须按照有关规定，严格做好分层止水和封孔工作。

3. 准保护区

地下水源准保护区位于二级保护区以外的主要补给区，其作用是保护水源地补给水源的水量和水质。在准保护区内禁止建设城市垃圾、粪便和易溶、有毒有害废弃物堆放场，因特殊需要建设转运站的，必须经过有关部门批准，并采取防渗措施；当补给源为地表水体时，其水质标准不应低于《地表水环境质量标准》（GB 3838—2002）Ⅲ类标准。

三、水源地卫生防护带

《生活饮用水卫生标准》（GB 5749—2006）规定，生活饮用水水源必须设置卫生防护带，通常分为戒严带、限制带和监视带。设立卫生防护带，虽不可能完全杜绝污染，但可在一定时间、一定水文地质条件下控制污染。对于埋藏较浅的潜水及地表覆盖较薄的水源地，建立卫生防护带具有明显的效果。

1. 戒严带（Ⅰ带）

此带包括取水构筑物附近的范围，要求水井周围 30m 的范围内不得设置厕所、渗水坑、粪坑、垃圾堆和废渣污染源，并建立卫生检查制度。

2. 限制带（Ⅱ带）

紧接戒严带设置的较大范围，要求单井或井群影响半径范围内，不得使用工业废水或生活污水灌溉和施用剧毒农药，不得修建渗水厕所、渗水坑、废渣或铺设污水管道，且不得从事破坏深层土层的活动。如果含水层上有不透水的覆盖层，地下水与地表水无水力联系，限制带的范围可适当缩小。

3. 监视带（Ⅲ带）

监视带内应经常进行流行病学的观察，以便及时采取防治措施。

各个卫生防护带的划分，其范围大小与地下水的类型、含水层厚度、含水层的孔隙、抽水量大小、污染物的迁移速度和入渗补给量等因素有关。

第二节　水源保护与卫生防护

一、水源保护

供水单位应按照国家颁发的《饮用水水源保护区污染防治管理规定》的要求，结合实际情况，合理设置生活饮用水水源保护区，并经常巡视，及时处理影响水源安全的问题。

在饮用水水源保护区内，禁止设置排污口。禁止在饮用水水源一级保护区内新建、改建、扩建与供水设施和保护水源无关的建设项目；已建成的与供水设施和保护水源无关的建设项目，由县级以上人民政府责令拆除或者关闭。禁止在饮用水水源一级保护区内从事网箱养殖、旅游、游泳、垂钓或者其他可能污染饮用水水体的活动。

禁止在饮用水水源二级保护区内新建、改建和扩建排放污染物的建设项目；已建成的排放污染物的建设项目，由县级以上人民政府责令拆除或者关闭。在饮用水水源二级保护区内从事网箱养殖、旅游等活动的，应当按照规定采取措施，防止污染饮用水水体。

水源保护区应按环境保护局《饮用水水源保护区标志技术要求》（HJ/T 433—2008）的要求，设置饮用水水源保护区的标志、内容和位置，并按相应的要求进行管理与维护。

1. 地表水水源保护的要求

（1）取水点周围半径100m的水域内，应严禁捕捞、网箱养鱼、放鸭、停靠船只、洗涤以及游泳等可能污染水源的任何活动，并设置明显的范围标志和严禁事项的告示牌。

（2）取水点上游1000m至下游100m的水域，不应排入工业废水和生活污水；其沿岸防护范围内，不应堆放废渣、垃圾，不应设立有毒有害物品的仓库和堆栈，不应设立装卸垃圾、粪便和有毒有害物品的码头，不应使用工业废水或生活污水灌溉及施用持久性或剧毒的农药，不应从事放牧等有可能污染该段水域水质的活动。

（3）以河流为供水水源时，根据实际需要，可将取水点上游1000m以外的一定范围河段划分为水源保护区，并严格控制上游污染物的排放量。受潮汐影响的河流，取水点上、下游及其沿岸的水源保护区范围应根据具体情况适当扩大。

（4）以水库、湖泊和池塘为供水水源时，应根据不同情况的需要，将取水点周围部分水域或整个水域及其沿岸划为水源保护区，防护措施与上述要求相同。

（5）输水渠道、作预沉池（或调蓄池）的天然池塘，防护措施与上述要求相同。

2. 地下水水源保护的要求

（1）地下水水源保护区和井的影响半径范围应根据水源地所处的地理位置、水文地质条件、开采方式、开采水量和污染源分布等情况来确定，且单井保护半径不应小于50～100m。

（2）在井的影响半径范围内，不应再开凿其他生产用水井，不应使用工业废水或生活污水灌溉和施用持久性或有剧毒的农药，不应修建渗水厕所和污废水渗水坑、堆放废渣和垃圾或铺设污水渠道，不应从事破坏深层土层的活动。

（3）雨季，应及时疏导地表积水，防止积水入渗和漫溢到井内。

（4）渗渠、大口井等受地表水影响的地下水源，其防护措施与地表水源保护要求相同。

（5）地下水资源匮乏的地区，开采深层地下水的水源井应保证生活用水，不宜用于农业灌溉。

3．其他要求

（1）任何单位和个人在水源保护区内进行建设活动，应征得供水单位的同意和水行政主管部门的批准。

（2）水源保护区内的土地宜种植水源保护林草或发展有机农业。

（3）水源的水量分配发生矛盾时，应优先保证生活用水。

（4）每天应记录水源取水量。

二、水源卫生防护

1．水源卫生防护管理

（1）生活饮用水水源卫生防护应符合《饮用水水源保护区污染防治管理规定》。

（2）地方人民政府对水源地应确定保护范围，落实防护措施，设置保护标志。

（3）跨行政区域的水源及其集雨面积范围内，应根据有关法规明确并落实各自的责任和义务。

（4）各级供水单位行政主管部门和卫生行政主管部门应同步开展饮水工程建设、环境卫生改善和公民健康素养教育的活动，提高公众的保护水源和节约用水的意识。

2．地下水水源卫生防护

（1）地下水取水构筑物的卫生防护范围应根据水文地质条件、取水构筑物的形式和附近地区的环境卫生状况来确定。在卫生防护带和生产厂区设置有明显标志的保护区和范围。在净水厂外围30m内，不得设置生活住宅区、畜禽养殖场、渗水厕所及污水渗透沟渠等，不得设立垃圾、粪便和废渣等堆放场，并严格控制污水收集管道的铺设位置。

（2）在井的影响半径范围内，严格控制使用工业废水或生活污水进行灌溉，严禁使用具有持久性、剧毒性的农药。粉砂含水层井的周围25～30m、砾石含水层井的周围400～500m范围内应设为卫生防护区。

3．地表水水源卫生防护

（1）以河流为供水水源时，在划定的水源保护流域内不得进行养殖活动，不得排入工业废水和生活污水，沿岸防护范围内不得从事任何有可能污染水域水质的活动，严禁捕捞、停靠船只、游泳等；以水库、湖泊为供水水源时，应根据不同情况的需要，将取水点周围部分或整个水域及其沿岸划为水源保护区。

（2）凡新建的有一定容量的水源地，如水库和堰坝等，首次作为水源使用前必须进行清理和消毒处理。

（3）对处于枯水期的内河、水库等水源死水位时底层淤泥引起的水质变化，应采取有效的措施。

（4）对利用水电站尾水作为饮用水源时，应对电厂发电、检修过程提出卫生学防护要求。

（5）对明渠输水沿线可能引发的各种卫生问题应采取相应措施加以防范。

（6）对水源保护区内和附近的污染源要逐步建立信息数据库，并制订水源水突发事件应急预案。水源地的护岸绿化和植被应选择适宜的乔木和灌木，以保护和改善水质。

第三节 供水水质检验与监测

一、水质检验

供水单位应根据工程的具体情况建立水质检验制度，配备检验人员和检验设备，对原水、出厂水和管网末梢水进行水质检验，并接受当地卫生部门的监督。农村饮水安全工程水质检测室的配置与建设应纳入工程建设项目中，只有完善了水质检验才能确保工程质量，才能保证供水工程的水质达到国家标准的要求。

1. 水质检验的一般规定

（1）集中式供水工程应根据水源水质、水处理工艺和供水规模，按照《生活饮用水卫生标准》（GB 5749—2006）的要求确定水质检测指标，配备水质检测仪器，建立水质化验室。

（2）规模化水厂，应建立水质化验室，并设微生物指标检验室；可选用实验室，用检测仪器和便携式检测仪器装备水质化验室；水质检测仪器的配备至少应能检测细菌总数、大肠菌群、耐热大肠菌群、浑浊度、色度、肉眼可见物、臭和味、pH 值、电导率、消毒剂余量和水源水已知超标的指标，有条件时还应能检测 COD、氨氮、硝酸盐等水源水存在超标风险的指标。

（3）小型水厂，可建立水质化验室（也可将运行管理办公室兼作水质化验室），配备便携式水质检测仪器；有条件时水质检测仪器的配备宜能检测浑浊度、色度、肉眼可见物、臭和味、pH 值、消毒剂余量和水源水已知超标的指标。

（4）受建设和运行管理条件的限制，水厂的水质化验室无法完成必须定期检测指标的检测时，可委托县级水质监测中心或其他有水质检测资质的单位进行检测。

（5）原水采样点，应布置在取水口附近。管网末梢水采样点，应设在水质不利的管网末梢，按供水人口每 2 万人设 1 个；供水人口在 2 万以下时，不少于 1 个。

（6）水样采集、保存和水质检验方法应符合《生活饮用水标准检验方法》（GB/T 5749—2006）的规定，也可采用国家质量监督部门、卫生部门认可的简便方法和设备进行检验。

（7）当检验结果超出水质指标限值时，应立即重复测定，并增加检验频率。水质检验结果连续超标时，应查明原因，并应采取有效措施防止对人体健康造成危害。

（8）水质检验记录应完整、清晰并存档。

2. 水质检验的项目和频率

水质检验的项目和频率应根据原水水质、净水工艺和供水规模进行确定。

（1）小型供水单位（小于 1000m³/d）的检验项目。根据实际情况开展水质检验，水质浊度为必检项目。

1）供水规模小于 200m³/d 的供水单位的检验项目：最少应检验浊度和余氯。

2）供水规模在 200～1000m³/d 的供水单位的检验项目：最少应检验浊度、余氯、pH 值、微生物和耗氧量（无条件时应定期送检）。

（2）中大型供水单位的检验项目。供水单位应根据工程的具体情况建立水质检验制度，配备检验人员和检验设备，对原水、出厂水和管网末梢水进行水质检验。

村镇供水厂生产过程中开展的水质检验项目和频率见表 7-1 的规定。管网水水样的采样点按人口分布情况，一般不得少于 3 个。

1）供水规模 1000～5000m³/d 的供水单位最少应检验的项目：开展浊度、余氯、pH值、细菌总数、大肠菌群、TDS、耗氧量、氯化物、铁、锰、硫酸盐、氨氮、碱度以及水温计等项目的检验，地下水铁、锰、氟化物超标时应增加相应的检验项目，并有专人负责水质检验工作。

2）供水规模大于 5000m³/d 的供水单位应检验的项目见表 7-1。

表 7-1   **水质检验项目、最低检验频率**

水样		检 验 项 目	检验频率
水源水	地表水、地下水	浑浊度、色度、臭和味、肉眼可见物、COD$_{Mn}$、氨氮、细菌总数、总大肠菌群、大肠埃希氏菌或耐热大肠菌群①	每日不少于一次
	地表水	《地表水环境质量标准》（GB 3838—2002）中规定的水质检验基本项目、补充项目及特定项目②	每月不少于一次
	地下水	《地下水环境质量标准》（GB/T 14848—93）中规定的所有水质检验项目	每月不少于一次
沉淀和过滤等各净化工序		浑浊度及特定项目③	每 1～2h 一次
出厂水		浑浊度、余氯和 pH 值	在线检测
		浑浊度、色度、臭和味、肉眼可见物、余氯、细菌总数、总大肠菌群、大肠埃希氏菌或耐热大肠菌群①、COD$_{Mn}$	每日不少于一次
		《生活饮用水标准检验方法》（GB 5749—2006）规定的表 1、表 2 全部项目和表 3 中可能含有的有害物质④	每月不少于一次
		《生活饮用水标准检验方法》（GB 5749—2006）规定的全部项目⑤	以地表水为水源：每半年检验一次
管网水		色度、臭和味、浑浊度、余氯、细菌总数、总大肠菌群、COD$_{Mn}$，（管网末梢水）	每月不少于两次
管网末梢水		《生活饮用水标准检验方法》（GB 5749—2006）规定的表 1、表 2 全部项目和表 3 中可能含有的有害物质④	每月不少于一次

① 当水样检出总大肠菌群时才需进一步检验大肠埃希氏菌或耐热大肠菌群。
② 特定项目的确定按《地表水环境质量标准》（GB 3838—2002）的规定执行。
③ 特定项目由各水厂根据实际需要确定。
④ "表 3 可能含有的有害物质"的实施项目和实施日期的确定按照《生活饮用水卫生标准》（GB 5749—2006）规定执行。
⑤ 全部项目的实施进程按照《生活饮用水卫生标准》（GB 5749—2006）的规定执行。

3. 水厂检验员的基本要求

（1）必须经过本岗位检测技术考核合格，才能上岗操作。

（2）严格按化验室的操作规程和水质实施细则，对水质常规分析项目和净水剂——聚合氯化铝等进行检测，并及时报出检测数据。

（3）日常化验和管理的具体工作应服从化验室班长的领导，认真做好化验室日常管理的各项工作。

（4）严格遵守分析质量控制程序，认真填写原始记录，保证化验数据准确、可靠、无误，并编制好水质报表和各类资料档案的管理。

（5）发现水质有问题应立即报告班长和有关领导，协助查找原因，并做好各种水质的试验分析工作。

（6）协助班长对生产班、泵站化验人员的水质检测技能进行培训考核工作，负责生产所需要用的常用试剂、标准溶液、比色标准管的配制及标定和玻璃器具的发放工作。

（7）保持化验室良好的环境，爱护和保养本室的仪器、设备，并做好各类试剂和玻璃器具的保管，搞好日常卫生和安全工作。

（8）严格遵守实验室管理制度和《质量管理手册》，遵守检测人员纪律，完成厂和生产办布置的各项工作任务。

二、水质监测

主要包括对供水单位出厂水、末梢水的水质监测，当地水性疾病相关资料的收集和分析，监测信息报告系统的运行及信息发布。

1. 水质卫生监测

供水工程的基本情况：水源类型、供水方式、供水范围、供水人口以及饮用水污染事件等基本信息。

水样的采集、保存和运输：集中式供水监测点1年分为枯水期和丰水期检测2次，每次采集出厂水、末梢水水样各1份，当发生影响水质的突发事件时，对受影响的供水单位增加检测频率；分散式供水监测点在丰水期采集农户家中储水器水样1份。水样的保存、运输和检测分析按照《生活饮用水标准检验方法》（GB/T 5750—2006）执行。

水质的分析结果按照《生活饮用水卫生标准》（GB 5749—2006）进行评价。监测指标包括：

（1）感官性状和一般化学指标：色度（度）、浑浊度（NTU）、臭和味、肉眼可见物、pH值、Fe（mg/L）、Mn（mg/L）、氯化物（mg/L）、硫酸盐（mg/L）、溶解性总固体、总硬度（mg/L，以 $CaCO_3$ 计）、耗氧量（mg/L）、氨氮（mg/L）。

（2）毒理指标：As（mg/L）、氟化物（mg/L）、硝酸盐（mg/L，以 N 计）。

（3）微生物学指标：菌落总数（CFU/mL）、总大肠菌群（MPN/100mL）、耐热大肠菌群（MPN/100mL）。

（4）与消毒有关的指标：应根据水消毒所用消毒剂的种类选择监测指标，如游离余氯（mg/L）、O_3（mg/L）、ClO_2（mg/L）等。

各地可结合当地的实际情况适当地增加监测指标。

2. 水性疾病监测

由中国疾病预防控制中心等技术部门通过传染病监测网和全死因疾病监测网等途径，收集农村水性疾病发生情况和相关资料，经过进一步的调查、分析和整理，逐步建立水性疾病数据库，掌握水性疾病的状况。主要内容包括：

（1）经水传播的重点肠道传染病（伤寒、霍乱、痢疾和甲肝）监测。

（2）饮水所致的地方病监测。

（3）肿瘤及慢性非传染性疾病死因监测。

3. 监测信息报告及通报

监测信息报告实行统计报表（丰水期、枯水期各报 1 次，发生突发事件时及时上报）逐级汇总报告制，由省级爱卫办组织技术力量形成本省份报告后于每年 9 月底以前报卫生部疾病预防控制局（全国爱卫办）；卫生部疾病预防控制局（全国爱卫办）组织中国疾病预防控制中心等技术部门形成国家级农村饮用水水质卫生监测分析报告报卫生部，由卫生部定期通报农村饮用水水质卫生监测工作的情况。

4. 水质监测的保障措施

为保证农村饮水安全工程水质卫生监测工作的质量和实效，各级卫生行政部门、水行政主管部门和疾病预防控制中心要采取多种措施，建立长效的保障机制。

（1）地方各级卫生行政部门负责本辖区内的农村饮用水水质卫生监测的管理工作和建立长效工作机制，制订年度工作计划，积极协调财政部门落实监测经费，组织开展督导检查工作，按时提交年度工作报告。

（2）各级疾病预防控制中心要指定专（兼）职人员负责农村饮用水水样水质检测、数据上报、核实汇总及分析工作，建立监测数据的审核检查制度，加强卫生检测专业技术人员的技术培训和实验室质量控制工作，保证监测数据的可靠性。

（3）各级水行政主管部门及供水单位要积极配合卫生部门开展农村饮水安全工程水质卫生监测工作，切实保证信息畅通，资料数据准确及时，实现农村饮水安全工程的长期有效地运转。

小知识　　　　　　　　　　**什么样的水是健康安全的？**

我们到底喝什么样的水最放心呢？目前水的种类不少，我们应该怎样选择，长期饮用什么样的水最好呢？纯净水是用反渗透、电渗析、蒸馏和膜过滤等方法将地下水提纯处理后生产的产品，它在滤去了水中有害物质的同时，也将水中对人体有益的矿物质过滤出去。水是一种溶剂，而纯净水由于缺少矿物质和微量元素，便成为一种溶解作用极强的溶剂，它虽然满足了人们渴望饮用水干净、无污染的愿望。但从营养学的角度讲，长期饮用纯净水会对身体产生不良的影响，它会使人抵抗各种疾病的能力下降，尤其对儿童的成长和老人的健康不利，这一点已得到了水文地质专家、营养专家和医学专家的普遍认可。就我国现有的可以用来饮用的各种水来说，天然矿泉水是优质的水，因为它是从地下深处自然涌出或人工开挖而未受污染的地下水，并含有人体所需的矿物质和微量元素，自然也就日渐受到人们的青睐。不过它也不能常常饮用。因为人体对微量元素的补充并非多多益善。比如矿泉水含有多种对人体有益的物质和游离的 CO_2，但如果饮用过多的矿泉水，会影响胃液的分泌和胃的消化机能，还会影响胆汁的形成和分泌，从而导致人体内的酸碱失调。由于矿泉水中含有较多的矿物质，过量饮用会使这些矿物质盐刺激肾脏和膀胱，增加肾脏和膀胱的负担。所以患有慢性肾炎、高血压、心脏病及伴有浮肿的病人不宜长期饮用矿泉水，更不能将矿泉水当作治病的药水服用。而我们如果饮用符合卫生标准的自来水，因为它含有人体必需的矿物质和微量元素，经过加氯处理，致癌物质基本被杀死，长期饮用对健康无害。

第四节　供水安全保障技术

一、村镇强化混凝技术

加强常规处理的技术改造和管理包括：

（1）合理选择混凝剂、投加点及加注量，必要时选择合适的助凝剂。

（2）调整pH值。水中的pH值较高或较低对有机物的去除影响明显，当pH值为5～6时效果最佳。出厂水pH值应控制在7.0～8.5。

（3）完善混合、絮凝。管道静态混合器要注意在小于设计负荷运转时的实际效果，有条件的地方应推广机械搅拌混合；折板、网格絮凝要有分格的设施，当生产负荷较小时可用一半的设备以改善水力条件；要逐步推广应用机械絮凝方式。

二、氧化预处理

氧化剂主要为O_3、高锰酸盐等，所有与氧化剂或溶解氧化剂的水体接触的材料必须耐氧化腐蚀。氧化预处理过程中的氧化剂的投加点和加注量应根据原水水质状况并结合试验确定，但必须保证有足够的接触时间。

1. 预臭氧接触池

（1）臭氧接触池应定期排空清洗。

（2）接触池人孔盖开启后重新关闭时，应及时检查法兰密封圈是否破损或老化，如发现破损或老化时应及时更换。

（3）O_3投加一般剂量为0.5～4mg/L，实际加注量根据实验进行确定。

（4）接触池出水端应设置余臭氧监测仪，臭氧工艺需保持水中剩余臭氧浓度在0.1～0.5mg/L。

2. 高锰酸盐预处理池

（1）$KMnO_4$宜投加在混凝剂投加点前，接触时间不低于3min。

（2）$KMnO_4$加注量一般控制在0.5～2.5mg/L。实际加注量通过标准烧杯搅拌实验及Mn含量合格确定。

（3）$KMnO_4$配制浓度为1%～5%，采用计量投加与待处理水混合。配制好的$KMnO_4$溶液不宜长期保存。

三、提高沉淀澄清效果

注意调整斜管沉淀池、澄清池的设计参数。应根据实际情况，科学地核定设计能力，指定技术改造方案。

控制沉淀池、澄清池的出口浊度。如出厂水浊度要达到0.1NTU以下，则澄清池出口浊度应控制在1～1.5NTU以下；如出厂水浊度要达到0.5～0.8NTU以下，则澄清池出口浊度应控制在2～3NTU以下。

四、强化过滤

控制好滤速，校准滤料的粒径和厚度。滤床厚度（L）和滤料平均粒径（d）之比在 800 左右；L 与有效粒径之比在 1000 左右；尽可能实施气水反冲洗，掌握好冲洗强度和冲洗时间。

五、合理加氯

注意投加点，要有足够的投加浓度和接触时间，控制好出厂余氯值。

六、生物监测池的管理

生物监测池主要利用鱼类在水池内的活动情况，来判断水质有无突变，它是对水厂或供水点原水、出厂水的一种生物预警。

全封闭式水厂或供水点生物监测池用水为原水。非全封闭式水厂或供水点生物监测池可分两部分，一部分为原水监测池，另一部分出厂水监测池。

生物监测池面积是根据本厂面积自行确定的，可兼顾监测与观赏两种用途同时考虑。生物监测池一般从池底进水，便于水池水混合均匀，池面有溢洪道，水满时排出。生物监测池中的生物一般为比较敏感的鱼类，常见的为锦鲤。鱼类投放量则是根据水池大小确定。

生物监测池由水厂管理值班人员每 2h 巡查一次，并随时关闭或锁好观察口。一旦发现鱼类出现异常情况或大量死亡，就要及时查找原因并采取措施，做好巡查和交接班记录。

出厂水生物监测池若有问题则立即关闭自来水总阀，停止向外供水，并马上上报政府及相关部门，组织查明情况。

七、应急处理技术

安全供水是突发性水污染事件发生后最为敏感和紧迫的问题。目前，我国在安全供水应急处置方面还很薄弱，一旦事件发生往往只能断水，如 2004 年 5 月跨省河流鉴江的支流罗江在广西境内发生交通事故，50t 苯泄漏入罗江，造成下游广东省化州、吴川两市停水 4 天，影响人口 50 多万人。沱江的污染事件更造成四川内江、资阳等地上百万民众前后 20 多天无水饮用。

1. 突发性事件

突发性事件主要包括如下：

（1）饮用水源或供水设施遭受生物、化学、毒剂、病毒、油污以及放射性物质等的污染。

（2）取水涵管等发生垮塌、断裂致使水源枯竭。

（3）地震、洪灾、滑坡和泥石流等导致取水受阻，泵房（站）淹没，机电设备毁损。

（4）消毒、输配电和净化构筑物等设施设备发生火灾、爆炸、倒塌、严重泄漏事故。

（5）主要输供水干管和配水系统管网发生大面积爆管或发生灾害影响大面积及区域供水。

（6）调度、自动控制、营业等计算机系统遭受入侵、失控、毁坏。

（7）传染性疾病的爆发。

（8）战争、恐怖活动导致水厂停产、供水区域减压等。

2. 预防措施

（1）发现停水后，负责人必须在第一时间弄清事故发生的原因以及修复时间的长短，及时用通告和广播的形式通知各用水户，采取临时送水等措施。若断水时间超过 2d 以上，要争取消防部门的援助，用消防车拉水供应用水。

（2）发现水体投毒，导致 3 人以上出现呕吐、头昏、腹泻、昏倒或死亡，应立即采用应急预案：首先，停止事发单位供水，通报上级有关部门到场，并配合保护好现场。其次，通过了解中毒者开展各项调查、分析原因，移交相关部门处理。最后，在处理事故的同时，做好应急用水的保障工作，若需断水 2d 以上，要争取消防部门的援助，用消防车拉水供应；并对事发单位的水池、水塔、水箱、管网进行反复冲洗，等取水送检合格后，方能供水。

（3）传染病高发季度或传染病爆发，应督导二次供水单位加大对水池、水塔、水箱余氯的投放量，确保饮用水的卫生安全。

（4）如遇洪水、山洪暴发，污染了水池、水塔、水箱及管网等，必须立即停水，清理污泥、污沙，反复冲洗水池、水塔、水箱及管网。同时购买大量纯净水、矿泉水供应用户，等管网恢复后，取水样送检合格，方能供水。

八、水质的安全保障

（1）城镇供水厂应建立完善的水质预警系统，制定水源和供水突发事件的应急预案，并定期进行应急演练，当出现突发事件时，水厂应按预案尽快上报并迅速采取有效的处理措施。

（2）当发生突发性水质污染事故，尤其是有毒有害化学品泄漏事故时，检验人员必须携带必要的检验仪器及安全防护装备尽快赶赴现场，立即利用快速检验手段鉴别、鉴定污染物的种类，给出定量或半定量的检验结果。现场无法鉴定或测定的项目应立即将样品送回实验室分析。根据监测结果，确定污染程度和可能污染的范围，并按要求及时上报水质的有关情况。

（3）在水质突发事件应急处理期间，城镇供水厂必须加大水质检测频率，并根据需要增加检验项目。

（4）对于突发性水质污染事故，当我国颁布的标准监测分析方法不能满足其要求时，可使用国内外其他先进的分析方法。

（5）城镇供水厂进行技术改造、设备更新或检修施工之前，必须制定水质保障措施；用于供水的新设备、新管网投前或者旧设备、旧管网改造后，必须严格进行清洗消毒，经水质检验合格后，方可投入使用。

（6）城镇供水厂应按照有关规定，对其管理的供水设施定期巡查和维修保养。

（7）城镇供水厂直接从事制水和水质检验的人员，必须经过卫生知识和专业技术的培训，并按照当地卫生行政主管部门的要求每年进行一次健康体检，持证上岗。

第五节 村镇供水工程的分质供水

目前，设计集中供水系统采用的是统一给水的方式，即不管什么用途，都按生活饮用水的标准供给。如今，在优质水资源十分紧张、水用途日趋多样化的情况下，仍采用统一供水方式，既是对水资源的极大浪费，也是对人力、物力与能量的浪费。特别是农村缺水地区或高氟、高砷、苦咸水地区，实施分质供水，对于尽快实施农村饮水安全工程具有非常重要的意义。

所谓"分质供水"的供水模式，即在农村饮水安全工程中对直接喝的水采用工程措施进行改造，原来的水继续可用于洗涤等场所，这样可利用较少的钱达到较好的社会效益和经济效益。

1. 分质供水的实施技术设备

在水质污染严重区或高氟、高砷、苦咸水地区，可以采用反渗透技术对其水质实施净化处理。常用工艺如下：

$$原水 \rightarrow 预处理系统 \rightarrow 高压水泵 \rightarrow 反渗透膜组件 \rightarrow 净化水$$

按直接喝水量计，每日 2L/人。若 1000 人的农村，即日供水量 2000L，安全系数为 2，选用反渗透设备 166L/h，该类型设备市场价约 2 万元/套，则设备投资人均 20 元。

2. 工程实例

（1）山西省平遥县分质供水：山西省平遥县水资源缺乏，且地下水的交换速度缓慢，矿物质的沉淀造成该区域水源水质严重超标。为解决水质不达标的问题，平遥县利用深井水源，通过水处理，使水源水质符合国家生活饮用水卫生标准。因地制宜确定了双管道分质供水方案，每户村民院内安装两套水龙头，村民饮用水使用新安装供优质水的供水管道，牲畜饮水及洗刷用水采用原有氟超标水的供水管道，达到了节水、净水的双重目的，降低了供水成本，保障了工程的长久运行，一举解决了长期以来困扰村民的高氟水问题，也解决了水费征收难的问题，受益群众非常满意。

（2）浙江省义乌市分质供水：浙江省义乌市稠江街道楼在楼下村正在进行的旧村改造中，一项重要内容就是在全省农村率先实现"分质供水"和中水回用。它们每户居民房前的自来水管道比别处多一根中水回用管道。

第六节 自来水感官性状和其他物质异常原因及其对策

一、引起水中色、臭、味的生物性污染物

水中不同生物可能对身体健康不会产生很大影响，但其产生的味和臭会令人厌恶，而影响饮用水的可接受性，同时表明水处理和输配水系统的维修状况不佳或存在缺陷。

1. 放线菌和真菌

地表水水源含有大量的放线菌和真菌，它们能在输配水系统中某些材料上生长，如橡胶。它们会产生土臭素（二甲基萘烷醇）、2-甲基异莰醇和其他物质，结果使饮用水产生

令人厌恶的味和臭。

2. 动物活体

无脊椎动物（红虫、蚤、虱、蚊）存在于许多饮用水水源中，常常在浅的大口井中大量滋生。少量无脊椎动物可能会穿过水处理设备，然后定居在输配水系统中，也会使饮用水产生味和臭。

3. 蓝绿藻（蓝细菌）和其他藻类

水库水和河水中蓝绿藻和其他藻类可能会妨碍絮凝和过滤，过滤后的水有颜色和浑浊。蓝藻中的放线菌会使水中二甲基萘烷醇（土臭素）、2-甲基异莰醇和其他化学物质的浓度增加，某些蓝绿藻的产物（藻毒素）对人体健康有直接影响。

4. 铁细菌

水中含有亚铁和亚锰盐类的时候，会被铁细菌氧化形成铁锈色的沉积物，沉积在蓄水池、管道和沟槽的壁上，沉积物也会被带入水中。

二、引起水中色、臭、味的化学性污染物

1. 钠

水中钠的味阈浓度取决于与其结合的阴离子和水温。在室温时，人们可以加接受的平均味阈值约为 200mg/L。

2. 铁

当井水直接用水泵泵出时，厌氧状态的地下水可能含有高达每升水几个毫克的亚铁而并不带颜色，也不浑浊。当接触空气以后，亚铁氧化成为高铁，使水呈现令人厌恶的棕红色。铁也会促使"铁细菌"的生长，它们从亚铁氧化成高铁时获得能量，在这个过程中在水管上沉积一层泥浆状的附着层。当铁的浓度超过 0.3mg/L，可使洗涤的衣物以及管道设备染上颜色。铁浓度低于 0.3mg/L 时，通常没有可察觉的味道，但可能会产生浑浊和颜色。

3. 锰

供水中锰超过 0.1mg/L 时，会使饮用水带有不好的味道，并使卫生洁具和衣物染色。和铁一样，饮用水中有锰存在会导致配水系统沉积物积累。浓度低于 0.1mg/L 时通常可被人们接受。但是浓度超过 0.2mg/L 时，锰常会在水管上形成一层附着物，其黑色沉淀物有可能脱落进入水中影响水质。

4. 铝

当铝的浓度超过 0.1～0.2mg/L 时，在输配水系统中会生成 $Al(OH)_3$ 絮状沉积物。为了减少供水中残留的铝含量，重要的步骤是优化处理工艺。在运行良好的条件下，很多时候是可以使铝的浓度低于 0.1mg/L 的。

5. 锌

水中锌会带来令人不快的涩味，水中锌的浓度超过 3～5mg/L 时会呈现乳白色，煮沸时会形成油膜。此外，硬度高的饮用水煮沸后，水面会出现一层漂浮物——重碳酸钙转变为碳酸钙，令饮水者难以接受；类似的情形是硬度高的茶水，水面会出现一层色彩斑斓的油膜，令饮茶者难以接受。锌的味阈浓度约为 4mg/L（以 $ZnSO_4$ 计）。

6．铜

饮用水中的铜常来自水对铜管的侵蚀作用。水与铜水管接触的时间不同会使水中铜的浓度有很大差别，饮用水中的铜可能会增加镀锌铁和钢制管件的腐蚀。当铜浓度大于 1mg/L 时，衣服和卫生洁具会着色。当大于 5mg/L 时，铜也会显色并使水带有令人厌恶的苦味。

7．氨

氨在水 pH 值呈碱性的情况下的嗅阈浓度大约为 1.5mg/L，在这样的浓度下氨与健康没有直接影响。

8．氯化物

高浓度氯化物使水和饮料带有咸味。氯化物的味阈值与它结合的阳离子有关，钠、钾和钙的氯化物的味阈浓度为 200～300mg/L。浓度超过 250mg/L，就有可能检出味。

9．氯

大多数人能尝出或闻出饮用水中远低于 5mg/L 的氯，有些人可低到 0.3mg/L，国家标准规定饮用水中游离氯应小于 4mg/L。残留的游离氯浓度在 0.6～1.0mg/L 时，人们普遍能感觉到这种味道。

10．氯酚类

通常氯酚类的味阈和嗅阈值非常低。饮用水中 2-氯酚、2,4-二氯酚和 2,4,6-三氯酚的味阈值分别为 0.1μg/L、0.3μg/L 和 2μg/L；嗅阈值分别为 10μg、40μg 和 300μg/L。如果水中含有的 2,4,6-三氯酚没有尝出味道，那就不可能对健康造成明显危害。输配水系统中微生物有时会使氯酚类化合物甲基化，生成氯代苯甲醚，其嗅阈值要低得多。

11．溶解氧

水中溶解氧含量取决于水源、原水水温、水处理以及在配水系统中的化学和生物学过程。供水中溶解氧的减少可促使微生物将硝酸盐还原为亚硝酸盐，将硫酸盐还原为硫化物，也会使亚铁浓度增加，当水与空气接触，水龙头中放出来的水带色。

12．硬度

硬度是钙和镁形成的，通常可用肥皂泡沫沉淀以及为清洗所需过量肥皂的用量来指示水的硬度。根据钙离子结合的阴离子不同，其味阈值为 100～300mg/L；镁的味阈值可能低于钙。受其他因素相互作用的影响，如 pH 值和碱度，水的硬度超过 200mg/L 左右时可能使建筑物内的处理装置、输配水系统、管网和储水罐结垢。也是消耗过量肥皂和随后形成"浮垢"的原因。加热时，硬水会生成碳酸钙沉积。低于 100mg/L 的软水因为缓冲容量低，所以对管道的腐蚀性更大。此外，硬度高的饮用水煮沸后，水面会出现一层漂浮物——重碳酸钙转变为碳酸钙，令饮水者难以接受。

13．浑浊度

饮用水浑浊度可能是由水源水中颗粒物未经充分过滤而造成的，或者是输配水系统中沉积物重新悬浮起来而形成的，也可能来自某些地下水中存在的无机颗粒物或是输配水系统中生物膜的脱落。

14．硫化氢

水中硫化氢的味阈值和嗅阈值估计在 0.05～0.1mg/L 之间。在一些地下水和滞留在输配水系统中的饮用水中的硫化氢"臭鸡蛋"气味很明显，这是因为氧被消耗，细菌活动还原硫酸盐的结果。井水经曝气或氯化可将硫化氢迅速氧化为硫酸盐，在通常情况下，经过氧化的供水中硫化氢的浓度很低。

15. pH 值和腐蚀性

进入输配水系统中水的 pH 值必须加以控制，使其对主管道和室内水管的腐蚀性最小。碱度和钙处理可以使水的稳定性提高以控制水对管道和设备的侵蚀。如果不能将腐蚀作用降至最低，就会使饮用水受到污染，并对水的味道和外观有不良影响。不同的供水系统由于水的成分和用于配水系统的材料性质的不同，所以需要优化 pH 值，通常 pH 值的范围是 6.5～8。异常高或低的 pH 值可能是由于意外的泄漏、水处理故障以及管道的水泥砂浆内衬养护不够而造成的。

16. 硫酸盐

水中存在的硫酸盐可以产生苦涩味，当浓度非常高时，对敏感的人的身体有致泻作用。水的味道异常的程度随所结合的阳离子的性质而不同；味阈值范围从 Na_2SO_4 的 250mg/L 到 $CaSO_4$ 的 1000mg/L。一般认为浓度在 250mg/L 以下时，对水味的影响不大。口感较好的水，硫酸盐的浓度小于 100mg/L。

17. 合成洗涤剂

在许多国家里，持久不易分解的阴离子洗涤剂已经被较容易生物降解的其他产品所替代，在水源中检出的浓度已经大大下降。饮用水中洗涤剂的浓度不允许达到会产生泡沫或有味道的水平，任何洗涤剂的存在都意味着水源产生了卫生污染。

18. 石油

饮用水中石油会增高许多低分子量碳氢化合物的浓度，这些化合物在水中的嗅阈值很低。经验指出，当有几种这类化合物混合存在时，嗅阈值可能更低。然而，许多其他碳氢化合物，特别是烷基苯，如三甲基苯，当浓度在每升水中有几微克时，就会产生令人厌恶的"柴油"气味。

19. 溶解性总固体（TDS）

一般认为 TDS 低于 600mg/L 的水的口感好或者是适当的。当 TDS 水平大于 1000mg/L 时，饮用水的口感发生明显变化并越来越不好。高水平 TDS 也会在水管、热水器、锅炉和家庭用具上结出很多水垢而使消费者感到厌恶。《饮用净水水质标准》（CJ 94—2005）定 TDS 小于 500mg/L，口感较好。

参 考 文 献

[1] GB 5749—2006 生活饮用水卫生标准 [S].

[2] GB 3838—2002 地表水环境质量标准 [S].

[3] GB/T 14848—93 地下水环境质量标准 [S].

[4] GBJ 27—1988 供水水文地质勘察规范 [S].

[5] GB 11730—1989 农村生活饮用水量卫生标准 [S].

[6] GB 5749—2006 生活饮用水水质卫生规范 [S].

[7] GB/T 5749—2006 生活饮用水标准检验方法 [S].

[8] GB/T 17218 饮用水化学处理剂卫生安全性评价 [S].

[9] GB/T 17219 生活饮用水输配水设备及防护材料的安全性评价标准 [S].

[10] CECS 82：96 农村给水设计规范 [S].

[11] CJ 3026—94 饮用水一体化净水器 [S].

[12] SL 687—2014 村镇供水工程设计规范 [S].

[13] SL 310—2004 村镇供水工程技术规范 [S].

[14] GB 50282 城市给水工程规划规范 [S].

[15] CJJ 123—2008 镇（乡）村给水工程技术规程 [S].

[16] GB 50014—2006（2011 年）室外给水设计规范 [S].

[17] GB 50015—2010 建筑给排水设计规范 [S].

[18] SL 677—2014 水工混凝土施工规范 [S].

[19] JGJT 98—2010 砌筑砂浆配合比设计规程 [S].

[20] CJJ 40—2011 高浊度水给水设计规范 [S].

[21] CJJ 32—2011 含藻水给水处理设计规范 [S].

[22] GB 15218—1994 地下水资源分类分级标准 [S].

[23] GBJ 141—90 给水排水构筑物施工及验收规范 [S].

[24] SL 256—2000 机井技术规范 [S].

[25] GB 50204—2015 混凝土结构工程施工质量验收规范 [S].

[26] GB 50203—2011 砌体工程施工质量验收规范 [S].

[27] GBJ 50268—2008 给水排水管道工程施工及验收规范 [S].

[28] SD 204—1986 泵站技术规范 [S].

[29] GB 50150—2006 电气装置安装工程电器设备交接试验标准 [S].

[30] SL 176—2007 水利水电工程施工质量检验与评定规程 [S].

[31] GB 50296—2014 供水管井技术规范 [S].

[32] GBJ 141—90 给水排水构筑物施工及验收规范 [S].

[33] SL 234—1999 泵站施工规范 [S].

[34] SL 317—2004 泵站安装及验收规范 [S].

[35] GB 50150—2006 电气装置安装工程电器设备交接试验标准 [S].

[36] GB 50093—2002 自动化仪表工程施工及验收规范 [S].

[37] GB 50300—2001 建筑工程施工质量验收统一标准 [S].

[38] HJ/T 433—2008 饮用水水源保护区标志技术要求 [S].

［39］ 孙士权. 村镇供水工程［M］. 郑州：黄河水利出版社，2008.

［40］ 周志红. 农村饮水安全工程建设与运行维护管理培训教材［M］. 北京：中国水利水电出版社，2010.

［41］ 刘福臣. 水资源开发利用工程［M］. 北京：化学工业出版社，2006.

［42］ 王文，刘福臣，张振善. 地下水勘探技术与应用［M］. 郑州：黄河水利出版社，2015.

［43］ 麻效祯. 地下水开发利用［M］. 北京：中国水利水电出版社，1999.

［44］ 许保玖. 给水处理理论［M］. 北京：中国建筑工业出版社，2000.

［45］ 严煦世，范谨初. 给水工程［M］. 4版. 北京：中国建筑工业出版社，1999.

［46］ 刘玲花，周怀东. 农村安全供水技术手册［M］. 北京：化学工业出版社，2005.

［47］ 郑达谦. 给水排水工程施工［M］. 4版. 北京：中国建筑工业出版社，1998.

［48］ 徐鼎文，常志续. 给水排水工程施工［M］. 2版. 北京：中国建筑工业出版社，1993.

［49］ 水利部农村水利司. 供水工程施工与设备工程安装［M］. 北京：中国建筑工业出版社，1995.

［50］ 陈卫，张金松. 城市水系统运营与管理［M］. 北京：中国建筑工业出版社，2005.

［51］ 严煦世，刘遂庆. 给水排水管网系统［M］. 北京：中国建筑工业出版社，2002.

［52］ 严煦世，赵洪宾. 给水管网理论与计算［M］. 北京：中国建筑工业出版社，2002.

［53］ 张世瑕. 村镇供水［M］. 北京：中国水利水电出版社，2005.

［54］ 任红侠. 乡镇供水工程［M］. 北京：黄河水利出版社，2016.